完美互动手册

Word 2010 文档制作完美互动手册

刘正红 编 著

清華大学出版社
北 京

内 容 简 介

Word 2010是Office 2010中的一款文字编辑软件，它在文字处理、文档编辑、表格制作、图文混排、版式设计与制作、文件打印等方面具有强大功能。

全书共分为16章和两个附录，主要内容包括：Word 2010的基础入门、Word 2010的基本操作、Word 2010的文本录入与编辑、Word 2010文本的格式设置、Word 2010文本的视图与审阅、Word 2010表格的创建与编辑、Word 2010文档的表格设置、Word 2010插入图片和图表、Word 2010插入其他对象、Word 2010页面的排版布局、Word 2010文档的打印设置、Word 2010与其他组件协同办公、Word 2010高级功能应用、Word 2010宣传手册的制作、Word 2010长文档的制作、Word 2010综合案例的制作等知识。

本书内容翔实、案例丰富、全程图解、情景教学、超值实用。本书及配套多媒体光盘非常适合从事各行业的办公人员，同时，本书也可以作为高等院校相关专业和电脑培训班的培训教材。

图书在版编目(CIP)数据

Word 2010文档制作完美互动手册/刘正红编著. --北京：清华大学出版社，2014
(完美互动手册)
ISBN 978-7-302-34889-4

Ⅰ. ①W…　Ⅱ. ①刘…　Ⅲ. ①文字处理系统—手册　Ⅳ. ①TP391.12-62

中国版本图书馆CIP数据核字(2013)第311127号

责任编辑：汤涌涛
封面设计：李东旭
责任校对：李玉萍
责任印制：王静怡

出版发行：清华大学出版社
　　网　　址：http://www.tup.com.cn，http://www.wqbook.com
　　地　　址：北京清华大学学研大厦A座　　**邮　　编**：100084
　　社 总 机：010-62770175　　**邮　　购**：010-62786544
　　投稿与读者服务：010-62776969，c-service@tup.tsinghua.edu.cn
　　质 量 反 馈：010-62772015，zhiliang@tup.tsinghua.edu.cn
　　课 件 下 载：http://www.tup.com.cn，010-62791865
印 刷 者：清华大学印刷厂
装 订 者：三河市李旗庄少明印装厂
经　　销：全国新华书店
开　　本：185mm×260mm　　**印　张**：22.75　　**字　　数**：547千字
　　(附光盘1张)
版　　次：2014年3月第1版　　**印　　次**：2014年3月第1次印刷
印　　数：1～3000
定　　价：49.00元

产品编号：043414-01

前　言

Word 2010 作为一款备受大众喜爱的文档编辑软件，被广泛应用在日常的工作和生活中。用户通过 Word 2010 可以轻松制作出合同、信函、报表、策划案等各种各样的办公文档。《Word 2010 文档制作完美互动手册》从实用的角度出发，全面、详细地讲解了 Word 2010 的相关内容。它有初学者需要的步骤详解，也有中级读者想要的知识深度，同时还涵盖了大量实用的办公案例，使读者能在实践中掌握 Word 2010 对文档的编辑方法和技巧。

本书特点

本书具有以下写作特点。

- 内容翔实　案例丰富：本书章节经过科学编排，由浅入深，用最精练的语言包含最多的知识，结合实际案例，让读者在最短的时间里学会最实用有效的操作技能。
- 全程图解　易于上手：图片演示、重点标注，再以简洁清晰的语言文字对知识内容进行补充说明，加强记忆，巩固知识，一学就会。
- 栏目多样　轻松阅读："操作分析"让分步操作化繁为简；"知识补充"、"老师的话"提醒操作细节，扩充实用知识技能；"电脑小百科"、"Word 小百科"随手翻书随手学，收获不只是 Word。
- 书盘结合　完美互动：配套多媒体光盘，情景教学，学习知识生动有趣；章节互动，边学边练，掌握技能轻松高效。

本书内容

本书经过作者的深思熟虑，将其安排为 16 个章节和两个附录，各章节的主要内容介绍如下。

本书章节	主要内容
第 1 章　Word 2010 的基础入门	介绍 Word 2010 的启动与退出、界面的组成以及它的新增功能
第 2 章　Word 2010 的基本操作	介绍 Word 2010 文档的不同创建方法、保存方式以及打开与关闭的各种方法等
第 3 章　Word 2010 的文本录入与编辑	介绍 Word 2010 的文本输入、字符和日期的添加插入以及文本的选取、移动、剪切、复制、粘贴、撤销、恢复、重复、查找和替换等常用的编辑操作
第 4 章　Word 2010 文本的格式设置	介绍 Word 2010 的字符格式设置、段落格式设置以及样式格式设置的方法等相关文本格式设置的知识
第 5 章　Word 2010 文本的视图与审阅	介绍 Word 2010 的 5 种视图方式、窗口的调整方法以及文本的校对修订等审阅功能。
第 6 章　Word 2010 表格的创建与编辑	介绍 Word 2010 表格的几种创建方法，以及表格的编辑和调整等相关知识

续表

本书章节	主要内容
第 7 章 Word 2010 文档的表格设置	介绍 Word 2010 表格的格式美化，排序、计算以及与文本的转换等特殊操作技巧
第 8 章 Word 2010 插入图片和图表	介绍 Word 2010 图片和图表的插入和美化等相关知识
第 9 章 Word 2010 插入其他对象	介绍 Word 2010 图形、艺术字、文本框和 SmartArt 图形的插入格式设置和艺术美化等
第 10 章 Word 2010 页面的排版布局	介绍 Word 2010 文档页面的美化和版式设计以及制表位、项目符号等列表的使用改变页面布局
第 11 章 Word 2010 文档的打印设置	介绍 Word 2010 中打印机的安装、设置、维护以及对打印内容的设置和选择性打印
第 12 章 Word 2010 与其他组件协同办公	介绍 Word 2010 与 Excel 电子表格、PowerPoint 演示文稿和 Access 数据库的协同办公
第 13 章 Word 2010 高级功能应用	介绍 Word 2010 中宏、域、数学公式、Word 与邮件的合并以及 Word 的安全保护等高级功能的应用
第 14 章 Word 2010 宣传手册的制作	介绍 Word 2010 中宣传手册的制作、排版、打印和印刷等相关知识技能
第 15 章 Word 2010 长文档的制作	介绍 Word 2010 中长文档的制作题注、目录、索引等添加使用以及主文档的创建和使用
第 16 章 Word 2010 综合案例的制作	介绍 Word 2010 中会议通知单、劳动合同、双栏试卷、商务酒会邀请函和销售报告的制作
附录 1 Word 2010 快捷键	介绍 Word 2010 的常用快捷键
附录 2 Word 排版专业知识	介绍 Word 排版方面的专业知识

联系我们

本书由“企鹅工作室”集体创作，参与编写的人员有刘正红、陈镇、谢霞玲、徐海霞、张珊珊、吴琪菊、余素芬、朱春英、费一峰、任晓芳、袁盐、王礼龙、席启雄、潘龙刚、潘琴琴、吴海燕等。

由于时间仓促和创作水平有限，书中难免会有疏漏和不妥之处，敬请广大读者批评指正，读者服务邮箱：ruby1204@gmail.com。

目 录

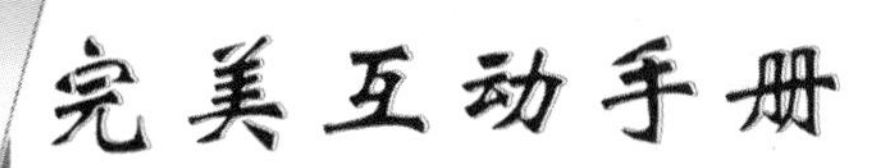

第 1 章

Word 2010 的基础入门

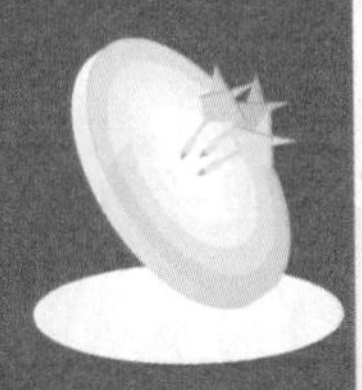

本章导读

Word 2010 是微软公司推出的 Office 2010 办公软件之一，它提供了一整套功能强大的编写工具，具有文字处理、文档编辑、表格制作、图文混排、版式设计与制作、文件打印等多种功能，可以帮助我们创建出专业水准的 Word 文档，因此被广泛应用于生活和工作中。

本章主要介绍了 Word 2010 的相关基础知识，希望通过对本章内容的学习，我们可以学会 Word 2010 的启动与退出，认识和了解它全新的操作界面及其强大的新增功能。

精彩看点

- 启动 Word 2010
- 退出 Word 2010
- 熟悉 Word 2010 的操作界面
- 体验 Word 2010 的新增功能

1.1 Word 2010 的启动与退出

就像在学习电脑时，首先学习开机和关机一样，这里我们也从 Word 2010 的启动与退出开始学习。

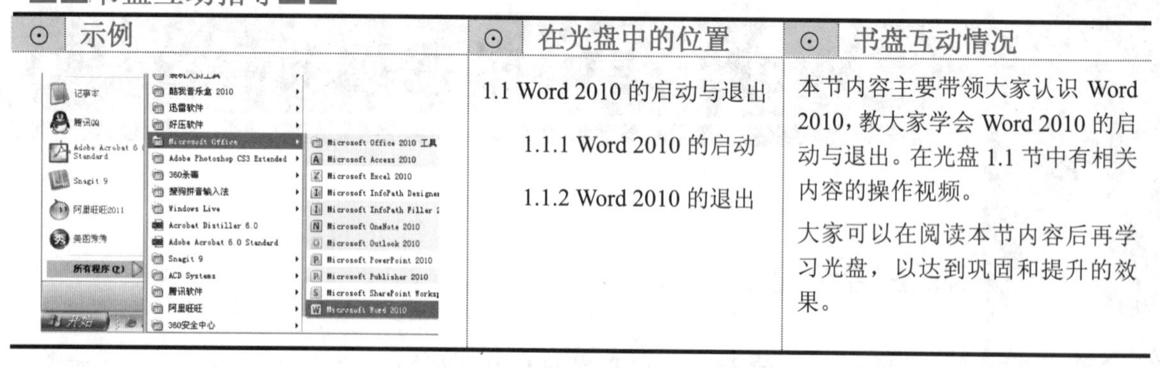

书盘互动指导

示例	在光盘中的位置	书盘互动情况
	1.1 Word 2010 的启动与退出 1.1.1 Word 2010 的启动 1.1.2 Word 2010 的退出	本节内容主要带领大家认识 Word 2010，教大家学会 Word 2010 的启动与退出。在光盘 1.1 节中有相关内容的操作视频。 大家可以在阅读本节内容后再学习光盘，以达到巩固和提升的效果。

1.1.1 Word 2010 的启动

启动 Word 2010 的方法一般有两种：快速启动法和普通启动法。

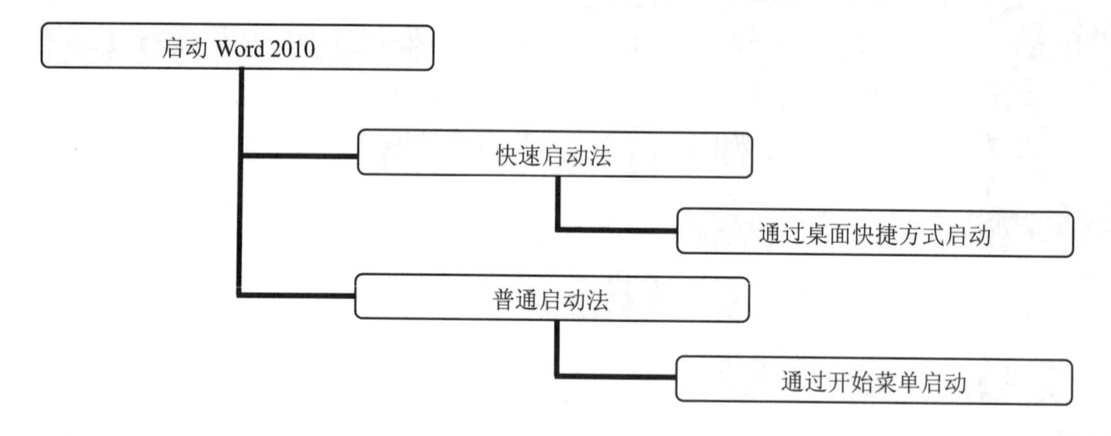

跟着做 1 Word 2010 的快速启动法

在快速启动 Word 2010 时，如果桌面上没有 Word 2010 的快捷图标，可以在安装 Word 2010 的文件夹下找到 Winword.exe 文件，然后右击该文件图标，在弹出的快捷菜单中选择“发送到”→“桌面快捷方式”命令，这样就可以在桌面上创建一个 Word 2010 的快捷图标。

1. 在电脑桌面上双击 Word 2010 的快捷图标，如图 1-1 所示。
2. 显示 Microsoft Word 2010 正在启动，如图 1-2 所示。

电脑小百科

电脑由各种硬件和软件组成。硬件是指各种物理设备，是电脑的物质基础，而软件是指挥电脑执行任务的一系列指令，是电脑中不可缺少的软件系统。

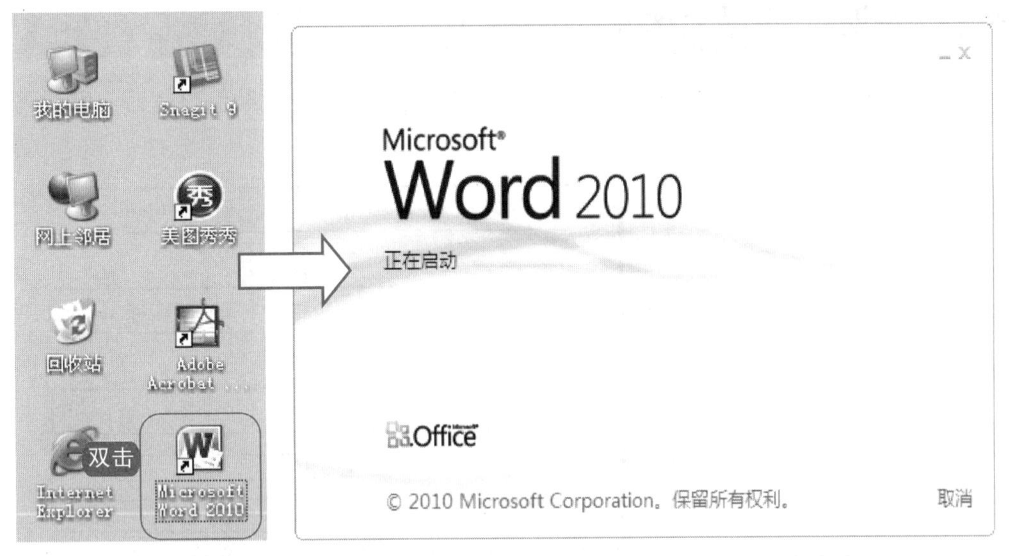

图 1-1　双击图标　　　　图 1-2　Microsoft Word 2010 正在启动

知识补充

除了通过桌面上 Word 2010 的快捷图标快速启动 Word 2010 外，我们还可以在桌面或文件夹的空白处右击，在弹出的快捷菜单中选择“新建”→“Microsoft Word 文档”命令，通过该方法也可以快速启动 Word 2010 软件。

跟着做 2 Word 2010 的普通启动法

Word 2010 的普通启动法是它最原始的启动方法，在 Word 2010 刚安装完成或桌面没有创建快捷方式时均可使用。

1. 单击电脑桌面左下角的开始按钮。
2. 选择“所有程序”→ Microsoft Office→Microsoft office 2010 命令，如图 1-3 所示。
3. 显示 Microsoft Word 2010 正在启动。

图 1-3　Word 2010 的普通启动法

1983 年 10 月，微软公司推出首款基于 Xenix 和 MS-DOS 系统的文字处理软件 Word 1.0。

1.1.2 Word 2010 的退出

在确定当前不再使用 Word 2010 软件，并且需要保存的文件也已经保存之后，可以通过以下方法退出 Word 软件。

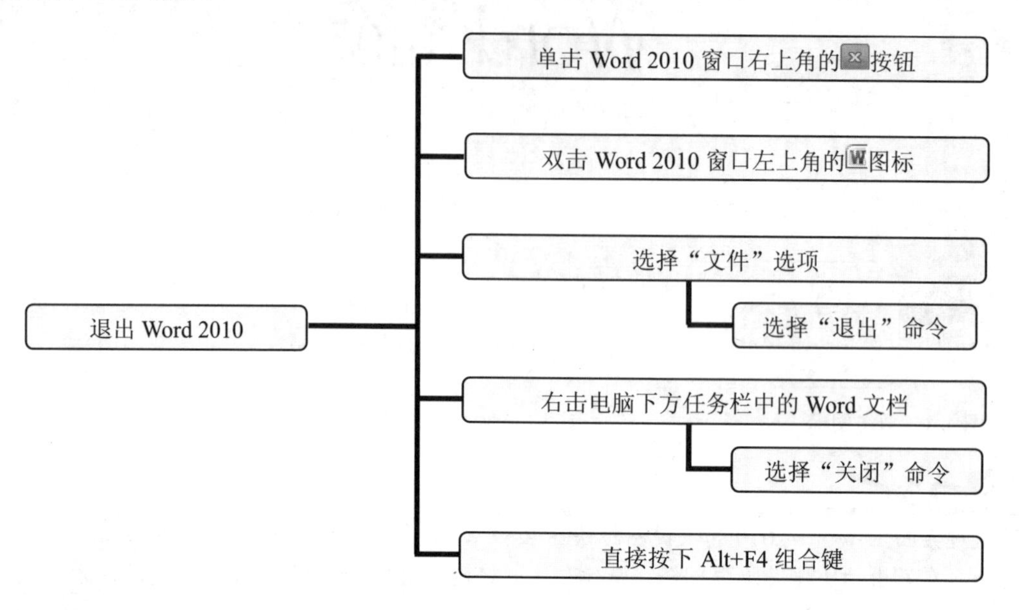

知识补充

在选择 Word 2010 左上角的“文件”选项卡时，用户可能会对弹出的页面中的“关闭”和“退出”命令产生疑惑。需要注意的是，这里的“关闭”命令主要是用于关闭 Word 文档，“退出”命令则是退出 Word 2010 软件。当打开多个文档时，可以选择“关闭”命令，关闭那些不再使用的文档。

1.2 Word 2010 全新的操作界面

Word 2010 的界面与 Word 2007 相比有很大改变。Word 2010 的外观变得更加清爽，而且可以自定义界面颜色。启动 Word 2010 软件后，呈现在用户面前的就是操作界面，所有的文档处理工作都在这里完成。

操作界面主要包括：标题栏、快速访问工具栏、选项卡与功能区、编辑区、标尺、任务窗栏、滚动条和状态栏。

- 标题栏：标题栏位于操作界面的最上方，它显示的是当前正在编辑的文档名称。标题栏右边的 3 个按钮分别为“最小化”按钮、“最大/还原”按钮和“关闭”按钮，单击不同的按钮可以对文档进行不同的设置。
- 快速访问工具栏：快速访问工具栏位于操作界面的左上角，一般包括保存、撤销和恢复按钮。这些设置是系统默认的，我们也可以根据需要改变它的位置或添加常用操作命令。

电脑小百科

启动电脑要按照正确的步骤进行，否则有可能损坏电脑硬件。电脑在尚未通电的情况下进行启动称为冷启动，除此之外，还有热启动和复位启动。

- 选项卡与功能区：选项卡与功能区位于标题栏的下方，它主要包括文件、开始、插入、页面布局、引用、邮件、审阅、视图以及加载项。Word 2010 作为 Word 2007 的升级版，它取消了传统的菜单操作方式，取而代之为各种选项卡及相对应的功能区。当单击这些选项卡名称时就会自动切换到与之相对应的功能区面板，这样的设计使我们在使用各项功能时更加方便、快捷。

老师的话

熟悉 Word 2010 的选项卡和功能区可以有效加快编辑文档的速度。

文件：由保存、另存为、打开、关闭、信息、最近所有文件、新建、打印、保存并发送、帮助、选项和退出 12 个部分组成，主要用于对文档的一些整体操作。

开始：由剪贴板、字体、段落、样式和编辑 5 个部分组成，主要用于帮助用户对文档进行文字编辑和格式设置，也是用户最常用的功能。

插入：由页、表格、插图、链接、页眉和页脚、文本以及符号 7 个部分组成，主要用于插入各种元素。

页面布局：由主题、页面设置、稿纸、页面背景、段落和排列 6 个部分组成，主要用于帮助用户设置文档页面样式。

引用：由目录、脚注、引文与书目、题注、索引和引文目录 6 个部分组成，主要实现在文档中插入目录等比较高级的功能。

邮件：由创建、开始邮件合并、编写和插入域、预览结果以及完成 5 个部分组成，专门用于在文档中进行邮件合并方面的操作。

审阅：由校对、语言、中文简繁转换、批注、修订、更改、比较和保护 8 个部分组成，主要用于对文档进行校对和修订等操作，通常用于团队或多人协作处理长文档的操作。

视图：由文档视图、显示、显示比例、窗口和宏 5 个部分组成，可以方便用户设置 Word 2010 操作窗口的视图类型。

加载项：由菜单命令一个分组组成，主要用于为 Word 2010 安装附加属性，如自定义的工具栏或其他命令扩展。

- 编辑区：位于 Word 窗口的中间，是 Word 2010 中最大最重要的部分，所有关于文本的输入和编辑等操作都将在该区域中完成。
- 标尺：位于 Word 编辑区的上边和左边，用来改变文档的页边距并设置单个段落的缩进和制表位。其中标尺的隐藏/显现按钮位于文档右边滚动条上一点。
- 任务窗栏：任务窗栏位于文档的右边，它只在我们选择功能区某一命令之后才会显示，我们可以边使用命令边工作。选择功能区的“样式”命令，样式任务窗栏就会显示在文档的右边。
- 滚动条：位于编辑区的下方和右方，利用鼠标左键单击滚动条两端的箭头或者直接拖动滚动条中间的方形滑块，可以查看不同部分的内容。
- 状态栏：位于 Word 界面的最下方，用来显示当前的一些状态，同时也包含了 3 种视图方式以及缩放滑块。

由于 Word 2010 只是 Office 2010 多个办公软件中的一个，因此当用户在安装 Office 组件时，可以根据需要在安装界面进行自定义选择安装其他办公软件。

1.3 Word 2010 的新增功能

Word 2010 在延续了 Word 2007 版本的众多功能外，又进行了许多改进，提供了更为贴切、全面的服务。

书盘互动指导

示例	在光盘中的位置	书盘互动情况
	1.3 Word 2010 的新增功能 1.3.1 文档的导航查找窗格 1.3.2 屏幕截图 1.3.3 图片艺术效果	本节内容主要带领大家学习 Word 2010 具有的功能，方便我们以后的学习与使用。在光盘 1.3 节中有相关内容的介绍视频。 大家可以在阅读本节内容后再学习光盘，以达到巩固和提升的效果。

1. Backstage 视图

Backstage 视图即“后台视图”，它取代了以往 Word 中的 Office 按钮。Backstage 视图是文档实行操作的命令集，它为所有文档管理任务提供了一个集中有序的空间。它主要由文件功能指令、功能子选项以及文件预览信息 3 个部分组成，如图 1-4 所示。

图 1-4 Backstage 视图

2. 文档的导航查找窗格

在 Word 2010 中，导航窗格和查找工具都有所改进，在这里用户可以更加便捷地查找所要查

关机后不要立刻开机，如果确实需要重新开机，也应稍等片刻再开机，否则容易损坏电脑。

询的信息。

单击功能区菜单上的“视图”选项卡，在打开的视图功能区中选择“导航窗格”选项，即可在主窗口的左侧打开导航窗格。

导航窗格主要包括文档标题定位查找、页面缩略图查找以及关键字(词)等特定对象的放大镜查找，如图 1-5 所示。

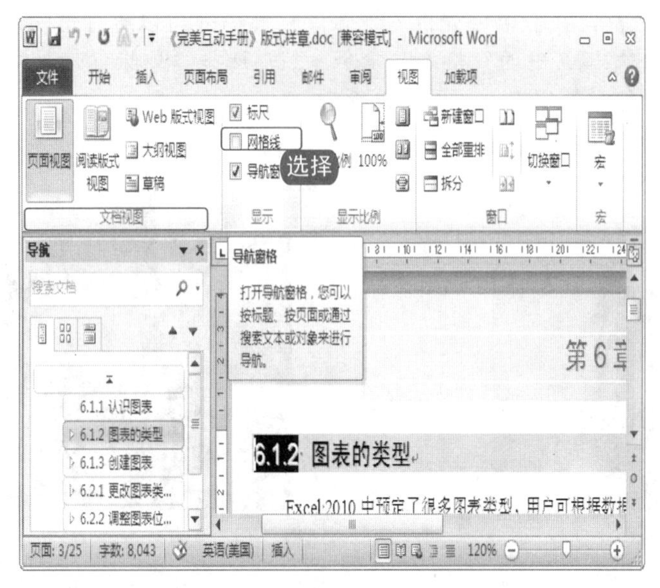

图 1-5　导航查找窗格

3. 屏幕截图

Word 2010 内置了屏幕截图功能，安装了 Word 2010 就不需要专门安装截图软件。单击功能区菜单的“插入”按钮，然后单击“屏幕截图”按钮，其中包括可用窗口和屏幕剪辑，分别用来截取完整窗口和截取屏幕内局部区域，如图 1-6 所示。

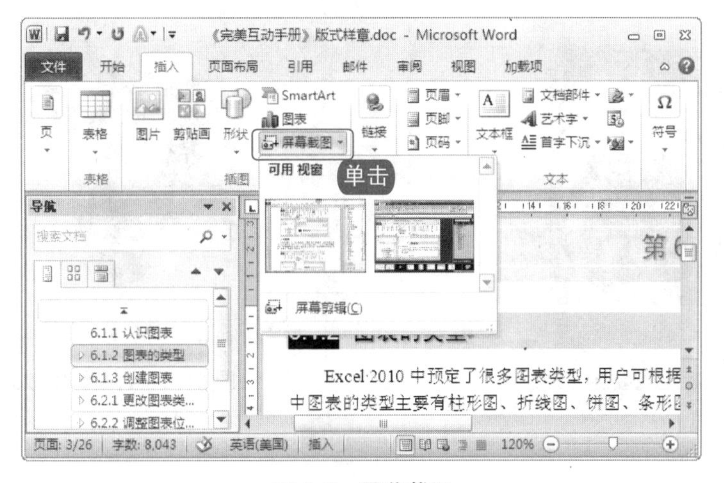

图 1-6　屏幕截图

如果在使用 Word 2010 的过程中出现系统故障无法正常工作，在不能完全修复的情况下可以选择将其全部卸载，然后重新安装。

4. 图片艺术效果

Word 2010 还为用户新增了图片编辑工具，无须其他的照片编辑软件，便可进行图片的插入、剪裁、抠图等特效，也可以更改颜色和饱和度，调整色调、亮度以有对比度，轻松、快速将简单的文档转换为艺术作品。这里以抠图为例，来体验一下 Word 2010 关于图片处理的新增功能。

在使用这一功能之前，我们需要先插入一张图片然后才可以进行抠图，具体操作步骤如下。

1. 选中图片，选择图片工具中的“格式”命令，然后选择“删除背景”命令，如图 1-7 所示。
2. Word 2010 自动进行背景删除，如图 1-8 所示。

图 1-7　Word 自动删除背景

图 1-8　自动删除背景效果

3. 如果没有达到我们想要的效果，可以选择“背景消除”选项卡，在弹出的选项中选择“标记要保留的区域”或者“标记要删除的区域”，在图片中画线标记，如图 1-9 所示。
4. Word 2010 自动执行指令，呈现效果图，如图 1-10 所示。

图 1-9　标记需要删除的区域

图 1-10　背景删除效果图

5. 屏幕取词

在 Word 2010 中除了以往的文档翻译、选词翻译和英语助手之外，还加入了一个“翻译屏幕

CPU 的温度过高会造成电脑运行速度慢甚至死机，所以应该时常检查电脑 CPU 有没有超频，机箱的散热情况是否良好，CPU 的风扇运转是否正常。

提示”的功能。

在一篇带有英文的文档中，选择“审阅”选项卡，然后单击“翻译”按钮，在弹出的下拉列表中选择“翻译屏幕提示”命令，之后只需要将光标移到单词所在的位置，Word 2010 便会自动翻译显示。

6. 文字视觉效果

在 Word 2010 中，用户可以为文字添加图片特效，如阴影、凹凸、发光以及反射等，同时还可以对文字应用格式，从而让文字完全融入图片中。在 Word 2010 中输入文字，选取文字，然后选择“开始”选项卡，选择 A 图标文本效果按钮，即可在此选择想要的艺术效果，在如图 1-11 所示。

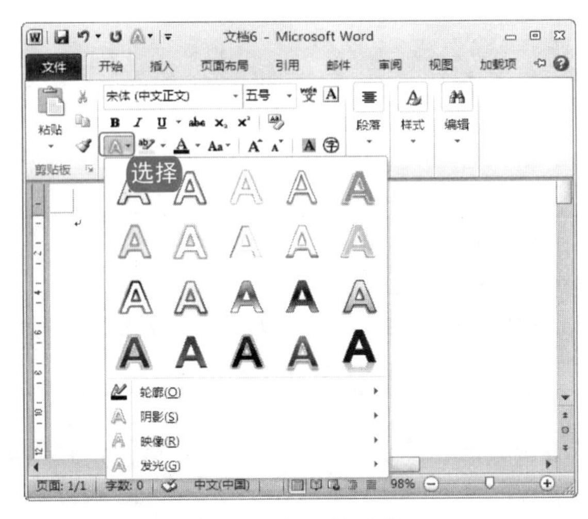

图 1-11　文字艺术效果

7. SmartArt 图形

在 Office 2007 中，微软公司引入了 SmartArt 图形功能，可以帮助用户轻松制作出精美的业务流程图，而 Office 2010 在其现有的功能上又增加了大量的新模板，还新添了多个类别，提供了更丰富多彩的图表绘制功能。利用 Word 2010，用户可以从新增的 SmartArt 图形中选择，在数分钟内构建令人印象深刻的图表。另外，SmartArt 中的图形功能同样也可以将文本转换为引人注目的视觉图形，从而更好地展示用户的创意。图 1-12 为 SmartArt 图形的插入方式。

8. 与他人协同工作

如果用户需要与其他人协同完成某一文档，Word 2010 便可以帮这个忙。使用新增的共同创作功能，就可以与其他位置的其他人同时编辑同一个文档，甚至可以在工作时直接使用 Word 2010 进行即时通信。

9. 随时随地访问文档

Word 2010 可以让用户随时随地访问文档，只要通过 Web 或 Smartphone 便不用担心因为时空

在默认情况下，Word 的用户名称在安装时会和系统登录名称相同，如果需要更改可以将 Office 安装盘重新放入光驱中，在安装界面进行用户信息的自定义。

限制无法继续工作而带来的烦恼。

图 1-12　SmartArt 图形

知识补充

Microsoft Word Web Apps 是 Microsoft Word 的联机伴侣，可以联机存储 Word 文件，之后可以通过访问 Web 来查看、编辑和共享文档。

Microsoft Word Mobile 2010 是一种轻型的文档编辑器，是智能手机专用的移动版应用程序，可以使我们在没有电脑的地方使用移动设备执行文件操作。

学习小结

本章主要介绍了文档处理软件 Word 2010 的一些基础内容。希望通过对本章的学习，我们可以学会 Word 2010 的启动与退出，认识 Word 2010 全新的操作界面以及它的相关功能，重点掌握 Word 2010 选项卡与功能区的各个组成。下面对本章内容进行总结，具体内容如下。

(1) Word 2010 的启动方式：①通过“开始”→“所有程序”启动；②单击桌面快捷方式启动。

(2) Word 2010 的退出方式：①单击标题栏最右边的按钮；②双击 Word 2010 窗口左上角的图标；③选择“文件”选项卡，然后选择“退出”命令；④右击电脑任务栏中的 Word 文档，在弹出的快捷菜单中选择“关闭”命令；⑤直接按下 Alt+F4 组合键。

(3) Word 2010 的操作界面主要包括标题栏、快速访问工具栏、选项卡与功能区、编辑区、标尺、任务窗栏、滚动条和状态栏。其中，选项卡与功能区包括文件、开始、插入、页面布局、引用、邮件、审阅、视图以及加载项等。

(4) Word 2010 除了继承 Word 原有的功能，又经过不断改进和创新增加了许多功能，它主要包括 Backstage 视图功能、文档的导航查找窗格功能、屏幕截图功能、图片艺术效果功能、屏幕取词功能、文字视觉效果功能、SmartArt 图形功能、与他人协同工作功能、随时随地访问文档等功能。

电脑小百科

对电脑进行磁盘清理和碎片整理可以提高电脑的运行速度。操作步骤为：“开始”→“所有程序”→“附件”→“系统工具”→“磁盘清理/磁盘碎片整理程序”。

互 动 练 习

1. 选择题

(1) Word 2010 是一个(　　)。

A. 系统软件　　B. 文字处理软件

C. 硬件　　D. 操作系统

(2) 使用以下(　　)组合键可以关闭 Word 2010。

A. Ctrl+V　　B. Shift+F4

C. Ctrl+Alt　　D. Alt+F4

(3) (　　)是 Word 中最大最重要的部分，所有关于文本的输入和编辑等操作都将在该区域中完成。

A. 任务窗栏　　B. 编辑区

C. 菜单栏　　D. 功能区

(4) Word 中的 *I* 是(　　)功能。

A. 恢复操作　　B. 插入图片

C. 斜体　　D. 刷新

2. 思考与上机题

(1) 练习 Word 2010 的启动与退出。

(2) 选择查看功能区的各个选项，熟悉常用操作命令的位置。

(3) 练习使用 Word 2010 的屏幕截图功能。

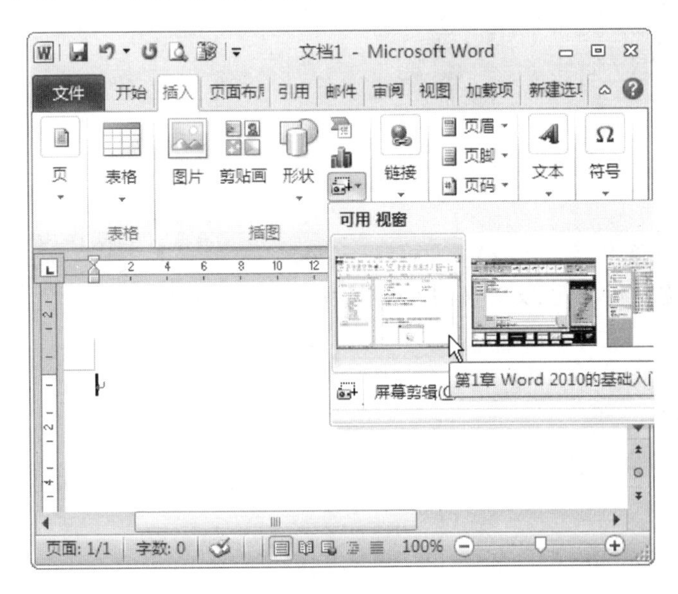

"屏幕截图"功能只能应用于文件扩展名为.docx 的 Word2010 文档中，在文件扩展名为.doc 的兼容 Word 文档中是无法实现的。

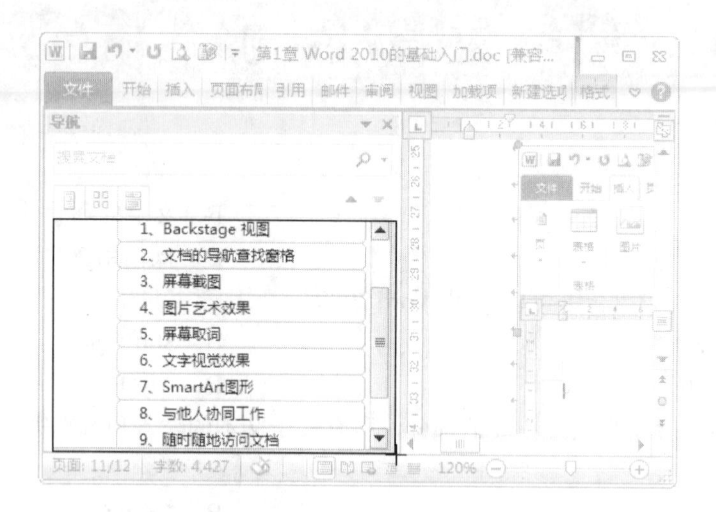

制作要求：

a. 使用“可用视图”功能截取完整的屏幕窗口截图。

b. 使用“屏幕剪辑”截取屏幕内局部区域。

(4) 使用 Word 2010 的背景删除功能。

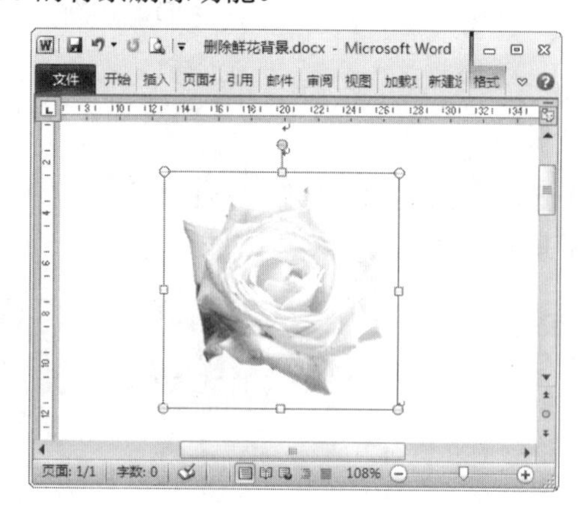

	原始文件	素材\第 1 章\鲜花 1.docx
	最终文件	源文件\第 1 章\删除鲜花背景.docx

制作要求：

a. 删除鲜花背景。

b. 删除绿叶，只留下花朵。

电脑小百科

由于 Microsoft Office 在安装过程中会占用很大空间，所以如果系统盘没有足够的空间，必须在安装界面选择“文件位置”选项卡，自定义文件的安装路径。

第2章

Word 2010的基本操作

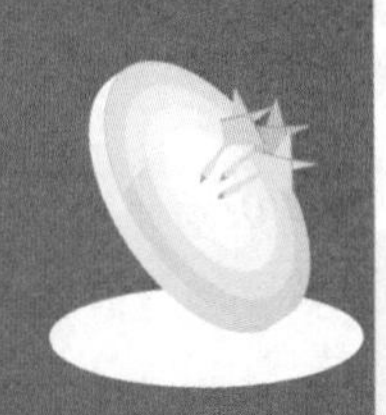

本章导读

学习了Word 2010的启动与退出、界面的组成以及新增功能之后，就可以进行一些基本操作了，虽然基本操作比较简单，但它是熟练使用Word 2010的前提和基础，所以一样十分重要。

本章就来学习在不同情况与需求下，Word文档的不同创建方法、保存方式以及打开与关闭的各种方法和操作技巧。

精彩看点

- 创建空白文档
- 根据现有文档创建
- 根据模板创建
- 保存文档
- 保存文档的格式类型
- 打开与关闭文档

2.1 创建文档

使用 Word 处理文档的第一步就是创建文档，在 Word 2010 中的创建方式根据我们不同的需要有多种，主要包括创建空白文档、根据现有文档创建文档、根据模板创建文档等。

书盘互动指导

示例	在光盘中的位置	书盘互动情况
	2.1 创建文档 2.1.1 创建空白文档 2.1.2 根据现有文档创建 2.1.3 根据模板创建	本节内容主要带领大家学习如何根据不同需要创建文档，在光盘 2.1 节中有相关内容的操作视频，并还特别针对本节内容设置了具体的实例分析。 大家可以在阅读本节内容后再学习光盘，以达到巩固和提升的效果。

2.1.1 创建空白文档

Word 2010 启动后，系统一般会自动创建一个空白文档，并将其文档命名为“文档 1”，另外用户也可以通过以下方式创建空白文档。

空白文档的创建方式有多种，在 Word 界面时，可以选择“文件”→“新建”命令或直接按下 Ctrl+N 组合键。在没有启动 Word 的情况下，用户也可以在电脑桌面直接新建。

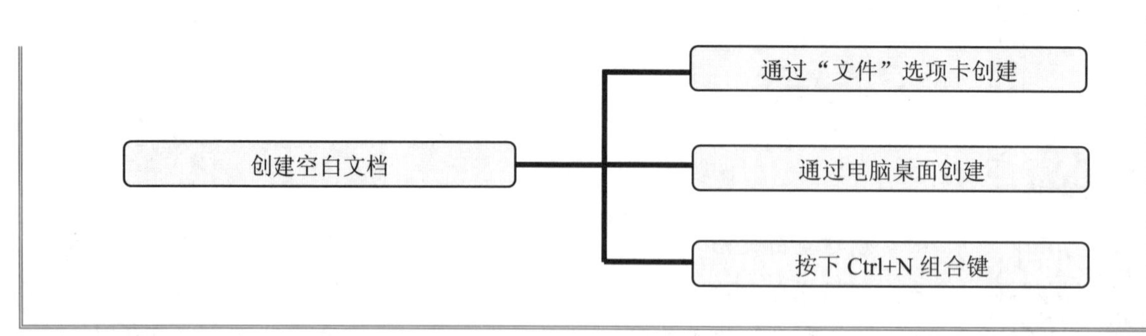

跟着做 1 通过“文件”选项卡创建

“文件”选项卡在 Word 2010 中被隐藏之后，在 Word 2010 中再次被显示出来。通过“文件”选项卡来新建一个空白文档的具体操作步骤如下。

电脑小百科

显示器开机时所发出的“嘭”的一声，是显示器内部消磁电路工作发出的声音，这是防止显示器被磁化的方法之一。

❶ 选择 Word 2010 操作界面的“文件”选项卡。
❷ 在弹出的快捷菜单中选择“新建”命令。
❸ 选择模板栏中的“空白文档”选项，如图 2-1 所示。
❹ 单击右侧“空白文档”模板下的“创建”图标，即可新建一个空白文档，如图 2-2 所示。

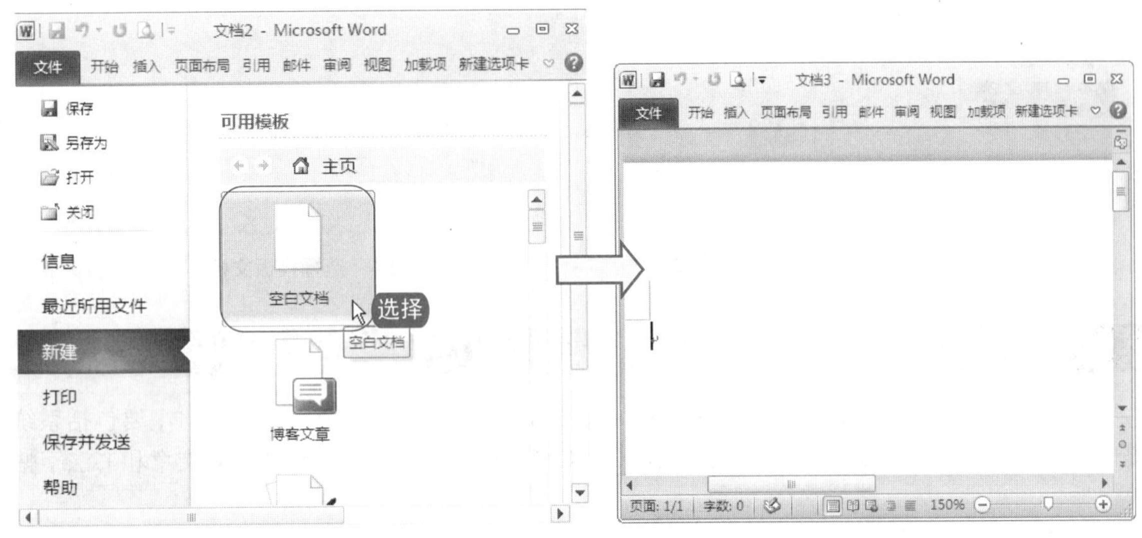

图 2-1　选择“空白文档”　　　　图 2-2　新建空白文档

跟着做 2☛ 通过电脑桌面创建

在电脑桌面或任意文件夹里单击鼠标右键，都可以创建一个空白的 Word 文档，其具体操作步骤如下。

❶ 在电脑桌面空白处单击鼠标右键，弹出快捷菜单。
❷ 选择“新建”→“Microsoft Word 文档”命令，“新建 Microsoft Word 文档.docx”便被自动创建在桌面。

2.1.2 根据现有文档创建

在创建文档时，如果需要新建文档与之前创建过的文档格式类似，用户可以根据现有文档来创建新的 Word 文档，具体操作步骤如下。

❶ 单击 Word 2010 操作界面的“文件”选项卡。
❷ 在弹出的快捷菜单中选择“新建”命令。
❸ 选择模板栏中的“根据现有内容新建”选项，弹出“根据现有文档新建”对话框，如图 2-3 所示。
❹ 在对话框上方的地址栏中找到 Word 文档所在的位置。
❺ 双击创建选择模板文档，如图 2-4 所示，即可创建一个新文档。

电脑小百科

在电脑上选择“开始”→“运行”命令，也可以打开 Word 文档。只要在弹出的“运行”对话框中输入 Word 的路径及名称，或单击“浏览”按钮选择 Word 文档即可。

图 2-3 选择“根据现有内容新建”命令

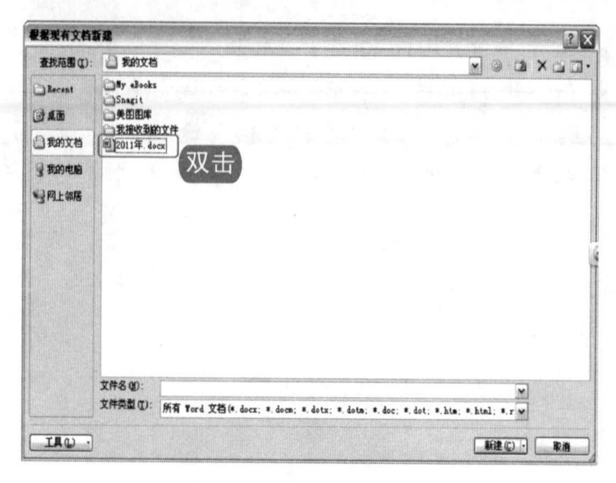

图 2-4 选择模板文档

2.1.3 根据模板创建

模板是定义了各种样式信息的特殊文档，通常用于创建具有相同格式的文档，主要包括系统提供的“样本模板”、自己创建的“我的模板”、“Office.com 模板”以及创建博客文章和书法字帖等模板。

操作分析

选择“文件”→“新建”命令，我们可以看到 Word 将模板大致分为两类：可用模板和 Office.com 模板。

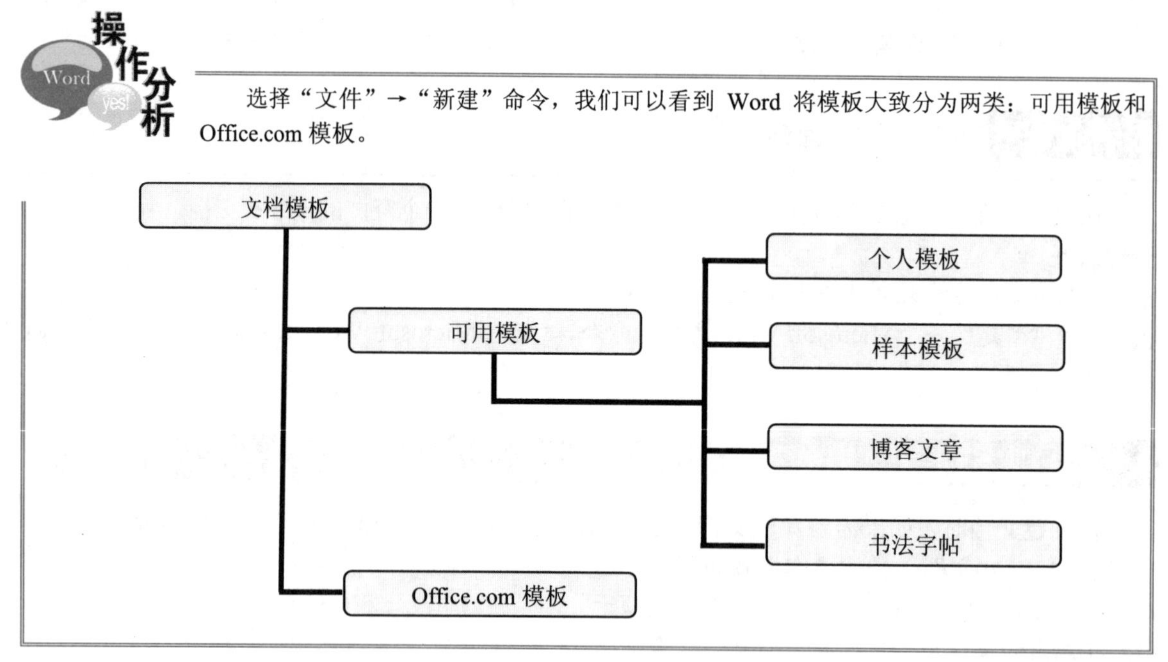

跟着做 1☛ 使用“样本模板”和“个人模板”

通过使用“样本模板”和“我的模板”创建文档的方法基本相同，这里放在一起介绍，以帮助大家记忆，具体操作步骤如下。

1. 在 Word 2010 中选择“文件”选项卡。
2. 在弹出的菜单中，选择“新建”命令。

电脑小百科

如果电脑显示器屏幕四周边界有缩小，可能是高电压电路有故障；如果使用年头太长可能与显像管质量有关，它的寿命一般不到 10 年，可送专业部门维修。

3 选择可用模板栏中的“样本模板”或“我的模板”选项。

4 在“样本模板”或“个人模板”中选择需要使用的模板，如图 2-5、图 2-6 所示。

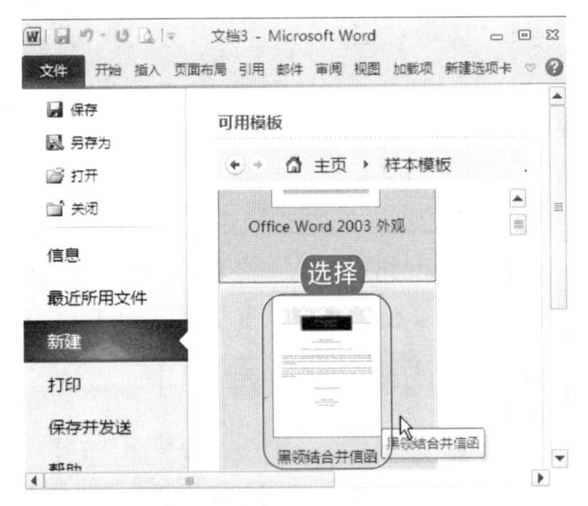

图 2-5　选择“样本模板”

图 2-6　选择“个人模板”

跟着做 2　使用“Office.com 模板”

尽管通过以上方法，用户已经可以获得多种模板，但这些模板并不一定完全满足生活和工作中的种种需求。在 Word 2010 中，通过 Office.com 模板库，我们还可以自由下载和使用更多、更新颖、更实用的模板资源。使用“Office.com 模板”的具体操作步骤如下。

1 选择 Word 2010 中的“文件”选项，在弹出的菜单中，选择“新建”命令。

2 在可用模板栏下方的“Office.com 模板”区域中选择需要的模板类别，如报表、备忘录、表单表格等如图 2-7 所示。用户也可以在“Office.com 模板”标题栏右侧的搜索框中直接进行搜索。

3 在选择的模板类别子菜单中单击具体需要的模板。

4 在窗口右边的预览区域下选择“下载”选项，如图 2-8 所示。Word 2010 开始下载，自动创建模板。

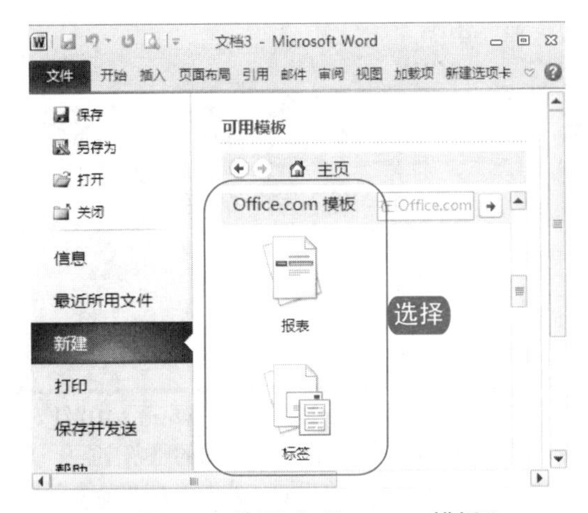

图 2-7　选择“office.com 模板”

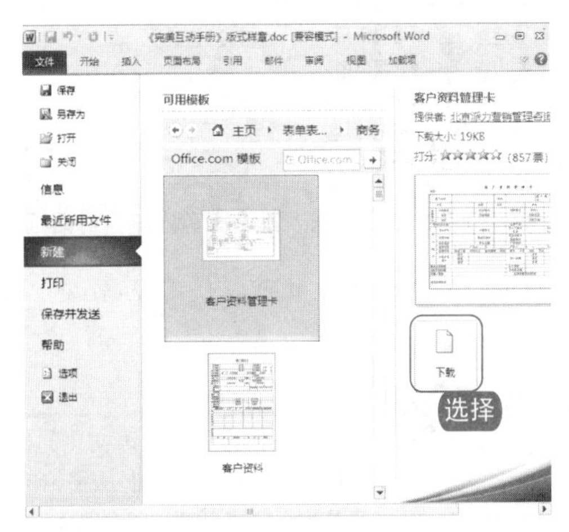

图 2-8　下载模板

电脑小百科

在 Word 2010 中，选择“Word 选项”→“保存”命令，单击“默认文件位置”文本框右边的“浏览”按钮，可以设置 Word 文件的默认保存位置。

知识补充

使用模板可以创建出各种各样的文档，用户也可以通过“最近打开的模板”创建。在“最近打开的模板中，Word 会记忆我们最近使用过的模板，用户可以选择创建，然后删除其中的异同内容，重新输入新的内容。

跟着做 3 创建博客文章

随着电脑的快速普及和高速发展，用户可以在电脑上写网络日记、博客或者更简短的微博。那么如何写出一篇格式优美、样式丰富的博文呢，Word 2010 可以帮这个忙，用户可以不再“复制”、“粘贴”而直接将文档发布到网上，其具体操作步骤如下。

1. 在 Word 2010 中，选择“文件”→“新建”命令。
2. 选择“可用模板”栏中的“博客文章”列表中的“创建”命令。
3. 在弹出的“注册博客帐户”对话框中，单击“立即注册”按钮，如图 2-9 所示。

图 2-9　注册博客账户

4. 在弹出的“新建博客帐户”中，选择要发布的位置，然后单击“下一步”按钮，如图 2-10 所示。
5. 最后在弹出的对话框中，输入用户名和密码，单击“确定”按钮即可，如图 2-11 所示。

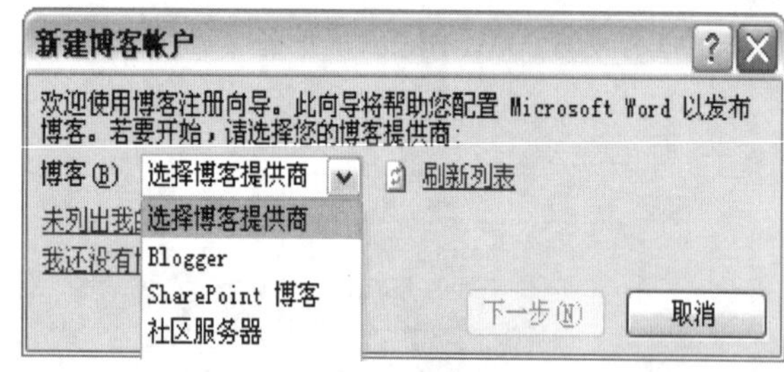

图 2-10　打开“新建博客帐户”对话框

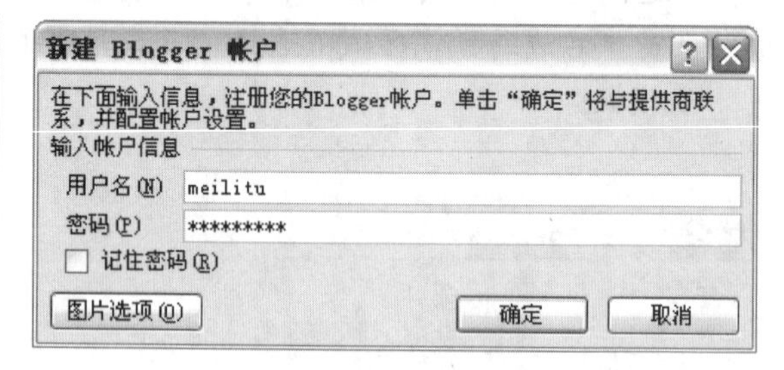

图 2-11　输入用户名和密码

6. 创建完成，用户就可以使用 Word 的编辑功能。

书法作为传统汉语文化的传承形式，如今已被越来越多的人重视并学习。Word 2010 针对这种情况，也具有了书法字帖的制作功能，用户可以用它轻松地制作学习书法的临摹字帖。通过 Word 创建书法字帖的方法与以上使用模板创建文档的步骤大致相同：首先选择“文件”→“新建”命令，然后选择“书法字帖”→“创建”命令。完成创建之后，在跳出的“增减字符”对话框中选择

电脑小百科

设置虚拟内存的前提是磁盘需要有足够的空间。当磁盘空间不足时，则虚拟内存设置会失败。

字体，添加汉字即可。如果对字帖有更具体的要求也可以选择“书法”→“选项”命令，打开选项对话框来设置具体设置。

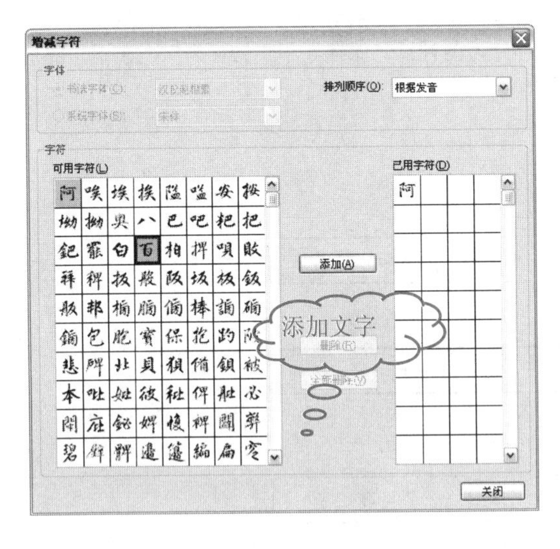

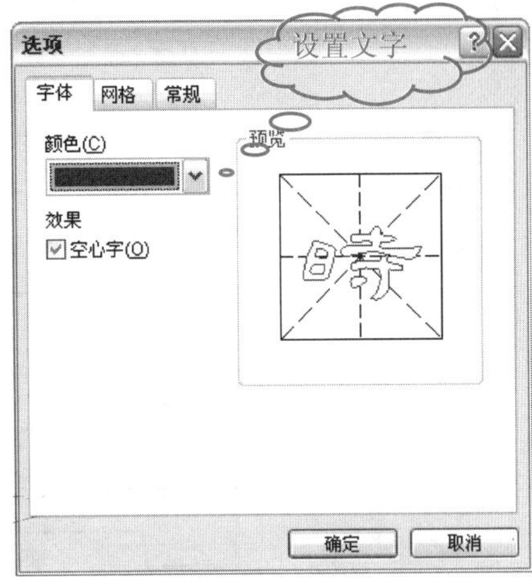

2.2　保存文档

在 Word 2010 中，新建或编辑文档后，需对文档进行保存，然后再次使用时才能打开查阅或继续编辑该文档。

书盘互动指导

⊙ 示例	⊙ 在光盘中的位置	⊙ 书盘互动情况
	2.2 保存文档 2.2.1 保存新建文档 2.2.2 另存文档	本节内容主要带领大家学习如何保存文档，在光盘 2.2 节中有相关内容的操作视频，并还特别针对本节内容设置了具体的实例分析。 大家可以在阅读本节内容后再学习光盘，以达到巩固和提升的效果。

2.2.1　文档的保存方法

Word 2010 文档的保存方法有多种，最为简单的方法有以下两种。

- 单击 Word 2010 窗口“快速访问工具栏”的保存按钮。
- 直接按下 Ctrl+S 组合键保存。

电脑小百科

在 Word 默认情况下，Word 2010 会将文件保存为 Word 默认的.docx 格式。但是通过“Word 选项”对话框可以将文档保存为其他格式。

除了以上两种方式，我们还常常通过“文件”选项卡对文档进行保存。选择“文件”选项卡，我们就会发现，这种保存方式又可分为两种：“保存”和“另存为”，在不同的情况下我们可以采用不同的方法。

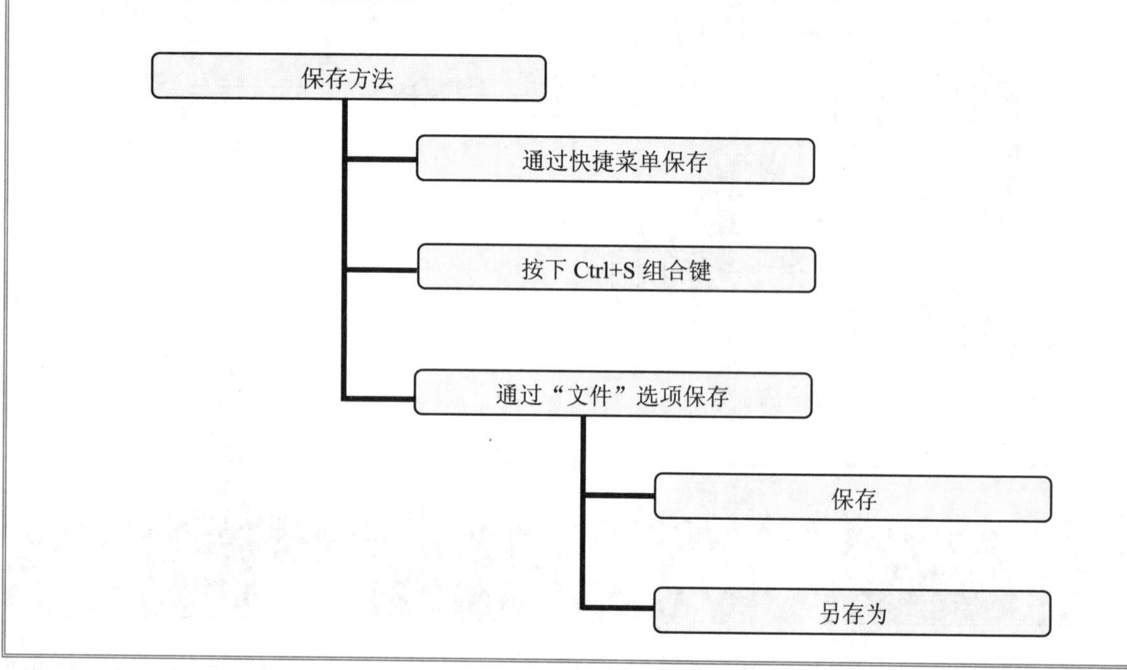

跟着做 1☛ 保存新建文档

编辑完新建文档进行第一次保存时，需要对文档的保存位置、名称以及保存类型进行设置，具体操作步骤如下。

1. 选择“文件”→“保存”命令，如图 2-12 所示。
2. 弹出“另存为”对话框，单击“保存位置”右边的下拉按钮，选择文件的保存位置，如图 2-13 所示。

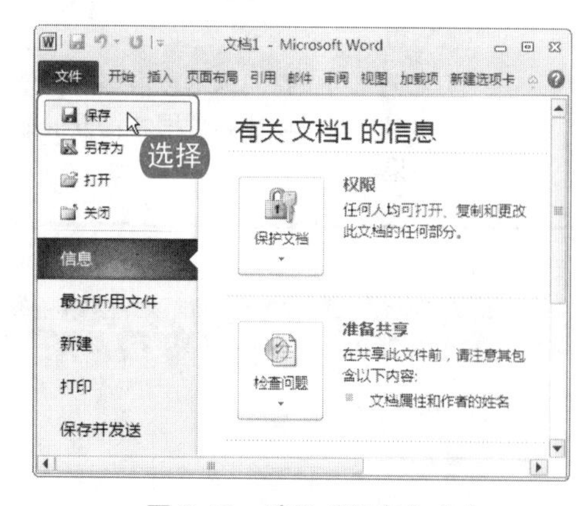

图 2-12 选择“保存”命令

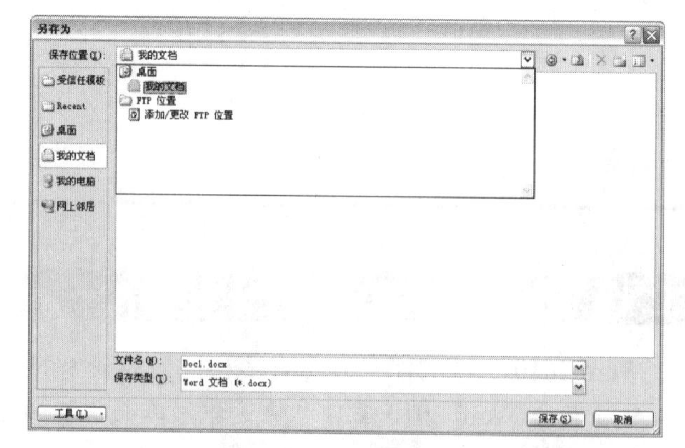

图 2-13 选择保存位置

电脑小百科

虚拟内存的初始大小应该为物理内存的 1.5 倍，最大值应为物理内存的两倍为宜。当设置完毕虚拟内存后，必须按下 Enter 键，才能生效。

3 在“文件名”文本框中修改文件的名称。

4 单击“保存类型”右边的下拉按钮，选择文件的保存类型。

5 单击“保存”按钮，保存新建文档。

跟着做 2 将文档另存为

在 Word 2010 中，使用“文件”选项中的“另存为”命令，可以将打开的文件另存为一个新的文件，还可以对文件属性进行重新设置。

1 选择“文件”→“另存为”命令，如图 2-14 所示。

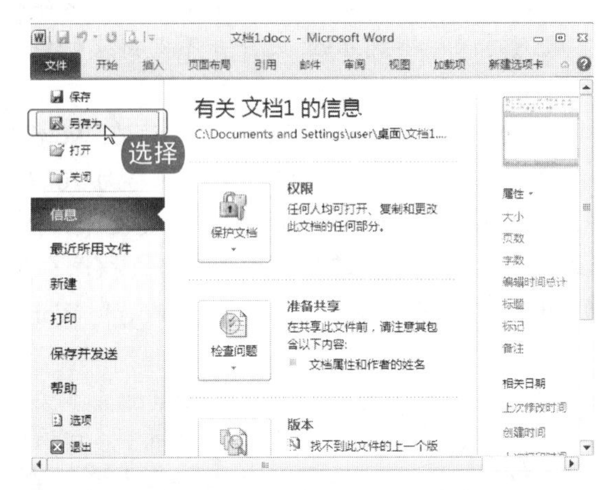

图 2-14　选择“另存为”命令

2 弹出“另存为”对话框，在对话框中设置文件类型、保存位置以及文件名称。

3 单击“保存”按钮，完成保存。

使用电脑时难免会出现电源故障或系统问题等原因，引起电脑自动关机，这样可能造成当下编辑文档的丢失。其实，在 Word 2010 中通过文档自动保存的设置，可以减少这种突发状况所带来的损失。

选择“文件”→“选项”命令，弹出“Word 选项”对话框，在该对话框中选择“保存”命令，在“自定义文档保存方式”窗口中对其格式、时间、位置等相关信息进行设置，单击“确定”按钮即可。

电脑小百科

在文档打印的时候，经常会发现在自己电脑上设置好的字体发到其他人的机器上就无法正常显示并打印，其实这是因为在保存时没有嵌入 True Type 字体。

2.2.2 可保存的文档类型

在对文档进行保存时，需要设置文档的保存类型。Word 从最初的 97 版到现在的 2010 版，不但功能增加了很多，而且在文件的支持类型方面也取得了很大的进步。在上面所讲的“自定义文档保存方式”窗口的文档格式中，可以看到 Word 2010 支持的所有类型。

- Word 文档：Word 文档是 Word 2010 默认的文档保存格式，它的后缀名从 Word 2007 开始变为了.docx。
- 启用宏的 Word 文档：宏是一系列组合在一起的 Word 命令和指令，它们形成了一个命令，以实现任务执行的自动化。我们可以创建并执行宏(宏实际上就是一条自定义的命令)以替代人工进行的一系列费时而单调的重复性 Word 操作，自动完成所需任务。但是，Word 2010 中默认的保存格式.docx 文件并不支持宏的运行，只有保存为专门支持宏运行的.docm 文档格式文件才能使宏正常运行。
- Word 97-2003 文档：Word 2010 版本保存的文档无法在 Word 2003 中进行编辑整理，为了使两者兼容，在 Word 2010 中我们可以将文档保存为 2003 兼容的.doc 旧文档格式。
- Word 模板：模板中包含的结构和工具构成了已完成文件的样式和页面布局等元素。如果要将文字或格式再次用于创建的其他文档，可将文档保存为 Word 模板文档。模板文档包括 Word 模板(.dotx)、启用宏的 Word 模板(.dotm)和 Word 97-2003 模板(.dot)。

知识补充

在 Word 中，支持宏的文档可以通过文档内的宏快速执行命令，让烦琐的操作变成一键操作，大大减轻工作量。但是宏也有可能被滥用，所以 Word 2010 提供了宏安全性的设置，使 Word 禁止非可靠来源文档中宏的运行，或在运行前给出警告提示让用户选择是否运行。

2.3 打开与关闭文档

在对文档进行保存之后，这里介绍 Word 2010 文档的关闭以及下次再使用时的打开方式。

书盘互动指导

示例	在光盘中的位置	书盘互动情况
	2.3 打开与关闭文档 2.3.1 打开文档 2.3.2 关闭文档	本节内容主要带领大家学习如何打开与关闭文档，在光盘 2.3 节中有相关内容的操作视频，并还特别针对本节内容设置了具体的实例分析。 大家可以在阅读本节内容后再学习光盘，以达到巩固和提升的效果。

电脑小百科

在卸载软件时，不要删除共享文件，因为某些共享文件可能被系统或者其他程序使用，且删除这些文件，会使应用软件无法启动而死机，或者出现系统运行死机。

2.3.1 打开文档

要打开一个已经存在的 Word 文档，只要找到该文档，在其图标上双击即可。这是我们熟悉的打开文档的方式，其实根据不同的路径、不同的需求还有多种打开方式。

一般打开文档的方式有以下几种。

(1) 单击“文件”选项，在文件选项中，选择“打开”命令。在弹出的打开对话框中双击所要打开的 Word 文档。

(2) 双击 Word 文档，直接打开文档。

(3) 在 Word 图标上单击鼠标右键，在弹出的快捷菜单中选择“打开”命令。

(4) 在已打开的 Word 窗口直接按下 Ctrl+O 组合键。

跟着做 1☛ 打开最近使用的文档

为了方便文档的查找与使用，用户除了可以通过“开始”菜单，选择“我最近的文档”选项，快速打开最近使用的文档外，Word 也提供了快速打开最近使用文档的方法，具体操作步骤如下。

1. 选择“文件”选项，在文件选项中，选择“最近所有文件”命令。
2. 在弹出的“打开”对话框中单击所要打开的 Word 文档。

跟着做 2☛ 以只读方式打开文档

在 Word 2010 中，为了保护一个已经完成编辑的文档，用户可以采用以只读方式打开文档来避免查阅时的误操作给文档造成损害，具体操作步骤如下。

1. 在 Word 2010 中，选择“文件”→“打开”命令。
2. 在弹出的“打开”对话框中，选择所要打开的 Word 文档。
3. 在对话框下方的“打开”按钮上，单击其右边的下拉按钮。
4. 选择“以只读方式打开”命令，打开文档如图 2-15 所示。

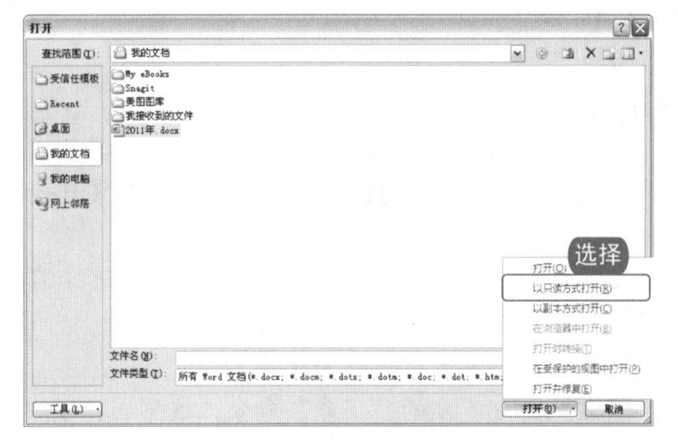

图 2-15　以只读方式打开文档

电脑小百科

Word 的“快速保存”方式可以节省存盘时间，但要浪费一定的磁盘空间，而“完全保存”则正好相反，用户可根据自己的实际情况选择合适的保存方式。

知识补充

在 Word 2010 中，如果需要快速同时打开多个文档，也可以像选取多个文件一样使用 Ctrl 键。选择“文件”→“打开”命令，在打开对话框中，按住 Ctrl 键不放直到对多个需要打开的文档选择完毕之后，单击“打开”按钮。

2.3.2 关闭文档

在关闭文档时，通常选择单击 Word 文档右上角的“关闭”按钮。但当一次打开了多个文档后，这样一个一个关闭文档就会十分麻烦。这时我们就可以选择“文件”→“退出”命令。

使用这种方法可以快速退出 Word 软件，一次性关闭所有文档，并且当我们有要关闭的文件尚未保存或是在文档中做过修改时，Word 会弹出一个提示对话框询问是否保存。

2.4 使用模板创建一份兼容模式的简历

简历是求职面试的第一块“敲门砖”。在没有看到真人的情况下，简历给面试官带去的第一印象是好是坏成为了面试者是否会收到面试通知的关键因素之一。一份布局合理、格式优美的简历会给面试者增加更多参加面试的机会。

书盘互动指导

在光盘中的位置	书盘互动情况
2.4 使用模板创建一份兼容模式的简历 2.4.1 使用模板创建简历文档 2.4.2 将文档保存为兼容模式	本节内容主要介绍了以上述内容为基础的综合实例操作方法，在光盘 2.4 节中有相关操作的视频文件，以及原始素材文件和处理后的效果文件。

原始文件	素材\第 2 章\无
最终文件	源文件\第 2 章\使用模板创建简历.doc

跟着做 1 使用模板创建简历文档

在 Word 2010 中的模板可以从多个地方找到，这里选择使用“Office.com 模板”中的模板，具体操作步骤如下。

1. 选择“文件”→“新建”命令，在“Office.com 模板”区域中选择需要的模板类别，这里直接在“Office.com 模板”标题右边的搜索框中搜索“简历”。
2. 单击搜索到的“简历”模板，对其进行大致的预览。
3. 选择需要的模板，单击预览图片下方的“下载”命令。这里选择了中性主题的简历模板，如图 2-16 所示。

在上网的时候，不要一次打开太多的浏览窗口，避免导致资源不足，引起死机。

4 创建完成，在简历模板中修改输入个人信息。

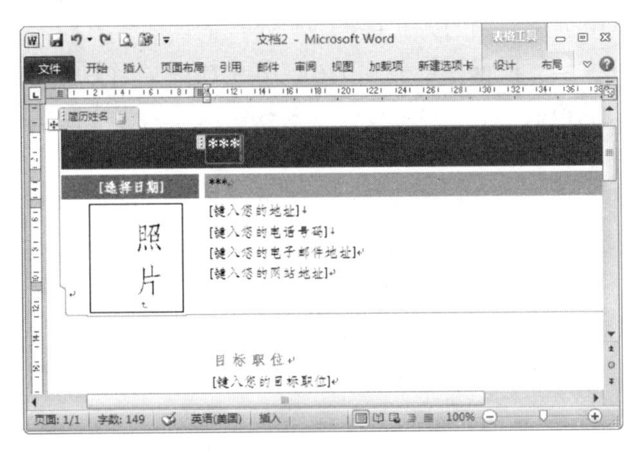

图 2-16　创建的简历效果图

跟着做 2 将文档保存为兼容模式

因为一些朋友仍然在使用 Word 的旧版本，而使用的 Word 2010 版本保存的文档无法在旧版本中打开编辑。所以建议在简历内容输入完成之后将其保存为 2003 兼容的旧文档格式。

1 选择“文件”选项，选择“另存为”命令。

2 在弹出的“另存为”对话框中，将保存类型设置后缀名为.doc 的“Word 97-2003 文档”，并且设置文档的名称及保存位置，如图 2-17 所示。

3 单击“保存”按钮，完成保存。

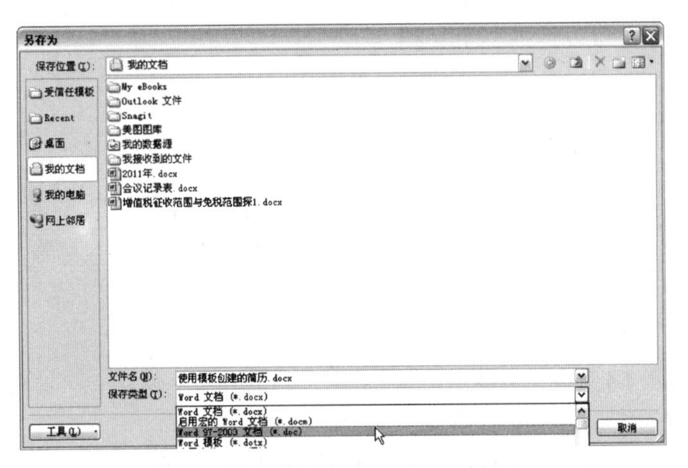

图 2-17　将文档保存为兼容模式

学 习 小 结

本章主要介绍了 Word 2010 的基本操作，通过对本章的学习，我们可以掌握文档的创建、保存、打开与关闭等不同的方式方法。

电脑小百科

在保存文件时按下 Shift 键可以将原本的“保存”命令变成“全部保存”命令，此时可以一次性将所有打开的文件进行存盘。

下面对本章内容进行总结，具体内容如下。

(1) 在 Word 2010 中创建文档的方式根据我们不同的需要有多种，主要包括：创建空白文档、根据现有文档创建文档、根据模板创建文档。其中模板文档主要包括系统提供的“样本模板”、自己创建的“我的模板”、“Office.com 模板”以及创建博客文章和书法字帖文档。

(2) 保存方法可分为“保存”和“另存为”两种，在“另存为”对话框中我们可以设置文档保存的位置、名称和类型等。文档的保存类型常用的有：Word 文档、启用宏的 Word 文档、Word 97-2003 文档以及 Word 不同的模板文档。

(3) 打开 Word 文档的方法除了双击桌面图标和直接按下 Ctrl+O 组合键外，还可以通过“文件”选项卡根据不同的具体需要打开文档，如以只读方式打开文档、打开最近使用的文档等。

(4) 打开多个文档时我们可以使用 Ctrl 键；关闭多个文档时，我们可以直接选择“文件”→“退出”命令，关闭所有文档。

互 动 练 习

1. 选择题

(1) Word 2010 首次启动后，系统一般会自动创建一个(　　)文档。

A．模板文档　　B．表格文档

C．空白文档　　D．书信文档

(2) 以下说法正确的是(　　)。

A．在文档图标上单击一下鼠标左键就可以直接打开文档

B．第一次保存文档时，会弹出“另存为”对话框

C．使用 Alt 键可以选择多个文档

D．以上说法都不对

(3) 以下哪种不是 Word 2010 支持的文档类型后缀名？(　　)

A．.html　　B．.docx

C．.xlsx　　D．.dotx

(4) 创建新文档的方法有很多，在编辑其他文档的过程中又要创建新文档，使用以下哪个选项不能进行创建？(　　)

A．选择“文件”→“新建”命令

B．直接按下 Ctrl+O 组合键

C．快速访问工具栏中的“新建”命令

D．在电脑桌面或任意文件夹里都可以单击鼠标右键创建

2. 思考与上机题

(1) 练习使用 Word 模板创建一个文档。

(2) 通过“Word 选项”将“练习文稿”的自动保存时间设置为 5 分钟。

电脑小百科

在安装了新的硬件驱动程序后发现系统不稳定或硬件无法工作时，只需在“设备管理器”中单击“驱动程序恢复”按钮，即可恢复到先前正常的系统状态。

原始文件	素材\第 2 章\练习文稿 1.docx
最终文件	源文件\第 2 章\练习文稿.docx

(3) 创建一份书法字帖，如下图所示。

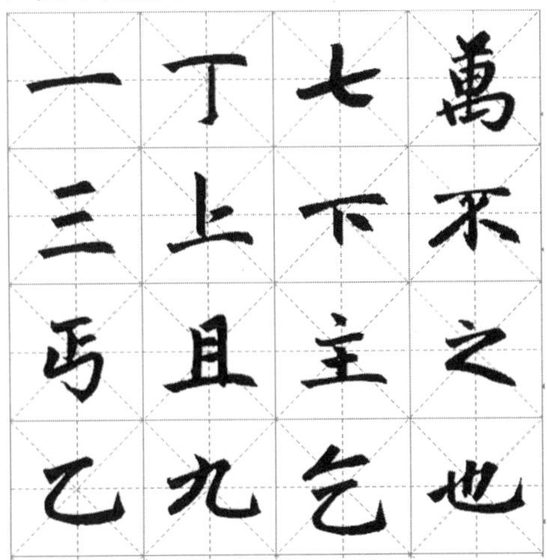

原始文件	素材\第 2 章\无
最终文件	源文件\第 2 章\书法字帖.docx

制作要求：

a. 为“汉”、“仪”、“赵”、“楷”、“繁”书法字体添加以上字符。

b. 将添加的字符设置为实心文字并以标准黑色填充。

电脑小百科

当 Word 文档受损时，利用 Word 自身的自动恢复功能，通常都可以修复损坏文档到最后一次保存的状态。

第3章

Word 2010 文本的录入与编辑

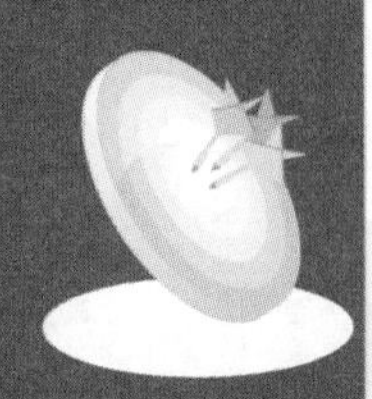

本章导读

新建空白文档之后就要进行文本的录入与编辑了。掌握好文档的录入与编辑技巧，不仅可以提高效率减少出错率，还可以确保文本的规范性。

本章主要介绍 Word 2010 中文本的录入及其常用编辑操作，并通过实战的应用分析巩固和强化理论操作。

精彩看点

- 光标的定位
- 文本的输入
- 字符的添加
- 日期与时间的插入
- 文本的选取
- 文本的移动/剪切/复制/粘贴
- 文本的撤销/恢复/重复
- 文本的查找/替换

3.1 输入文本

文本的输入主要在编辑区中进行，它是 Word 编辑中的重要组成部分，如光标定位、中英文的输入、数字标点等一些特殊字符的添加以及日期与时间等。

书盘互动指导

示例	在光盘中的位置	书盘互动情况
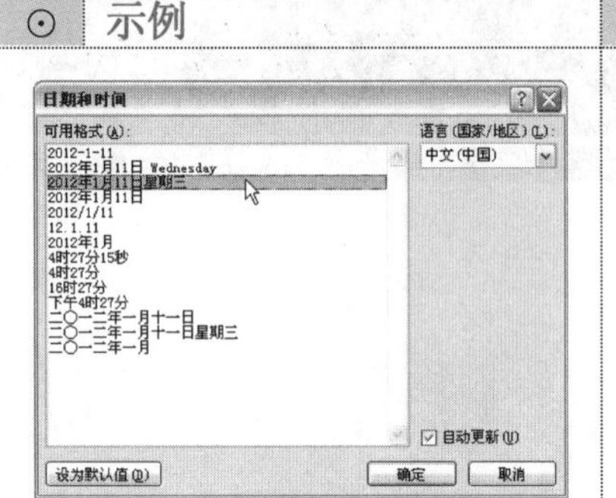	3.1 输入文本 3.1.1 光标定位与文字输入 3.1.2 字符的添加 3.1.3 日期与时间的插入	本节内容主要带领大家全面认识图表，在光盘 3.1 节中有相关内容的操作视频，并还特别针对本节内容设置了具体的实例分析。 大家可以在阅读本节内容后再学习光盘，以达到巩固和提升的效果。

3.1.1 光标定位

打开新建的 Word 文档，在 Word 界面编辑区的开头有一个竖条型的闪动光标，这就是插入点光标。它是新的文字或对象输入的位置。

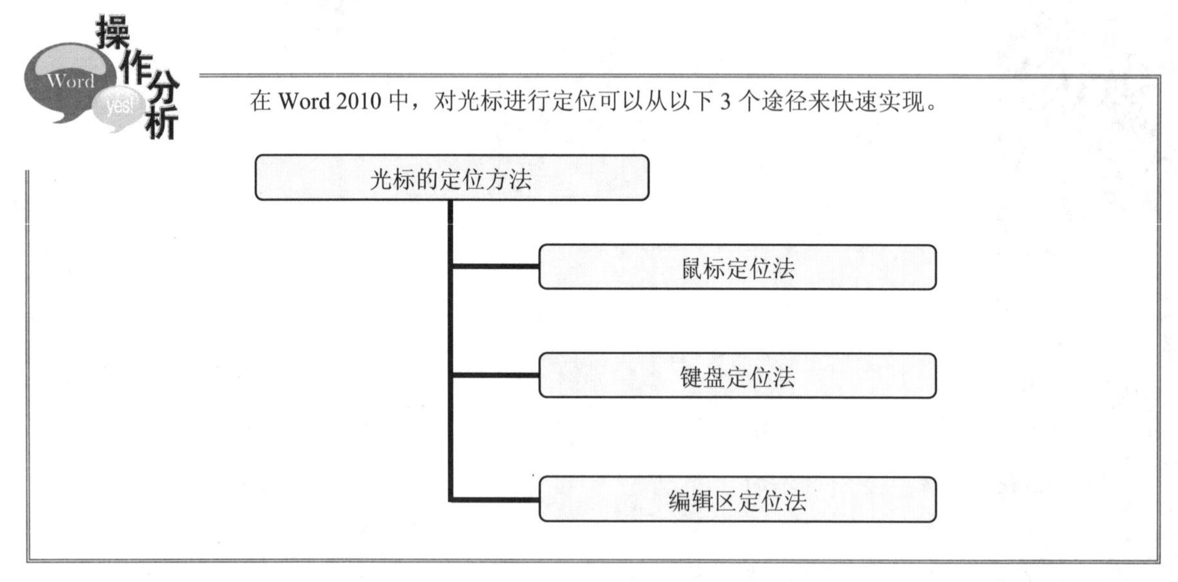

1. 使用鼠标定位

移动鼠标指针，在文档中需要输入文字的位置单击鼠标左键，即可将光标移至此处。在 Word 2010 文档中，用户还可以使用“即点即输”功能将插入点光标移动到 Word 2010 文档页面

如果一个文件夹下有很多文件，需要快速找到想要的文件，先随便选择一个文件，然后在键盘上选择想要的文件的第一个字母就可以了。

可编辑区域的任意位置。在 Word 2010 文档页面可编辑区域内任意位置双击左键，即可将插入点光标移动到当前位置，如图 3-1、图 3-2 所示。

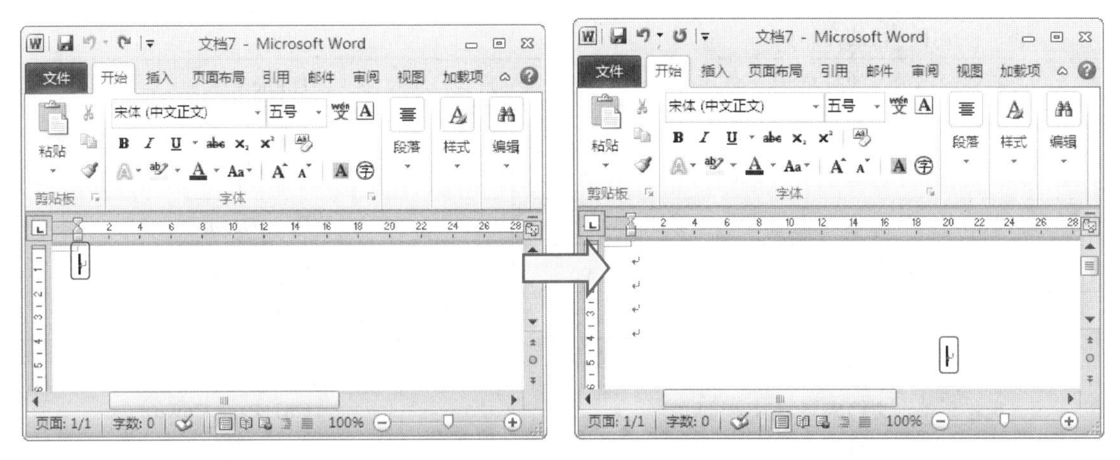

图 3-1　双击前光标的位置　　　　图 3-2　双击后光标的位置

要想使用“即点即输”功能，需要首先开启该功能，具体操作步骤如下。

1. 选择“文件”→“选项”命令。
2. 在“Word 选项”对话框中选择“高级”命令。
3. 选择“启用即点即输”命令，单击“确认”按钮。

知识补充

这里需要注意的是：“即点即输”功能只有在“页面”视图和“Web 版式”方式下才起作用，其他的视图方式下没有此功能。

2. 使用键盘定位

在编辑操作中，经常要将光标切换到段首或段尾的位置，如何能够节省时间，快速进行移动呢？除了通过鼠标单击来确定光标的位置外，键盘也是可以代替鼠标进行光标定位的。表 3-1 所示为我们常用的定位组合键。

表 3-1　常用的定位组合键

相应功能(插入点所移到的位置)	键　名
光标左移一个字符	←
光标右移一个字符	→
光标上移一行	↑
光标下移一行	↓
光标左移一个汉字、词组或英文单词	Ctrl+←
光标右移一个汉字、词组或英文单词	Ctrl+→
光标移至当前段的开始处	Ctrl+↑

电脑小百科

按 Ctrl+Alt+Num 组合键，鼠标指针会变为花朵形，再执行要定义快捷键盘或鼠标操作后，就会弹出“自定义键盘”对话框指定快捷键。

续表

相应功能(插入点所移到的位置)	键　名
光标移至下一段的开始处	Ctrl+↓
光标移至当前行的行首	Home
光标移至当前行的行尾	End
向上滚过一个屏幕	Page Up
向下滚过一个屏幕	Page Down
光标移至上一页首	Ctrl+Home
光标移至下一页首	Ctrl+End
光标移至整个文档开头首字符前	Ctrl+Page Up
光标移至整个文档末尾最后字符后	Ctrl+Page Down

3. 使用编辑区定位

如果文字内容较长，只能在文本区内显示部分内容，可以借助滚动条将需要显示的文本移动到当前编辑区内。

在 Word 2010 中，用户可以使用 Word 的定位功能快速把光标移动到当前文档指定的位置。这种方法通常用于大幅度的跨越或寻找文档中特殊的对象，具体操作步骤如下。

1. 在“开始”选项的功能区中选择“编辑”命令的下拉按钮。
2. 在下拉菜单中选择“替换”命令。
3. 在弹出的“查找和替换”对话框中，选择“定位”选项卡，如图 3-3 所示。

图 3-3　“查找和替换”对话框

4. 在“定位目标”列表框中显示出可以直接用于定位的目标。默认情况下，Word 建议按页定位。选择不同的目标，右侧文本框上面的提示性文字将随之变化，这里选择定位目标为“行”。
5. 在文本框中输入想要移动的行号，在数字前冠以“+”、“-”号，表示由当前行向下或向上移动若干行，选择“定位”选项卡或者单击“前一处”、“下一处”按钮，按序查看，这里输入“+2”，如图 3-4 所示。
6. 完成定位后单击关闭按钮(或按 Esc 键)关闭对话框，光标停留在定位目标处，如图 3-5 所示。

电脑小百科

将电脑主板上的电池取下，过几分钟再重新安装回去，即可清除原先设定的主板密码。

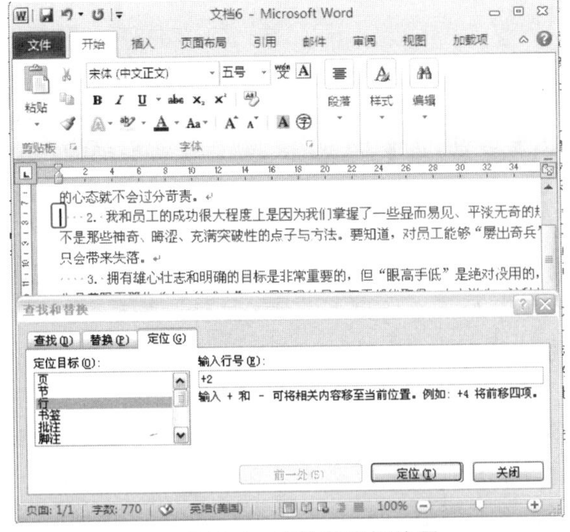

图 3-4　定位前光标位置

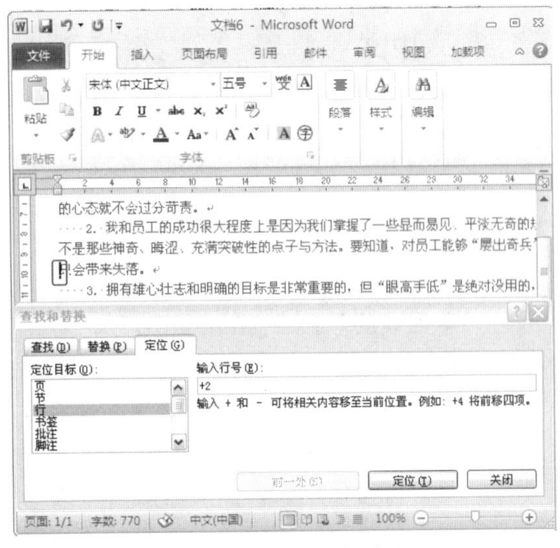

图 3-5　定位后光标位置

知识补充

在窗口右侧滚动条下部，存在一个圆形“选择浏览对象”按钮，单击打开列表，可设定不同的参照对象浏览文档。设定完毕后，单击圆形按钮上面和下面的双箭头按钮，可以浏览上一个和下一个定位对象。单击其中的“→”按钮，可以打开“定位”对话框。

3.1.2　输入文字

在 Word 文档中，最基本的工作就是文字的输入。在光标定位确定后，即可在光标位置输入文本，如图 3-6 所示。

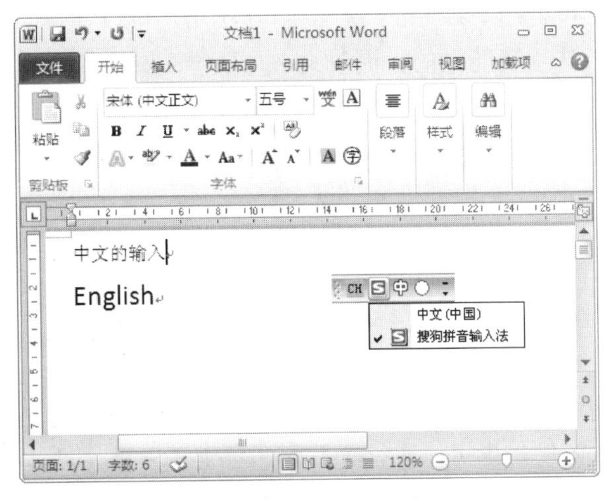

图 3-6　输入文本内容

一般在安装 Word 2010 后，打开默认的输入法为微软输入法，但用户可以根据自己的使用习惯设置默认的输入法或切换选择输入法。这里从中文输入、英文输入以及输入法切换 3 个方面来进行了解。

电脑小百科

在 Word 中保存文件时出现磁盘已满无法保存等情况时，可以将文档内容全部复制到剪贴板中，关闭重启 Word 文档，然后再将文档进行粘贴保存。

1. 输入中文

目前利用键盘输入的常用汉字输入法，主要是拼音输入法和五笔字型输入法。例如，“智能ABC”、“微软拼音”、“搜狗”、Google 等都属于拼音输入法，而“王码”、“极品”等五笔输入法则属于字型输入法。

以上内容是常用汉字的输入方法，下面讲解几个中文输入时可能会遇到的问题。

- 为中文自动添加拼音：在制作文档时，有时需要为一些生僻字加上拼音注释，比如小学生读物等。在 Word 2010 中，首先选取要添加拼音的文本，然后选择“开始”选项卡下“字体”功能区的按钮，在弹出的“拼音指南”对话框内对拼音的组合方式、显示方式、字体等进行设置，最后单击“确定”按钮。
- 繁简中文转换：在 Word 2010 中，即使需要编辑一份繁体中文的资料也不用担心，只要输入简体中文，然后通过“中文简繁转换”功能就能快速完成它的转换。首先选取需要转换的简体中文，选择“审阅”选项，然后单击“简转繁”命令即可完成转换。对于语言使用习惯差异，转换后文档内容与原文要表达的意思可能有所不同，用户也可以依照以上步骤使用“简繁转换”功能。
- 大写中文数字：如果需要输入大写的中文数字，汉字逐个输入出来比较慢。在 Word 2010 中，可以实现快速输入中文数字的方法。选择“插入”→“编号”命令，在弹出的“编号”对话框中输入数字，然后在“编号类型”中选择中文大写型数字，单击“确定”按钮即可完成数字的输入。

2. 输入英文

一般的英文字母、数字以及键盘上有的符号只需按相应的键即可录入。在输入英文时，如句首单词的首字母、名字、地名等一些特殊标志的名称单词首字母往往为大写，如果对 Word 不熟悉的话只能老老实实地不停使用 CapsLock 键切换。其实用户可以在选取要调整句首的句子之后，使用 Word 中的“开始”选项功能区的“更改大小写”Aa▾按钮，选择“句首字母大写”命令即可。

通过“更改大小写”按钮还可以执行英文全部大写/小写、每个单词首字母大写、半角/全角以及大小写切换命令。

3. 切换输入法

对于输入法的切换，用户可以单击位于电脑任务栏上的“输入法指示器”图标进行切换选择，也可以按 Ctrl+Shift 组合键切换。

如果只是中英文的切换还可以直接按下 Ctrl+Space 组合键来完成。在 Word 2010 中，使用这些组合键时如果觉得不太方便，也可以进行个性化的自定义设置，具体操作步骤如下。

1. 将光标移动到“输入法指示器”图标上，单击鼠标右键。
2. 选择“设置”命令，弹出“文字服务和输入语言”对话框，如图 3-7 所示。
3. 在对话框中单击“键设置”按钮，弹出“高级键设置”对话框，如图 3-8 所示。

电脑小百科

在使用 Tab 键或 Space 键时，按下 Shift 键不放可以将转换键方向发生改变。

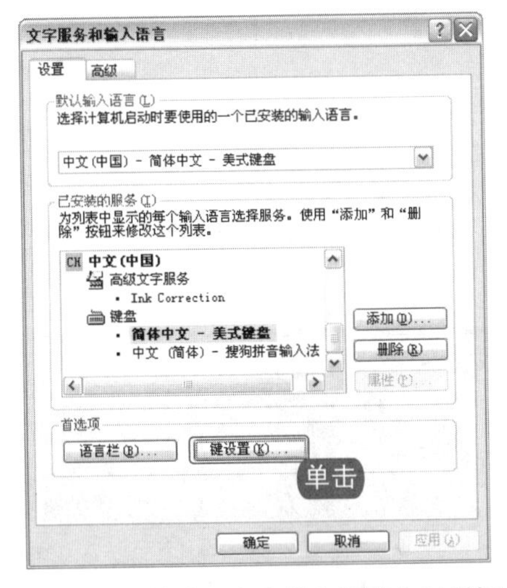

图 3-7　“文字服务和输入语言”对话框

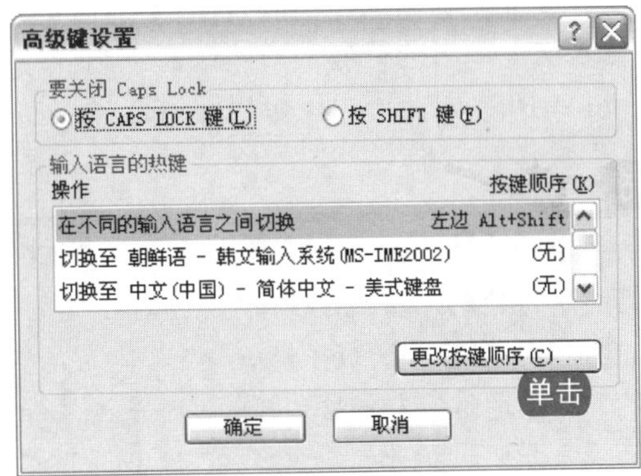

图 3-8　“高级键设置”对话框

4. 单击“更改按键顺序”按钮，弹出“更改按键顺序”对话框，如图 3-9 所示。
5. 在对话框中进行选择设置，最后单击“确定”按钮关闭所有对话框。

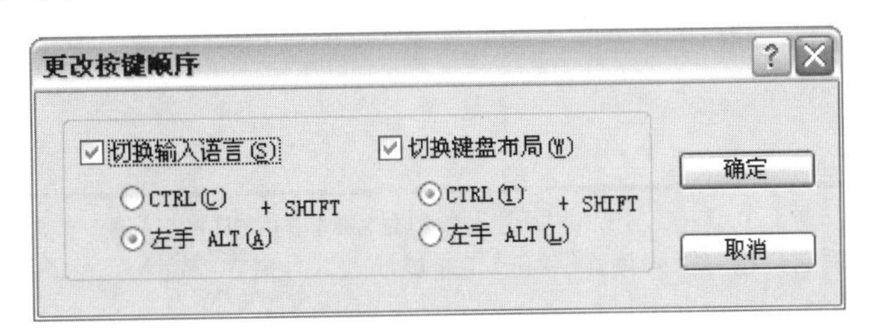

图 3-9　设置按键顺序

在以上操作中，我们还可以对默认输入法进行修改、语言进行添加、显示风格进行更改等自定义设置。

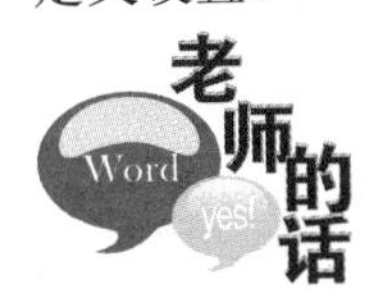

在 Word 2010 中输入文字时有“插入”和“改写”两种录入状态。

“插入”状态：在该状态下，键入的文本将插入到当前光标所在位置，光标后面的文字按顺序后移。

“改写”状态：在该状态下，键入的文本会把插入光标后面的文字替换掉，其余的文字位置不变。

在 Word 2010 中可以执行切换录入状态的方法有两种：直接按下键盘上的 Insert 键；双击状态栏上的“改写”/“插入”标记。

3.1.3　添加字符

在 Word 文档中经常要插入一些字符，这些字符不仅包括标点符号、单位符号和数字符号等常用符号，有时还包括一些不常用的特殊符号。

1. 标点符号

想要输入键盘数字键上标示的符号，只需同时按下 Shift 键和该数字键。需要注意的是，在中、英文输入法上输出的符号会有不同。

在 Word 2010 界面，用户还可以通过选择“插入”→“符号”命令进行输入。

知识补充

省略号：在中文输入法状态下只要同时按下 Ctrl + Alt + “. ”组合键，即可快速输入半个省略号。再介绍更加快捷的方法，选择一种通用的汉字输入法(不包括“智能五笔”和“万能五笔”)，同时按下 Shift 键和键盘上方的数字键 6，即可输入完整的省略号。

一对大括号：通常输入一对大括号，都是按住 Shift 键，再分别按左右括号，其实有更好的方法。将光标置于需要插入大括号的地方，按下 Ctrl + F9 组合键，即可快速输入一对大括号，并且光标停在其中。

2. 特殊字符

在使用 Word 编辑文档时，常常需要输入一些特殊符号，如“®”注册标符号和“™”商标符号等。

在 Word 2010 中，添加的字符主要包括常用字符和特殊字符。大多常用字符都可以通过键盘进行输入，也可以同特殊字符一样通过插入符号来完成输入。

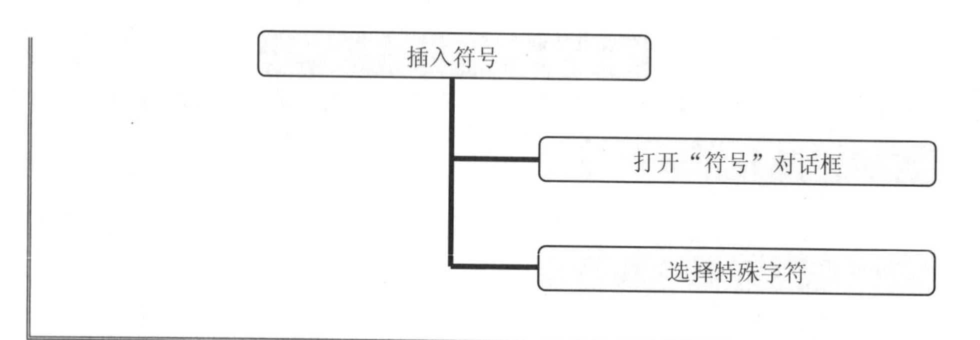

跟着做 1 打开“符号”对话框

在字符对话框中可以添加各种字符，在“符号”对话框中的符号命令下(见图 3-10)有“字体”和“子集”供用户选择，以满足不同的需求。打开“符号”对话框的具体操作步骤如下。

1. 选择“插入”→“符号”命令。
2. 在“符号”命令的下拉菜单中单击“其他符号”命令，或单击鼠标右键，在弹出的快捷菜单中选择“插入符号”图标，如图 3-10 所示。
3. 打开符号对话框，选择需要输入的字符，单击“插入”按钮。

电脑小百科

在智能 ABC 输入法中，输入字母 V+数字（1～9），可以输入各种字符、图形、数字等。

图 3-10 选择符号

跟着做 2 选择特殊字符

如果在符号命令中没有找到想要的字符，这时可以通过以下操作找到更多的特殊字符。

1. 在“符号”对话框中找到需要输入的字符，选择“特殊字符”选项卡，如图 3-11 所示。
2. 选择需要输入的字符，单击“插入”按钮。

图 3-11 选择特殊字符

用插入特殊字符的方法输入货币符号和商标符号等比较费时。在打开特殊字符对话框中看到一些特殊字符都有其对应的快捷键，用户可以使用快捷键更快地输入。

除了 Word 已总结的快捷键之外，这里再特意补充一些 Word 文档中特殊符号的快捷键，供大家参考。

- 人民币符号“￥”：在中文输入法状态下按 Shift + 4 组合键。
- 美元符号“$”：在英文输入法状态下按 Shift + 4 组合键。

电脑小百科

在 Word 中，为常用的特殊字符设置快捷键可以加快特殊字符的输入。

- 欧元符号“€”：按下 Ctrl + Alt + E 组合键。
- 上下颠倒的问号：按下 Ctrl + Shift + Alt + “?”组合键。
- 上下颠倒的感叹号：按下 Ctrl + Shift + Alt + “!”组合键。

3.1.4 插入日期与时间

在 Word 2010 中，用户可能会遇到要输入当前日期的情况，除了直接输入年份外还可以通过以下操作来完成。

Word 中插入日期和时间的方法很简单，既可以通过对话框插入，有时也需要按下 Enter 键。

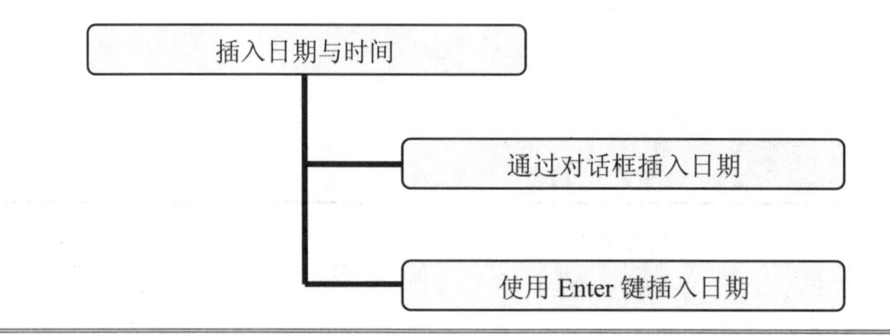

跟着做 1 通过对话框插入日期

使用对话框插入日期的具体操作步骤如下。

1. 选择“插入”→“文本”命令，选择“日期和时间”命令，如图 3-12 所示。

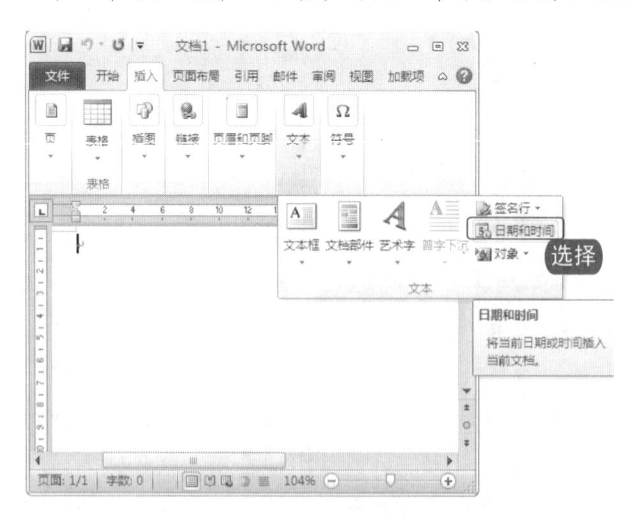

图 3-12 选择“日期和时间”命令

2. 弹出“日期和时间”对话框，在对话框的“可用格式”和“语言(国家/地区)”栏中进行选择，如图 3-13 所示。

电脑小百科

选择“开始”→“运行”命令，在弹出的对话框中输入：regsvr32 /u zipfldr.dll，按下 Enter 键即可关闭 ZIP 文件夹功能。

❸ 单击“确定”按钮，插入日期和时间的效果图，如图 3-14 所示。

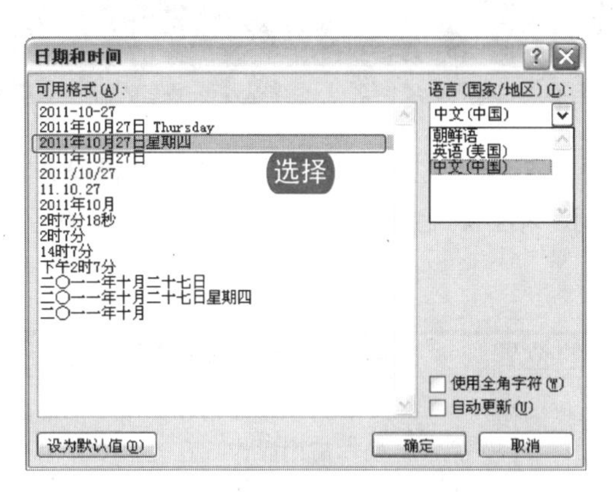

图 3-13　选择日期和时间的格式

图 3-14　插入日期和时间的效果图

跟着做 2　使用 Enter 键插入日期

在 Word 2010 文档中输入日期，如果“记忆式键入”功能已经启动还可以采用更简单的方法键入日期，具体操作步骤如下。

❶ 在文档的指定位置键入当前日期的前 4 个字符，如图 3-15 所示。

❷ 直接按下 Enter 键即可，如图 3-16 所示。

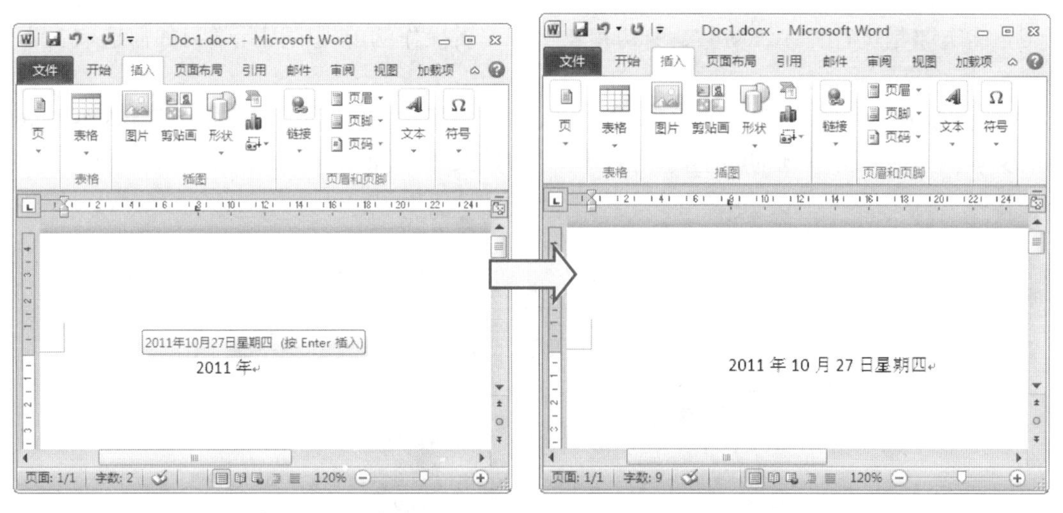

图 3-15　输入前 4 个字符　　　　图 3-16　系统自动键入日期

知识补充

Word 中不仅能插入当前日期和时间，还能使之随时更新，而且设置简单。

用户只需在插入日期和时间的同时，在“日期和时间”对话框中选中“自动更新”复选框，然后单击“确定”按钮，这样每次打开该文档时，日期和时间都会更新成当前的日期和时间。

电脑小百科

Word 能够自动更正键入的一些错误，它还提供了添加自动更正词语的功能，利用该功能可以将一些常用的长词组用简单词组代替。

3.2 文本编辑操作

在对 Word 2010 文本进行输入时，用户可以根据需要对文本进行一些基本的编辑操作。最常用的编辑操作包括文本的选取、移动、剪切、复制、粘贴、撤销、恢复、重复、查找和替换等。

书盘互动指导

示例	在光盘中的位置	书盘互动情况
	3.2 文本的常用编辑操作 3.2.1 移动/剪切/复制/粘贴文本 3.2.2 移动/剪切/复制/粘贴文本 3.2.3 查找/替换文本	本节内容主要带领大家全面熟悉文本编辑常用操作，在光盘 3.2 节中以连贯的综合实例详细介绍了相关操作的具体步骤。 大家可以选择在阅读本节内容后再学习光盘，以达到巩固和提升的效果，也可以直接通过学习光盘操作视频来掌握本节内容。

3.2.1 选取文本

文本的选取是进行复制、粘贴、剪切和删除等编辑操作的前提，因此学习如何选取文本是很有必要的。

在 Word 2010 文档中，默认的文本显示形式是白底黑字。但是一旦选中了某些内容，这部分内容的文本就会显示为不同的颜色，以区别未选中的文本，如图 3-17 所示。

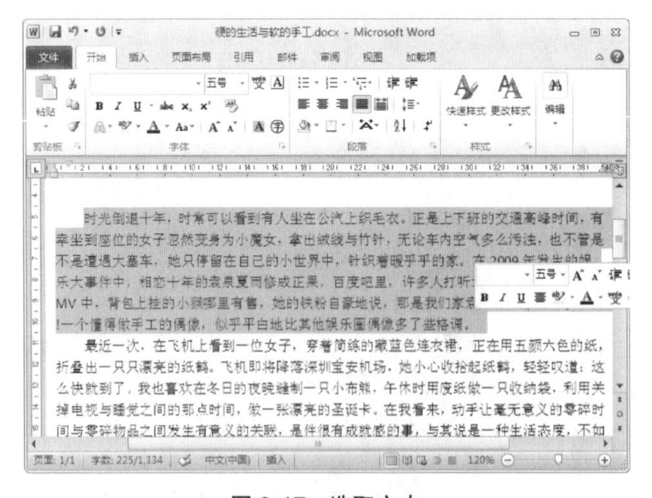

图 3-17　选取文本

在对文本进行修改时，有时需要选取的是整个文档，有时需要选取的可能只是其中的某一部分，甚至是一个词组。选取文本有以下两种途径。

电脑小百科

在电脑任务栏的空白区域，单击鼠标右键，在弹出的快捷菜单中选择“属性”命令，在“任务栏”选项卡下选择“显示快速启动”命令，即可找回丢失的快速启动栏。

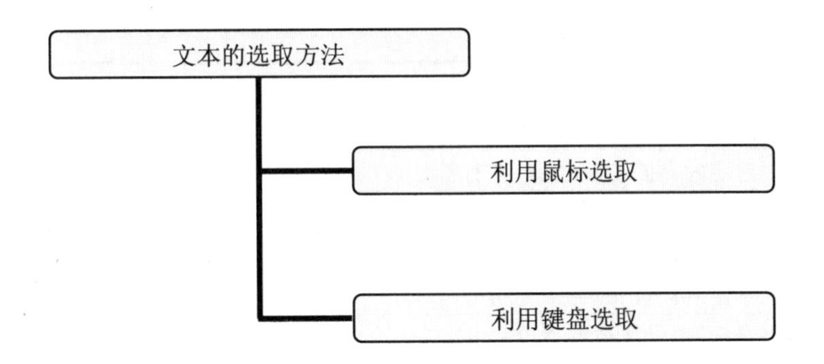

1. 利用鼠标选取

要选定文本对象，最常用的方法就是通过鼠标选取。采用这种方法可以选择文档中的任意文字，这是最基本和最灵活的选取文本的方法。表 3-2 所示为利用鼠标选取文本的操作方法。

表 3-2　利用鼠标选取文本的操作方法

选定内容	鼠标操作方法
英文单词/汉字语句	双击该英文单词或汉字语句
图形	单击该图形
一行文本	单击该行左侧的选定栏
多行文本	在行左侧的选定栏中拖动
整段句子	按住 Ctrl 键单击该句子的任何部分
一个段落	双击该段落左侧的选定栏
多个段落	在选定栏中双击并拖动
行数较多的长文本	在开始点拖动至结束点或单击开始点再按住 Shift 键单击结束点
列方式选定文本	按住 Alt 键不放，从开始点拖动至结束点

2. 利用键盘选取

除了使用鼠标选择文档外，用户还可以通过键盘利用组合键来选择文本。使用键盘选定文本时，需要先将插入点移到将选定文本的开始位置，然后操作有关的组合键即可。各个组合键的功能如表 3-3 所示。

表 3-3　利用键盘选取文本的操作方法

键　名	相应功能(所选定的对象区域)
Shift+←	向左选定一个字符(若按住 Shift+←组合键不放，是以字符为单位依次向左选定多个字符)
Shift+→	向右选定一个字符(若按住 Shift+→组合键不放，是以字符为单位依次向右选定多个字符)
Shift+↑	向上选定一行(若按住 Shift+↑组合键不放，是以行为单位依次向上连续选定多行)
Shift+↓	向下选定一行(若按住 Shift+↓组合键不放，是以行为单位依次向下连续选定多行)
Shift+Ctrl+←	选定内容向前扩展至汉语词组或英语单词(含单个字符但不含空格)的开头
Shift+Ctrl+→	选定内容向后扩展至汉语词组或英语单词(含单个字符但不含空格)的结尾
Shift+Ctrl+↑	选定内容扩展至光标所在段首

电脑小百科

在 Word 选项的“显示”选项中选择“空格”和“段落标记”等，可以看到文档中输入的每个空格和 Enter 键，方便排版。

续表

键　名	相应功能(所选定的对象区域)
Shift+Ctrl+↓	选定内容扩展至光标所在段尾
Shift+Home	选定内容扩展至光标所在行首
Shift+End	选定内容扩展至光标所在行尾
Shift+Page Up	选定内容向上扩展一个屏幕
Shift+Page Down	选定内容向下扩展一个屏幕
Shift+Ctrl+Home	选定内容扩展至整个文档开始处
Shift+Ctrl+End	选定内容扩展至整个文档结尾处
Shift+Ctrl+Alt+Page Up	选定内容扩展至光标当前窗口开始处
Shift+Ctrl+Alt+End	选定内容扩展至光标当前窗口结尾处
先按一下 F8，再按←	等同于按住 Shift+←组合键不放时，以字符为单位依次向左连续选定多个字符
先按一下 F8，再按→	等同于按住 Shift+→组合键不放时，以字符为单位依次向右连续选定多个字符
先按一下 F8，再按↑	等同于按住 Shift+↑组合键不放时，以行为单位依次向上连续选定多行
先按一下 F8，再按↓	等同于按住 Shift+↓组合键不放时，以行为单位依次向下连续选定多行
Ctrl+A	A 即 ALL 的首字母，选定整个文档中所有内容(含文档从首到尾的所有空行及空格)

3.2.2 移动/剪切/复制/粘贴文本

在文档的编辑过程中，有时会发现某些句子、段落在文档中所处的位置不合适、重复或者需要多次重复出现，此时可以利用移动、剪切、复制和粘贴功能来避免不必要的重复输入工作。

在 Word 2010 中，剪切、复制的内容可以是文档中的任何部分，而且可以将其粘贴到同一文档或者不同文档的任何位置。

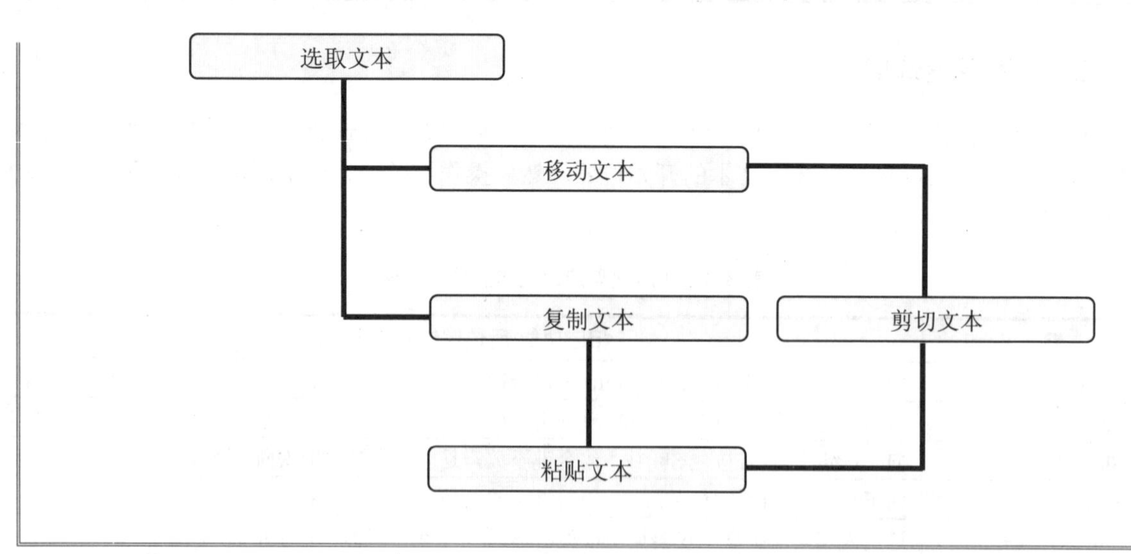

电脑小百科

在资源管理器中选择多个文件，按下 F2 键，只要重命名其中的一个文件，就可以把所有被选择的文件重命名为新的文件名(在末尾处加上递增的数字)。

跟着做 1☛ 移动文本

Word 中文本的移动就是将文本内容从一个位置移动到新的位置，具体操作步骤如下。

1. 选取需要移动的文本，单击选取的文本不松开鼠标，使光标变为虚线，出现截取框框，如图 3-18 所示。
2. 拖动鼠标到指定位置后再松手，完成文本的移动，如图 3-19 所示。

图 3-18　选取文本　　　　图 3-19　移动文本

跟着做 2☛ 剪切/复制文本

文本的剪切和复制都是将所选取的文本复制一份放入剪贴板中。在之后的操作中，可以通过粘贴命令将文本移动到新的位置，并且可以多次重复粘贴。

复制与剪切的不同之处在于复制之后所选取的文本在原来位置还存在，而剪切之后文本只在新的位置存在。剪切/复制文本具体操作步骤如下。

1. 选取需要移动的文本，在所选文本上单击鼠标右键。
2. 在弹出的快捷菜单中选择“剪切”或者“复制”命令，这里选择“剪切”命令，如图 3-20 所示。

图 3-20　剪切文本

电脑小百科

在 Word 2010 只需通过 Alt+Enter 组合键便可轻松输入叠加词，如在输入“爸”字后，按下 Alt+Enter 组合键，便可再输入一个“爸”字。

③ 完成文本的剪切。

跟着做 3 粘贴文本

在对文本进行复制或粘贴之后就可以使用粘贴命令来完成文本的移动。在 Word 2010 中，粘贴也包括 3 个选项：保留源格式粘贴、合并格式粘贴和只保留文本粘贴。用户可以根据不同的需要进行选择，粘贴文本的具体操作步骤如下。

① 单击所要粘贴的位置，将光标定位于此。
② 单击鼠标右键，在弹出的快捷菜单的粘贴选项中预览各个选项并单击选择。
③ 完成文本的粘贴。

在 Word 2010 中，剪贴板最多可以保存 24 项内容，当复制第 25 项内容时，原来的第 1 项复制内容将被清除出剪贴板，我们可以通过剪贴板任意选择需要的复制内容。

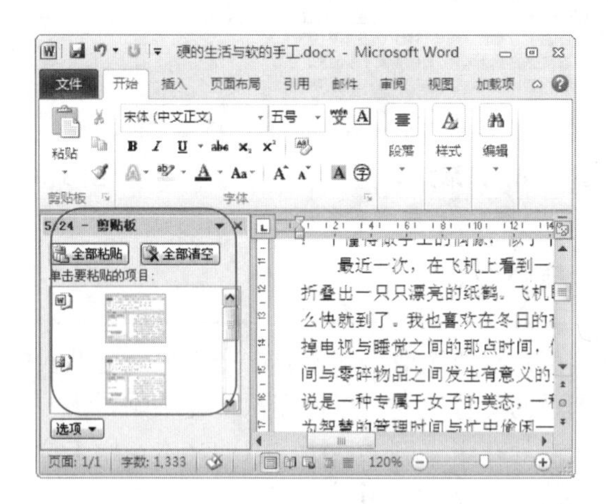

删除文本可以按下 BackSpace 退格键，删除光标前一个字符或一个汉字；使用 Delete 删除键，可以删除光标后一个字符或一个汉字。

为了节约时间，我们可以使用它们的快捷键。剪切为 Ctrl+X 组合键，复制为 Ctrl+C 组合键，粘贴为 Ctrl+V 快捷键。

使用移动文本时想要复制文本只需要在鼠标拖动的同时按下 Ctrl 键即可。

3.2.3 撤销/恢复/重复文本

撤销和恢复是相对应的，撤销是取消上一步的操作。恢复就是把撤销的操作再恢复回来。“重复”按钮和“恢复”按钮位于 Word 2010 文档窗口“快速访问工具栏”的相同位置。

当进行编辑而未进行撤销操作时，就显示“重复”按钮，即一个向上指向的弧形箭头。当执行过一次撤销操作后，则显示“恢复”按钮，即一个向上指向的弧形箭头。

- 撤销操作：单击快速访问工具栏中的“撤销”按钮。单击“撤销”按钮右侧的下拉按钮，在菜单中显示了此前执行的所有可撤销的操作，时间越近位置越靠上，单击想要

电脑小百科

在“我的电脑”上单击鼠标右键，在弹出的快捷菜单中选择“属性/远程”命令，把“远程桌面”中的“允许用户远程连接到这台计算机”的钩去掉，即可关闭远程桌面。

撤销的位置可以一次撤销之前的多步操作。另外用户还可以直接按下 Ctrl+Z 组合键快速进行撤销操作。

- 恢复操作：恢复是撤销的反向操作，只能恢复刚刚执行过的撤销命令。用户可以单击快速访问工具栏中的“恢复”按钮，也可以直接按下 Ctrl+Y 组合键来实现。
- 重复操作：重复操作可以在 Word 2010 中重复执行最后的编辑操作，如重复输入文本、设置格式或重复插入图片、符号等。要进行重复操作，用户可以单击 Word 2010 文档窗口“快速访问工具栏”中的“重复键入”按钮，也可以按下 Ctrl+Y 组合键执行重复键入操作，另外 F4 和 Alt+Enter 组合键也有同样的功能。

3.2.4 查找/替换文本

在文字编辑工作中，要修改某个多次重复出现的文字，一个一个寻找并修改容易遗漏，而且速度也很慢。在 Word 2010 中，用户可以使用查找与替换命令快速实现修改操作。

跟着做 1 查找文本

在文档中查找文字的具体操作步骤如下。

1. 在“开始”选项的功能区中选择“编辑”命令的下拉按钮。
2. 在下拉菜单中选择“查找”命令，弹出导航窗格，如图 3-21 所示。
3. 在 Word 界面弹出的导航窗格中输入要查找的内容，单击 “查找”按钮。

图 3-21 导航窗格

跟着做 2 替换文本

替换文字的具体操作步骤如下。

1. 同使用“查找”功能一样，选择“开始” → “编辑”命令。

电脑小百科

在选取文本后，按下 Ctrl 键同时按下鼠标左键不松开，即可将所选内容复制粘贴到新的位置。

2. 在下拉菜单中选择“替换”命令。
3. 在“查找和替换”对话框中的“查找内容”和“替换为”文本框中输入文字，如图 3-22 所示。
4. 单击“替换”按钮或“全部替换”按钮。

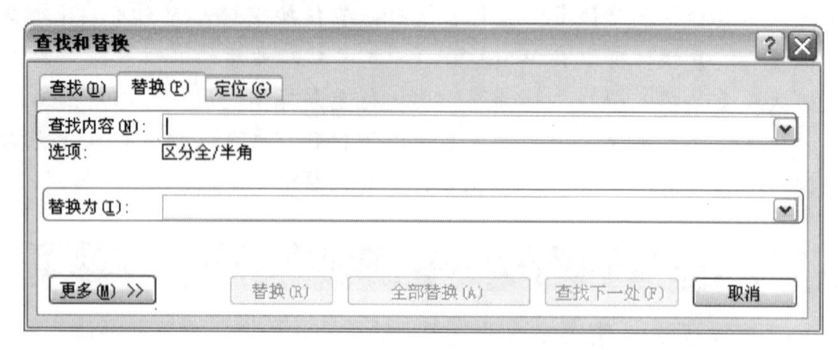

图 3-22　输入查找内容和替换内容

3.3　制作公司名片

交换名片是新朋友互相认识，自我介绍最快、最有效的方法，也是商业往来中仅次于握手的第一个官方正式行为。

名片作为一种商务必备品，它的重要性不言而喻，现在就来学习制作一张名片。

书盘互动指导

⊙ 在光盘中的位置	⊙ 书盘互动情况
3.3 制作公司名片 3.3.1 创建名片 3.3.2 编辑修改名片 3.3.3 输入名片内容	本节内容主要介绍了以上述内容为基础的综合实例操作方法，在光盘 3.3 节中有相关操作的视频文件，以及原始素材文件和处理后的效果文件。

原始文件	素材\第 3 章\XX 有限公司员工名片资料.docx
最终文件	源文件\第 3 章\XX 有限公司名片.docx

使用素材文件，利用本章所学的编辑操作快速制作一张名片，具体操作步骤如下。

跟着做 1 创建名片

创建名片的具体操作步骤如下。

1. 打开 Word 2010，Word 自动创建一个空白文档。
2. 选择“文件”→“新建”命令，在“Office.com 模板”中选择“名片”模板。

电脑小百科

电脑的休眠状态会占用大量磁盘，如果需要也可以选择“控制面板”→“电源”→“选项”→“休眠”命令，将其关闭释放硬盘空间。

3. 在名片模板中选择自己喜欢的风格模板，如图 3-23 所示，这里选择“用于打印”模板中水滴风格的名片模板。
4. 双击该模板或单击预览框下方的“下载”命令，创建一个用于打印的名片文档，如图 3-24 所示。

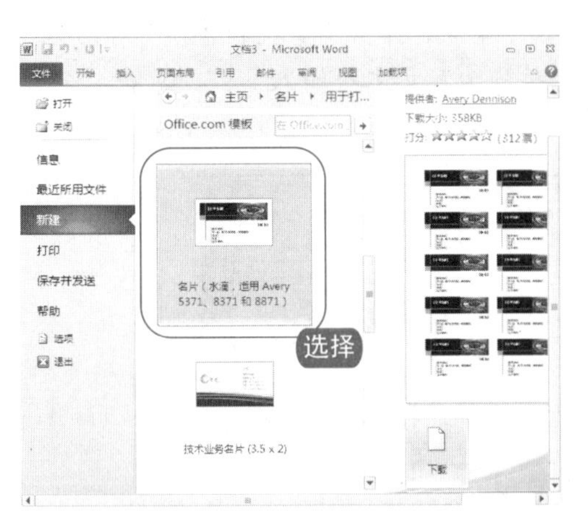

图 3-23　选择名片模板

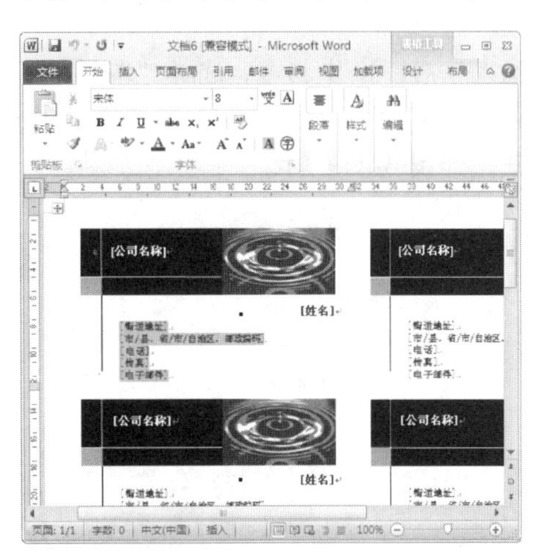
图 3-24　创建名片文档

跟着做 2 编辑修改名片

在使用模板创建的名片中，也许有些内容或格式用户并不喜欢，这时可以在模板的基础之上进行编辑修改。

打开名为“XX 有限公司员工名片资料.docx”的素材文件，对比发现需要修改的内容包括：①删除“邮政编码”选项；②去掉所有中括号，并在名称后添加冒号；③将“街道地址”移为最后一项，并将其改为“公司地址”。由于模板中特殊的文字格式可能会影响编辑操作，所以首先对其进行格式清除，然后再进行编辑，具体操作步骤如下。

1. 选取文本框中的文本内容，单击鼠标右键，在弹出的快捷菜单中选择“剪切”命令，如图 3-25 所示，然后再次单击鼠标右键选择“只保留文本”粘贴选项，如图 3-26 所示，完成格式清除。

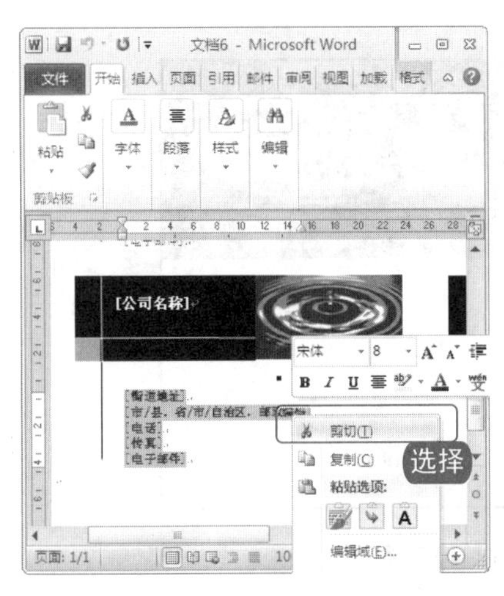

图 3-25　剪切文本内容

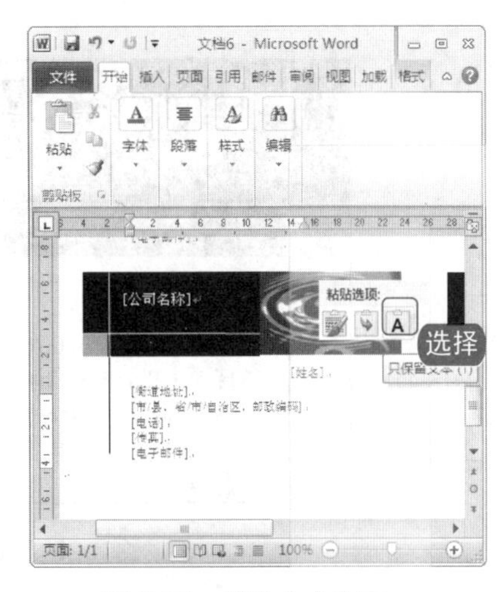

图 3-26　粘贴文本内容

在 Word 中按下 Shift+F5 组合键，可以将光标快速移到上次编辑的位置。

2. 选取“[市/县，省/市/自治区，邮政编码]”，按下 BackSpace 退格键将其删除。
3. 选取“[”前半个中括号，选择“编辑”→“替换”命令，弹出“查找和替换”对话框。在“查找内容”文本框中输入“[”前半个中括号，“替换为”文本框不输入任何文字，单击“全部替换”按钮。
4. 选取“]”后半个中括号，选择“编辑”→“替换”命令，弹出“查找和替换”对话框。在“查找内容”文本框中输入“]”后半个中括号，“替换为”文本框输入“:”，单击“全部替换”按钮，如图 3-27 所示。

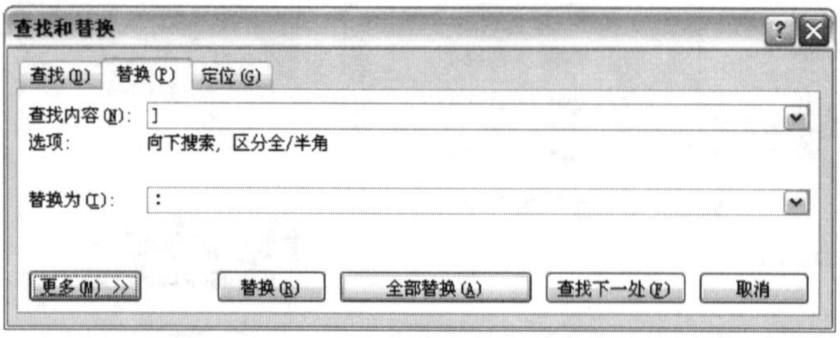

图 3-27　替换文本内容

5. 选取“街道地址”，单击鼠标右键，在弹出的快捷菜单中选择“剪切”命令。
6. 在“电子邮件:”文本后按下 Enter 回车键，光标移动换行，再次单击鼠标右键选择“粘贴”命令。
7. 选取“街道”，然后输入“公司”两字将其覆盖。

跟着做 3 输入名片内容

将素材中的信息输入到创建的名片中，具体操作步骤如下。

1. 复制素材中的公司名称“北京 XX 有限公司”，将其粘贴并覆盖到名片上的“公司名称:”。
2. 复制素材中的姓名“李大宝”，将其粘贴并覆盖到名片上的“姓名:”。
3. 将素材中电话、传真、电子邮件和公司地址依次复制粘贴到名片上的相应位置，如图 3-28 所示。

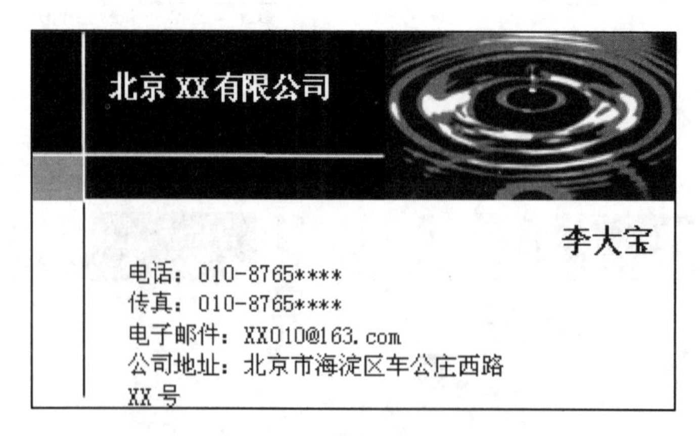

图 3-28　输入名片具体内容

电脑小百科

选择“开始”→“控制面板”→“系统”→“高级”命令，单击“错误报告”按钮，然后选中“禁用错误报告”，可以关闭自动发送错误报告功能。

学习小结

本章主要介绍了 Word 2010 文本的输入、字符和日期的添加插入以及文本的选取、移动、剪切、复制、粘贴、撤销、恢复、重复、查找和替换等常用的编辑操作。

通过对本章的学习，我们能够对文本进行录入和一些编辑操作。下面对本章内容进行总结，具体内容如下。

(1) 定位光标时可以使用鼠标定位、键盘定位或编辑区定位 3 种方法。选取文本也可以使用鼠标和键盘这两种工具，这里我们总结了一些技巧和快捷键。

(2) 在录入文本内容时，用户可以使用输入法输入文字，对于一些特殊字符可以从字符对话框中选择插入，也可以使用一些快捷键完成。对于一些重复出现的大段文字，可以直接选取文本然后将其复制粘贴快速录入。

(3) 使用“复制”命令和“剪切”命令的区别在于剪切并粘贴过文本后，文本在原来的位置将不再存在，只存在于刚刚完成“粘贴”命令的位置，而复制并粘贴后，文本在原来的位置依然存在。选择“复制”和“剪切”命令后，均可以重复使用“粘贴”命令。

(4) “撤销”和“恢复”命令可以为文档操作中刚刚发生的小问题提供重新改过、即时修复的机会。“重复”命令则是对上次操作的快速重复执行，可以节约手动操作产生的时间。

(5) 使用文档的“查找”和“替换”命令，应注意文本的格式，特别是在对一些字符进行查找或替换时，如引号的替换。

互动练习

1. 选择题

(1) (　　)定位法只有在“页面”视图和“Web 版式”方式下才起作用，其他的视图方式下没有此功能。

A. 光标　　B. 键盘　　C. 即点即输　　D. 鼠标

(2) 在 Word 2010 中可以执行切换录入状态的方法：直接按下键盘上的(　　)键或者双击状态栏上的“改写”标记。

A. Ctrl　　B. Insert　　C. Ctrl+Shift　　D. Shift+Alt

(3) 以下关于撤销/恢复和重复文本的说法正确的是(　　)。

A. 文本被删除后就再也无法恢复，所以我们要十分小心防止误删

B. “重复”按钮和“恢复”按钮位于 Word 2010 文档窗口“快速访问工具栏”的相同位置，它们的作用也基本相同

C. 直接按下 Ctrl+Y 组合键或 F4 键都可以进行重复操作

D. 按 Alt+Enter 和 Ctrl+Z 组合键都是撤销操作的组合键

2. 思考与上机题

(1) 打开 Word 2010，在文档编辑区输入以下文字，并将其命名为“文本录入练习题.docx”的文档。

电脑小百科

在 Word 中，按住 Alt 键同时拖动菜单命令或工具栏上的图标可删除或移动该项到其他位置。

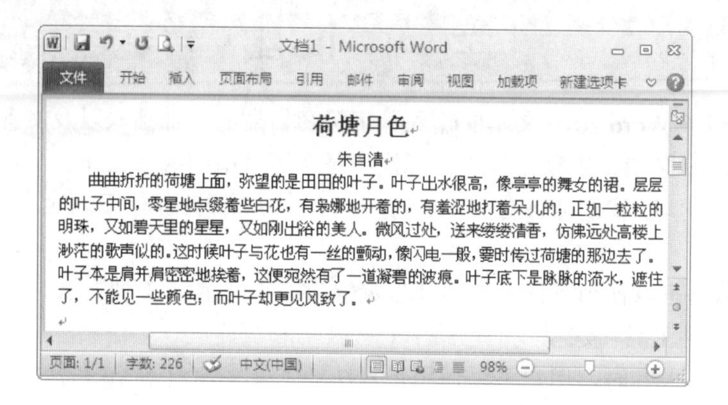

(2) 将制作的“文本录入练习题”的文档内容转换为繁体字。

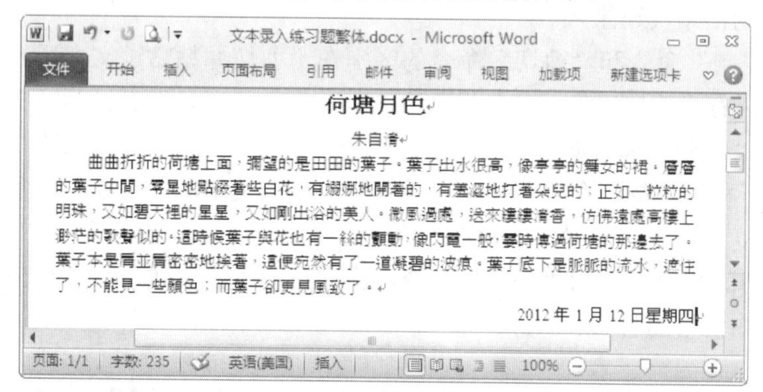

	原始文件	素材\第 3 章\文本录入练习题.docx
	最终文件	源文件\第 3 章\文本录入练习题繁体.docx

制作要求：

a. 将文本内容全部转化为繁体字。

b. 在文档右下角键入当前的日期。

(3) 完成本章制作的“北京 XX 有限公司名片”未完成的其他员工的名片。

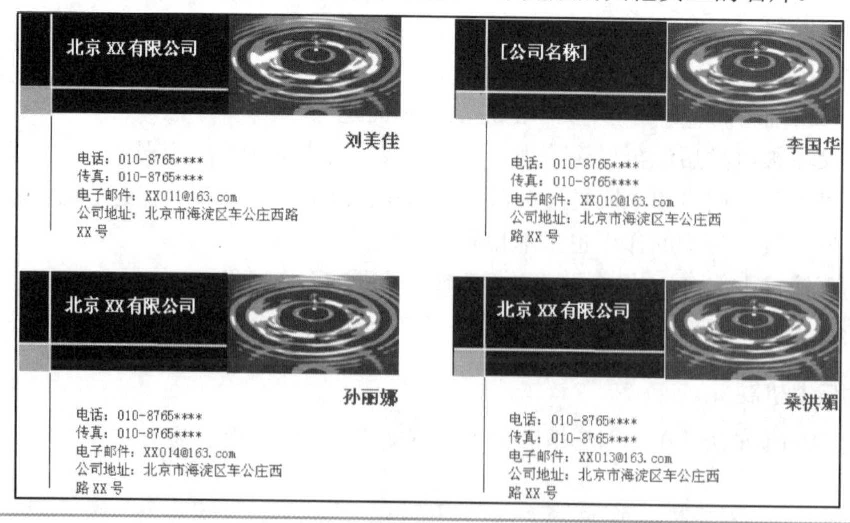

电脑小百科

电脑中安装的字体越多，就会占用越多内存的系统资源，减慢系统的运行速度，因此对于不常用的字体，最好把它从系统中删除。

	原始文件	素材\第 3 章\XX 有限公司员工名片资料.docx
	最终文件	源文件\第 3 章\XX 有限公司员工名片.docx

制作要求：

a. 将本章制作好的名片文本内容复制并粘贴到新的名片上。

b. 将员工的电子邮箱和姓名从素材文件中复制并粘贴到对应的名片上覆盖原有信息。

电脑小百科

选取需更改大小写设置的文字，然后重复按下 Shift+F3 组合键即可在全部大写、全部小写和首字母大写、其他字母小写 3 种方式下进行切换。

第 4 章

Word 2010 文本的格式设置

本章导读

所有的文档都具有一定的格式和样式，编辑文档时使用恰当的格式和样式，可以使文档内容显得更具层次感，同时也更加美观。

本章主要介绍了文档的字符、段落和样式的格式设置，希望通过本章内容的学习，用户能够熟练地对文档进行格式化设置，并学会使用 Word 的各种文本样式。

精彩看点

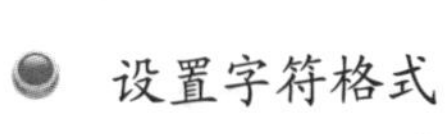

- 设置字符格式
- 修饰字符
- 字符格式快捷键
- 设置段落格式
- 查看创建并应用样式
- 修改撤销和删除样式
- 管理样式
- 复制样式

4.1 设置字符的格式

在文档中根据不同的内容使用不同的字体格式，不仅可以使文档的层次分明，而且可以使读者对文档内容一目了然。

书盘互动指导

示例	在光盘中的位置	书盘互动情况
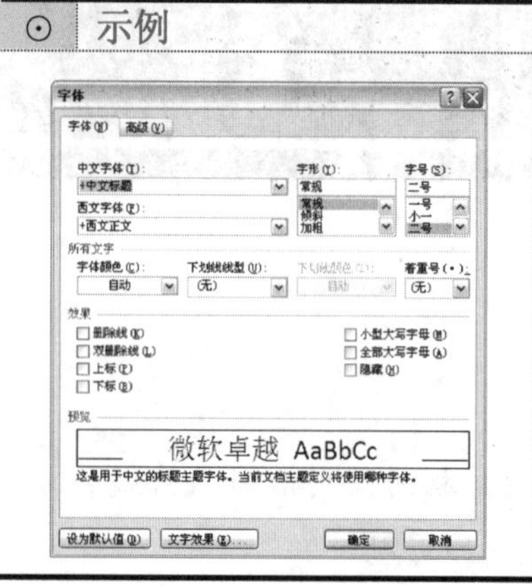	4.1 设置字符的格式 4.1.1 使用浮动工作窗设置字符格式 4.1.2 使用“字体”组设置字符格式 4.1.3 使用“字体”对话框设置字符格式	本节内容主要带领大家学习字符的格式设置，在光盘 4.1 节中有相关内容的操作视频，并还特别针对本节内容设置了具体的实例分析。 大家可以选择在阅读本节内容后再学习光盘，以达到巩固和提升的效果，也可以对照光盘视频操作来学习图书内容，以便更直观地学习和理解本节内容。

4.1.1 使用浮动工作窗设置字符格式

浮动工作窗是 Word 2010 中一项极具人性化的功能，浮动工作窗具有功能区常用的一些字符格式命令，所以也被称为“迷你工作窗”。

浮动工作窗包括了常用文字格式的设置命令，这里我们就以字体、字号、字形和颜色为代表来学习使用它。

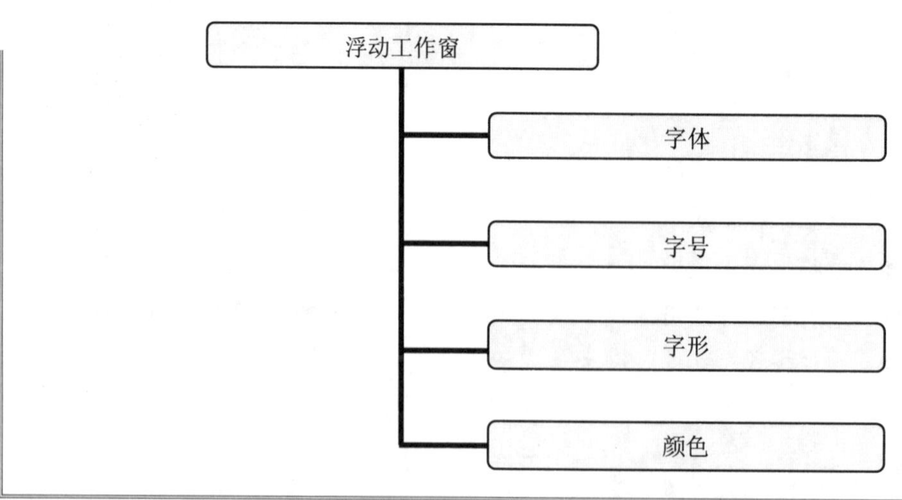

电脑小百科

关闭语言栏不会终止任何文字服务。如果不再使用某项服务，如手写或语音识别，应将其终止。文字服务会消耗计算机的内容并影响性能。

跟着做 1 显现浮动工作窗

浮动工作窗一般不显现，当用户需要显现浮动工作窗时，可以通过以下步骤将其显现出来。

1. 选取需要编辑的文字，在文字附近浮现出半透明的浮动工作窗。
2. 将鼠标移至工作窗上，浮动工作窗完全显现，如图 4-1 所示。

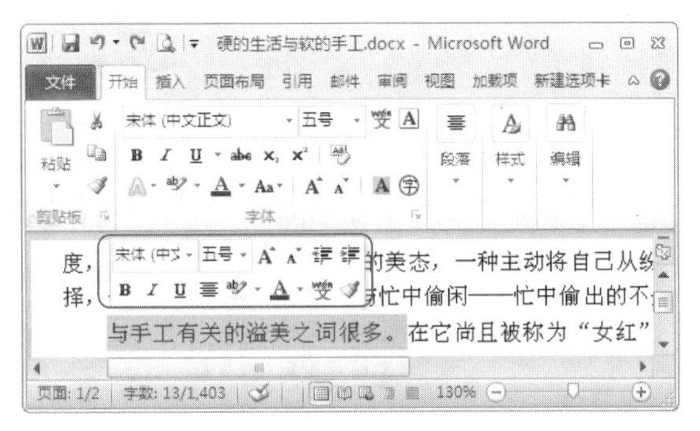

图 4-1 浮动工作窗

跟着做 2 设置文字格式

使用浮动工作窗可以对文字进行简单的设置。在 Word 文档中，设置字体格式最基本的就是对字体、字号和字形的设置。Word 2010 提供了多种中英文字体，有楷体、宋体和隶书等中文字体，也有 Times New Roman 和 Courier 等英文字体。

1. 在浮动工作窗中单击字体文本框的下拉菜单，选择字体。在 Word 2010 中，对字体、字号设置时可以进行效果预览，选择"方正舒体"，如图 4-2 所示。
2. 单击字号文本框的下拉菜单，选择字号，如图 4-3 所示，也可以单击字号文本框右边的 A˄ 和 A˅ 图标对字体进行放大和缩小。

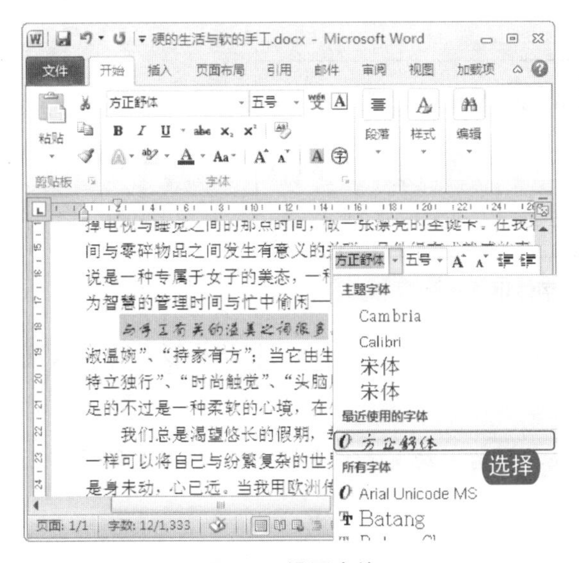

图 4-2 设置字体

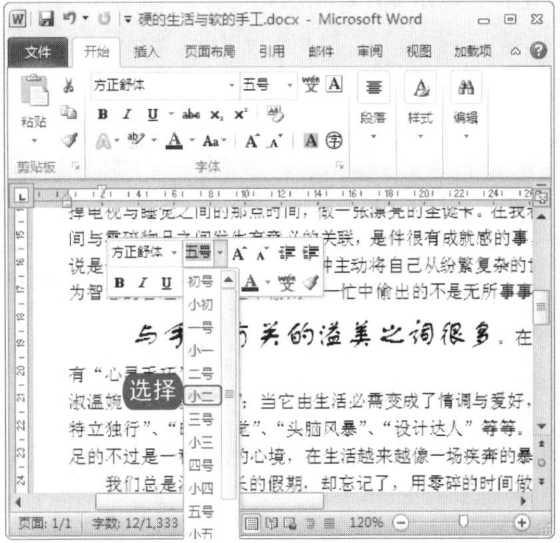

图 4-3 设置字号

电脑小百科

选中文字后，按下 Ctrl+Shift+ ">" 键，以 10 磅为一级快速增大所选定文字字号，而按下 Ctrl+Shift+ "<" 键，则以 10 磅为一级快速减少所选定文字字号。

③ 在浮动工作窗中，单击选择字形样式，如图 4-4 所示。

④ 单击A 颜色图标的下拉按钮，对字体的颜色进行设置，如图 4-5 所示。

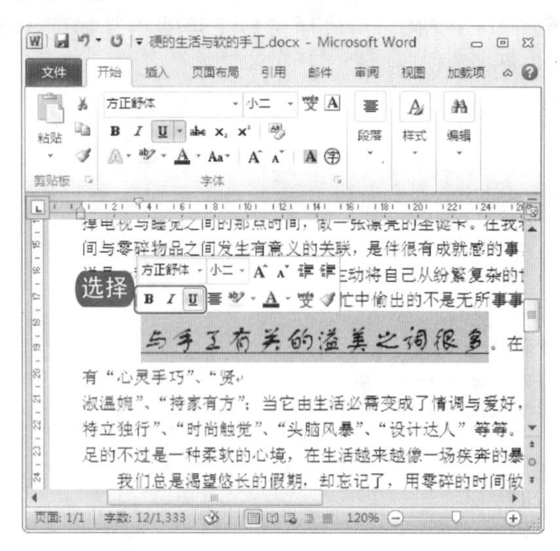

图 4-4 设置字形

图 4-5 设置字体颜色

知识补充

在浮动工作窗右下角有一个图标，它是“格式刷”按钮。单击它可以复制一个位置的格式，然后将其用于另一个位置，双击此按钮可将相同格式应用到文档中的多个位置。

4.1.2 使用“字体”组设置字符格式

在编辑文本时，用户可以通过“开始”选项的“字体”功能区对字符进行设置，这一区域常常被称为“字体”组。它可以根据当前 Word 窗口的宽度压缩或扩展，在完全扩展之后，“字体”组最多能显示 19 个单独的控件，如图 4-6 所示。

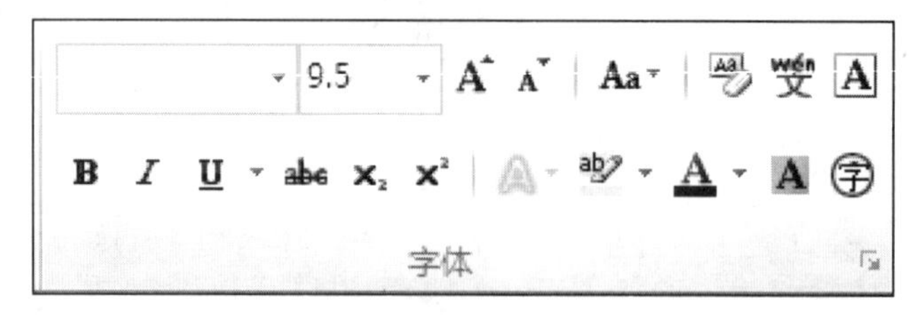

图 4-6 字体组

在“字体”组除了可以对文档进行字体、字号、字形的设置外，还可以进行以下特殊设置，使字符格式更加丰富多彩。

- 清除格式：清除所选内容的所有格式，只留下纯文本，如图 4-7、图 4-8 所示。

电脑小百科

关闭微软拼音输入法的软键盘只要单击右上角的“关闭”按钮即可，关闭紫光拼音输入法的方法则是再次单击输入法工具条的软键盘。

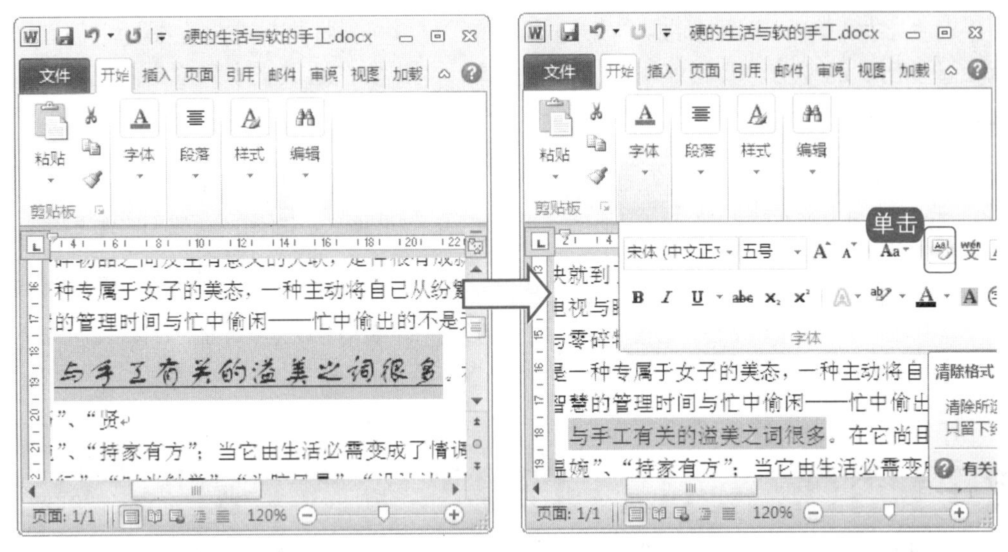

图 4-7　选取文字　　　　图 4-8　单击“清除格式”按钮

- 荧光笔：使用荧光笔可以使文字突出显现出来，更引人注目。单击其下拉按钮可以有更多的颜色以供选择。如果想要清除荧光笔效果，可以选择下拉菜单中的“无颜色”命令。
- 字符底纹：为字符添加底纹背景也是突显文字的一种方法，默认状态下底纹颜色为灰色，如果想要修改底纹颜色可以通过“段落”功能区的“底纹”按钮来进行设置。
- 字符边框：除了字体颜色、荧光笔和字符底纹，为字符添加边框同样也可以达到突显文字的效果。
- 带圈字符：在 Word 2010 中，除了可以输入序号外，还能为任意汉字也加上“○”。首先选取需要修改的字符，然后单击按钮，弹出“带圈字符”对话框，选择样式和圈号，如图 4-9 和图 4-10 所示，单击“确定”按钮即可。

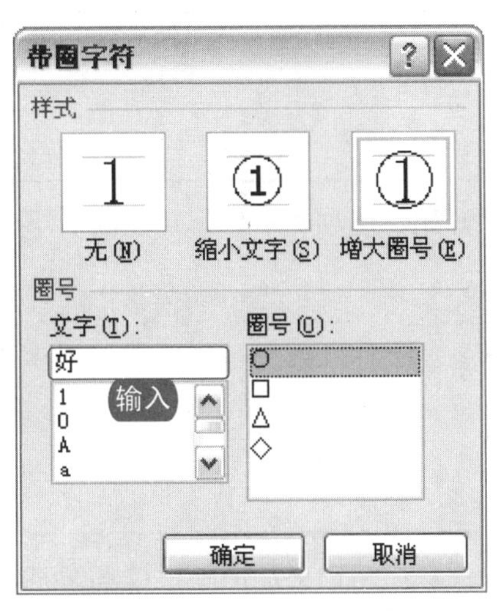

图 4-9　“带圈字符”对话框

图 4-10　文字带圈的效果图

电脑小百科

字体列表中的最大字体只有 72 磅。单击字体按钮后再键入你想要的磅数(最大为 1638 磅)，直接按下 Enter 键，可得到更大的字体。

如果对“字体”组每个图标的功能不是很清楚，可以将鼠标指针悬停在图标上，这样在图标周围就会显现出功能说明。要想使用以上字符格式，只需要在选取文本后单击图标即可。

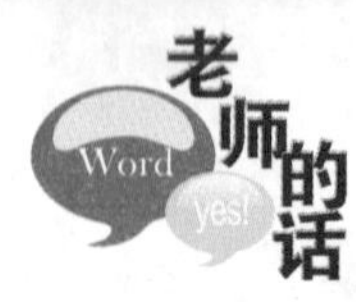

在“字体”组中，字形的选项要比“浮动工具窗”中多了删除线、上标和下标的设置。这几种字形在某些特殊情况下，也需要被用到，这里我们就来介绍一下它们的使用。

删除线：删除线常常被用于对文章的修改，我们可以通过删除线来标出想要删除的内容。

上、下标注：可以用于数字公式的输入，如 X^3 上的数字 3。我们可以先单击它的图标按钮再输入文本，也可以先输入文本选取之后再单击图标按钮修改为上、下标注格式。如果想要更精准的设置可以通过“字体”对话框中选择“效果”命令完成。

4.1.3 使用“字体”对话框设置字符格式

一次应用多种字符格式修改字符时，可以通过使用“字体”对话框来实现。“字体”对话框与功能区上的“字体”组的功能并非完全相同。“字体”对话框包含了不同的命令和设置。

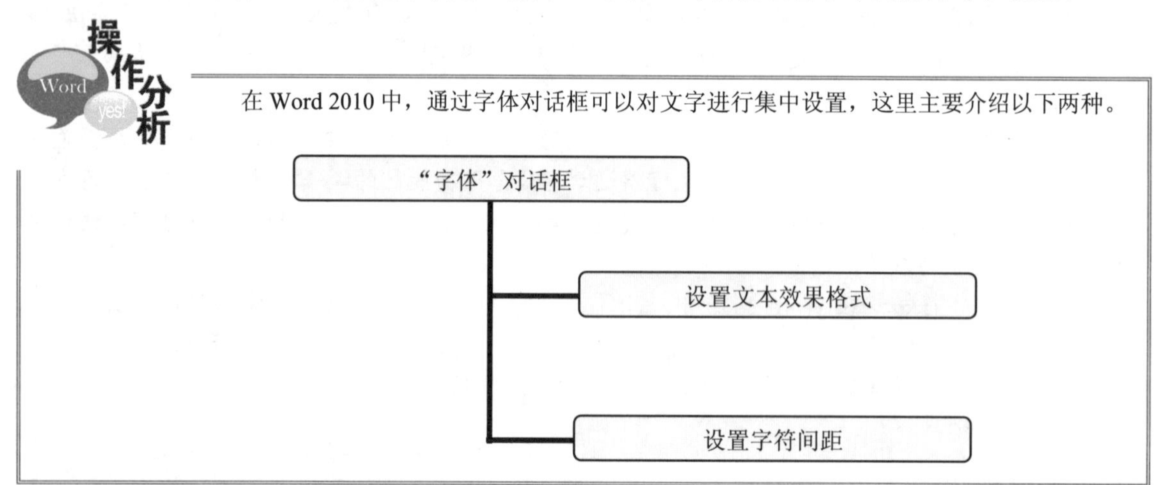

跟着做 1 打开“字体”对话框

打开字体对话框的方法很简单，除了可以单击“开始”选项“字体”功能区右下角的下拉按钮外，还可以通过以下方法打开。

1. 在需要修改文本的位置单击鼠标右键。
2. 在弹出的快捷菜单中选择“字体”命令，弹出“字体”对话框。

跟着做 2 设置文本效果格式

文字的修饰工作很重要，它可以使文章看起来很美观，结构更加清晰，设置文本效果的具体操作步骤如下。

1. 在“字体”对话框的“效果”功能栏对文本进行选择设置，如图 4-11 所示。

电脑小百科

尽管回收站允许具有恢复误删除的文件，但是对于不需要的文件也要进行真正的删除操作，以免占去太多宝贵的硬盘空间。

2. 如果需要更进一步的文本效果，可以单击对话框下方的“文字效果”按钮，如图 4-11 所示。
3. 弹出“设置文本效果格式”对话框，进行更多的选择设置，如图 4-12 所示。
4. 设置完成后，单击“关闭”按钮，再单击“字体”对话框的“确定”按钮。

图 4-11 单击“文字效果”按钮　　　　图 4-12 设置文本效果

知识补充

“文字”对话框中还包括“着重号”和“隐藏”两种文字效果。其中着重号可以在需要时突出文字，从而引起读者的注意。

在 Word 2010 编辑工作中，对于不希望被别人发现的一些秘密性文字，可将其隐藏。通过修改效果隐藏的文字隐藏得比较彻底，一般情况下根本无法察觉，但选择“显示/隐藏编辑标记”命令后，隐藏的文字就会显示出来。因此，可以单击 ↵ 按钮查看文档是否含有隐藏文字。

如果想要消除隐藏，可以在“字体”对话框中取消隐藏命令的选择，也可以复制要查看的文字，然后以“只保留文本格”的方式粘贴就可以消除隐藏效果。

跟着做 3 设置字符间距

字符间距就是指字符之间的距离，对于页面排版的不确定要求，学会字符间距的控制就显得十分重要。

对字符间距的设置可以从缩放、间距和位置三方面进行，其中“缩放”用于拉伸或压缩实际字符，“间距”只用于扩展或压紧间距。“位置”用于把选定字符提升或降低指定的磅值，如调整下标和上标。

设置字符间距的具体操作步骤如下。

1. 选取需要修改的文本，如图 4-13 所示。
2. 打开“字体”对话框，选择“高级”选项卡，如图 4-14 所示。

按 Shift+F1 组合键，单击段落中任意文本，可查看该文本正在使用的字体、段落格式。

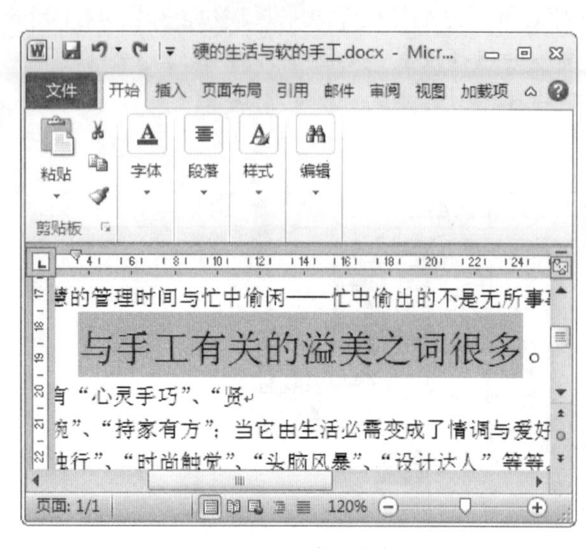

图 4-13 选取文本

图 4-14 选择“高级”选项卡

3. 设置字符间距的缩放和间距，我们这里选择缩放 66%，间距设为“紧缩”，磅值设为“1.6 磅”，如图 4-15 所示。
4. 单击“确定”按钮，设置完成，效果如图 4-16 所示。

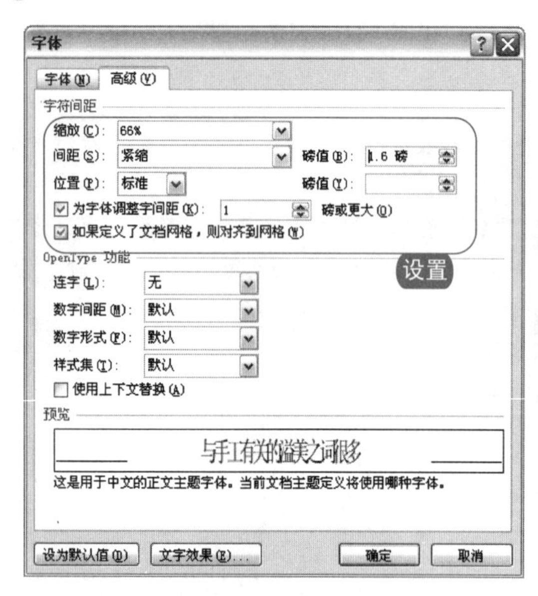

图 4-15 设置字符间距

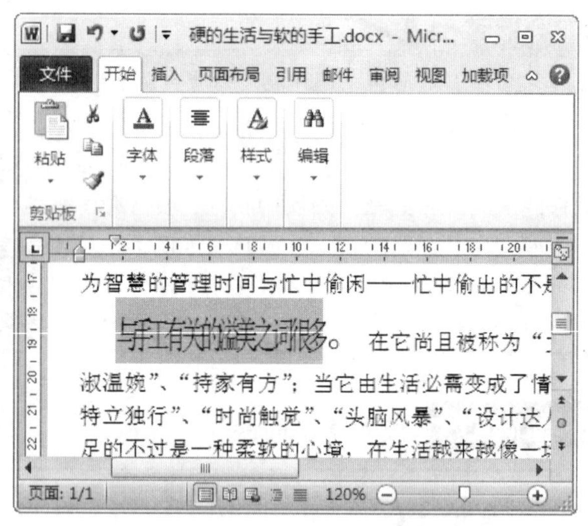

图 4-16 改变字符间距效果图

4.2 设置段落格式

段落指的是两个段落标记之间的文本内容，是独立的信息单位，具有自身的格式特征。段落格式是指以段落为单位的格式设置。要设置段落格式，可以直接将光标插入到要设置的段落中。

电脑小百科

主板是计算机组成中最大的一块电路板，是整个电脑系统平台的载体，还负担着系统中各种信息的交流。

如果设定了一个段落的格式，那么其他的新段落的格式就会和这一段落的格式完全一样。除非重新设置段落格式，否则这种段落格式设置会一直保持到文档结束。

书盘互动指导

示例	在光盘中的位置	书盘互动情况
段落	4.2 设置段落格式 4.2.1 设置文本对齐 4.2.2 设置文本的缩进 4.2.3 设置文本间距	本节内容主要带领大家学习如何设置段落格式，在光盘 4.2 节中有相关内容的操作视频，并还特别针对本节内容设置了具体的实例分析。

对段落格式进行设置也可以通过 3 种途径，分别是：浮动工作窗、“段落”组和“段落”对话框。它们的设置方法基本相同，这里以使用“段落”对话框为例，讲解文本的对齐、缩进与间距的设置。

跟着做 1 打开“段落”对话框

打开“段落”对话框的具体操作步骤如下。

1. 选定需要改变缩进量的段落或选定要改变段落格式的多个段落。
2. 单击“开始”选项“段落”功能区的下拉按钮，打开“段落”对话框，如图 4-17 所示。

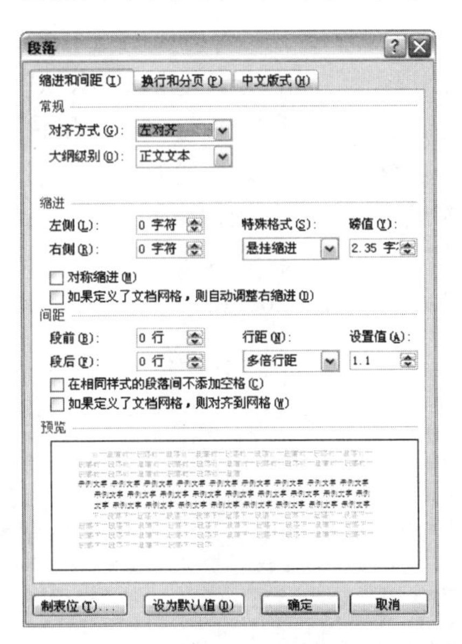

图 4-17 “段落”对话框

跟着做 2 设置文本对齐

对齐方式是指文本在页面上的分布规则，分为水平对齐和垂直对齐两类，Word 2010 默认的

电脑小百科

选取需要更改行间距的文字后，同时按下 Ctrl+1 组合键可将行间距设置为单倍行距，按下 Ctrl+5 组合键可将行间距设置为 1.5 倍行距。

两端对齐就是水平对齐方式中的一种。文本对齐的设置方法其具体操作步骤如下。

1. 在“段落”对话框的“常规”栏中，设置对齐方式和大纲级别，这里我们选择“左对齐”命令。
2. 在预览框中进行效果预览，设置完成后，单击“确定”按钮，对比如图 4-18、图 4-19 所示。

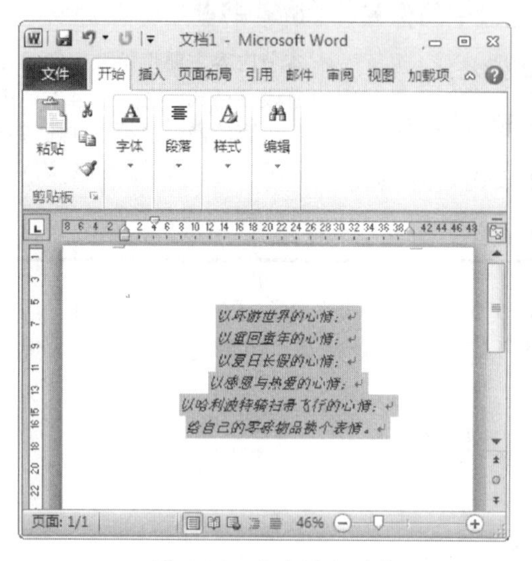

图 4-18　文本居中对齐

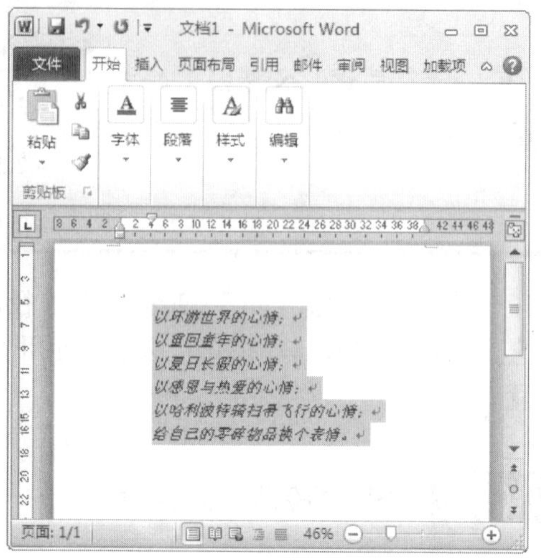

图 4-19　文本左对齐效果图

跟着做 3 设置文本的缩进

对段落进行适当的缩进可以让段落之间的层次更加鲜明，既方便用户快速阅读，也可以使文章看起来更加错落有致。缩进是表示一个段落的首行、左边和右边距离页面左边和右边以及相互之间的距离关系，它主要包括：左缩进、右缩进、首行缩进和悬挂缩进。

使用“段落”对话框设置缩进效果的具体操作步骤如下。

1. 在“段落”对话框的“缩进”栏中选择或输入左缩进、右缩进和特殊格式等选项。
2. 单击“确定”按钮，设置完成，如图 4-20、图 4-21 所示。

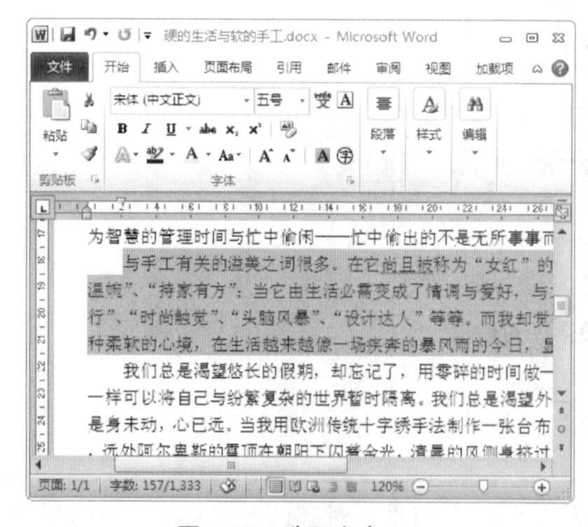

图 4-20　选取文本

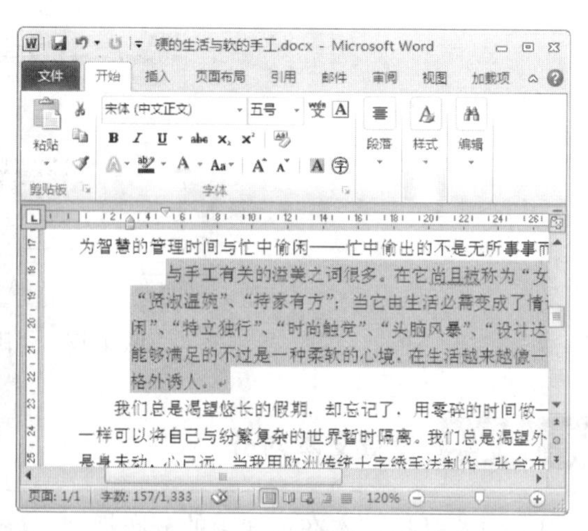

图 4-21　段落缩进后效果图

很多 DIY 们热衷于计算机超频。作为技术试验未尝不可，如果不超频一样能完全满足性能需要，还是尽量少超频，既节能又稳定还安全。

知识补充

使用 Word 窗口水平标尺上的段落缩进标记可以快速地设置段落的左缩进、右缩进、首行缩进和悬挂缩进等，这种方法简单方便但不够精确。

首先，将光标定位到需要设置缩进的段落内或选定多个需要设置缩进的段落，然后，在标尺上用鼠标拖动缩进指针改变段落的缩进值。

拖动悬挂缩进指针时，左缩进指针将随之移动，这样可以只改变段落的左边界，而不改变段落第一行的位置。拖动左缩进指针时，悬挂缩进和首行缩进指针将随之移动，这样可以在改变段落的左边界的同时，保持悬挂缩进值和首行缩进值不变。

跟着做 4　设置文本间距

文本的间距除了包括上一节学习的字符间距，还包括段落间距和行间距。段落间距是指两个段落之间的距离，行间距是指段落中行与行之间的距离。

使用“段落”对话框可以设置段落间距和行间距。单击“段前”和“段后”两个微调框中的箭头按钮，选择段前和段后的间距，通常只设置其中的一个即可。这里设置段前间距为 1 行，行距为 1.5 倍，具体操作步骤如下。

1. 在段落对话框中，设置段前间距为 1 行，设置行距为 1.5 倍。
2. 单击“确定”按钮，对比效果如图 4-22、图 4-23 所示。

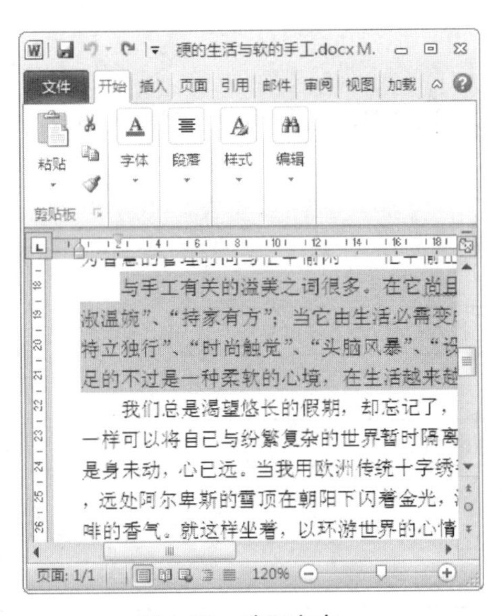

图 4-22　选取文本

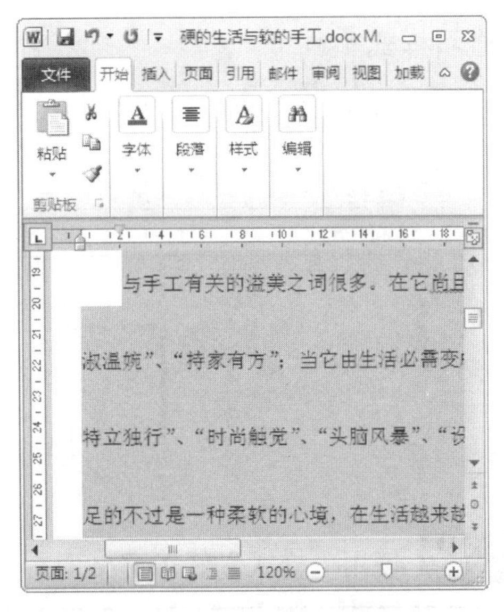

图 4-23　文本间距设置后效果图

4.3　使用文本样式

样式是 Word 中最强有力的工具之一。理解什么是样式，学会创建、应用和修改样式，对于更好地使用 Word 是必要的。样式可以简化编辑操作，同时可以帮助整个文档实现格式和风格的

电脑小百科

在 Word 中，把指针移到要选取的列首或列尾，然后按下键盘上的 Alt 键，配合鼠标或键盘可以选取列文本内容。

一致，使版面更加整齐、美观。

Word 2010 提供有多种标准样式，用户可以方便地使用已有的系统样式对文档进行格式化，快速建立层次分明的文档。

书盘互动指导

示例	在光盘中的位置	书盘互动情况
AaBbCcDd 小百科　AaBbCcDd 正文　AaBbCcDd 无间隔　AaBb 标题 1　AaBbC 标题 2　AaBbC 标题　AaBbC 副标题　AaBbCcDd 不明显强调　AaBbCcDd 强调　AaBbCcDd 明显强调　AaBbCcDd 要点　AaBbCcDd 引用　AaBbCcDd 明显引用　AaBbCcDd 不明显参考　AaBbCcDd 明显参考　AaBbCcDd 书籍标题　AaBbCcDd 列出段落	4.3 使用文本样式 4.3.1 查看/创建并应用样式 4.3.2 修改/撤销/删除样式 4.3.3 管理样式	本节内容主要带领大家学习如何使用样式，在光盘 4.3 节中有相关内容的操作视频，并还特别针对本节内容设置了具体的实例分析。 大家可以在阅读本节内容后再学习光盘，以达到巩固和提升的效果。

4.3.1 查看/创建并应用样式

样式是被命名并保存的特定格式的集合，它规定了文档中正文和段落等文本格式。编辑文档时使用恰当的格式和样式，可以使文档的内容显得错落有致。

1. 查看样式

在使用样式进行排版之前，可以首先查看样式，对文档样式做个初步了解。查看样式常用的方法有两种。

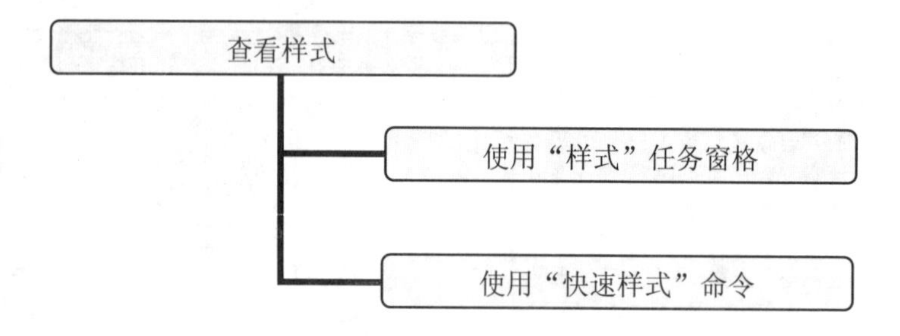

跟着做 1 使用“样式”任务窗格查看样式

使用“样式”任务窗格查看文本样式的具体操作步骤如下。

1. 在打开的 Word 2010 文档中，选择“开始”→“样式”命令。
2. 单击“样式”功能区右下角的下拉按钮，弹出“样式”任务窗格。
3. 放置鼠标到文档的任意位置，相对应的样式将会在任务窗格中用方框标注出来，如图 4-24 所示。

电脑小百科

在加载某些软件时，要注意先后次序，由于有些软件编程不规范，在运行时不能排在第一，而要放在最后运行，这样才不会引起系统管理的混乱。

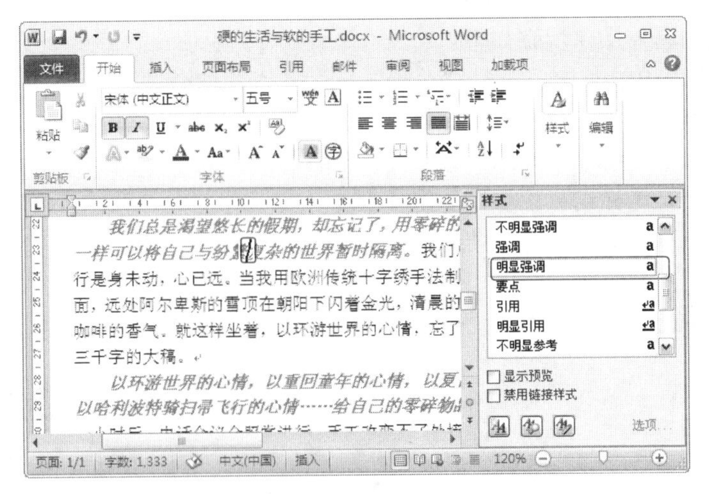

图 4-24 查看样式

跟着做 2☛ 使用“样式”功能区的快捷按钮查看样式

使用功能区中的“样式”选项组快捷按钮显示文本样式的具体操作步骤如下。

1. 在打开的 Word 2010 文档中，将鼠标放置在要编辑文本的任一位置。
2. 单击“样式”功能区上“快速样式”命令的下拉按钮。
3. 在弹出的快速样式库中，可以看到当前文本位置的文本样式在选项里是以方框的高亮形式(即方框改变了颜色)显示出来，如图 4-25 所示。

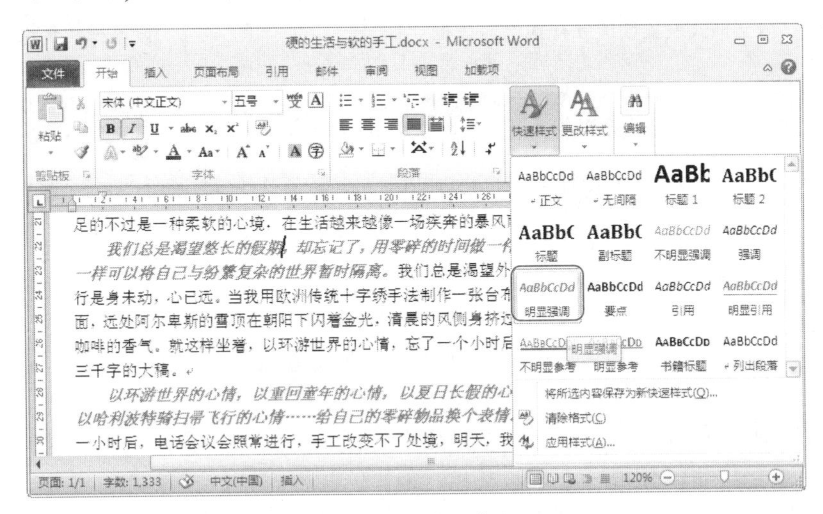

图 4-25 选择样式

用户也可以直接按下 Alt+Ctrl+Shift+S 组合键快速打开“样式”任务窗格，这种方式方便、快捷。

2. 创建并应用样式

在实际工作中常常会遇到一些特殊格式的文档，这时就需要新建段落样式或者字符样式。创

电脑小百科

在输入单词或网址时，选择词组中每个单词(除最后一个单词)后的空格并按下 Ctrl+Shift+Space 组合键可以避免英文单词截断换行排。

建并应用一个样式的具体操作步骤如下。

1. 在打开的 Word 2010 文档中，选择“开始”→“样式”命令。
2. 单击“样式”功能区右下角的下拉按钮，弹出“样式”任务窗格。
3. 移动鼠标到要设置样式的文本的任意位置，如移动鼠标到第一段的末尾，然后在“样式”任务窗栏中找到“新建样式”按钮，如图 4-26 所示。
4. 在弹出的“根据格式设置创建新样式”对话框中输入名称、样式类型等内容，单击“确定”按钮，完成设置，如图 4-27 所示。
5. 单击设置的新样式，第一段文本就会按照新建样式的要求显示在文档中。

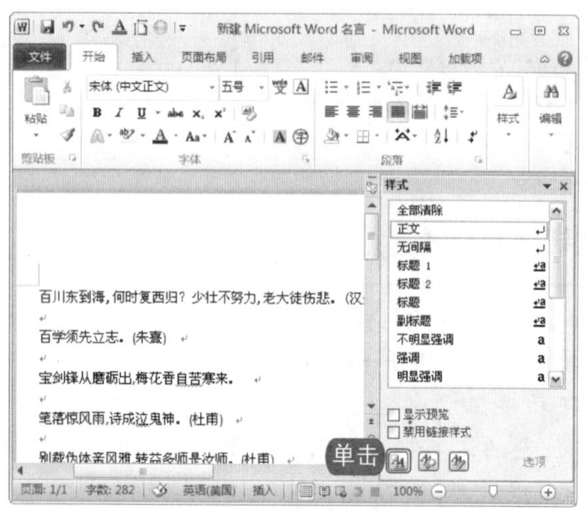

图 4-26 打开“根据格式设置创建新样式”对话框

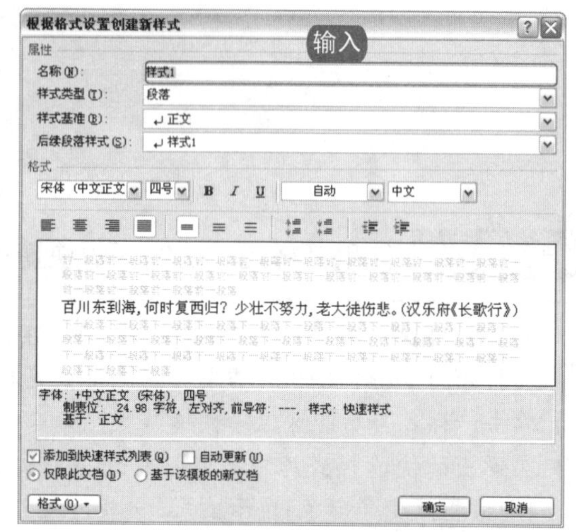

图 4-27 设置样式属性

4.3.2 修改/撤销/删除样式

在创建样式后的文本编辑工作中，可能会遇到样式格式不合理等情况，需要修改、撤销或删除样式。

1. 修改样式

在 Word 中有多种修改样式的方法，修改“样式”任务窗格中已经存在的样式，具体操作步骤如下。

1. 打开“样式”任务窗格，在打开的任务窗格中将鼠标放置到需要修改的样式名称上，然后单击其右侧的下拉按钮，弹出一个下拉菜单。
2. 选择“修改”命令，如图 4-28 所示。
3. 在弹出的“修改样式”对话框中修改选定样式的属性和格式，如图 4-29 所示，单击“确定”按钮即可完成修改样式的操作。

在修改样式时，样式的名称可以不修改，也可以重命名样式的名称。在“修改样式”对话框的“名称”文本框中直接输入需要的样式名。

电脑小百科

IE 缓存相当于一个临时仓库，每打开一个网页，IE 就会自动创建一份该网页的临时副本，以便用户在登录时更快地打开页面。

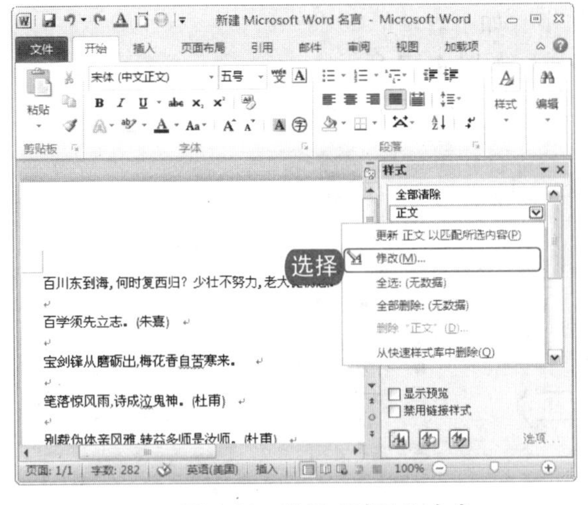

图 4-28　选择“修改”命令

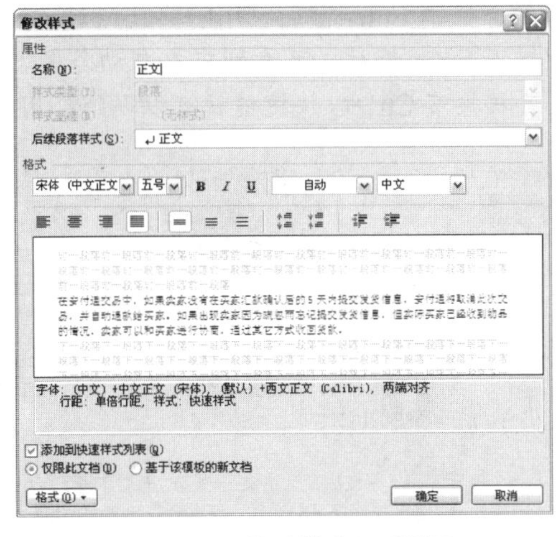

图 4-29　“修改样式”对话框

2. 撤销自动套用的样式

在编辑文档过程中，经常会出现一些自动套用样式的现象，如自动套用编号或自动缩进等。使用快捷键可以快速撤销自动套用的样式。

跟着做 1 去除段落中的附加样式

在编辑文档的过程中，可能会遇到文档自动套用段落中附加样式的情况，如果文档不需要套用格式就要去除该格式。去除段落中附加样式的具体操作步骤如下。

❶ 将鼠标指针定位在段落的末尾，如图 4-30 所示。

❷ 直接按下 Ctrl+Q 快捷键即可，如图 4-31 所示。

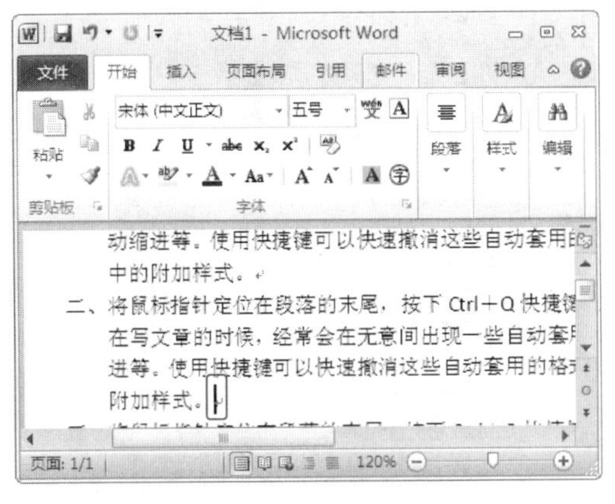

图 4-30　光标定位

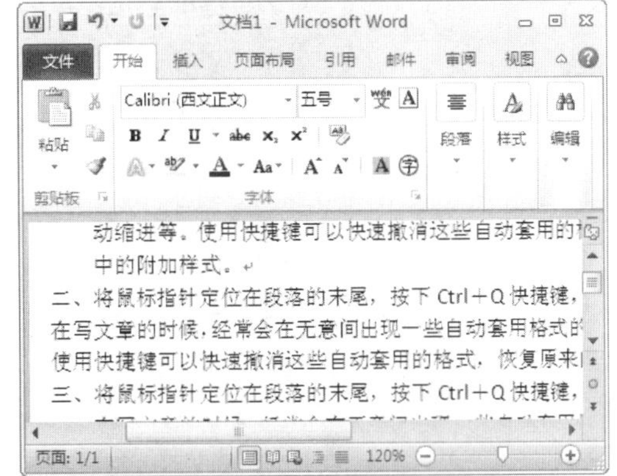

图 4-31　去除样式

跟着做 2 撤销 Enter 键后自动套用的格式

在编辑文档过程中，可能遇到按下 Enter 键后，文档自动套用格式的情况，若不需要则可进

电脑小百科

按下 F8 键后，Word 文本就处于扩展选定方式。把鼠标指针移动到需要选定内部开始位置，然后再按下键盘上的 F8 键，按键次数不同，选定的对象不同。

行撤销。撤销 Enter 键后套用的格式，具体操作步骤如下。

1. 按下 Enter 键后，可看到文本自动套用了格式，如图 4-32 所示。
2. 直接按下 Ctrl+Q 快捷键就可以取消套用的格式，如图 4-33 所示。

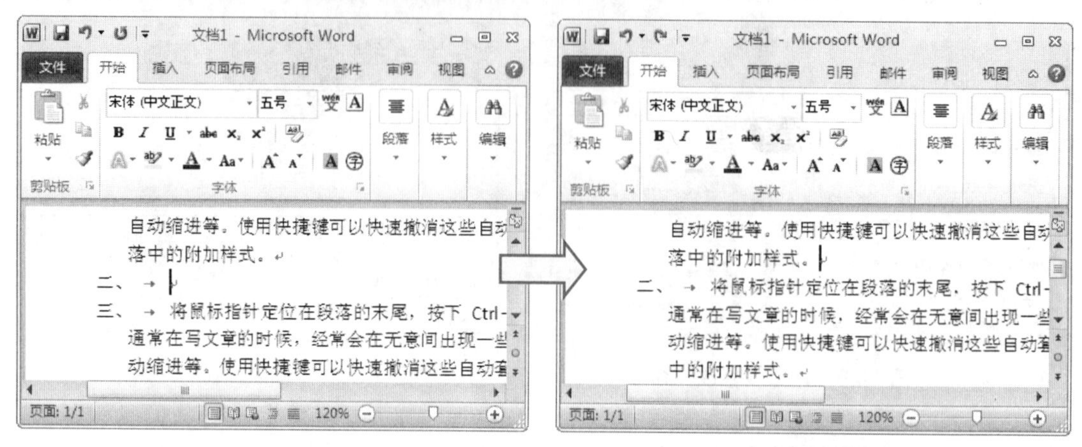

图 4-32 自动套用格式　　　图 4-33 取消套用的格式

3. 快速删除样式

当文档中不再需要某个自定义样式时，可以从样式列表中删除它，而原来文档中使用该样式的段落将改用“正文”样式替换，删除样式的具体操作步骤如下。

1. 打开“样式”任务窗格，将鼠标移至要删除的样式上。
2. 单击其右侧的下拉按钮，在弹出的下拉菜单中选择“删除‘样式 1’”命令，如图 4-34 所示。

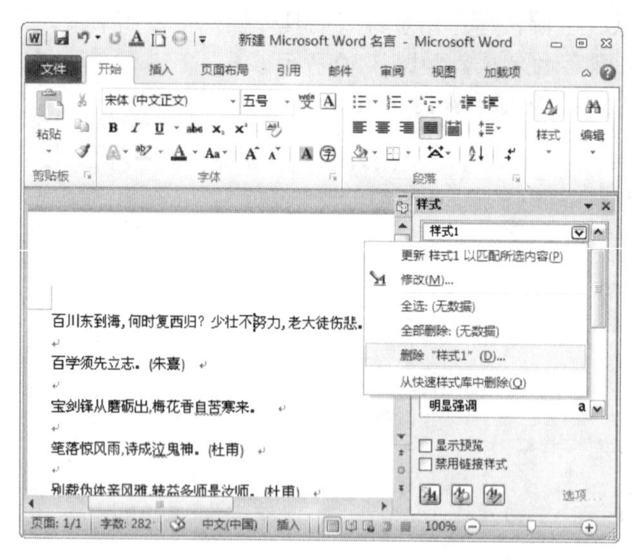

图 4-34 删除样式

3. 弹出是否删除的信息提示对话框，单击“是”按钮即可，随后在文档和“样式”任务窗格中可以查看操作的结果。

如果未经过数字签名的文件中若出现了 winlogon.exe 或 licdll.dll 文件，那么说明系统文件已被篡改。

老师的话

使用“样式检查器”可以快速确定当前格式是只应用了样式，还是应用了直接格式化。“样式检查器”能帮助诊断各种格式问题，具体操作步骤如下。在功能区中选择“开始”→“样式”命令，打开“样式”任务窗格。单击样式任务窗栏下的“样式检查器”按钮。在打开的“样式检查器”窗口中，分别显示出光标当前所在位置的段落格式和文字级别格式。分别单击“重设为普通段落样式”、“清除段落格式”、“清除字符样式”和“清除字符格式”按钮，清除相应的样式或格式。

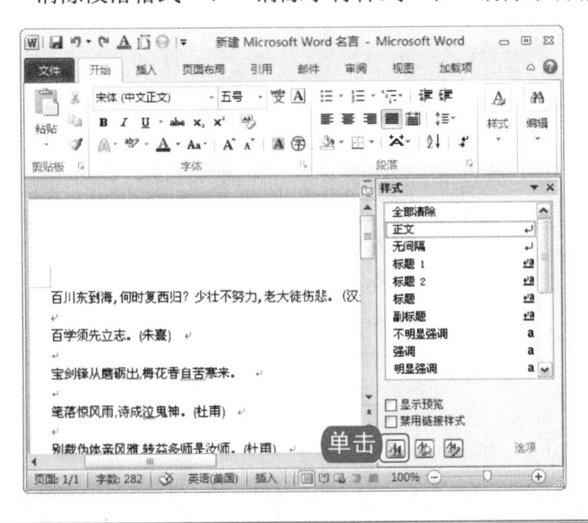

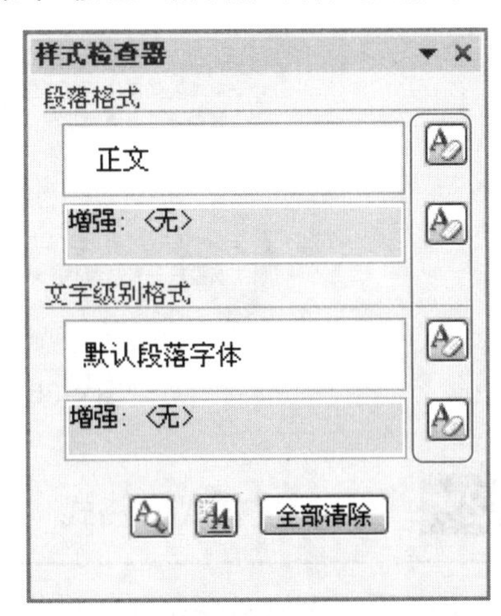

4.3.3 管理样式

在 Word 2010 中，对样式的管理用户可以通过使用“管理样式”对话框来实现。

操作分析

通过“管理样式”对话框，我们可以进行推荐样式、限制样式、设置新建样式的格式和复制样式等样式的管理操作。

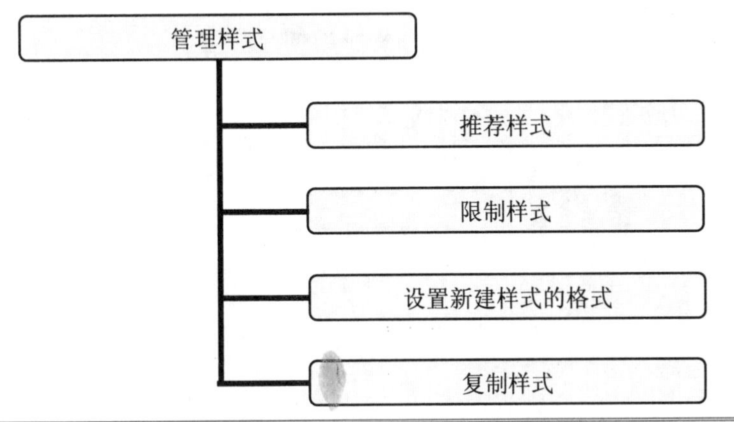

跟着做 1 打开“管理样式”对话框

打开“管理样式”对话框的具体操作步骤如下。

电脑小百科

在 Word 中双击格式刷可以选定格式并复制到多个位置，再次单击格式刷或按下 Esc 键可关闭格式刷。

① 在 Word 2010 中选择“开始”→“样式”命令，打开“样式”任务窗栏。

② 单击任务窗栏下方的“管理样式”按钮，如图 4-35 所示，随即弹出“管理样式”对话框。

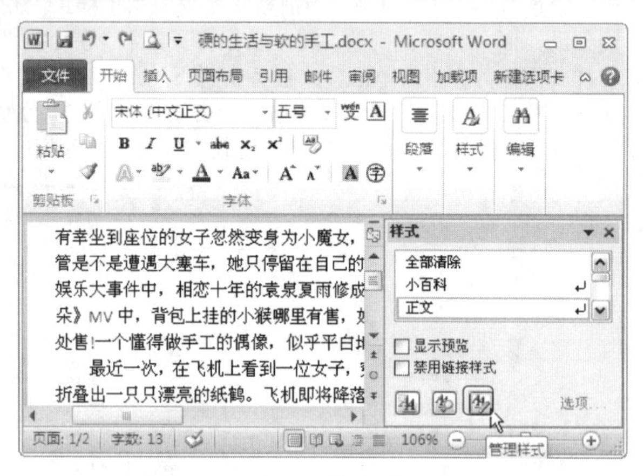

图 4-35 单击“管理样式”按钮

跟着做 2 设置新建样式的格式

在“格式”区中可以对字符样式进行简单的设置，设置的内容包括字体格式、段落格式、制表位格式、边框格式和编号格式等。

① 打开“管理样式”对话框后，默认打开的是“编辑”选项卡，在“编辑”选项卡上单击“新建样式”按钮，如图 4-36 所示。

② 在弹出的“根据格式设置创建新样式”对话框中单击“格式”按钮，在弹出的菜单中选择需要修改的命令，如“段落”命令，如图 4-37 所示。

③ 弹出相关命令对话框，在对话框中对样式进行具体设置。

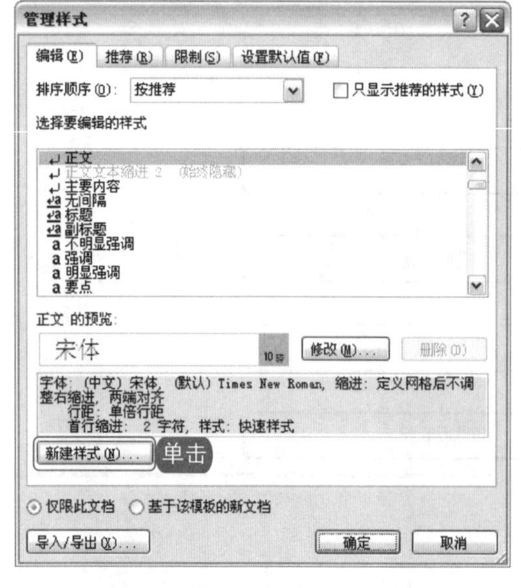

图 4-36 单击“新建样式”按钮

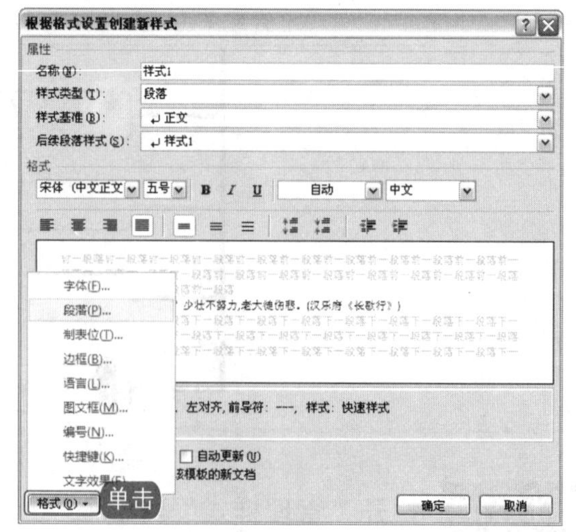

图 4-37 选择格式

电脑小百科

交换机是组建局域网时经常用到的网络设备，使用交换机配合带路由功能的 ADSL Modem，就可实现多台电脑共享上网。

❹ 设置完成后，依次单击“确定”按钮，新建样式会自动添加到“样式”任务窗栏的下拉菜单中，单击设置的新样式即可应用到文本中去。

知识补充

如果新建样式是字符格式，那么单击“格式”按钮弹出的下拉菜单中就只有“字体”、“边框”、“语言”和“快捷键”4 个命令可以使用。

设置新建样式的属性：在“样式类型”下拉列表框中有“段落”和“字符”两个选项。“段落”选项表示新样式应用于段落，“字符”选项表示新样式应用于字符。“样式基准”下拉列表框能够以一种 Word 预定义的样式作为新建样式的基础。“后续段落样式”下拉列表框用于决定下一段落选取的样式。

跟着做 3☛ 推荐样式

在文本编辑中使用推荐样式可以更快地查看并使用常用样式，从而节约编辑时间，提高工作效率。使用推荐样式的具体操作步骤如下。

❶ 在打开的管理样式对话框中，选择“推荐”选项卡。

❷ 在“推荐”选项卡的样式选项中，选择需要更改的样式，如图 4-38 所示。

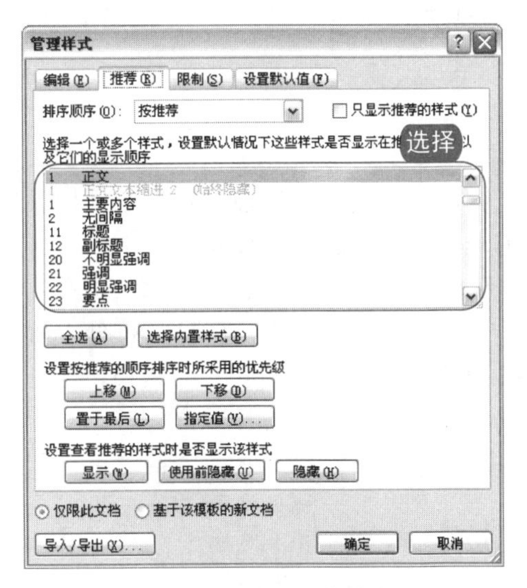

图 4-38　选择推荐样式

❸ 设置查看推荐的样式时是否显示该样式，最后单击“确定”按钮，完成推荐样式的设置。

跟着做 4☛ 限制样式

即使是强制执行的样式，也可以通过“管理样式”对话框中限制样式来限制它的使用，这也是对文档的一种保护。限制样式的具体操作步骤如下。

❶ 在打开的“管理样式”对话框中，选择“限制”选项卡。

❷ 在“限制”选项卡的样式选项中，选择需要更改的样式。

电脑小百科

在 Word 中，选中文字后按下 Ctrl+]键可逐磅增大所选文字，按下 Ctrl+[键可逐磅缩小所选文字。

3. 设置所选样式的可用性，如图 4-39 所示，选择“限制”命令，并选择限制的具体方式，单击“确定”按钮。
4. 弹出“启动强制保护”对话框，选择保护方法，单击“确定”按钮，如图 4-40 所示。
5. 限制样式设置完成，Word 界面多数编辑功能均被限制使用。

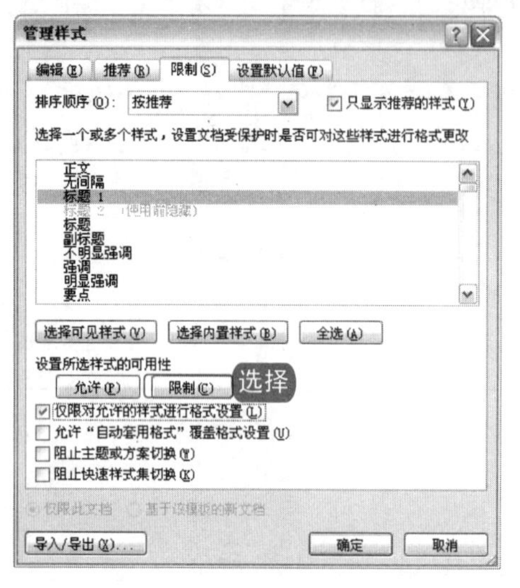

图 4-39　选择限制方式

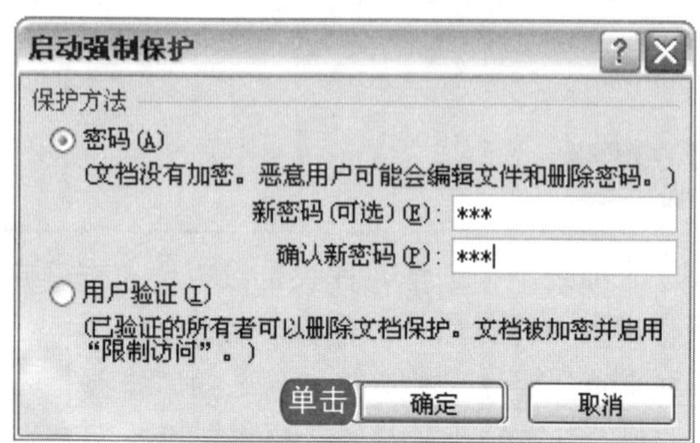

图 4-40　选择保护方法

跟着做 5 复制样式

对于不同的 Word 2010 文档，可以使用“管理样式”对话框中的导入样式和导出样式功能，将样式从一个文档中复制到另一个文档，具体操作步骤如下。

1. 在打开的“管理样式”对话框下方，单击“导入/导出”按钮，弹出“管理器”对话框。
2. 在“样式”选项卡的左栏下单击“关闭文件”按钮，如图 4-41 所示。
3. 单击打开文件，如图 4-42 所示。选择要复制样式的文档，单击“打开文件”按钮即可将选定的样式内容添加到“管理器”对话框左侧的样式中。

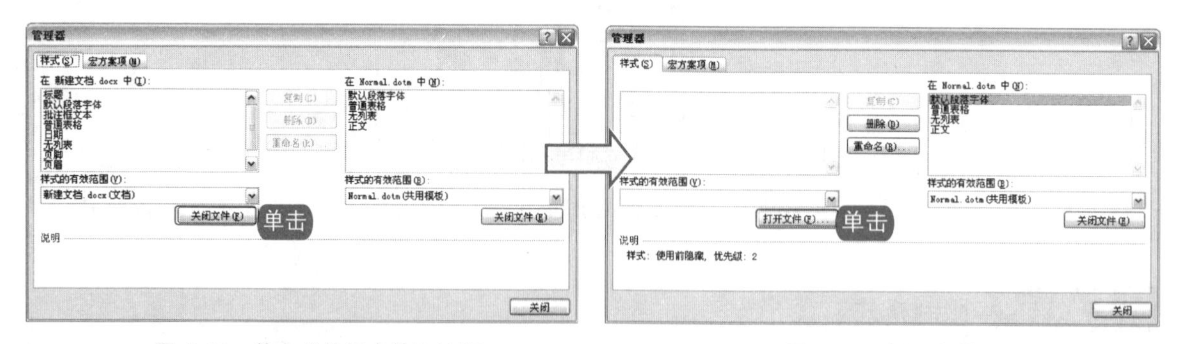

图 4-41　单击“关闭文件”按钮　　　　图 4-42　打开文件

4. 在左边的样式列表中选择要复制的样式，单击“复制”按钮，如图 4-43 所示。
5. 完成复制后，单击“关闭”按钮即可完成样式的复制。

电脑小百科

对于新安装的 Windows XP 操作系统，很多图标是没有显示出来的，也可以通过“自定义桌面”进入到“桌面项目”对话框中进行添加。

图 4-43　复制样式

4.4　制作大学录取通知书

金榜题名是人生的一大喜事，一张来自心中理想学府的录取通知书是莘莘学子最为期盼的。录取通知书作为学校告知学生被录取的官方通知信，在制作时应该较为正式，除了展现学校特色之外，不应添加过多的附加内容，以免显得花哨有失庄重。

书盘互动指导

在光盘中的位置	书盘互动情况
4.4 制作大学录取通知书 4.4.1 设置字体格式 4.4.2 设置段落格式	本节内容主要介绍了以上述内容为基础的综合实例操作方法，在光盘 4.4 节中有相关操作的视频文件，以及原始素材文件和处理后的效果文件。

原始文件	素材\第 4 章\无
最终文件	源文件\第 4 章\2011 年新生大学录取通知书源文件.docx

制作 XX 大学录取通知书的具体操作步骤如下。

跟着做 1☛　设置字体格式

对输入文本格式化的具体操作步骤如下。

❶ 在 Word 2010 中，输入文本内容，如图 4-44 所示。

电脑小百科

在没有对快捷键进行其他设置时，按下 F1 键可以快速打开 Word 的帮助系统。

② 选取通知书标题，在“开始”选项卡的“字体”功能区下对其字体进行格式化，将字形设置为“华文行楷”，字号设置为“小初”。

③ 选取正文和落款，将其字形设置为“宋体(中文正文)”，字号设置为“三号”。

④ 选取“法律系民商法”文本，单击 U 按钮，对其添加下划线，效果如图 4-45 所示。

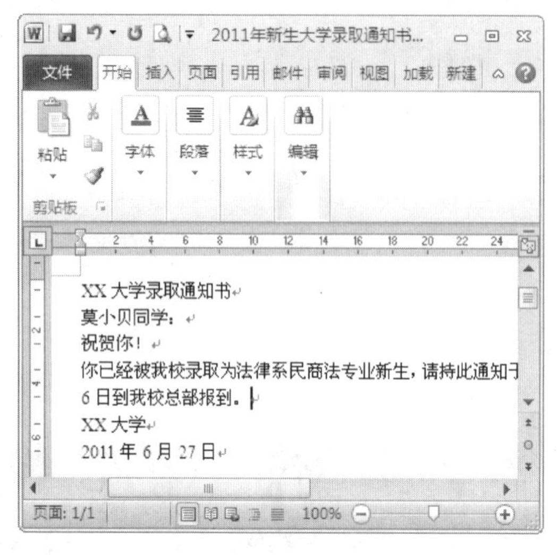

图 4-44　输入文本内容

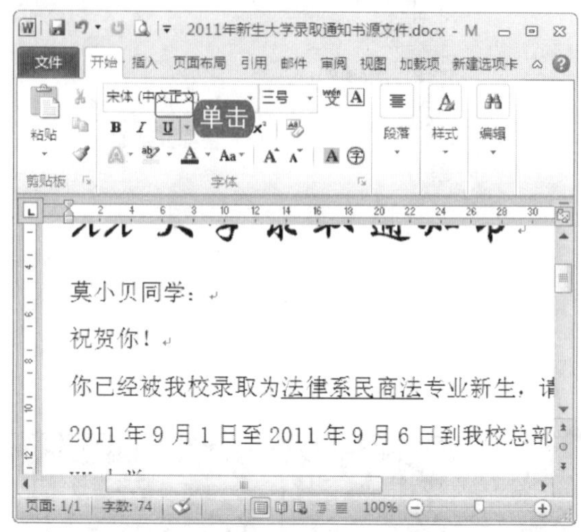

图 4-45　格式化文本内容

跟着做 2☛ 设置段落格式

在对文字进行了字体字形的格式化后，需要对通知书的段落格式进行一些调整，具体操作步骤如下。

① 选取通知书标题，选择“开始”→“段落”命令，单击“居中”按钮，如图 4-46 所示。

② 选取正文内容，单击“段落”功能区右下角的 按钮，打开“段落”对话框，将其设置为“首行缩进”格式，单击“确定”按钮，如图 4-47 所示。

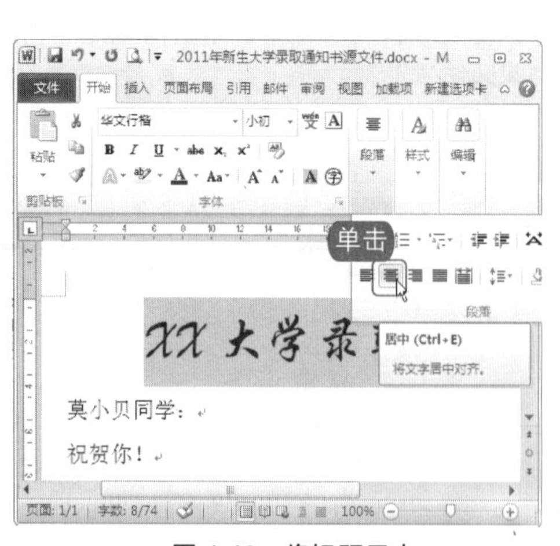

图 4-46　将标题居中

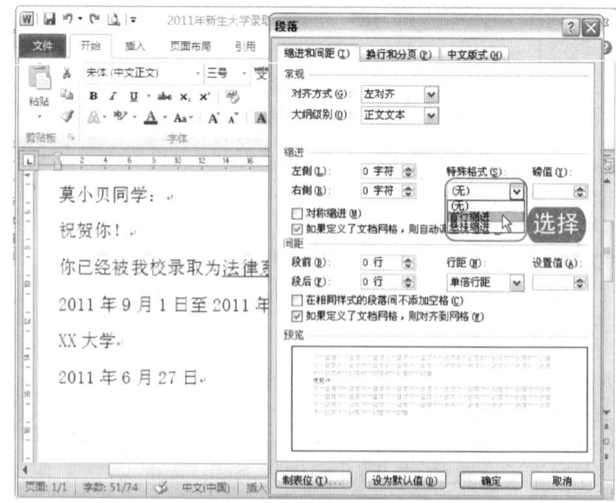

图 4-47　设置段落格式

电脑小百科

在“自定义经典「开始」菜单”对话框中，用户不仅可以添加常用程序，还可以对已经添加的程序进行“删除”、“排序”及“筛选”等操作。

3 在落款文字前插入几个空行，选取落款文字，单击“段落”功能区中的“右对齐”按钮，如图 4-48 所示。

4 录取通知书格式设置完成，效果如图 4-49 所示。

图 4-48　将落款右对齐

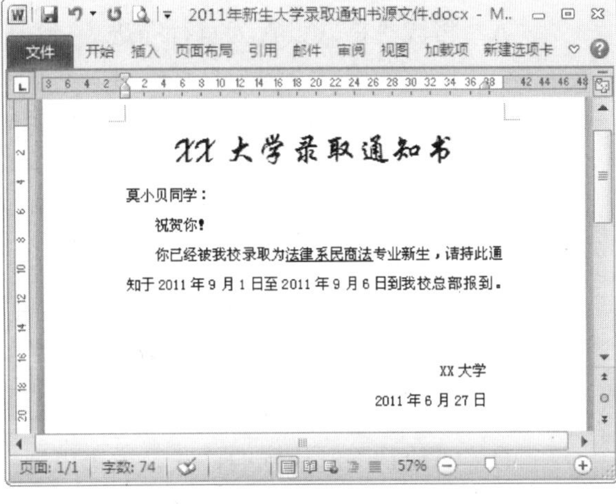

图 4-49　录取通知书效果图

学 习 小 结

本章主要介绍了 Word 2010 的字符格式设置、段落格式设置以及样式格式设置等相关知识。

通过对本章的学习，我们能够对文本进行基本的格式设置，还能对 Word 2010 中的文本快速套用样式进行格式化。下面对本章内容进行总结，具体内容如下。

(1) 在 Word 2010 中，可以通过浮动工具窗、“字体”组和“字体”对话框对文档字体进行格式化设置，其中不仅包括对字体、字形、字号、颜色以及字符间距的设置，还可以对其进行添加阴影、下划线、拼音等艺术效果的美化。

(2) 对段落的格式设置主要包括对齐方式、段落缩进、行间距和段落间距等。这些操作也可以通过 3 种方式来实现：浮动工具窗、“段落”组和“段落”对话框。

(3) 使用文本样式可以加快文档的编辑速度，也可以帮助文档的格式和风格实现整体效果的一致。可以直接套用系统预设的样式，也可以根据需要对其进行修改、添加等自定义设置。

(4) 在使用样式的过程中，可以根据需要通过推荐样式、限制样式、复制和删除样式，以提高工作效率。多加练习样式的各项操作，做到灵活运用，为以后的实战操作打好坚实基础。

互 动 练 习

1. 选择题

(1) Word 2010 中，文字的字号，阿拉伯数字所代表的磅数越大字体(　　)。

A. 越小　　B. 越大

C. 不变　　D. 以上均不对

电脑小百科

在 Word 中，按下 Ctrl+H 组合键可以快速打开“查找和替换”对话框。

(2) 在 Word 文档中，需要对一段文字添加边框，重点标注时，应该选择(　　)图标。

A.　　　　B.

C.　　　　D.

(3) 以下哪项操作可以使文档的所有段首空出两格(　　)。

A. 将段落格式设置为首行缩进　　　　B. 单击“段落”功能区的图标

C. 将段落格式设置为悬挂缩进　　　　D. 全部

(4) 按下(　　)，会出现文档自动套用格式的情况。

A. Ctrl 键　　　　B. Enter 键

C. Ctrl+Enter 组合键　　　　D. Shift 键

(5) 关于文本样式以下说法不正确的是(　　)。

A. 在修改样式任务窗栏中不可以为文字添加阴影、着重号等艺术效果

B. 直接按下 Alt+Ctrl+Shift+S 组合键可以打开“样式”任务窗格

C. 使用“样式检查器”可以快速确定当前格式是应用了样式，还是直接格式化

D. 即使是强制执行的样式，也可以通过“管理样式”对话框来限制它的使用

2. 思考与上机题

(1) 美化上一章制作的“文本录入练习题”文档。

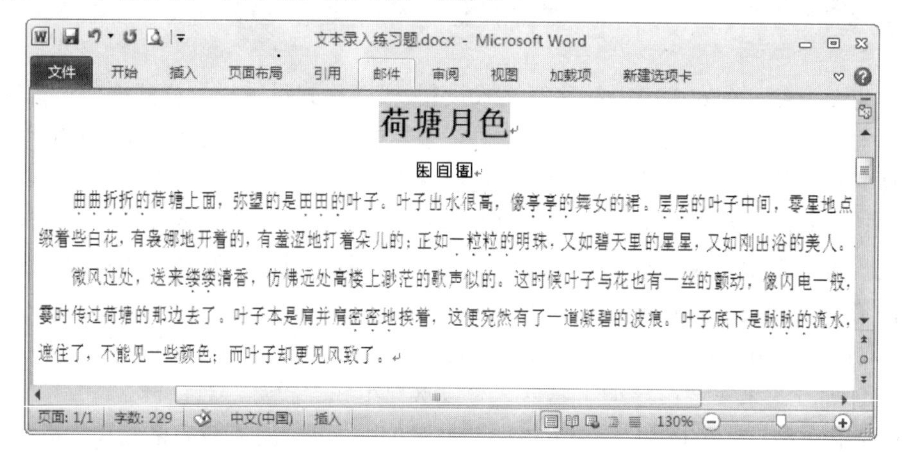

	原始文件	素材\第 3 章\文本录入练习题.docx
	最终文件	源文件\第 4 章\美化文本录入练习题.docx

制作要求：

a. 为文章标题添加灰色的字符底纹。

b. 为作者名字添加方形圈号。

c. 为文中的重叠词添加着重号。

d. 将正文的字符间距缩放为 80%。

(2) 为本章制作的“XX 大学的录取通知书”创建样式。

电脑小百科

设置个性化桌面，可以让电脑办公和学习更有乐趣，不会因为面对桌面而感到枯燥和乏味。

	原始文件	素材\第 4 章\2011 年新生大学录取通知书源文件.docx
	最终文件	源文件\第 4 章\大学录取通知书样式.docx

制作要求：

a. 按照制作好的文本格式，创建文本样式。

b. 样式名称分别修改为“学校名称”、“学生姓名”、“祝贺语”、“正文 1”、“专业名称”、“落款”。

c. 移动样式，使刚才创建的文本样式排列在“样式”任务窗格的最前面。

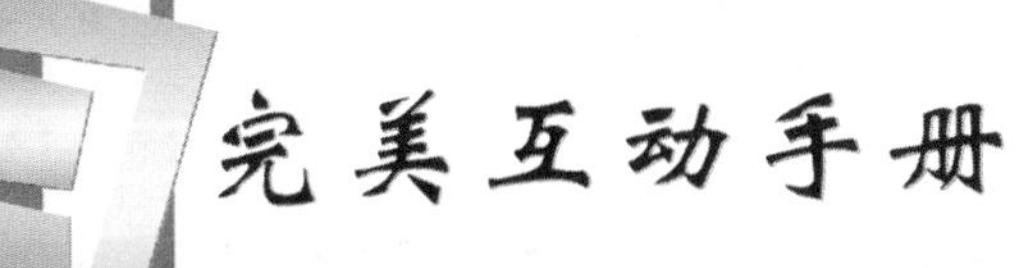

第5章

Word 2010 文本的视图与审阅

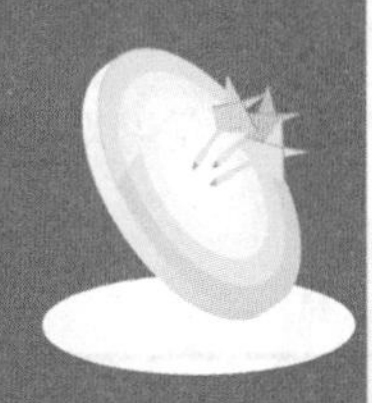

本章导读

Word 2010 作为一款强大的文字编辑软件，视图与窗口的灵活改变是不可缺少的功能，如果能够灵活地应用视图与窗口的各种状态功能，可以大大提高用户的工作效率。

精彩看点

- 认识文本的多种视图方式
- 调整文本的视图窗口
- 使用导航窗格
- 调整显示比例
- 检查拼写和语法错误
- 自动更正文本
- 修订文本
- 批注文本

5.1 文本的视图

利用 Word 提供的各种视图，可以更有效地完成格式设置等排版操作，这对需要熟练掌握 Word 排版的用户来说是很重要的。

书盘互动指导

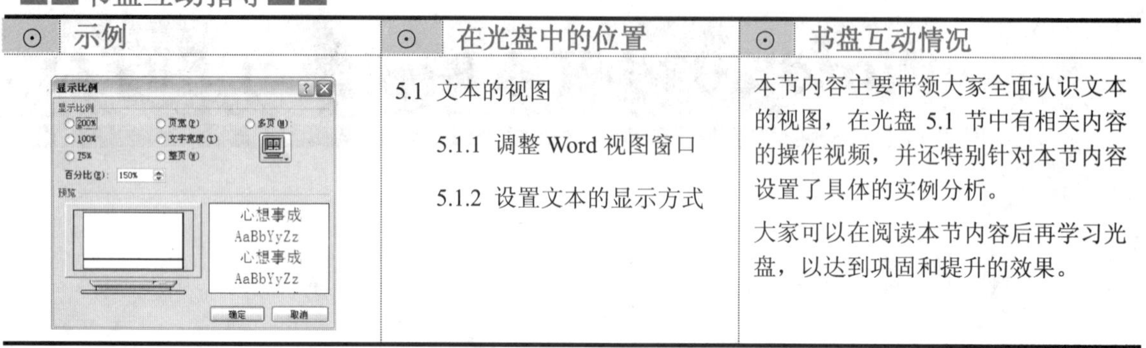

⊙ 示例	⊙ 在光盘中的位置	⊙ 书盘互动情况
	5.1 文本的视图 5.1.1 调整 Word 视图窗口 5.1.2 设置文本的显示方式	本节内容主要带领大家全面认识文本的视图，在光盘 5.1 节中有相关内容的操作视频，并还特别针对本节内容设置了具体的实例分析。 大家可以在阅读本节内容后再学习光盘，以达到巩固和提升的效果。

5.1.1 认识 Word 的多种视图

所谓文档视图是指文档的显示方式。在编辑的过程中用户常常需要因不同的编辑目的而突出文档中的某一部分的内容，以便能更有效地编辑文档。Word 2010 提供有页面视图、阅读版式视图、Web 版式视图、大纲视图和草稿视图等多种显示方式。

- 页面视图：页面视图是 Word 中最常用的视图之一，它可以显示 Word 2010 文档的打印结果外观，主要包括页眉、页脚、图形对象、分栏设置、页面边距等元素，由于它是接近打印结果的页面视图，所以使文档在屏幕上看上去就像在纸上一样，如图 5-1 所示。

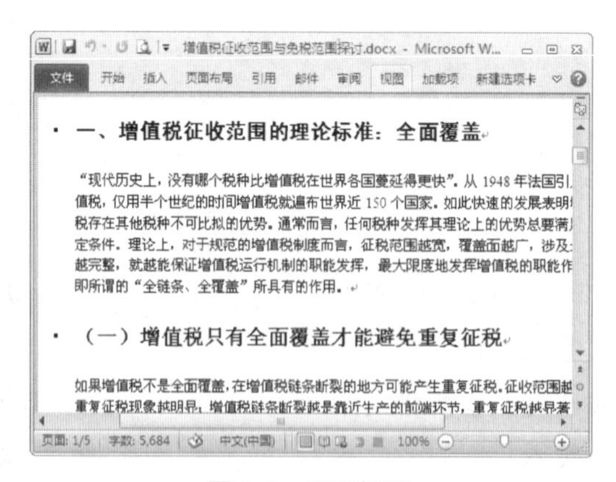

图 5-1 页面视图

- 阅读版式视图：阅读版式视图是一种专门用来阅读文档的视图。在阅读版式视图下，Word 会将“文件”按钮、功能区等窗口元素都隐藏起来，仅保留“视图选项”和“批

在寻找程序执行文件时需要注意，不要随意删除、修改或移动程序内的其他文件，否则可能导致程序无法使用。

注”等少数功能的快捷按钮，从而使窗口工作区中显示出最多的内容，如图 5-2 所示。

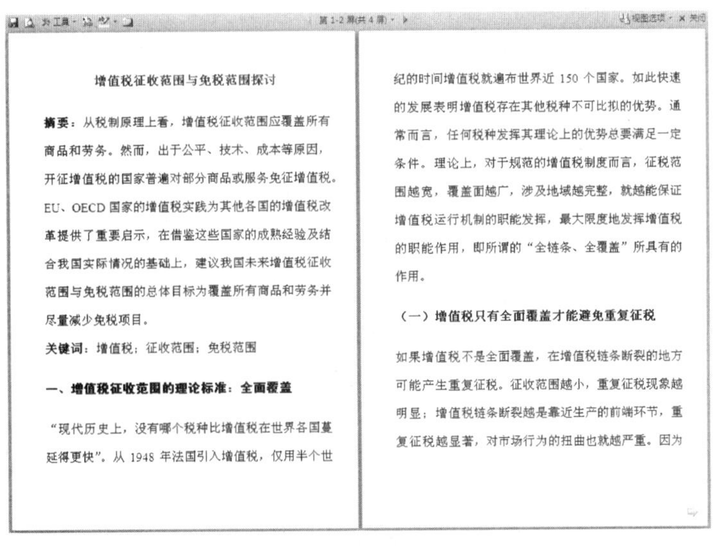

图 5-2　阅读版式视图

在阅读版式视图中，由于阅读版式视图设计用于在屏幕上阅读文档，页面按屏幕标号进行编号而不是页码。因此阅读版式视图会将目录中的页码隐藏起来以防止页码和屏幕标号混淆。

需要注意的是：在阅读版式视图下缩放窗口大小时，显示的页面内容会随着窗口大小的改变而自动地变化，变化后的页面与实际打印时的页面内容是不一样的。如果要在阅读版式视图下查看文档在打印页面上的显示，而不转换到页面视图，那么可以选择“视图选项”中的“显示打印页”命令。

- Web 版式视图：在 Word 2010 文档中，Web 版式视图是以网页的形式显示的，它适用于发送电子邮件和创建网页，如图 5-3 所示。
- 大纲视图：大纲视图是显示文档结构的视图，它会将所有的标题分级显示出来，层次分明，特别适合较多层次的文档，如报告文体和章节排版等。在大纲视图方式下，我们可以方便地移动和重组长文档，如图 5-4 所示。

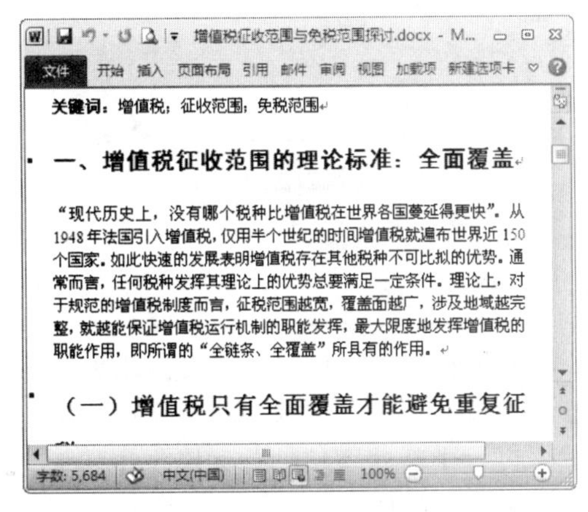

图 5-3　Web 版式视图

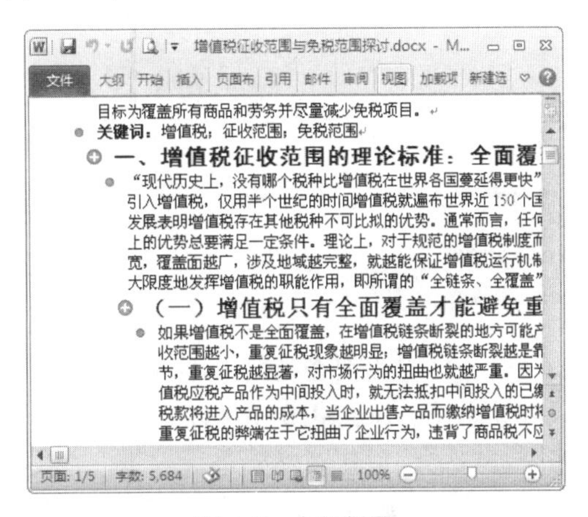

图 5-4　大纲视图

电脑小百科

取消窗口的拆分方式，可以单击“视图”选项卡下的“取消拆分”命令，还可以移动鼠标指针到两个窗口的边界上，待鼠标指针变为双箭头形状时双击即可。

- 草稿视图：草稿视图取消了页面边距、分栏、页眉页脚和图片等元素，仅显示标题和正文，是最节省计算机系统硬件资源的视图方式，如图 5-5 所示。

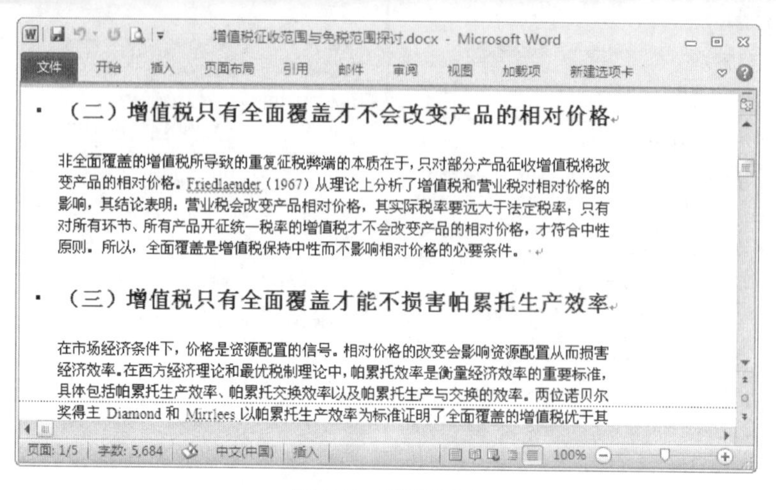

图 5-5　草稿视图

5.1.2　调整 Word 视图窗口

在文档的编辑过程中经常需要在多个文档窗口之间进行交替操作。

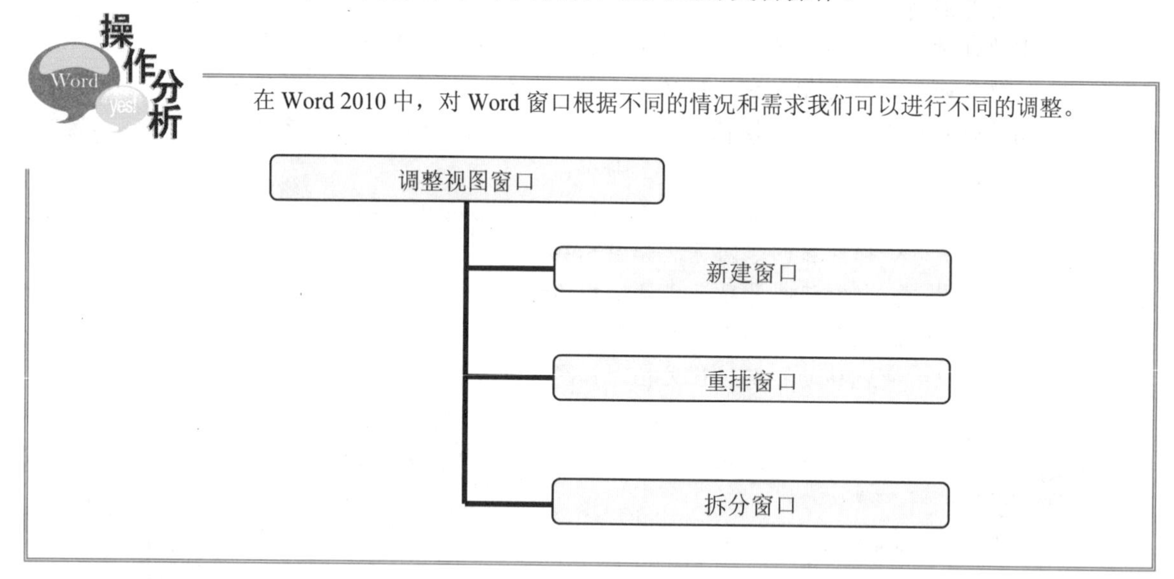

跟着做 1　新建窗口

在编辑文档时需要在文档的不同部分进行操作，特别是长文档如果用滚动文档或定位的办法就会很麻烦。在 Word 2010 中可以采用新建窗口的方法，即将同一个文档的内容分别显示在两个或者多个窗口中，以便对文档进行编辑。在文档的编辑过程中新建窗口的具体操作步骤如下。

1. 选择“视图”选项卡，在“窗口”功能区单击“新建窗口”按钮，如图 5-6 所示。

电脑小百科

任务管理器是一个功能非常强大的工具，它可以对电脑系统的进程、性能和用户进行管理，同时可以监视目前正在运行程序的情况。

❷ Word 自动新建一个与原文档内容相同的窗口，如图 5-7 所示。

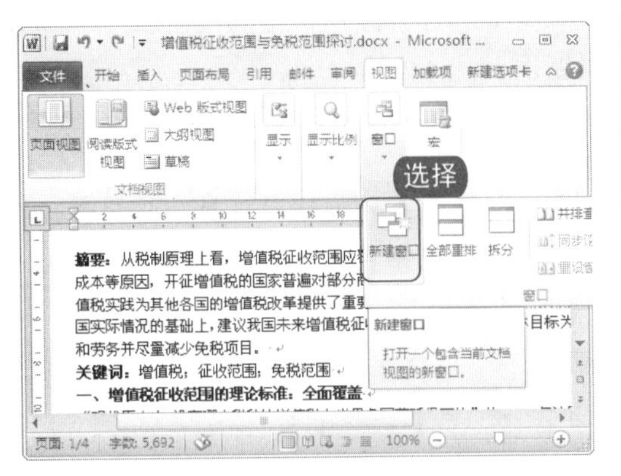

图 5-6　单击“新建窗口”按钮

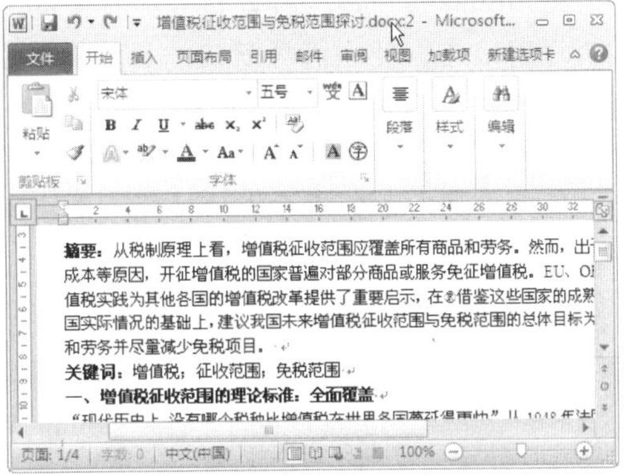

图 5-7　后缀名为“.docx:2”的新建窗口

跟着做 2 重排窗口

在 Word 2010 中，我们可以同时显示多个文档窗口，这样可以避免在编辑中窗口之间的重复转换，从而提高工作效率。下面以新建窗口后重排窗口为例来介绍它的使用方法，具体操作步骤如下。

❶ 选择“视图”选项卡，在“窗口”功能区单击“全部重排”按钮。

❷ Word 窗口在屏幕上平铺已打开的 Word 窗口，如图 5-8 所示，用户也可以根据自己实际应用的需要，手动调整组件窗口的大小和位置。

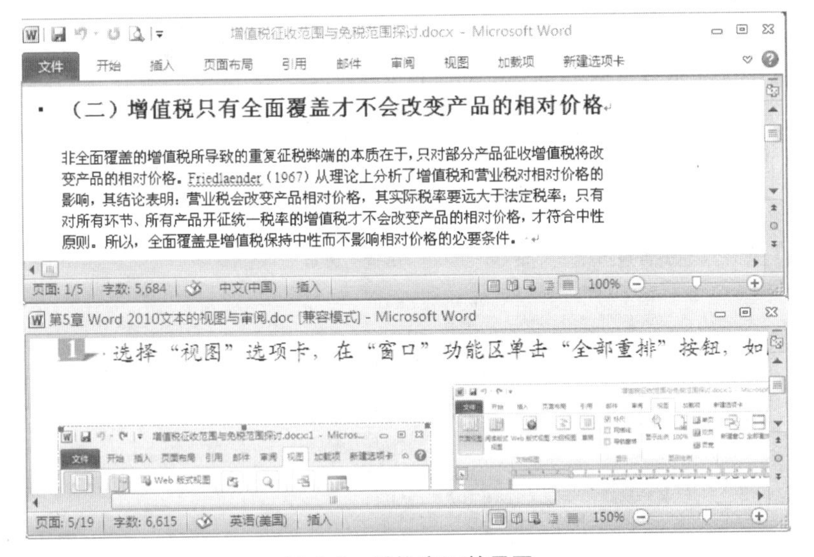

图 5-8　重排窗口效果图

跟着做 3 拆分窗口

拆分窗口就是将文档窗口一分为二变成两个子窗口，两个子窗口中显示的是同一个文档中的

电脑小百科

如果要取消显示网格线，只需要再一次选择“视图”→“显示/隐藏”→“网格线”命令即可。

内容，这样可以方便地对同一个文档中的前后内容进行复制、粘贴、编辑、校对等操作。

拆分窗口和新建窗口一样，只要在其中的一个窗口中进行修改，所做的改变就会立即反映在其他的拆分窗口中，使用拆分窗口的具体操作步骤如下。

1. 选择“视图”选项卡，在“窗口”功能区单击“拆分”按钮，这时鼠标指针会变成一条横线，如图 5-9 所示。
2. 移动鼠标，确定窗口拆分线的位置，单击鼠标就可以将当前的文档窗口拆分为两个子窗口，如图 5-10 所示。

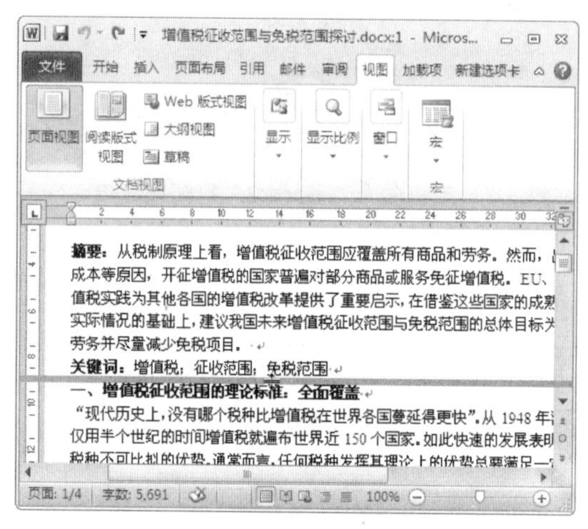

图 5-9　拆分窗口

图 5-10　拆分后的窗口

当需要对两个文档进行对比查看和编辑时，如果不停地切换文档会很麻烦并且也容易出错。Word 2010 对于这一问题提供了很好的解决办法。在 Word 2010 中，选择“视图”选项卡，选择“窗口”功能区的“并排查看”命令，即可实现文档的并排查看。因为这一操作还可以实现文档的同步滚动，所以在操作之前将两个文档的位置确认一致，就可以使用其中一个文档的滚动条使另一个文档也同时滚动。

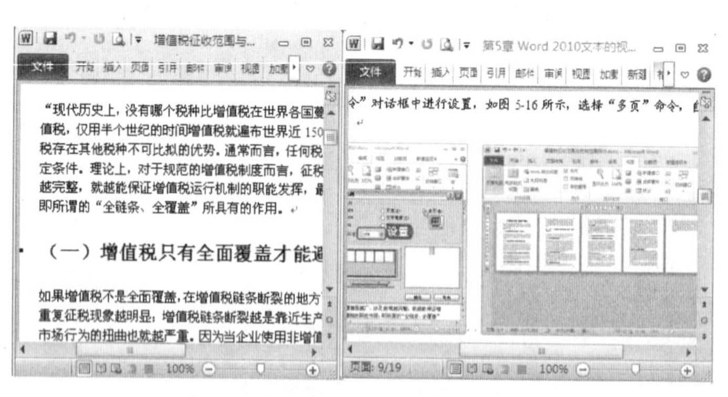

5.1.3 设置文本的显示方式

Word 2010 提供了多种辅助工具可以帮助我们查看文本，如网格线、导航窗格和显示比例等。

预读文件与系统启动速度的关系很大，预读文件可以用来提高系统性能、加快系统启动和文件读取的速度。

网格线、导航窗格和文本显示比例虽然是被作为视图的辅助工具，但是它们在很多时候却发挥着很大的作用。

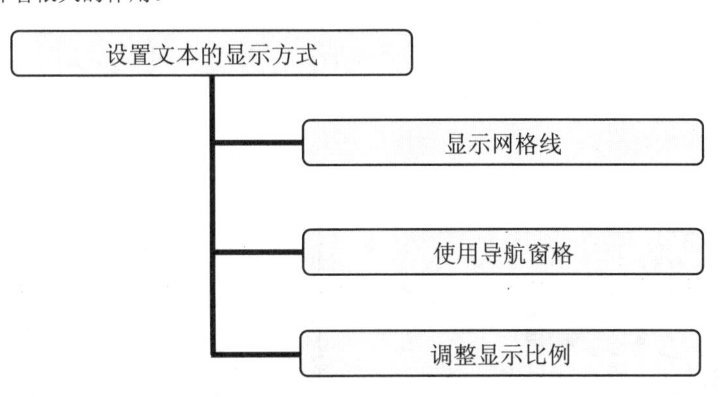

跟着做 1 显示网格线

使用网格线可以方便地在文档中对齐图形和文本，如移动对齐图形或文本框时，还可以在文档中查看标题所占用的行数。显示网格线的具体操作步骤如下。

1. 选择“视图”选项卡，在“显示”功能区中，选择“网格线”命令，如图 5-11 所示。
2. Word 文档显现出网格线，如图 5-12 所示。

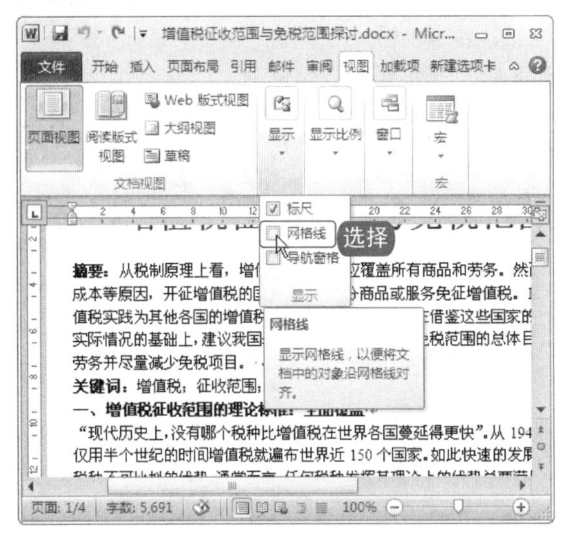

图 5-11　选择“网格线”命令

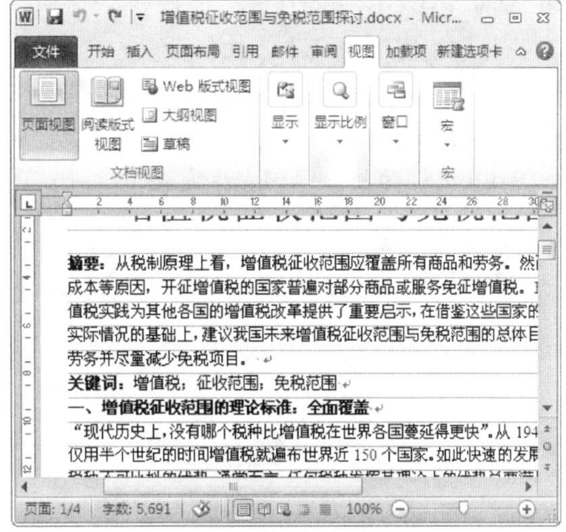

图 5-12　显示网格线

跟着做 2 使用导航窗格

在 Word 2010 中，对于多页甚至更长的文档可以不必再频繁地滚动鼠标，仅凭双眼来翻阅查找文档。通过导航窗格可以快速实现文档的导航定位，它的作用类似于 Word 2010 中的“文档结

电脑小百科

在 Word 中，要想实现不同视图方式之间的转换，可以选择单击“视图”选项卡下“文档视图”功能区的视图方式，也可以选择单击 Word 状态栏下的视图按钮。

构”命令。

导航窗格包括对文档标题的定位查找、页面缩略图的查找以及关键字(词)等特定对象的放大镜查找。使用导航窗格的具体操作步骤如下。

1. 选择“视图”选项卡，在“显示”功能区中，选择“导航窗格”命令，如图 5-13 所示。
2. Word 文档的左侧显现出“导航窗格”的任务窗栏，如图 5-14 所示。

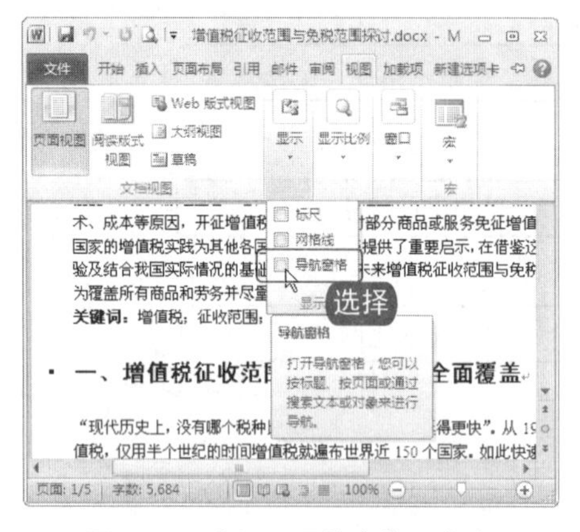

图 5-13　选择“导航窗格”命令

图 5-14　导航窗格

跟着做 3　调整显示比例

在编辑文档时，有的时候希望缩小或者放大屏幕上的字体和图形以便浏览和使用，Word 2010 提供有改变显示比例的功能，调整显示比例的具体操作步骤如下。

1. 选择“视图”选项卡，选择“显示比例”功能区的“显示比例”命令。
2. 在弹出的“显示比例”对话框中进行设置，如图 5-15 所示，选中“多页”单选按钮，自定义设置显示比例为 15%。
3. Word 文档的显示比例发生变化，效果如图 5-16 所示。

图 5-15　设置显示比例

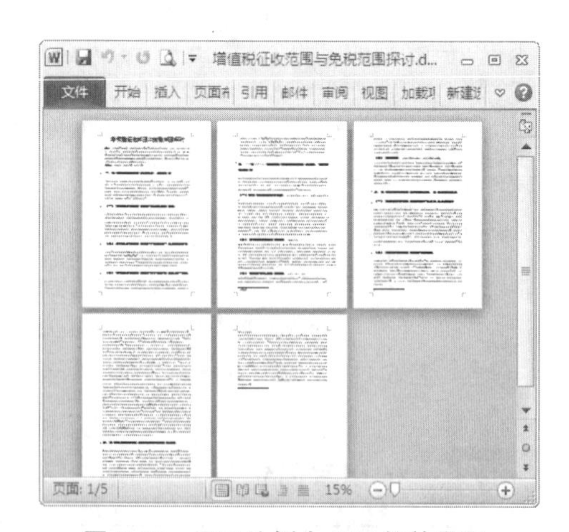

图 5-16　显示比例为 15%的效果图

电脑小百科

在安装应用软件时，若出现提示对话框“是否覆盖文件”，最好选择不要覆盖。因为通常当前系统文件是最好的，不能根据安装时间的先后来决定覆盖文件。

5.2　文本的审阅

在对文档进行编辑完成之后，对文本进行校对和审阅可以有效地减少文本中出现的错误。

书盘互动指导

示例	在光盘中的位置	书盘互动情况
拼写和语法：中文(中国)	5.2　文本的审阅 5.2.1　校对文本 5.2.2　修订和批注文本	本节内容主要带领大家审阅和修改文本，在光盘 5.2 节中有相关内容的操作视频，并还特别针对本节内容设置了具体的实例分析。 大家可以在阅读本节内容后再学习光盘，以达到巩固和提升的效果。

5.2.1　校对文本

进行文本的校对是对文本内容正确性的基本保障。在 Word 2010 中，用户可以对文本的拼写和语法错误进行查改，也可以使用文档的自动更正功能。

使用 Word 2010 对文本进行校对检查时，主要就是对拼音和语法的检查，通过这一功能可以进行更进一步的设置，帮助用户更精准地进行校对修改，如设置自动更正功能。如果能够熟练使用这一功能就可以节约很多校对的时间。

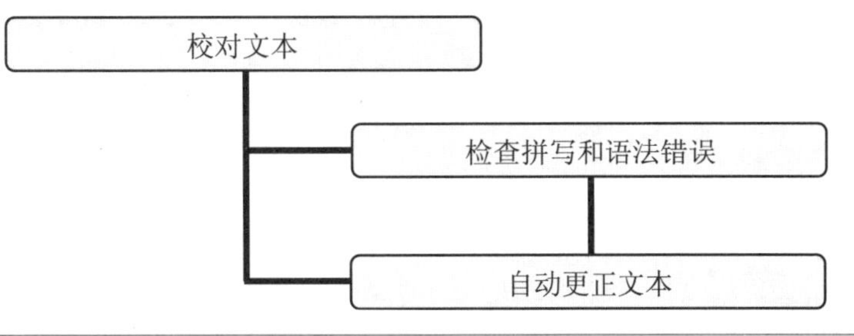

跟着做 1　检查拼写和语法错误

当输入文本时，很难保证输入文本的拼写和语法都完全正确，要是有一位“助手”在一旁时刻提醒就会减少错误。

Word 2010 提供了很强大的拼写和语法检查功能。一方面它能在输入时提醒输入的错误，并将其有色波浪线进行标记，另一方面它还会提出一些修改意见以及对一些生僻字重新进行报错设置。检查拼写和语法错误的具体操作步骤如下。

电脑小百科

使用“查找和替换”对话框中的“使用通配符”命令，可以在查找文本框中输入通配符来代替某些字符。

1. 选择“审阅”→“校对”→“拼写和语法”命令，弹出“拼写和语法：中文(中国)”对话框，如图 5-17 所示。
2. 在对话框中可以看到 Word 认为的错误，可以对照文档内容直接修改，对需要使用的生僻字也可以选择“忽略一次”或“全部忽略”等命令，如图 5-18 所示。
3. 对文档中的错误进行逐一修改，直到弹出“拼写和语法检查已完成”提示框，单击“确定”按钮即可。

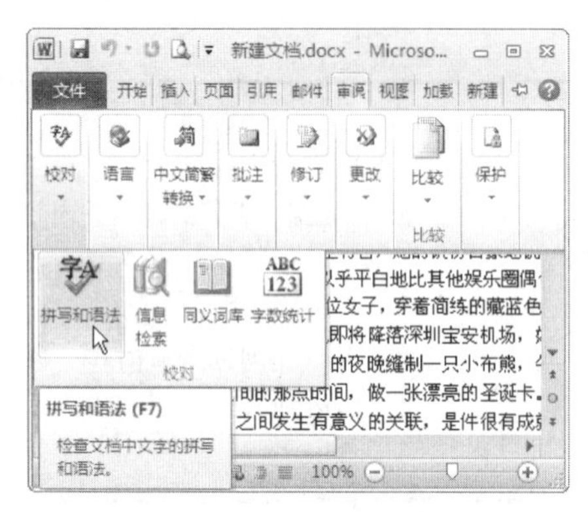

图 5-17　打开“拼写和语法”对话框

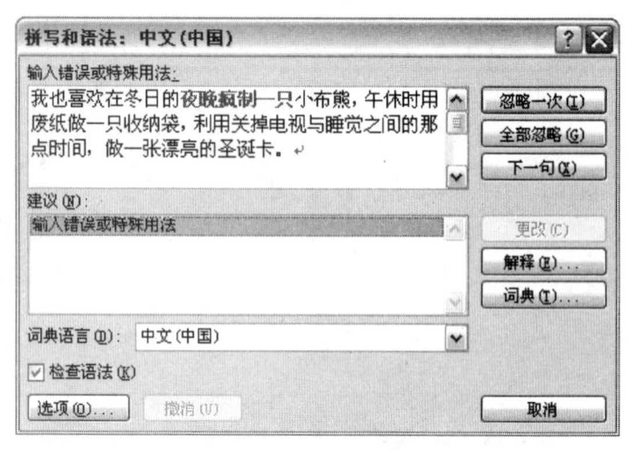

图 5-18　选择修改命令

跟着做 2☛ 自动更正文本

对文本的检查工作，Word 2010 提供了自动检查文档中存在错误的功能。如果觉得 Word 默认的自动更正功能设置得不够完善，还可以对它的自动更正选项和自动更正词条进行自定义设置。自动更正文本的具体操作步骤如下。

1. 选择“审阅”→“校对”→“拼音和语法”命令。
2. 弹出“拼写和语法：中文(中国)”对话框，单击“选项”按钮，如图 5-19 所示。
3. 弹出“Word 选项”对话框，系统默认选择“校对”选项，如图 5-20 所示。

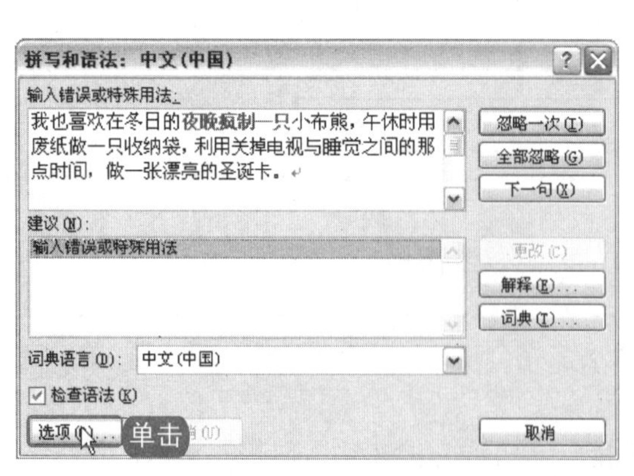

图 5-19　单击“选项”按钮

图 5-20　选择“校对”选项

路由器是比交换机更高一级的网络设备，不但具有路由功能，还可以代替交换机交换数据。

4 在“自动更正选项”区域中单击“自动更正选项”按钮，弹出“自动更正”对话框，在对话框中进行设置，设置完成后单击“确定”按钮，如图 5-21 所示。

5 返回“Word 选项”对话框的“校对”选项下，在“在 Microsoft Office 程序中更正拼写时”区域中，选择“自定义词典”命令，弹出“自定义词典”对话框，在对话框中添加单词文件，添加完成后单击“确定”按钮，如图 5-22 所示。

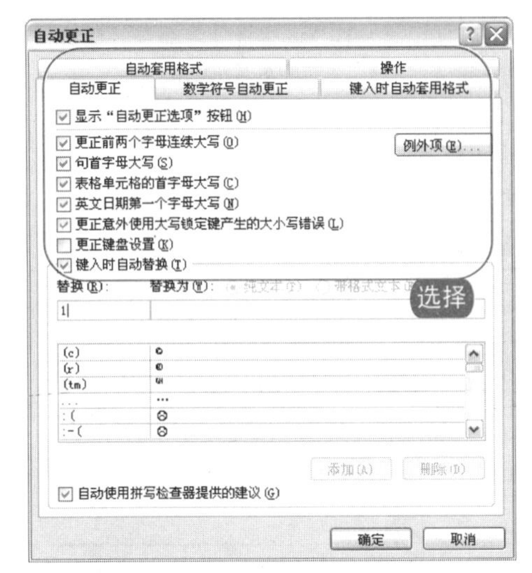

图 5-21　设置自动更正的内容

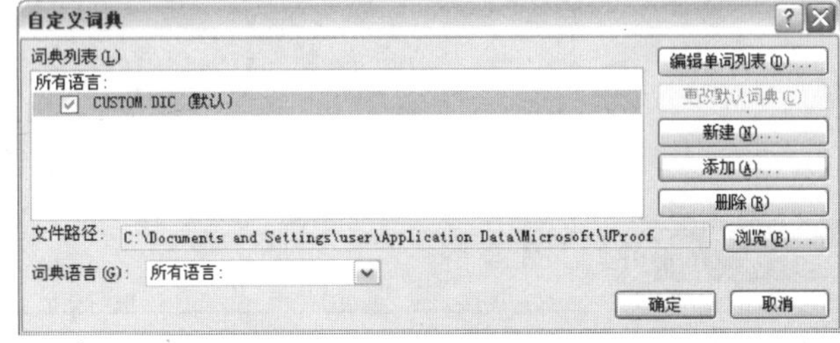

图 5-22　“自定义词典”对话框

在 Word 2010 中，文本的校对功能除了以上所讲的拼音和语法的检查和自动更正功能外，选择“审阅”→“校对”命令，还可以使用信息检索、同义词库和字数统计等命令。

单击“信息检索”命令时，会在 Word 窗口右侧弹出“信息检索”任务窗格，在任务窗格中可以搜索大量的参考资料。

选择“同义词库”命令，需要先选取需要寻找同义词的文本，它的作用类似于信息检索功能，所以也会在 Word 窗口右侧弹出“信息检索”任务窗格。但目前 Word 2010 还没有中文可以用的同义词库。

选择“字数统计”命令，会弹出“字数统计”对话框，在对话框中显示了相关的统计信息。

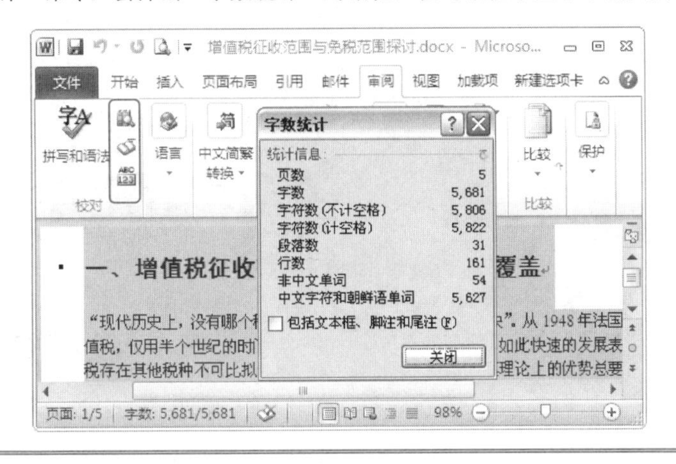

电脑小百科

用户在阅读文档时，可能会遇到文档中某段的行内文字显示不全的问题，这都是行距太小惹的祸，此时只要对文档的行距进行调整就可以显示全面了。

5.2.2 修订与批注文本

文本的审阅是文档编辑之后的重要组成部分，如论文一般都要经过多次审阅以及多次修改后才可以完成。

在 Word 2010 中，对文本进行审阅修改时，可以使用“修订”和“批注”命令。修订可以标注出对文本的每次修改，批注则可以对文本中的问题进行较详细的标注说明。

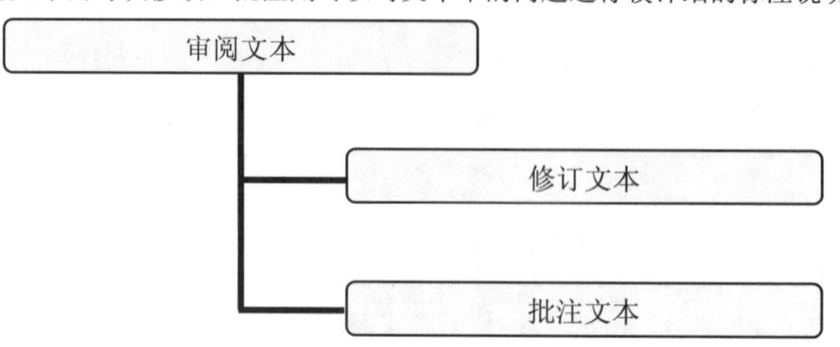

跟着做 1 修订文本

修订是显示文档中所做的诸如删除、插入或者其他编辑更改位置的标记。启用修订功能，作者或审阅者的每一次插入、删除或是格式更改都会被标记出来。查看修订时，可以接受或者拒绝更改，修订文本的具体操作步骤如下。

1. 选择“审阅”选项卡，选择“修订”功能区的“修订”命令，如图 5-23 所示。
2. 在文中进行的任何修改都会被标记出来，如图 5-24 所示。

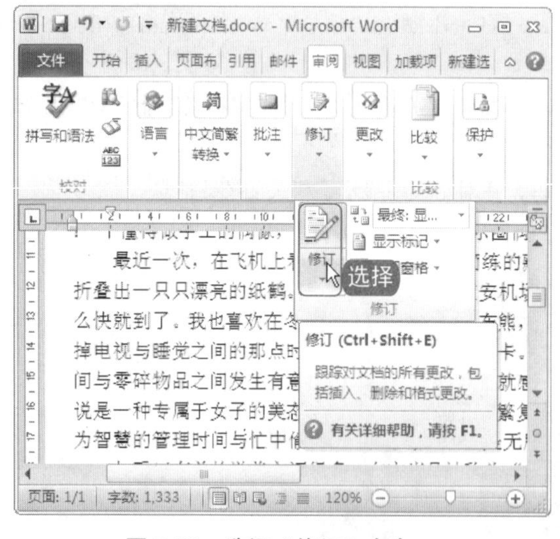

图 5-23　选择“修订”命令

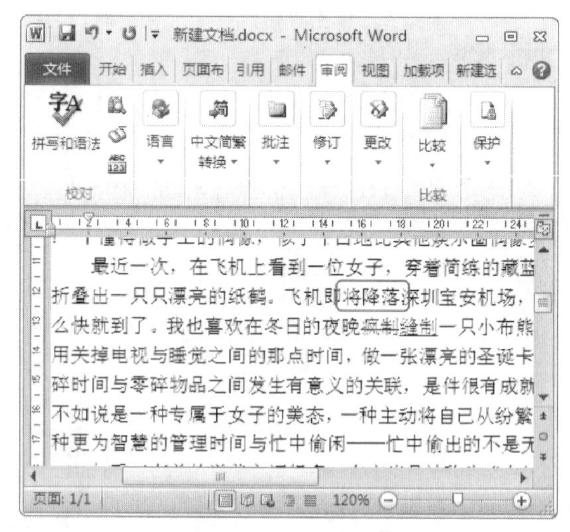

图 5-24　修订文本

3. 如果对修订标记不满意我们可以选择“修订”→“显示标记”命令，再进行选择设置，如图 5-25 所示。

电脑小百科

查看磁盘分区的属性，可以了解该磁盘的分区信息，如文件系统、已用空间大小和可用空间大小等。

4 如果需要对修改进行更具体的设置，可以选择“修订”→“修订选项”命令，打开“修订选项”对话框进行设置，如图 5-26 所示。

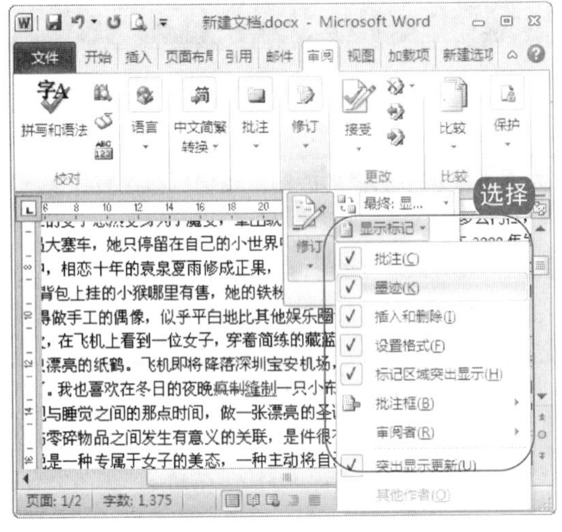

图 5-25 设置显示标记

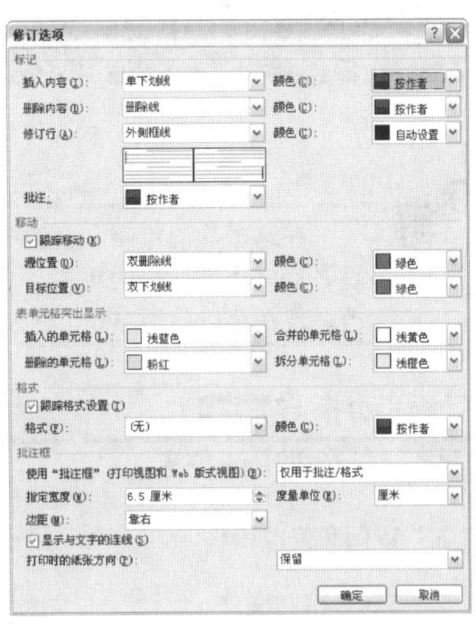

图 5-26 设置修订选项

在“审阅”选项卡的“修订”功能区中选择“审阅窗格”命令，可以在 Word 文本的左侧显现出“审阅窗格”任务窗栏，在任务窗栏中将每一步的修改痕迹分类显示出来。在“审阅窗格”或“修订”命令无需再使用时，只需要再次单击“修订”功能区的按钮即可。

跟着做 2 批注文本

批注可以是对文档的部分内容所做的注释，也可以是对需要修改的内容所做的具体解释，添加批注的具体操作步骤如下。

1 选取需要添加批注的位置，选择“审阅”→“批注”→“新建批注”命令，如图 5-27 所示。

2 在批注框中输入批注内容，如图 5-28 所示。

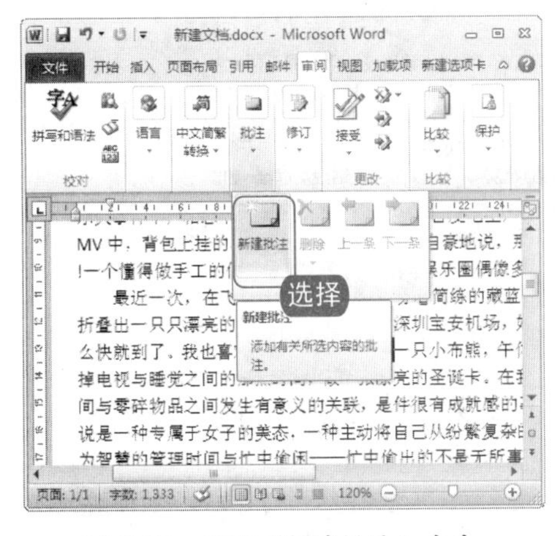

图 5-27 选择“新建批注”命令

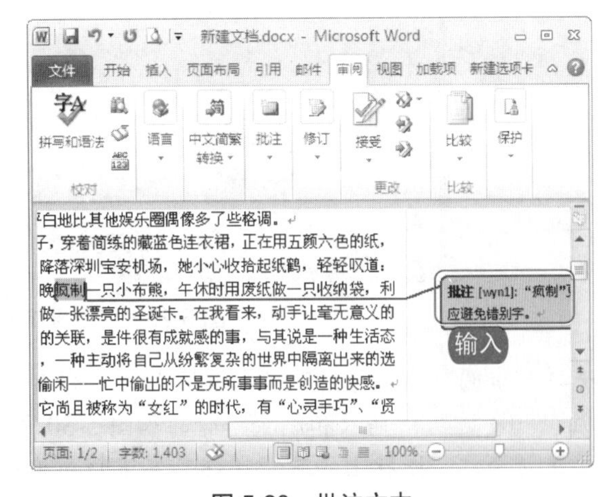

图 5-28 批注文本

电脑小百科

在“查找和替换”对话框中，选择“特殊字符”命令可以查找一些特殊的符号，如“段落标记”、“省略号”等。

5.3 审阅和修改稿件

在这多次的审阅和修改中，每次文章发生了怎样的改动，还仍然存在着什么问题，是改过之后好还是原来的更恰当，都要经过反复的推敲决定。以前使用红笔在纸上对稿件进行修改，现在可以使用 Word 更方便地对文章进行修改、批注。

书盘互动指导

在光盘中的位置	书盘互动情况
5.3 审阅和修改稿件 5.3.1 审阅稿件 5.3.2 批注稿件	本节内容主要介绍了以上述内容为基础的综合实例操作方法，在光盘 5.3 节中有相关操作的视频文件，以及原始素材文件和处理后的效果文件。

原始文件	素材\第 5 章\大学毕业后的工作和生活.docx
最终文件	源文件\第 5 章\大学毕业后的工作和生活修改稿.docx

结合本章所学的知识，对素材中提供的稿件进行修改，具体操作步骤如下。

1. 打开 Word 文档，选择“视图”→“显示”→“导航窗格”命令，在导航窗格对文档结构进行了解，如图 5-29 所示。

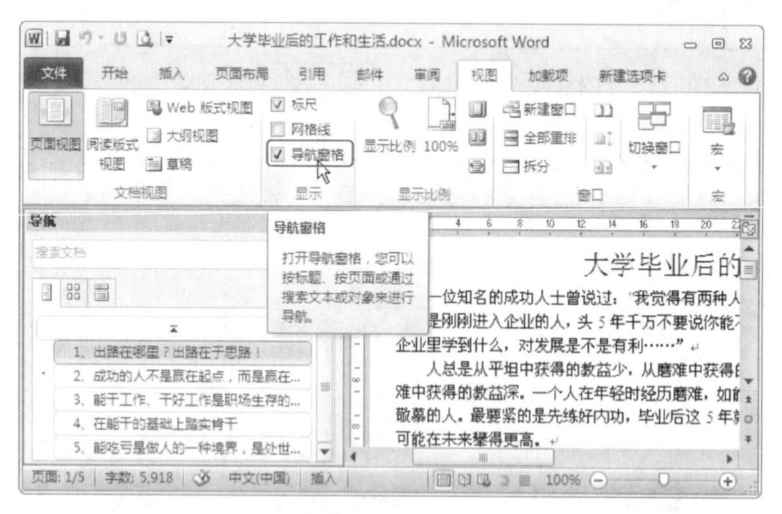

图 5-29　使用导航窗格查看文档

2. 选择“审阅”→“修订”→“显示标记”命令，在下拉菜单中选择显示的标记种类，如“批注”、“墨迹”、“插入和删除”等，如图 5-30 所示。
3. 单击“修订”图标上的下拉按钮，在下拉菜单中选择“修订”命令，如图 5-31 所示。

电脑小百科

如果电脑中安装有网卡的话，电脑系统在进入到桌面后会自动搜寻 IP 地址。如果电脑没有设定固定的 IP 地址，便会浪费许多时间在搜寻 IP 地址上。

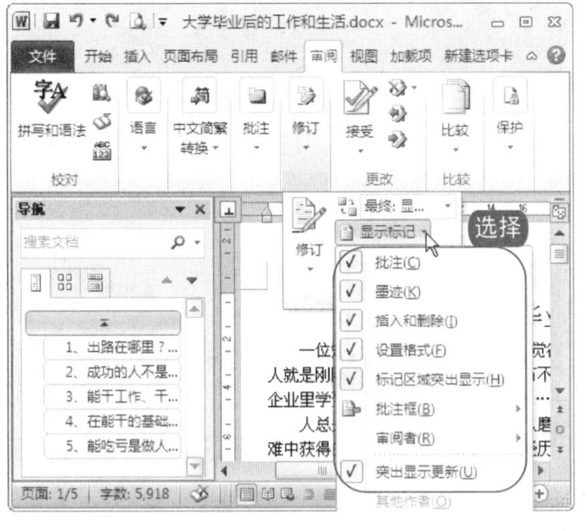

图 5-30　选择修订的显示标记

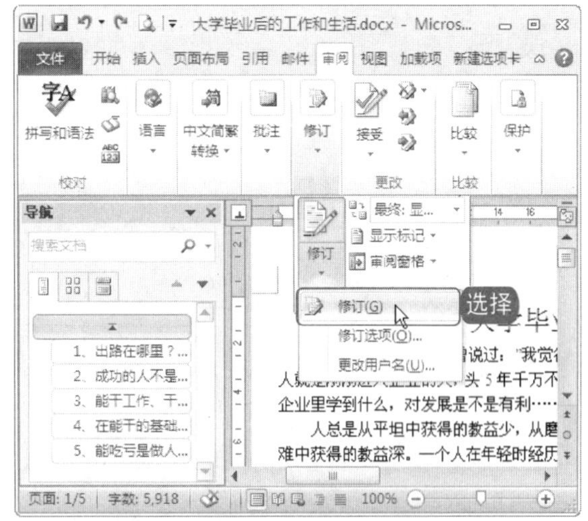

图 5-31　选择“修订”命令

4 在“审阅”选项卡下的“校对”功能区中选择“拼音和语法错误”命令，打开“拼写和语法：中文(中国)”对话框。

5 在对话框中，对 Word 系统查找出的拼音和语法错误一一进行查看修改，如图 5-32 所示。

6 阅读全文，对文中的错误可以进行直接修改，文档会自动添加修改批注，如图 5-33 所示。

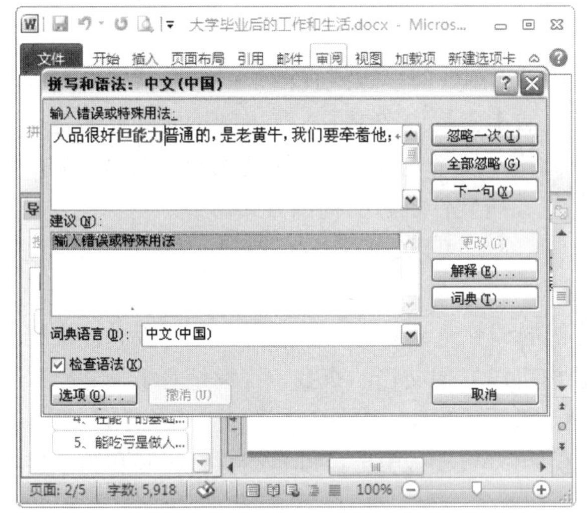

图 5-32　检查拼音和语法错误

图 5-33　自动添加修改批注

7 如果对一些文字需要加上特殊评语时，可以选取这些文字，选择“审阅”→“批注”→“新建批注”命令，然后在批注框中输入批注内容，如图 5-34 所示。

8 选择性重复以上步骤，完成对该文档的编辑修改，如图 5-35 所示。

电脑小百科

在“查找和替换”对话框中，选择“全字匹配”命令可以只查找与文本框中内容完全相同的单词，而把包含有该单词的其他单词排除。

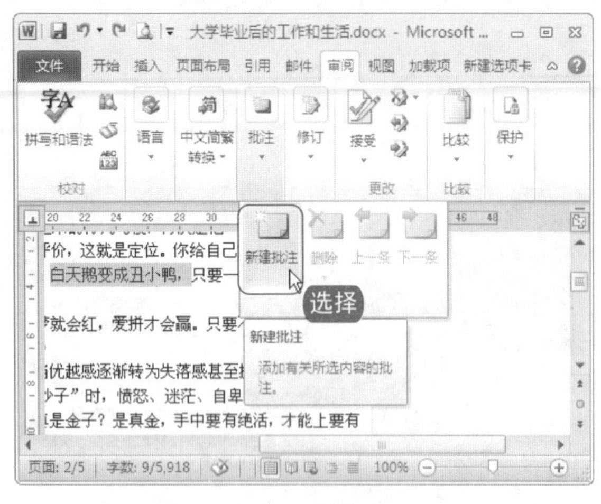

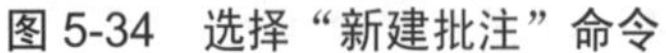
图 5-34 选择“新建批注”命令

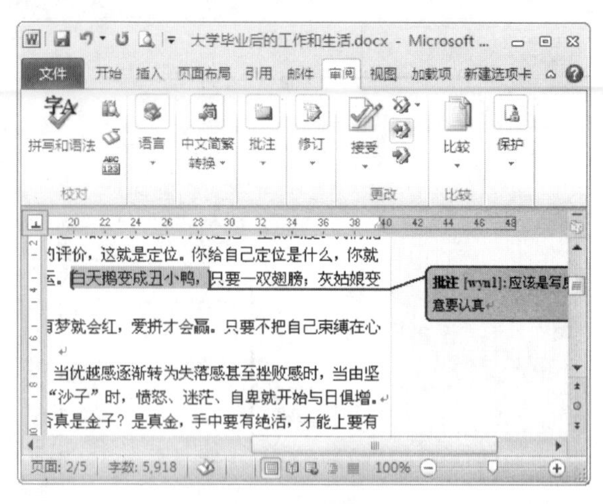

图 5-35 添加批注

学 习 小 结

本章主要介绍了 Word 2010 文本的 5 种视图方式和窗口调整等文本显示，以及文本的校对与审阅。

通过对本章的学习，我们能够根据实际情况选择不同的视图方式，灵活调整窗口。下面对本章内容进行总结，具体内容如下。

(1) 在 Word 2010 中，文本的视图方式包括页面视图、阅读版式视图、Web 版式视图、大纲视图和草稿视图 5 种。其中，页面视图在屏幕上看上去就像在纸上一样，阅读版式视图是一种专门用于阅读文档的视图，Web 版式视图主要适用于发送电子邮件和创建网页，大纲视图是显示文档结构的视图，而草稿视图是最节省计算机系统硬件资源的视图方式。

(2) 当审阅文档需要在多个文档窗口间切换使用时，可以选择新建、重排和拆分窗口，也可以对两个文档进行并排查看。

(3) 使用网格线、导航窗格以及文本显示比例的调整有助于对文本的查阅和排版。在文档中显示网格线可以方便文档的排版；使用导航窗格可以方便文档的查找，特别是对于长文档来说；调整文档的显示比例可以宏观预览文档的设计效果。

(4) 文本的校对是对文本内容正确性的基本保障。Word 2010 可以自动检查拼写和语法错误，也可以对文本进行自动更正。

(5) Word 2010 中文本的修订和批注对论文或稿件的修改和审阅十分有帮助，文本的修订可以标记出每次修改的痕迹，添加批注则可以对文档中的内容提出详细的修改意见和评论。

互 动 练 习

1. 选择题

(1) Word 2010 的视图方式主要包括页面视图、阅读版式视图、Web 版式视图、大纲视图和(　　)视图。

电脑小百科

显卡是主机与显示器之间连接的“桥梁”，它负责电脑的图像输出。显卡主要由显示芯片、显存、数模转换器、显卡 BIOS 和各种接口等几部分组成。

A．草稿视图　　　　　　　　　　B．文档视图

C．排版视图　　　　　　　　　　D．结构视图

(2) 对于 Word 视图窗口的调整，以下说法不正确的是(　　)。

A．新建窗口是创建一个同原文档内容一样的文档

B．并排查看文档时，无论在其中哪一个文档上进行修改，另一个文档也会同时被修改

C．拆分窗口和新建窗口一样，在其中的一个窗口中进行修改，在其他的拆分或新建窗口中不会发生改变

D．重排窗口后只要再次选择“全部重排”命令,就可以取消上次对窗口的排列

(3) 在 Word 2010 中使用导航窗格可以快速实现文档的导航定位，它可以通过文档的标题、文档的页面、关键字(词)等特定对象来导航，其中可以显示文档结构的定位方式是(　　)。

A．关键字定位　　　　　　　　　B．页面定位

C．文档标题的定位　　　　　　　D．以上全部

(4) (　　)命令是跟踪文档的所有修改，包括插入、删除和格式修改。

A．校对　　　　　　　　　　　　B．修订

C．批注　　　　　　　　　　　　D．标注

2. 思考与上机题

(1) 打开“大学毕业后的工作和生活”稿件，使用多种视图方式对比查看文档。

(2) 使用 Word 2010 批改学生作文。

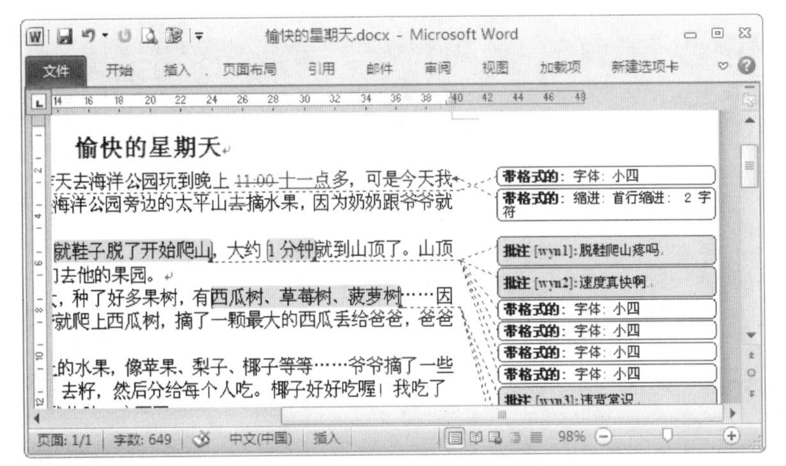

原始文件	素材\第 5 章\愉快的星期天.docx
最终文件	源文件\第 5 章\愉快的星期天修改稿.docx

制作要求：

a. 将作文题目字体、字号设置为“宋体”、“三号”并居中，加粗。

b. 将作文正文字体、字号设置为“宋体”、“小四”。

c. 对文中的语病进行修订，如“显示墨迹”。

d. 为文中不合常理，需要大幅修改的内容添加批注。

电脑小百科

在 PowerPoint 的“视图”→“幻灯片浏览”状态下，选择复制粘贴到 Word 中的流程图不会发生改变影响排版。

第6章

Word 2010 表格的创建与编辑

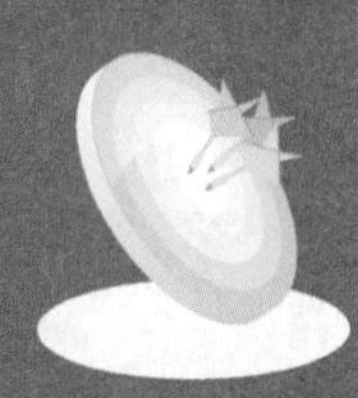

本章导读

表格在各种类型的文档中都是经常被用到。它由众多单元格构成，在单元格中可以随意添加数字、文字甚至是图形等。使用表格可以对数据进行简单的信息管理，如排序和运算，也可以将文字更系统地表述出来，更具条理性。

精彩看点

- 插入表格
- 绘制表格
- 创建电子表格
- 插入系统内置表格
- 移动表格光标
- 插入与删除表格
- 调整表格
- 合并与拆分表格

6.1 在文档中创建表格

想要对几组数据进行比较，最为直观的表现手法莫过于运用表格了。如果把表格看作是一个信息容器，该容器包含了水平的行和垂直的列，行是水平方向扩展的，而列是垂直方向延伸。

在 Word 2010 中，用户可以直接插入多行多列的表格而后进行编辑修改。

书盘互动指导

示例	在光盘中的位置	书盘互动情况
	6.1 在文档中创建表格 6.1.1 插入/绘制表格 6.1.2 创建 Excel 电子表格 6.1.3 插入系统内置的表格	本节图书主要带领大家学习如何创建表格，在光盘 6.1 节中有相关内容的操作视频，并还特别针对本节内容设置了具体的实例分析。 大家可以在阅读本节图书内容后再学习光盘，以达到巩固和提升的效果。

6.1.1 插入表格

在 Word 2010 中要想插入一个表格，可以使用“插入表格”对话框创建表格，也可以使用“表格”选项组快捷按钮创建表格。

跟着做 1 使用“表格”选项组快捷按钮创建表格

在 Word 2010 中，插入表格已经预备了快速插入 10 行 8 列以内的简单表格(如 8×5)功能。快速插入表格的具体操作步骤如下。

1. 选择“插入”→“表格”命令，单击“表格”命令下拉按钮。
2. 在弹出的下拉菜单中移动鼠标，Word 文档窗口中会显示表格的实时预览，如图 6-1 所示。

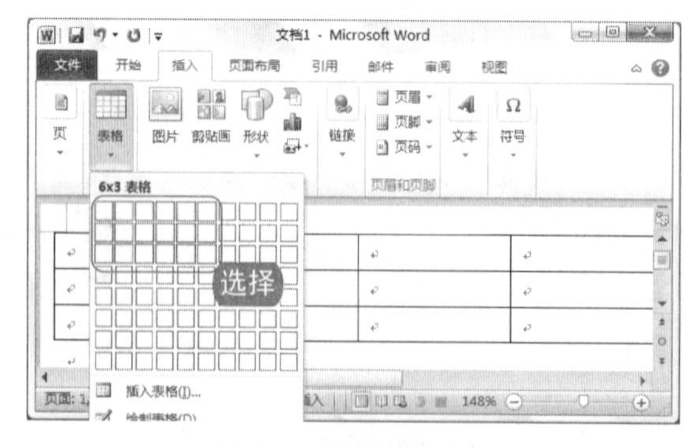

图 6-1 选择表格大小

电脑小百科

一般对音乐品质要求比较高的用户不会满足于一些主板自带的声卡，所以在购买主板时就可以考虑不带声卡的产品。

③ 获得合适的表格模式后，单击完成插入。

跟着做 2☛ 使用“插入表格”对话框创建表格

除了系统预设的 10 行 8 列以内的简单表格外，如果需要插入一个规模较大的表格，则可以使用“插入表格”对话框创建表格。虽然它的操作稍微复杂一些，但是因为它的功能比较完善，设置也很精确，所以可以创建出精致的表格。使用“插入表格”对话框创建表格的具体操作步骤如下。

① 将光标定位于需要插入表格的位置，选择“插入”→“表格”命令，在下拉菜单中选择“插入表格”命令，如图 6-2 所示。

② 弹出“插入表格”对话框，设置行数和列数，如图 6-3 所示，设置为 25×25。

③ 设置完成后，单击“确定”按钮，即完成表格的创建。

图 6-2　选择“插入表格”命令

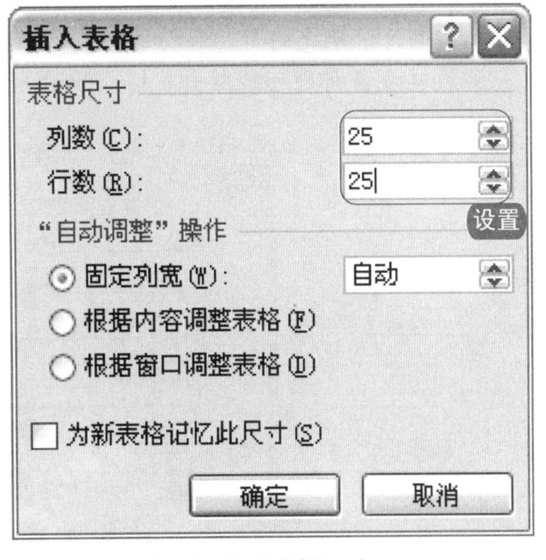

图 6-3　设置表格尺寸

6.1.2　绘制表格

在实际工作中有的时候需要创建一些复杂的表格，如包含不同高度的单元格或者每行有不同的列数的表格。

对于复杂的不固定格式的表格，可以使用 Word 2010 提供的绘制表格的功能来创建。Word 2010 提供有强大的绘制表格功能，下面以创建简单表格为例介绍绘制表格的方法，具体操作步骤如下。

① 选择“插入”→“表格”命令，单击表格命令的下拉菜单。

② 在“表格”下拉菜单中选择“绘制表格”命令，如图 6-4 所示。

③ 单击变成铅笔状的光标并拖曳，拉出一个矩形框架，然后单击矩形一边的合适位置来确定某一列(行)的宽(长)度，如图 6-5 所示。

选取要调整的多列(单列不可选定)后，将鼠标放于最后一列的右框线上，光标变为双向箭头后双击即可使列宽自动匹配单元格内容。

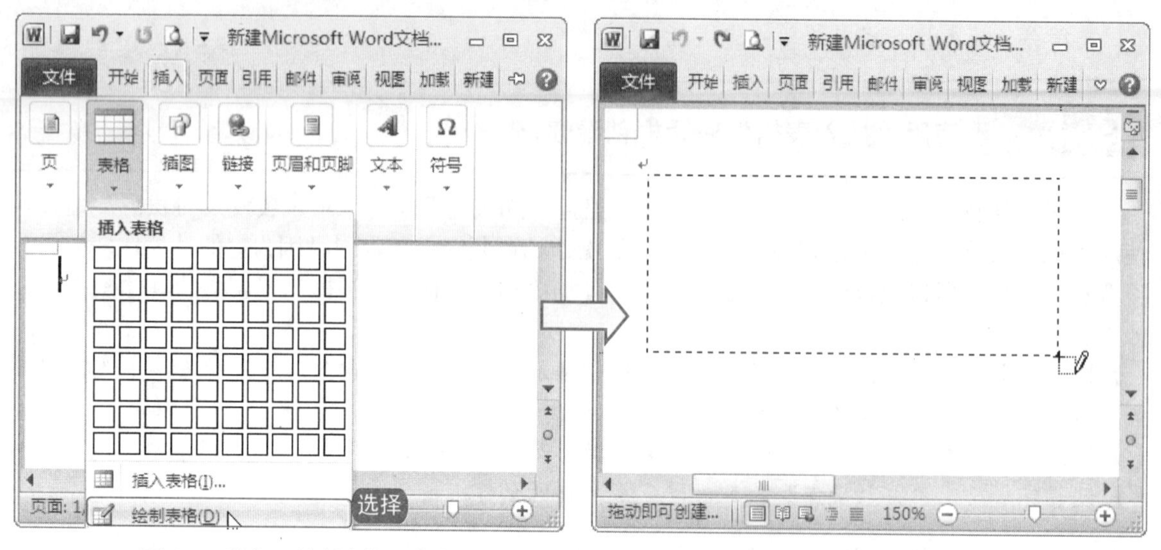

图 6-4　选择“绘制表格”命令

图 6-5　绘制表格大小

4 虚线即为未确定的行，移动笔形鼠标指针到需要绘制表格的列的地方，按下鼠标左键，然后纵向拖曳鼠标即可绘制出表格，如图 6-6 所示。

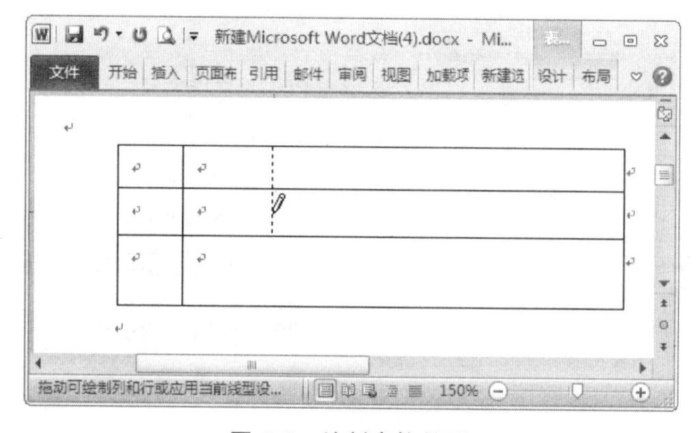

图 6-6　绘制表格的列

知识补充

如果在绘制的过程中绘制了不必要的框线，则可选择“表格工具”→“设计”→“绘图边框”→“擦除”命令，此时鼠标指针就会变为橡皮的形状，然后将橡皮形状的鼠标指针移动到要擦除的框线上，单击即可删除该框线。

6.1.3　创建 Excel 电子表格

Word 是一款强大的文字处理软件，Excel 则主要用于数据的分析、统计和计算等。在 Word 2010 中直接插入 Excel 电子表格，可以加强 Word 运算方面的能力，创建 Excel 电子表格的具体操作步骤如下。

1 选择“插入”→“表格”命令，单击表格命令下拉菜单。

电脑小百科

MAC 地址被烧录于网卡的 ROM 中，就像是我们每个人的遗传基因密码 DNA 一样，即使在全世界范围内也绝对不会重复。

❷ 在“表格”下拉菜单中选择“Excel 电子表格”命令，文档中随即自动生成一个 Excel 电子表格，如图 6-7、图 6-8 所示。

图 6-7　选择“Excel 电子表格”命令

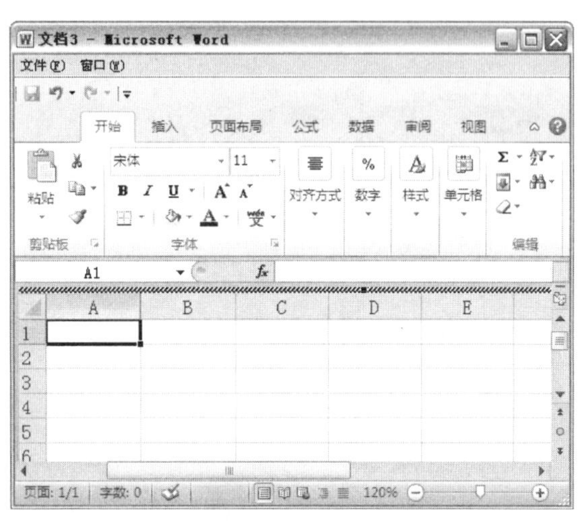

图 6-8　插入电子表格效果图

6.1.4　插入系统内置的表格

在 Word 2010 的表格库中系统内置了大量的常用表格，用户可以选择快速插入各种样式的表格，其具体操作步骤如下。

❶ 选择“插入”→“表格”命令，单击表格命令的下拉菜单。

❷ 在“表格”下拉菜单中选择“快速表格”命令，然后选择需要插入的表格样式，如图 6-9 所示，插入快速表格模板，如图 6-10 所示。

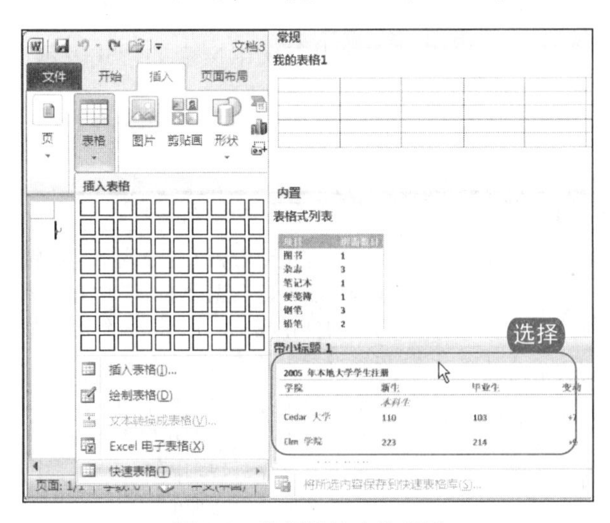

图 6-9　选择快速表格类型

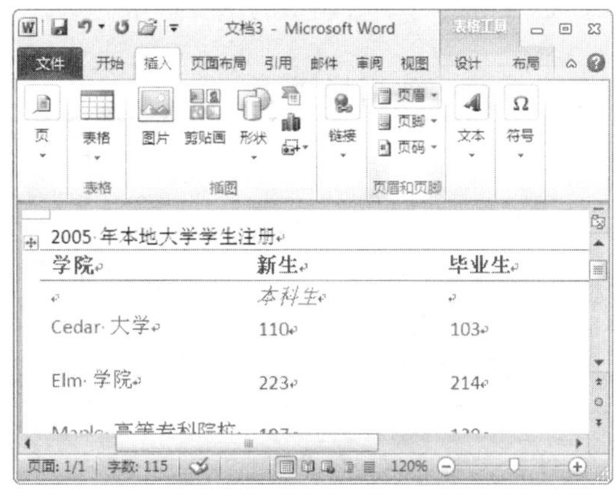

图 6-10　插入快速表格模板

将光标移动到表格右侧换行符前，按下 Enter 键可以在下一行前插入一行。

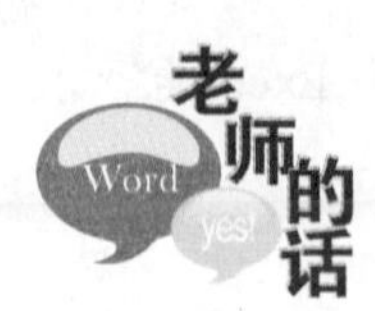

从表格库中快速插入常用表格样式很方便，用户可以将一些自己制作好的表格添加到表格库中，方便日后使用，它的具体操作方法如下图所示。

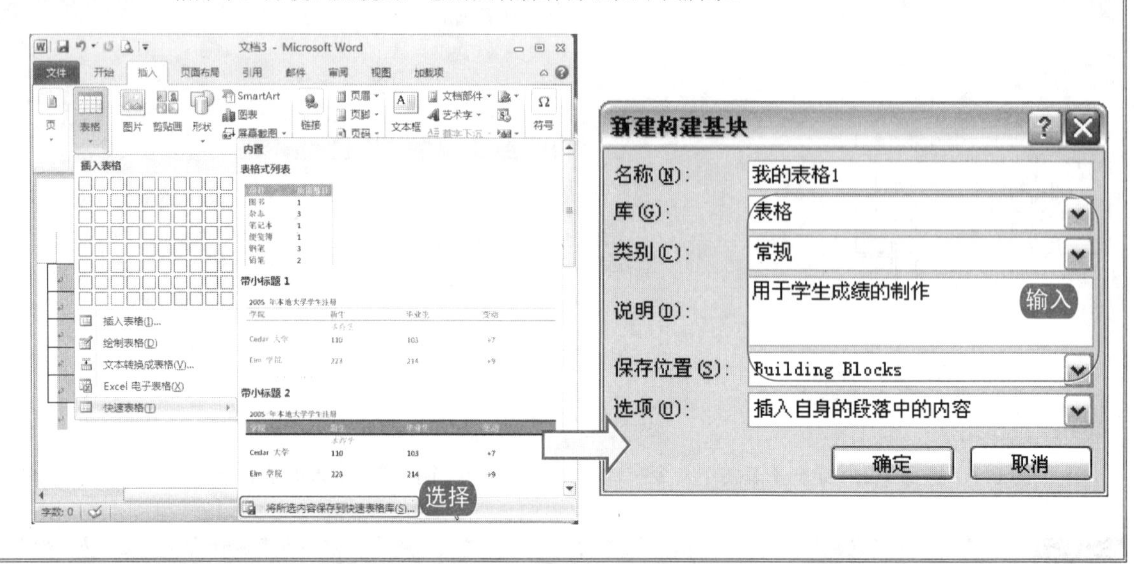

6.2 编辑调整表格

表格是由若干个单元格组成的，也是由多个行和列组成，所以对表格的编辑调整可以从表格、单元格、行和列等方面进行。

使用合适的方法使表格和表格内容达到协调统一，将要表述的内容采用恰当的形式表示出来，是表格进行编辑调整的重要标准。

书盘互动指导

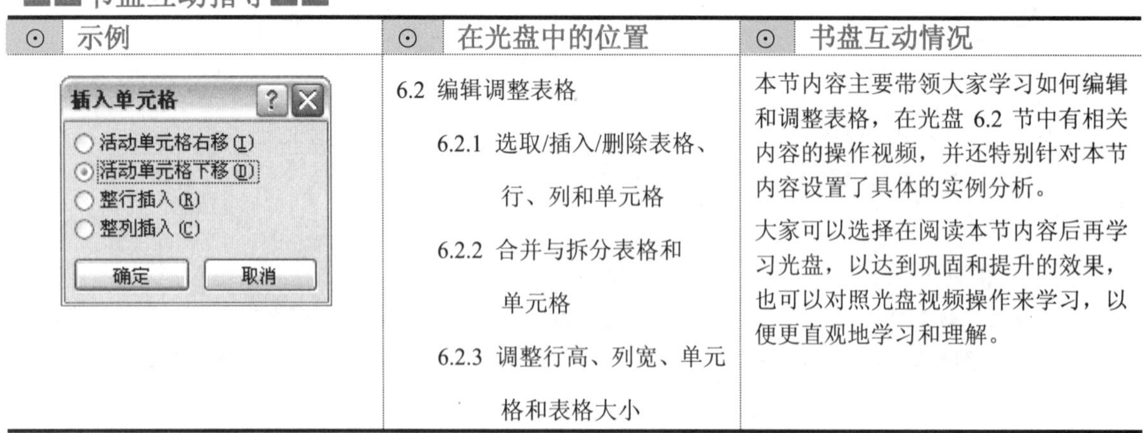

示例	在光盘中的位置	书盘互动情况
插入单元格 ○ 活动单元格右移(I) ⊙ 活动单元格下移(D) ○ 整行插入(R) ○ 整列插入(C) 确定 取消	6.2 编辑调整表格 6.2.1 选取/插入/删除表格、行、列和单元格 6.2.2 合并与拆分表格和单元格 6.2.3 调整行高、列宽、单元格和表格大小	本节内容主要带领大家学习如何编辑和调整表格，在光盘 6.2 节中有相关内容的操作视频，并还特别针对本节内容设置了具体的实例分析。 大家可以选择在阅读本节内容后再学习光盘，以达到巩固和提升的效果，也可以对照光盘视频操作来学习，以便更直观地学习和理解。

电脑小百科

在使用电脑时，如果程序出现非法操作，屏幕上会弹出一个对话框，询问是否将错误信息反馈给微软公司，同时程序将停止运行。

6.2.1 移动表格中的光标

在表格中输入的文本可以是任意长度的，甚至可以使一个单元格中的文本长度超过一页。在输入文本后按 Enter 键，就会在同一个单元格中开始一个新的段落。所以用户可以将每一个单元格视为一个小文档，然后对其进行文档的各种编辑和排版工作。

在输入文本之前，应先将光标移动到表格中需要输入文本的位置。在表格中除了可以使用鼠标移动光标外，还可以使用键盘移动光标。

在表格中，使用键盘移动光标的方法如表 6-1 所示。

表 6-1　使用键盘在表格中移动光标

目　的	方　法
移至后一个单元格	按 Tab 键(光标位于表格的最后一个单元格时，按 Tab 键将添加一行)
移至前一个单元格	按 Shift+Tab 组合键
移至上一行	按“↑”键
移至下一行	按“↓”键
移至本行的第一个单元格	按 Alt+Home 或“Alt+数字键盘上的 7”组合键(此时 Num Lock 键必须关闭)
移至本行的最后一个单元格	按 Alt+End 或“Alt+数字键盘上的 1”组合键(此时 Num Lock 键必须关闭)
移至本列的第一个单元格	按 Alt+Page Up 或“Alt+数字键盘上的 9”组合键(此时 Num Lock 键必须关闭)
移至本列的最后一个单元格	按 Alt+Page Down 或“Alt+数字键盘上的 3”组合键(此时 Num Lock 键必须关闭)
在本单元格开始一个新段落	按 Enter 键
在表格末添加一行	在鼠标光标位于最后一个单元格时按 Tab 键
在位于文档开头的表格之前添加文本	光标移到第一个单元格的前面，按 Enter 键

6.2.2 选取表格、行、列和单元格

要对表格进行格式的修改或编辑时，首先需要对其进行选取，所以先来介绍一下它们的选取方法及选取技巧。

跟着做 1 选取整个表格

在范围较小的表格中选取时一般使用拖曳的方法，当遇见范围很大的表格时，同样可以快速选取，具体操作步骤如下。

1. 将鼠标指针移到表格的左上角，鼠标指针会变成⊞箭头。
2. 单击表格左上角的⊞图标，表格被整个选取变为灰色，如图 6-11 所示。
3. 这时整个表格就已经被选取，可以对其进行编辑操作。

电脑小百科

选定多行或多列后再执行插入行或列的编辑操作可以一次插入多行或多列。

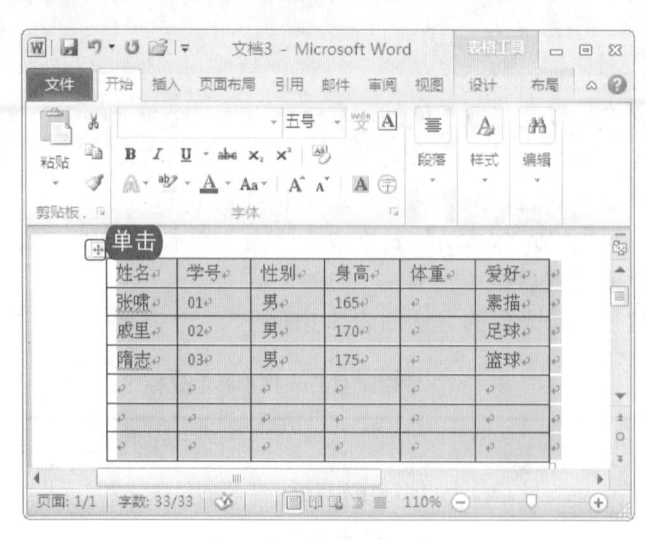

图 6-11 选择整个表格

跟着做 2 选取表格不相邻的行

在编辑过程中需要选取不同的行时，使用拖曳的方法显然是不合适的，通过以下操作步骤可以快速选取表格中不同的行。

1. 将光标移到表格行的左侧，当它变成白色向右上方倾斜的箭头后单击即可选中一行。
2. 按住 Ctrl 键不放，单击鼠标左键就可以选取不同的行，如图 6-12 所示。

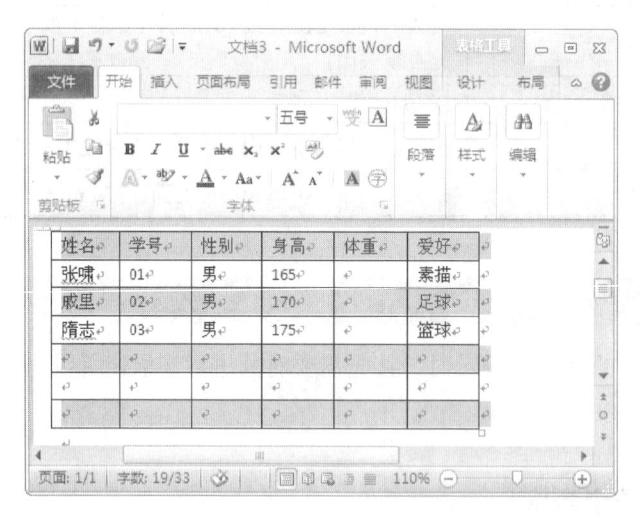

图 6-12 选取不相邻的行

跟着做 3 选取单元格

单击单元格然后拖动鼠标可以选取多个单元格，其具体操作步骤如下。

1. 将鼠标指针移到单元格左侧。
2. 当它变成黑色向右上方倾斜的小箭头时，单击即可准确选取单元格，如图 6-13 所示。

电脑小百科

除了主板的支持以外，Boot ROM 是否能和网卡很好的兼容，是否带有防病毒功能，这个也是购买时需要考虑的要素之一。

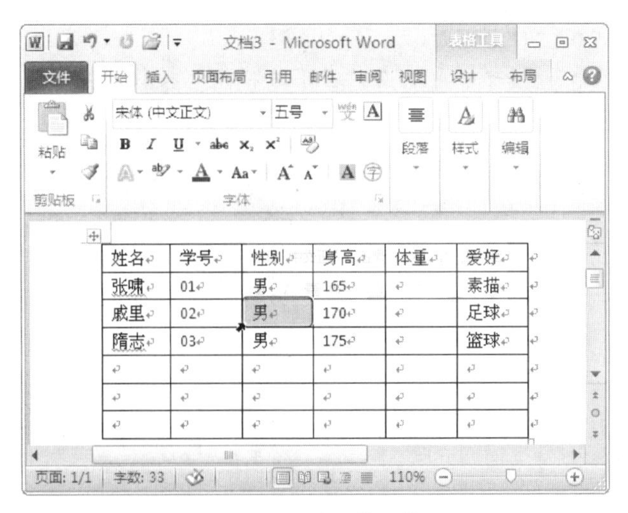

图 6-13　选取单元格

6.2.3 插入与删除行、列和单元格

表格创建之后，难免会遇到需要新增或删除行、列或单元格的情况。

1. 插入行、列和单元格

在 Word 表格中，行、列和单元格的自由插入可以使用户方便及时地对表格进行编辑调整。

操作分析

在 Word 2010 中，要想插入行、列或单元格可以通过功能区和快捷菜单两种途径来实现。

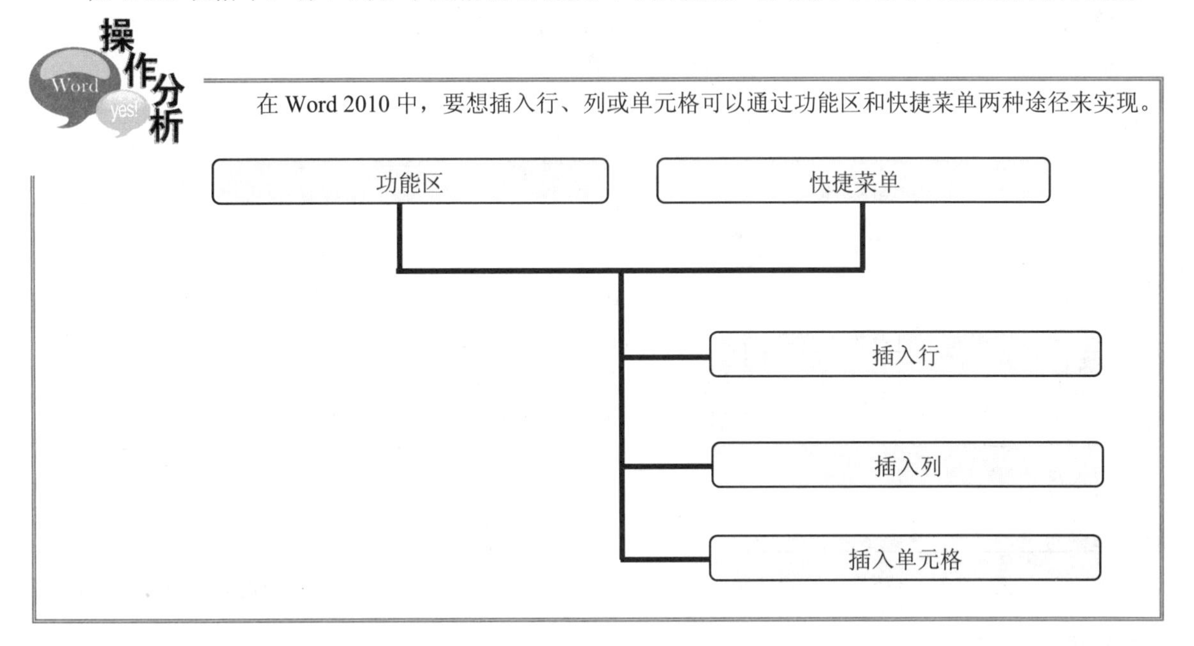

跟着做 1 通过功能区插入行和列

在对行进行插入时，可以选择在表格的上方插入还是下方，同样要想插入列也可以选择在表格的左侧还是右侧插入，行和列的插入方法具体如下。

电脑小百科

在 Word 2010 中，拖动“插入表格”能插入的最大表格与该图标位置及显示分辨率有关。如使用 800×600 分辨率时，最大可插入的表格为 18 行 28 列。

1. 将光标定位在需要插入行的上一行。
2. 选择“布局”→“行和列”命令，单击“在下方插入”按钮，系统直接在所选行下方添加一个新行，如图 6-14、图 6-15 所示。

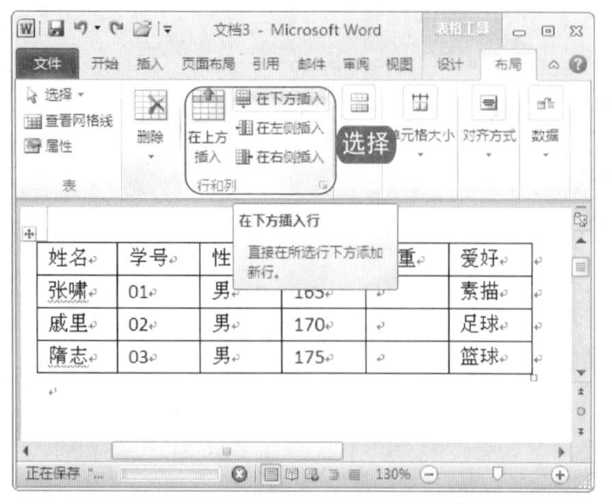

图 6-14　选择插入行的位置

图 6-15　插入行后的效果图

跟着做 2 用快捷菜单插入行

通过快捷菜单也可以很方便地插入行和列，具体操作步骤如下。

1. 将光标定位在插入位置的上一行，单击鼠标右键，弹出快捷菜单。
2. 选择“插入”→“在上方插入行”命令，如图 6-16、图 6-17 所示。

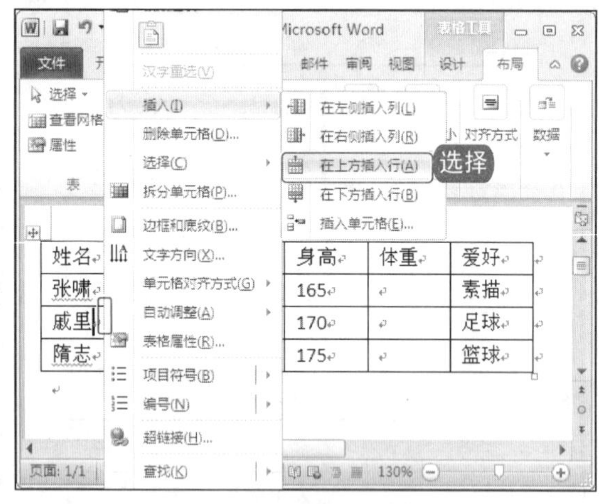

图 6-16　选择插入行的位置

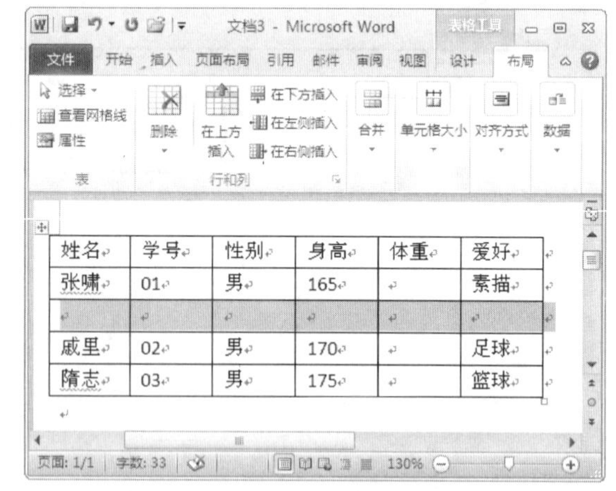

图 6-17　在上方插入行的效果图

知识补充

在 Word 2010 中，用户还可以一次选取复制多行或多列，然后通过“粘贴选项”命令来快速实现插入多行或多列。当光标在最后一行末尾时，连续按下 Enter 键也可以重复添加新的行。

电脑小百科

除了在注册表中删除打印机和计划任务，以达到加速网上邻居访问的速度外，通过取消自动搜索网络文件夹和打印机，同样也有加速网上邻居访问速度的效果。

跟着做 3 插入单元格

在 Word 2010 中“插入单元格”的方式主要有下面两种，包括活动单元格右移和活动单元格下移，插入单元格的具体操作步骤如下。

1. 将光标定位在需要插入单元格的位置，选择“布局”→“行和列”命令，单击按钮。
2. 弹出“插入单元格”对话框，选中“活动单元格右移”或“活动单元格下移”单选按钮，如图 6-18 所示。

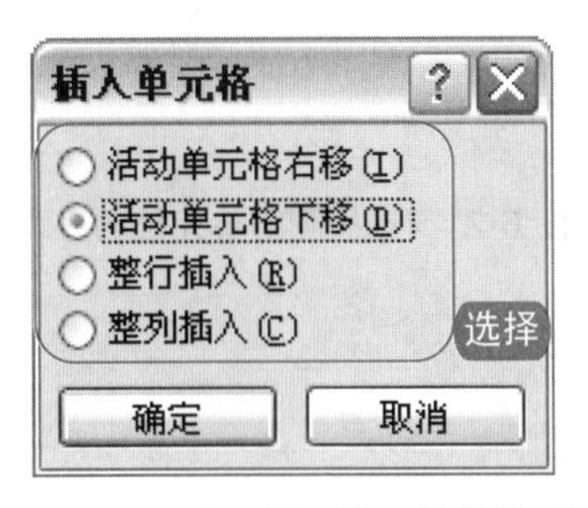

图 6-18 选择插入单元格的位置

3. 单击“确定”按钮，完成插入，如图 6-19、图 6-20 所示。

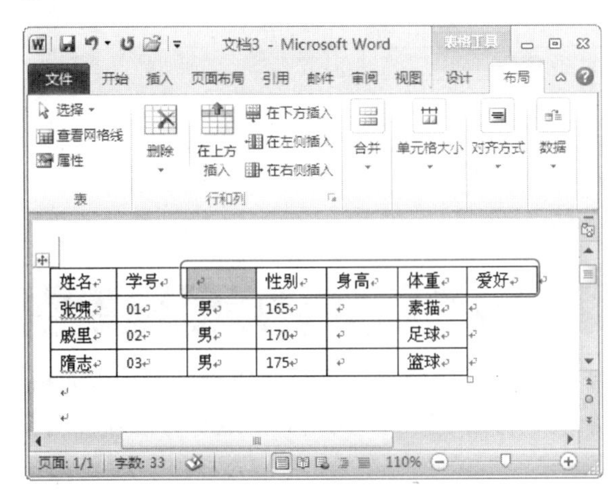

图 6-19 活动单元格右移

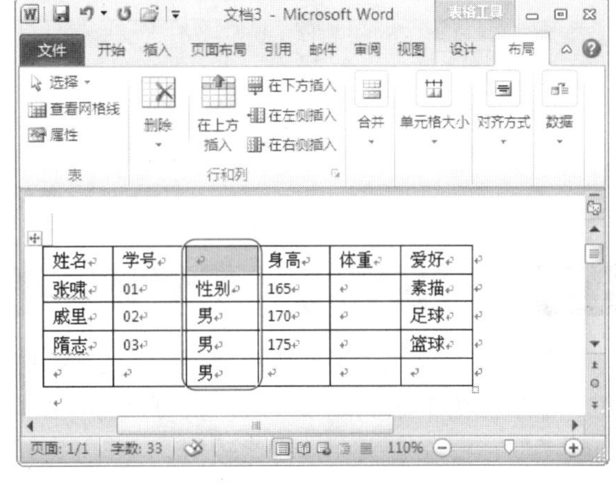

图 6-20 活动单元格下移

2. 删除行、列和单元格

要想删除表格中的行和列，首先选取需要删除的行或列，然后单击鼠标右键选择“删除行”或“删除列”命令，用户也可以直接按下键盘中的 BackSpace 键来删除。

对一些特殊的表格，如阶梯状表格，需要将多余的部分删除时，用户可以进行如下操作。

1. 选取需要删除的单元格，在其上单击鼠标右键，在弹出的快捷菜单中，选择“删除单元格”命令，在弹出的“删除单元格”对话框中选择删除方式，如图 6-21 所示。
2. 选择“右侧单元格左移”命令，效果如图 6-22 所示。

电脑小百科

各单元格的文本内容可以进行独立的编辑设置，也可以使用多样的分栏设置为表格进行排版。

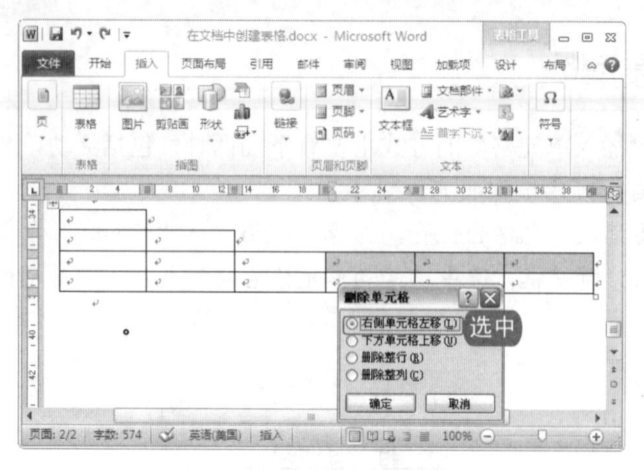

图 6-21　选择删除单元格的方式

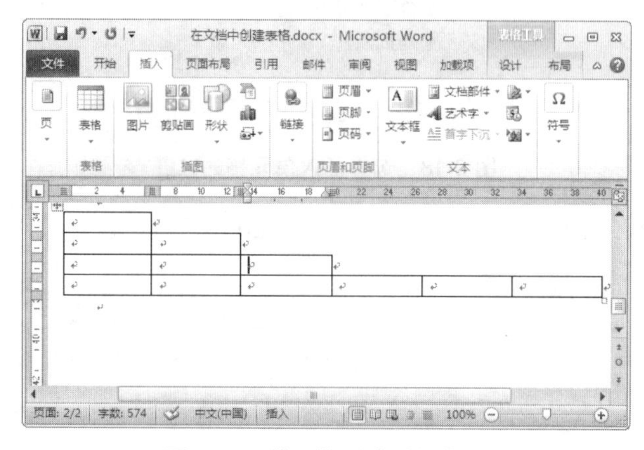

图 6-22　单元格删除后的效果

6.2.4　合并与拆分表格和单元格

将相邻单元格之间的边线使用“橡皮擦”擦除，就可以将两个单元格合并成一个大的单元格。在一个单元格中添加一条边线，就可以将一个单元格拆分成两个小单元格。但这种方法在面对多个线条时，操作起来会显得比较慢。

1. 合并与拆分表格

在编辑表格时会遇到要将一个表格拆分为几个表格，或将几个表格合并成一个表格的情况。

跟着做 1　合并表格

当遇到需要将两个或多个表格合并使用时，只需要进行以下操作就可以合并同一个文档中的不同表格。

1. 选取表格间的换行标记，如图 6-23 所示。
2. 单击快捷菜单栏中的“剪切”按钮，表格即完成合并，如图 6-24 所示。

电脑小百科

电容式键盘主要有敲击键盘用力小，击键声音小，手感较好，键盘的寿命较长的特点。

图 6-23　选取表格间的换行标记　　　　图 6-24　表格合并后的效果

跟着做 2☛ 拆分表格

拆分表格的具体操作步骤如下。

1. 将光标定位在拆分后第 2 个表格的第一行处，选择“布局”→“合并”命令。
2. 选择“拆分表格”命令，如图 6-25 所示，拆分后效果如图 6-26 所示。

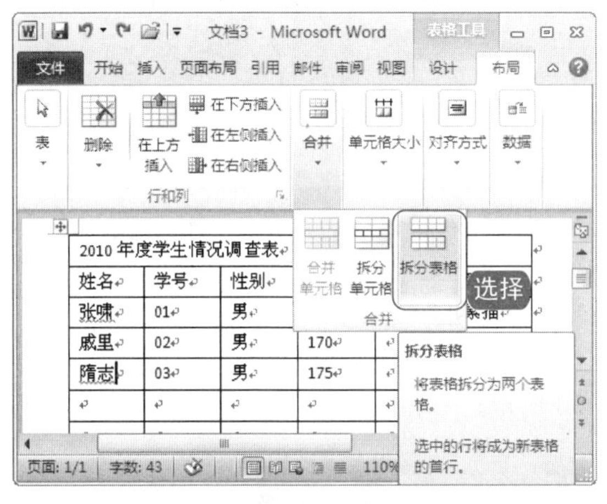

图 6-25　选择“拆分表格”命令

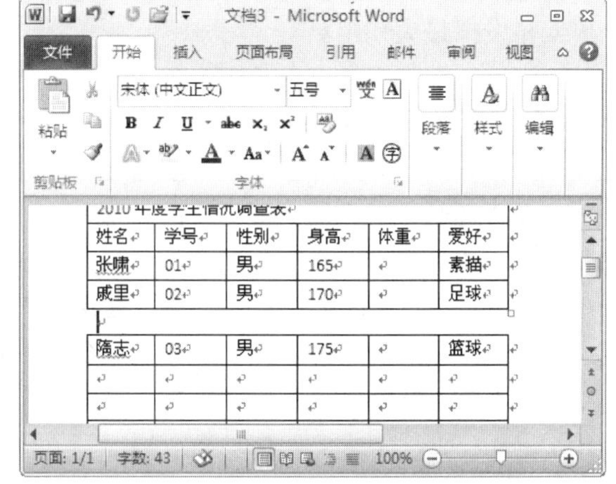

图 6-26　表格被拆分后的效果

跟着做 3☛ 垂直拆分表格

在 Word 2010 中，同样也可以将一个表格垂直拆分为两个表格，具体操作步骤如下。

1. 在 Word 2010 中，选中需要拆分的列，然后单击鼠标右键。
2. 在弹出的快捷菜单中选择“边框和底纹”命令。
3. 在预览区中单击顶边框、内部横框和底边框，以将其边框线删除，仅保留左边框和右边框，如图 6-27 所示。
4. 单击“确定”按钮，完成表格的垂直拆分，如图 6-28 所示。

电脑小百科

当表格上下竖线不能对齐需要微调时，可以选定上下单元格，然后指定其宽度对齐。

图 6-27　选择需要删除的边框

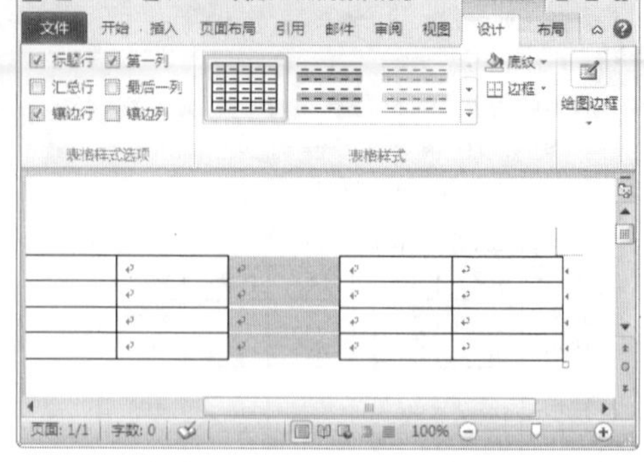

图 6-28　垂直拆分后的效果

知识补充

在对表格进行垂直拆分时，除了可以使用以上方法通过设置边框和底纹拆分，也可以选择“设计”→“绘图边框”→“擦除”命令，使用表格擦除器来依次擦除选中的列。但是用这两种方法垂直拆分的表格并不能像水平拆分的表格一样，可以独立地调整编辑各自的表格，所以不能单独选取一个表格，调整单一表格的大小。

2. 合并与拆分单元格

单元格的合并与拆分命令也是用户对表格进行自定义设置的一种体现，它可以根据需要使每个单元格发挥最大作用。

跟着做 1 合并单元格

要想合并多个单元格，可以选取目标单元格后单击鼠标右键，然后在弹出的快捷菜单中选择“合并单元格”命令，也可以通过以下操作来合并。

1. 在 Word 2010 中选中目标单元格，选择“布局”→“合并”命令。
2. 在“合并”命令下拉菜单中，选择“合并单元格”命令，如图 6-29 所示。
3. 将所选单元格合并为一个单元格，效果如图 6-30 所示。

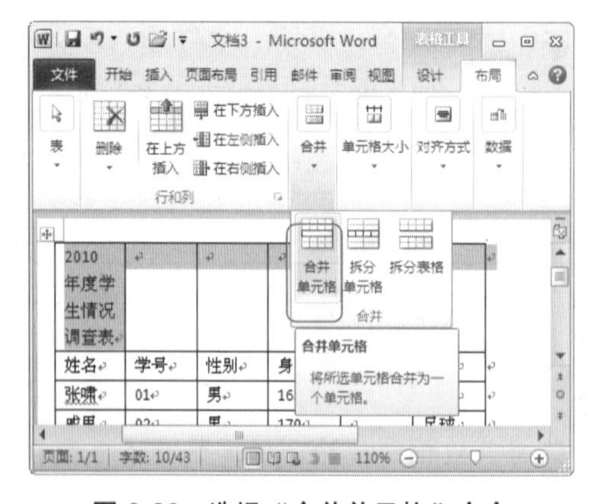

图 6-29　选择“合并单元格”命令

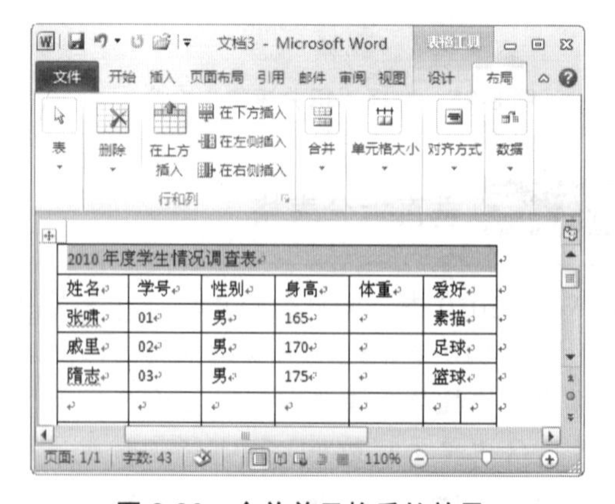

图 6-30　合并单元格后的效果

电脑小百科

硬盘分区的重要原则就是按需要合理分配空间，方便使用和管理。

跟着做 2☛ 拆分单元格

要将一个单元格细分为多个单元格，可以对单元格进行拆分，其具体操作步骤如下。

❶ 选取需要拆分的单元格，选择“布局”→“合并”命令，如图 6-31 所示，单击“拆分单元格”按钮，弹出“拆分单元格”对话框。

❷ 在“拆分单元格”对话框中设置需要拆分的行数和列数，单击“确定”按钮，完成对单元格的拆分，如图 6-32 所示。

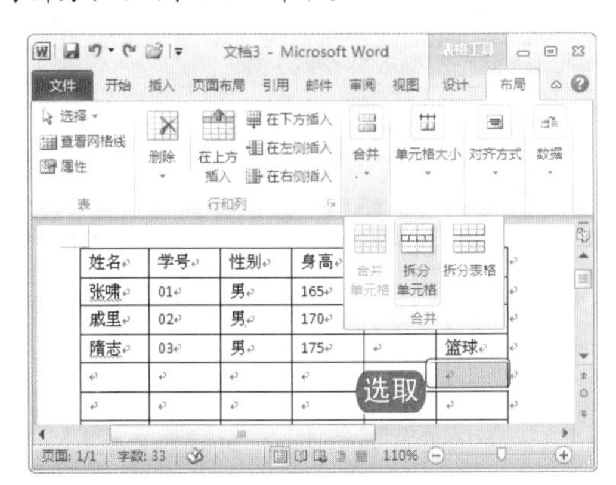

图 6-31　选取需要拆分的单元格

图 6-32　单元格被拆分

6.2.5 调整行高、列宽、单元格和表格大小

在对 Word 文档进行排版设计时，有时由于每个单元格内容输入不同，会出现单元格大小不一致的情况。

跟着做 1☛ 调整行高与列宽

为了使表格更加实用和美观，常常需要对表格的行高与列宽进行一些精确的调整。

❶ 选取整个表格后右击，在弹出的快捷菜单中选择“表格属性”命令，如图 6-33 所示。

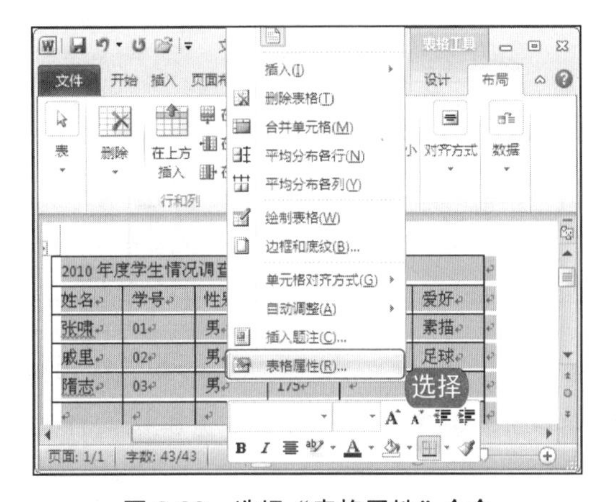

图 6-33　选择“表格属性”命令

电脑小百科

Word 中的表格直接复制粘贴到 PowerPoint 中会散掉。如果先把单元格单独保存到 Word 文件中，然后以插入对象的形式插入到 PowerPoint 中，就可以避免表格变化。

❷ 单击“行”选项卡，在行的尺寸中输入要设置的高度，单击“确定”按钮完成调整，如图 6-34 所示。

❸ 调整行高和列宽的效果，如图 6-35 所示。

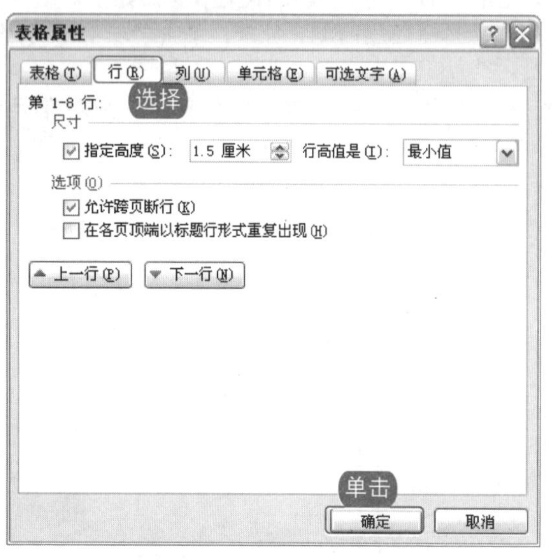

图 6-34 设置表格行的属性

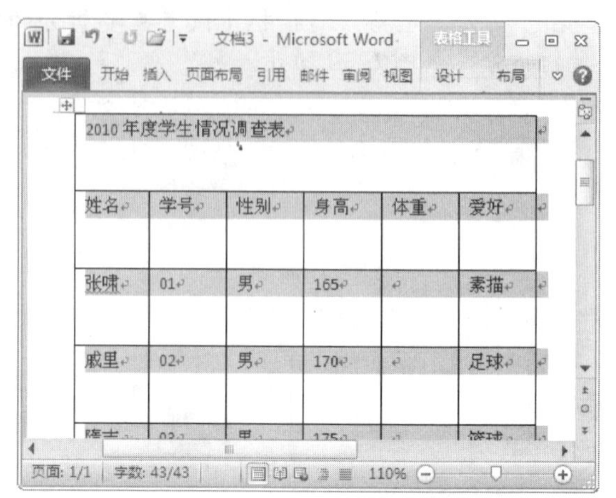

图 6-35 调整后的效果

跟着做 2 自动调整单元格大小

设置自动调整单元格大小的具体操作步骤如下。

❶ 选中目标单元格，选择“布局”→“单元格大小”命令。

❷ 选择“自动调整”命令，然后选择自动调整的方式，根据内容自动调整表格，根据窗口自动调整表格，效果如图 6-36、图 6-37 所示。

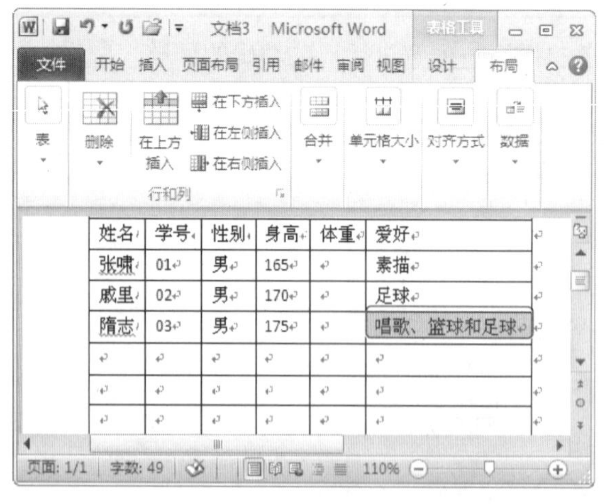

图 6-36 根据内容自动调整表格

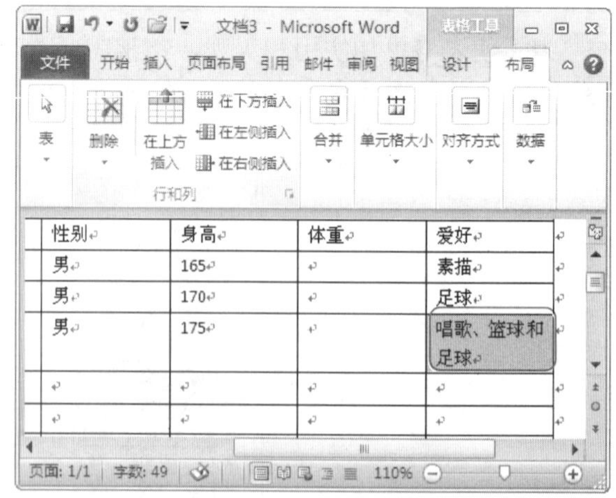

图 6-37 根据窗口自动调整表格

电脑小百科

预读文件与系统启动速度的关系很大，预读文件可以用来提高系统性能、加快系统启动和文件读取的速度。

如果要手动调整单元格的高或宽，只需将鼠标移到行或列的框线上，等鼠标指针变成黑色双向箭头后按下左键，拖曳鼠标即可调节。

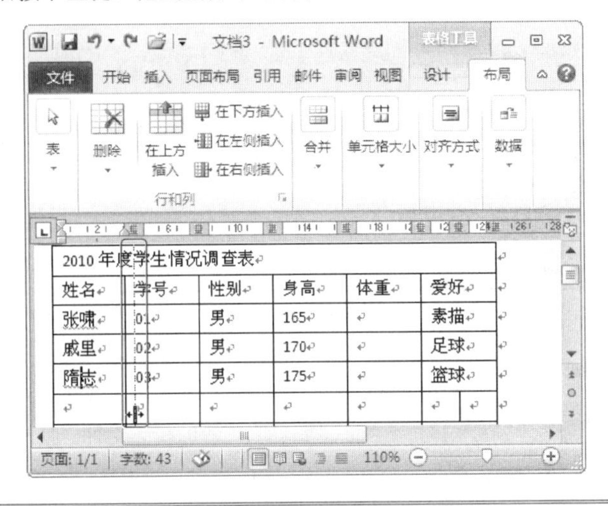

跟着做 3 调整表格大小

虽然可以通过调整行高和列宽缩小或放大表格，但是这样的设置比较烦琐，也不容易把握尺寸。使用鼠标可以快速缩放表格，具体操作步骤如下。

1. 将光标停留在表格的任意位置。
2. 当表格右下角出现“口”形的尺寸控制点时，按住鼠标左键不放并拖动，即可实现缩放表格，如图 6-38 所示。

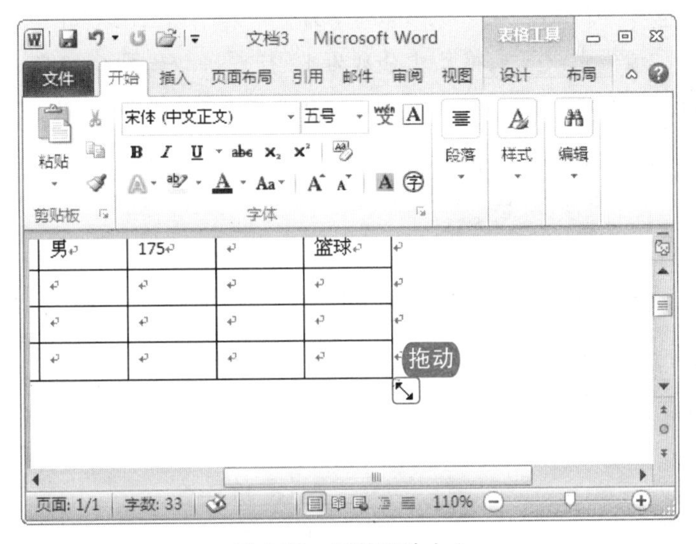

图 6-38　调整图片大小

在绘制表格时无论是横线、竖线还是斜线，只要开始位置定在边框附近，Word 2010 都会自动识别它的位置。

6.3 制作员工考勤表

表格不仅仅可以使大量的数据清晰地显示和比较出来，也可以使一些非数据信息量化，如优良差评价表、客户满意度调查表、考勤表等。用户只需通过表格分行分列的表述，直观地了解表格内容。

书盘互动指导

⊙ 在光盘中的位置	⊙ 书盘互动情况
6.3 制作员工考勤表 6.3.1 插入表格 6.3.2 编辑格式化表格	本节内容主要介绍了以上述内容为基础的综合实例操作方法，在光盘 6.3 节中有相关操作的视频文件，以及原始素材文件和处理后的效果文件。

原始文件	素材\第 6 章\无
最终文件	源文件\第 6 章\员工考勤表.docx

制作 XX 公司的员工考勤表，可通过下面的操作步骤来实现。

跟着做 1 插入表格

插入一个 12 行 6 列的表格，具体操作步骤如下。

1. 在 Word 2010 中选择“插入”→“表格”→“插入表格”命令，弹出“插入表格”对话框。
2. 在“插入表格”对话框中设置表格尺寸分别为 12 行 6 列，如图 6-39 所示。
3. 单击“确定”按钮，Word 中被插入一个 12 行 6 列的表格，如图 6-40 所示。

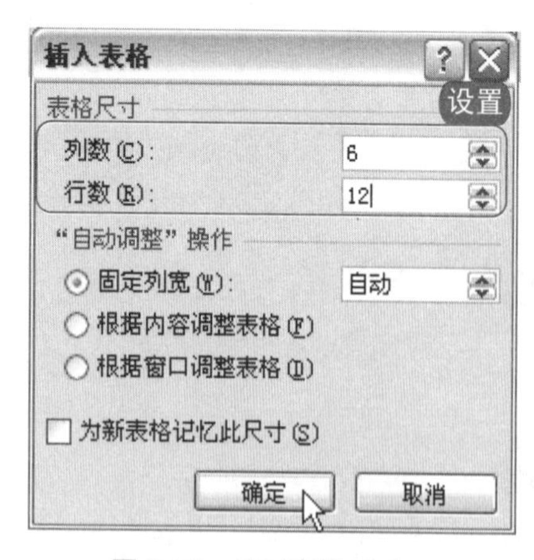

图 6-39 设置表格尺寸

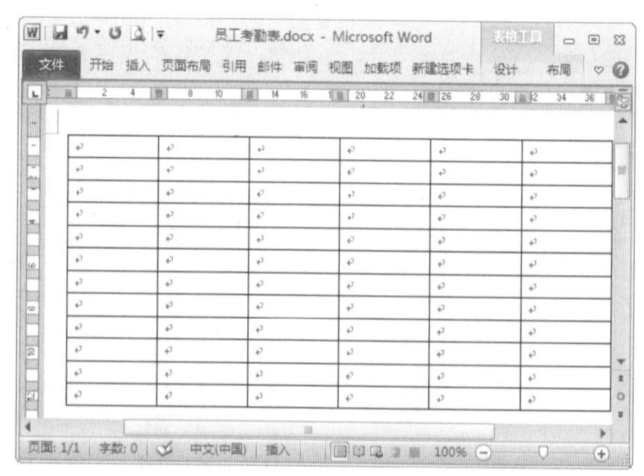

图 6-40 插入表格

电脑小百科

在 Windows XP 操作系统中，通过“自动关闭停止响应的程序”这个设置，可以在检测到某个应用程序已经停止响应时自动关闭它，无须进行手工干预。

跟着做 2☛　编辑格式化表格

表格做好之后我们需要对表格进行编辑调整，具体操作步骤如下。

1. 选取表格第一行，单击鼠标右键，在弹出的快捷菜单中选择“合并单元格”命令，合并横向单元格，如图 6-41 所示。
2. 选取最后一列，单击鼠标右键，在弹出的快捷菜单中选择“合并单元格”命令，合并纵向单元格，如图 6-42 所示。

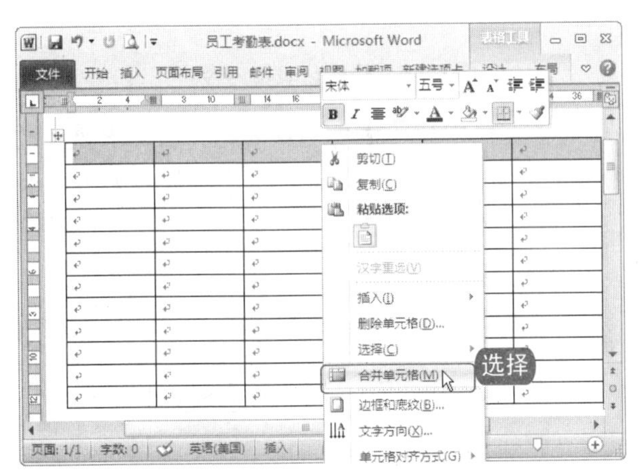

图 6-41　合并横向单元格

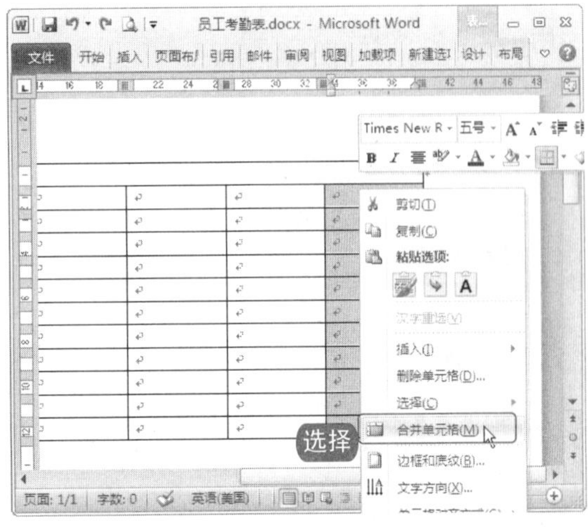

图 6-42　合并纵向单元格

3. 选择“设计”→“绘图边框”→“绘制表格”命令，在需要绘制边框的位置单击变为铅笔状的光标并拖动，图 6-43 画出的虚线即为未确定的行，松开鼠标左键，虚线即变为绘制好的行。
4. 重复第 3 步操作，以同样的方法绘制出其他行，如图 6-44 所示。

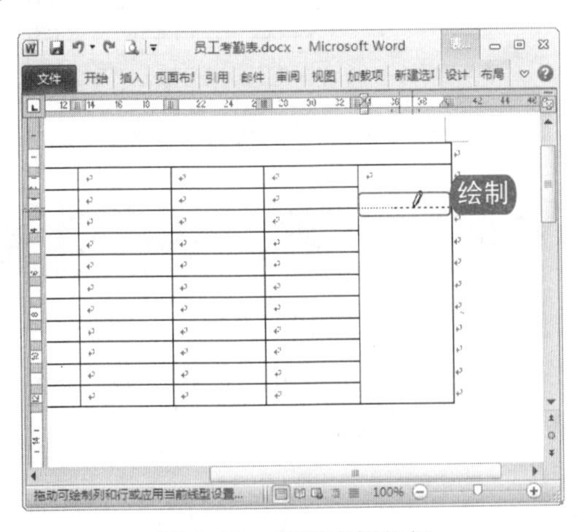

图 6-43　绘制表格的行

图 6-44　绘制行的效果

5. 在表格中输入考勤表的文本内容，如图 6-45 所示。
6. 单击表格左上角的⊞图标选取表格，在“开始”选项卡下“字体”功能区中修改字形和字体大小，如图 6-46 所示。

电脑小百科

按住 Alt 键，然后双击表格中的任意位置，可以快速选定整个表格。

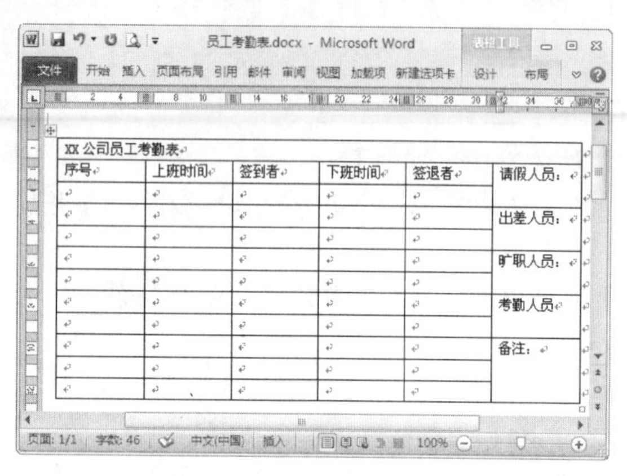

图 6-45 输入表格文本内容

图 6-46 格式化表格内容

7. 单击表格右下角的“口”形尺寸控制点，按住鼠标左键不放并拖动调整表格大小，如图 6-47 所示，避免单字成行，使单元格中的文本内容都在一行显示，修改后的表格效果如图 6-48 所示。

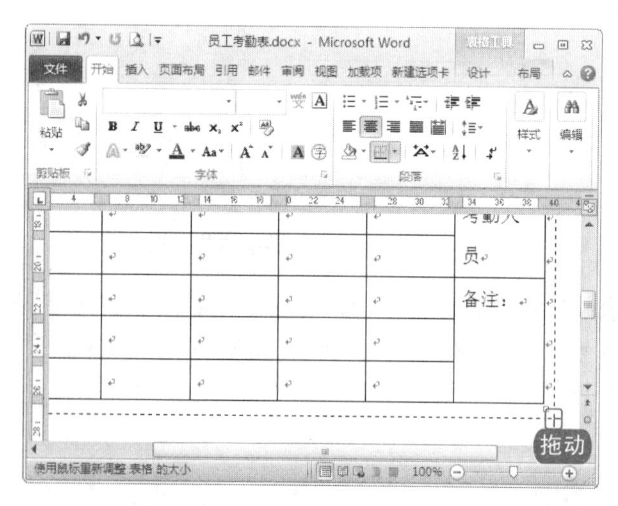

图 6-47 拖动选择表格大小

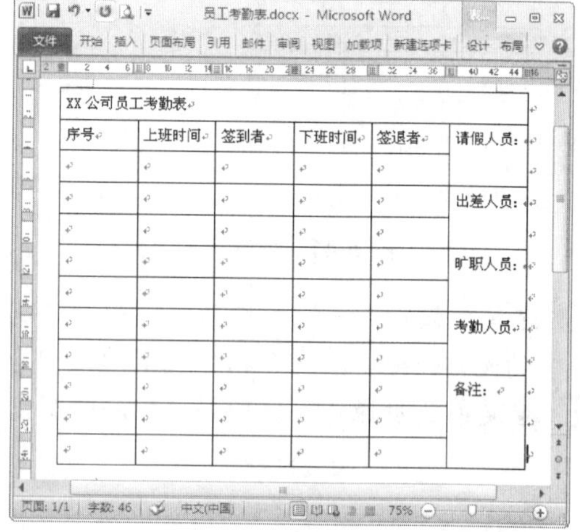

图 6-48 修改后的表格效果

学 习 小 结

本章主要介绍 Word 2010 表格的几种创建方法，以及表格的编辑和调整等相关知识。

通过对本章的学习，我们能够学会如何创建表格，还能对 Word 2010 中的表格的行、列和单元格以及表格本身进行选取、插入、删除、合并和拆分等编辑操作。

下面对本章内容进行总结，具体内容如下。

(1) 在实际应用中我们可以根据实际需要合理地选择创建表格的方式。可以自主绘制/插入表格，也可以快速插入系统预置好底纹和格式的表格，也可以插入一个具有更多数字计算功能的 Excel 电子表格。

(2) 表格是由若干个单元格组成，也可以认为是由行和列搭建而成，表格中还包括文本内容，所以对于表格的编辑和美化，包括对表格和表格内文本内容的格式美化。

电脑小百科

无论硬盘有多少分区，其主启动记录中只包含主分区(也就是启动分区)和扩展分区两个分区的信息，而关于逻辑分区的信息，则都被保存在扩展分区内。

(3) 在调整单元格和表格大小时可以拖动鼠标快速调整，也可以使用“表格属性”对话框，精确地确定表格的大小。

(4) 多加练习表格的编辑与设置操作，为以后的实战操作打好坚实基础。

互 动 练 习

1. 选择题

(1) 使用“表格”选项组的快捷按钮可以创建以下(　　)表格。

A．7 行 12 列　　B．8 行 10 列

C．9 行 9 列　　D．10 列 8 行

(2) 当 Num Lock 键关闭时，按下 Alt+End 或 Alt+(　　)组合键，可以将光标移到本行的最后一个单元格。

A．7　　B．6

C．1　　D．0

(3) 表格的拆分包括水平拆分和垂直拆分，以下可以完成垂直拆分的方法是(　　)。

A．使用“布局”→“合并”功能区中的拆分表格命令

B．在“设计”→“表格样式”功能区中对选取的表格边框进行选择设置

C．使用“设计”→“绘图边框”功能区的“绘制表格”命令

D．选取某列，按下 BackSpace 键

(4) 下列关于表格的说法错误的是(　　)。

A．可以在 Word 文档中插入 Excel 电子表格

B．选取某一行后，按住 Ctrl 键不放可以有效选取不相邻的行和列

C．单击表格左上角的⊞图标和右下角的□ 小方框图标，均可以选取整个表格

D．Word 2010 可以根据内容自动调整表格大小，也可以根据窗口自动调整表格大小

2. 思考与上机题

(1) 插入一个 7 行 4 列的表格，并将表格第一列进行合并单元格操作。

<table>
<tr><td colspan="4">↵</td></tr>
<tr><td>↵</td><td>↵</td><td>↵</td><td>↵</td></tr>
<tr><td>↵</td><td>↵</td><td>↵</td><td>↵</td></tr>
<tr><td>↵</td><td>↵</td><td>↵</td><td>↵</td></tr>
<tr><td>↵</td><td>↵</td><td>↵</td><td>↵</td></tr>
<tr><td>↵</td><td>↵</td><td>↵</td><td>↵</td></tr>
<tr><td>↵</td><td>↵</td><td>↵</td><td>↵</td></tr>
</table>

电脑小百科

在表格中，将鼠标移动到单元格左框线和文本之间的空白处，指针变为向右箭头后单击可选定单元格内容。

(2) 在表格中输入以下内容。

会议记录表			
会议名称		会议地点	
会议时间		主持人	
参与人员		缺席人员	
会议内容：			
主要讨论事项：			

(3) 对这一表格进行美化设置。

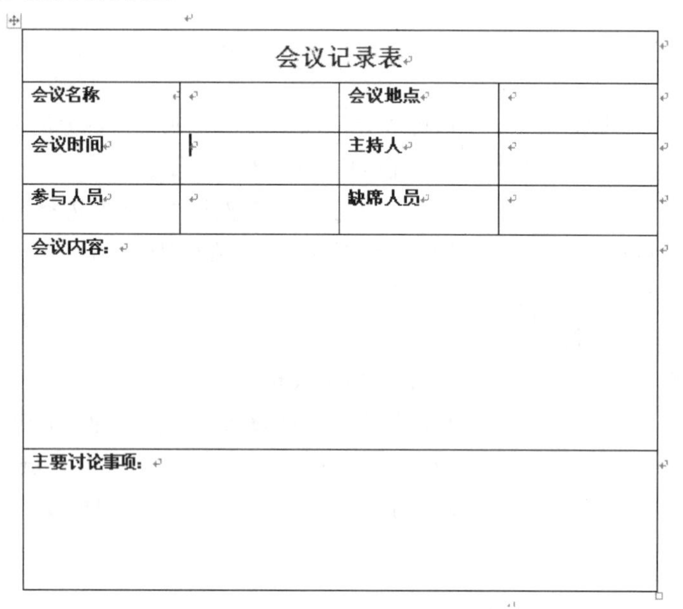

会议记录表			
会议名称		**会议地点**	
会议时间		**主持人**	
参与人员		**缺席人员**	
会议内容：			
主要讨论事项：			

原始文件	素材\第 6 章\无
最终文件	源文件\第 6 章\会议记录表.docx

制作要求：

a. 将表格中的文本内容设置为“黑体”。

b. 第一行单元格中内容设置为“宋体、小三、居中”。

c. 将第 5 行和第 6 行单元格合并为一个单元格。

d. 将最后一行单元格合并。

e. 调整“会议内容”和“主要讨论事项”这最后两行的行高。

电脑小百科

通常将电脑主分区以外的所有空间划分为扩展分区，如果用户想安装多操作系统，则可以根据需要输入扩展分区的空间大小或百分比。

第7章

Word 2010 文档的表格设置

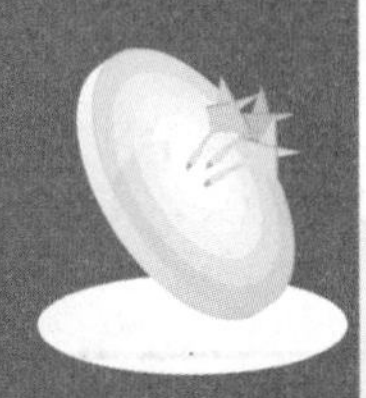

本章导读

在表格中，除了各单元格外，还包括表格中的文本内容，所以在美化表格时应该注意表格与表格内容间的格式协调统一。

本章主要学习表格的美化、表格内容的排序、运算以及与文本间的转换等高级功能和操作技巧。

精彩看点

- 格式化表格内容
- 快速套用表格样式
- 修改表格边框和底纹
- 绘制斜线表头
- 应用表格的排序功能
- 应用表格的运算功能
- 将文本转换为表格
- 将表格转换为文本

7.1 美化表格

对表格的美化包括对表格本身的美化和对表格内容的美化。对于表格本身的美化除了格式调整外，还可以对边框和底纹进行美化。对表格内容的美化其实是对以单元格为载体的文本内容美化。

书盘互动指导

示例	在光盘中的位置	书盘互动情况
	7.1 美化表格 7.1.1 格式化表格内容 7.1.2 修改表格边框和底纹	本节内容主要带领大家学习如何美化表格，在光盘 7.1 节中有相关内容的操作视频，并还特别针对本节内容设置了具体的实例分析。 大家可以在阅读本节内容后再学习光盘，以达到巩固和提升的效果。

7.1.1 格式化表格内容

在表格中输入内容后，还需要对其进行编辑美化，使之看起来整齐美观。

操作分析

在 Word 中，对表格中的文本内容进行编辑时，除了可以像对文本一样进行编辑美化，还应注意文本内容与单元格的边框间距、文字对齐方式等。

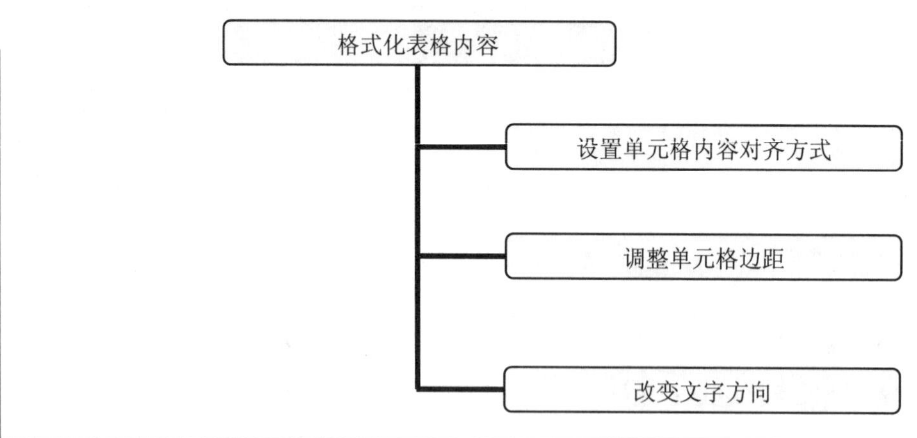

跟着做 1 设置单元格内容对齐方式

在 Word 2010 中，关于表格内容的对齐方式有多种，其中“左对齐”是 Word 默认的对齐方式。用户也可以根据实际需求改变单元格内容的对齐方式，其具体操作步骤如下。

电脑小百科

Windows 提供了 TrueType 字体和 OpenType 字体，它们适用于各种计算机、打印机和程序。

❶ 选取需要修改的单元格，打开“布局”功能栏，在“对齐方式”功能区中选择合适的对齐方式，如图 7-1 所示。

❷ 设置单元格内容对齐方式，如图 7-2 所示。

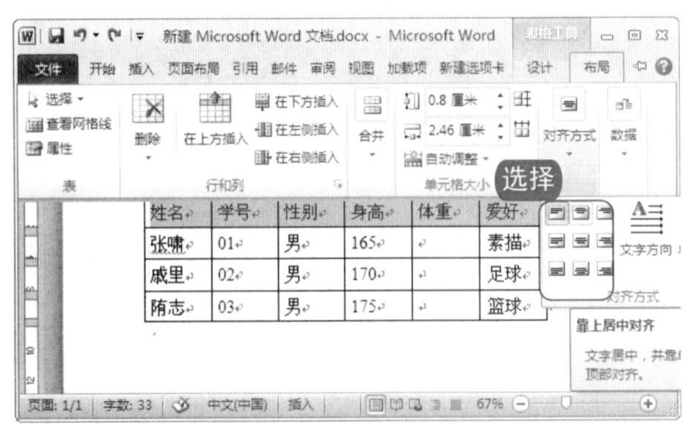

图 7-1　打开“布局”功能栏

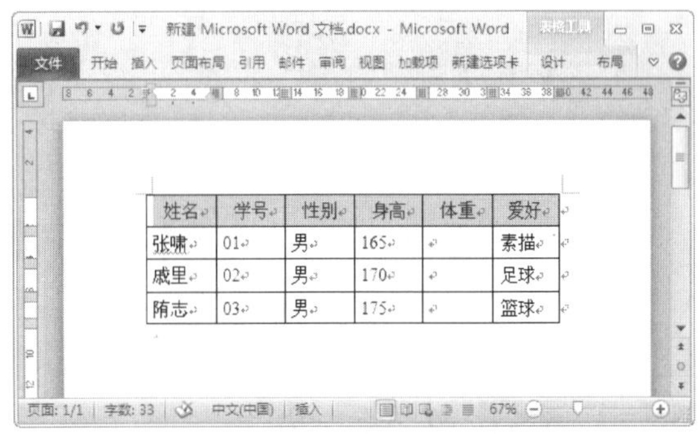

图 7-2　设置单元格内容对齐方式效果

知识补充

单元格内容的对齐方式与表格外文本内容的对齐方式大致相同，只是单元格中的文本内容由于文字方向以及与单元格边框的关系，所以单元格内容的对齐方式比表格外文本内容的对齐方式分为更多的种类。

跟着做 2☛ 调整单元格边距

调整单元格边距可以改变表格内容与边框之间的距离，使表格内容看起来更清新，具体操作步骤如下。

❶ 选取需要调整边框的单元格。

❷ 打开“布局”功能栏，选择“单元格边距”命令，如图 7-3 所示。

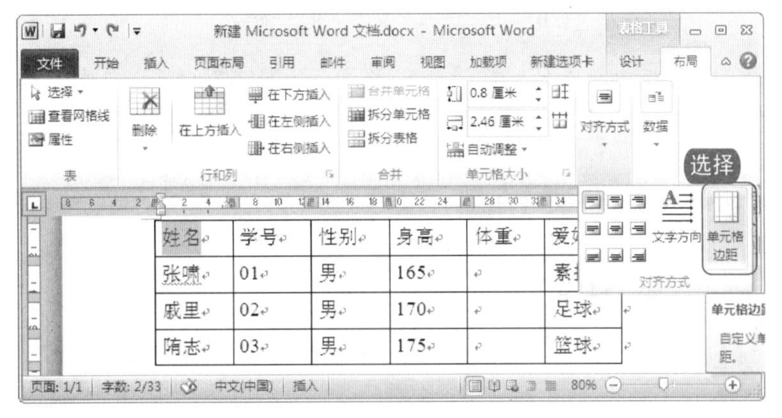

图 7-3　选择“单元格边距”命令

❸ 在弹出的“表格选项”对话框中设置单元格边距，如图 7-4 所示。

❹ 单击“确定”按钮，效果如图 7-5 所示。

电脑小百科

把表格最后一列或第一列合并成一个单元格，设置该单元格只有左边或右边有边框，在该单元格输入文字就可以绕排在表格的一边。

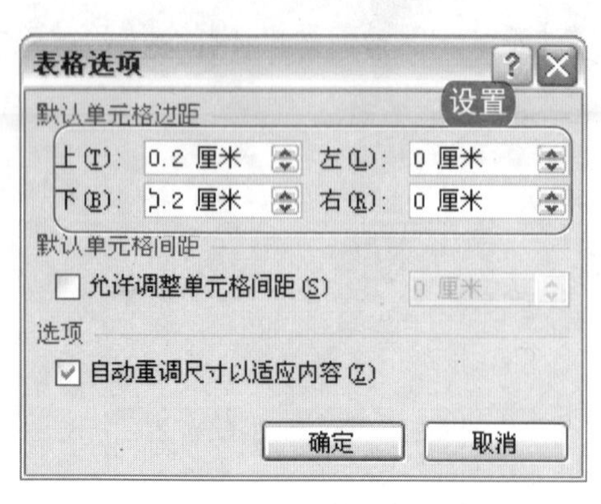

图 7-4　设置单元格边距

图 7-5　调整单元格边距效果

跟着做 3☛ 改变文字方向

在 Word 2010 中，表格默认的文字方向为横向排列，但对于一些特殊情况，如纵向显示的表格标题等，就需要将横向显示的文本更改为纵向显示，即改变文字方向，其具体操作步骤如下。

❶ 选取需要改变文字方向的表格或单元格，单击鼠标右键，弹出快捷菜单。在弹出的快捷菜单中选择“文字方向”命令，如图 7-6 所示，弹出“文字方向”对话框。

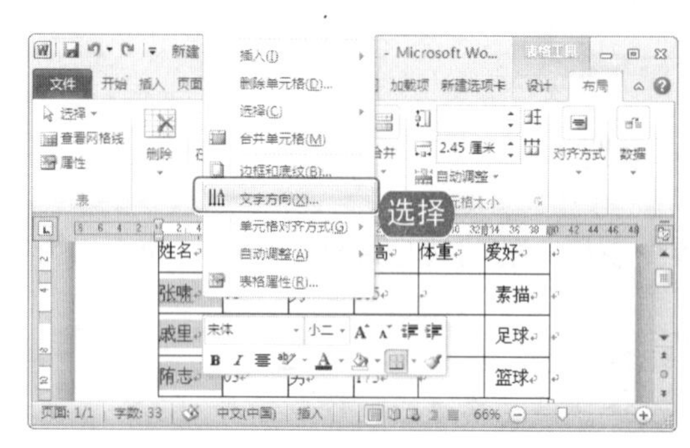

图 7-6　选择“文字方向”命令

❷ 在“文字方向”对话框中，选择文字的排列方式，如图 7-7 所示，单击“确定”按钮，文字方向发生改变，效果如图 7-8 所示。

图 7-7　选择文字方向

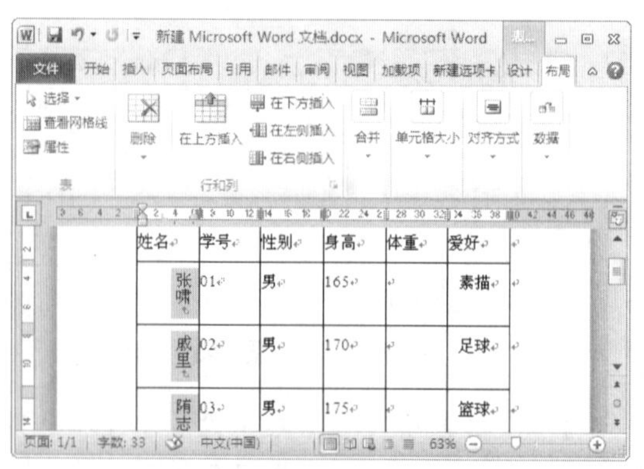

图 7-8　改变文字方向后的效果

电脑小百科

在应用软件未正常结束时，不可以关闭电源，否则会造成系统文件损坏或丢失，引起自动启动或者运行中死机。

7.1.2　修改表格边框与底纹

Word 2010 默认的表格边框为 0.5 磅，底纹为无颜色。如果遇到一些特殊情况，需要使其看起来更加美观，就可以对它的边框和底纹进行美化设置。

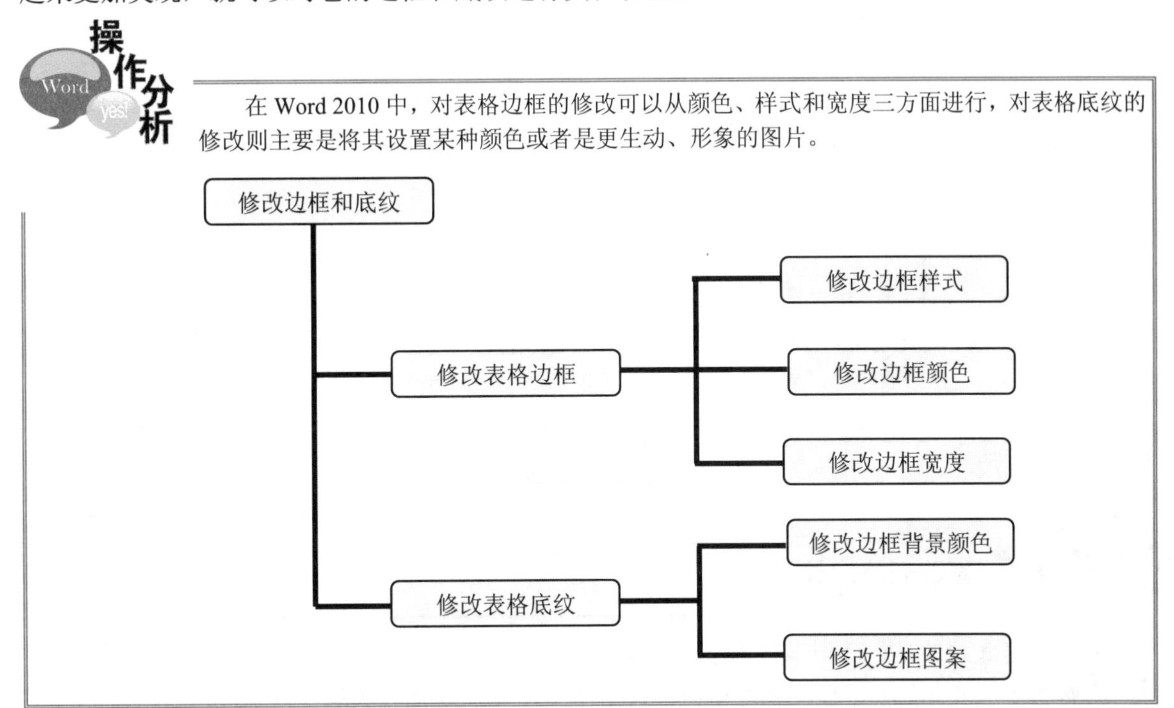

在 Word 2010 中，对表格边框的修改可以从颜色、样式和宽度三方面进行，对表格底纹的修改则主要是将其设置某种颜色或者是更生动、形象的图片。

跟着做 1☛　修改表格边框

修改表格边框的具体操作步骤如下。

1. 选取表格，单击鼠标右键，在弹出的快捷菜单中选择“边框和底纹”命令，如图 7-9 所示。
2. 弹出“边框和底纹”对话框，在对话框中对需要修改的边框区域、样式、颜色以及边框宽度进行设置，设置边框区域为“全部”，样式为“双波浪”，颜色为“绿色”，宽度为“0.75 磅”，如图 7-10 所示。

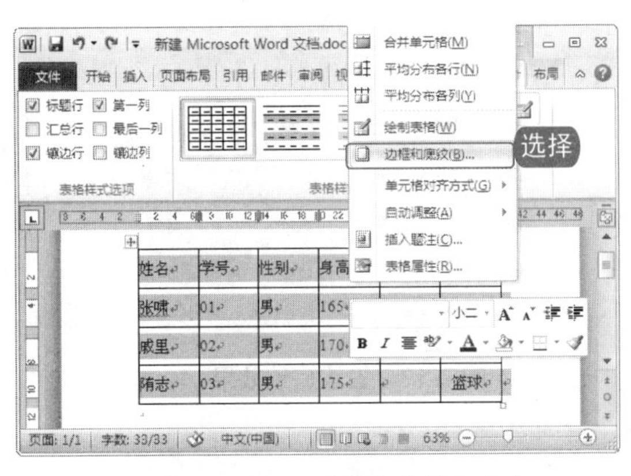

图 7-9　选择“边框和底纹”命令

图 7-10　选择边框样式

使用“+”和“−”制作表格时，“+”号越多，相应完成的表格的列越多，“−”号越多，相应完成的表格的列越宽。

3. 在对话框右侧进行预览，修改满意后，单击“确定”按钮，
4. 完成后即可显示表格边框效果，如图7-11所示。

图7-11　设置表格边框后的效果

跟着做2 修改表格底纹

修改表格底纹的具体操作步骤如下。

1. 选取表格，单击鼠标右键，在弹出的快捷菜单中选择“边框和底纹”命令。
2. 弹出“边框和底纹”对话框，选择“底纹”选项卡。
3. 在“填充”下拉列表中，选择背景颜色，“样式”下拉列表中选择底纹图案，在“颜色”下拉列表中选择底纹颜色，如图7-12所示。
4. 完成后单击“确定”按钮，即可显示表格底纹效果，如图7-13所示。

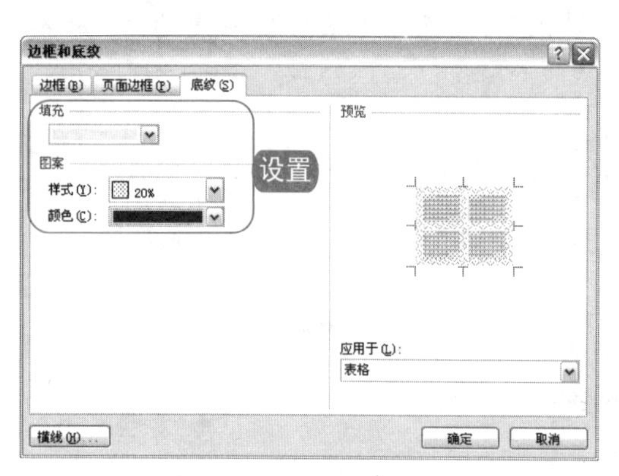

图7-12　设置底纹

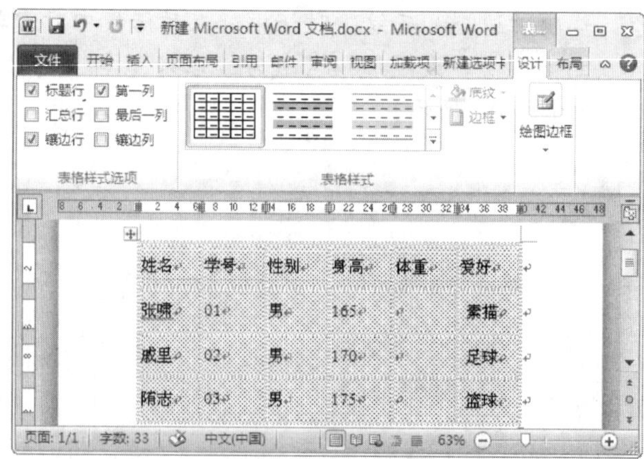

图7-13　设置底纹效果

电脑小百科

通常情况下，每英寸点数(DPI)越多，字体的显示效果就越好，如果DPI高于96，并且正在运行Aero则屏幕上的文本和其他项目会在某些程序中显示模糊。

7.2　表格的特殊操作技巧

在 Word 中，为了更好地使用表格使它的作用发挥到最大化，这里我们就来介绍一些表格的特殊操作技巧。

书盘互动指导

示例	在光盘中的位置	书盘互动情况
	7.2 表格的特殊操作技巧 7.2.1 套用表格样式 7.2.2 绘制斜线表头 7.2.3 表格的排序与运算	本节内容主要带领大家更多地了解表格的一些高级应用和操作技巧，在光盘 7.2 节中有相关内容的操作视频，并还特别针对本节内容设置了具体的实例分析。 大家可以在阅读本节内容后再学习光盘，以达到巩固和提升的效果。

7.2.1　套用表格样式

用户可以使用 Word 内置的表格样式库，快速完成表格的美化，其具体操作步骤如下。

1. 选取整个表格，选择“设计”选项卡，将鼠标移至在“表格样式”功能区的表格样式库中预览表格的外观样式，如图 7-14 所示。
2. 单击需要选择的表格样式，完成表格样式的套用，如图 7-15 所示。

图 7-14　选择表格样式

图 7-15　套用表格样式效果

7.2.2　绘制斜线表头

在实际工作中经常需要使用带有斜线表头的表格。斜线表头是指在表格的第一个单元格中以

电脑小百科

选定表格中间作为“分隔”的某列，然后通过“边框和底纹”对话框中的“预览图”取消所有的横边框，可以一栏同存两个表格。

斜线划分多个项目标题，分别对应表格的行和列。

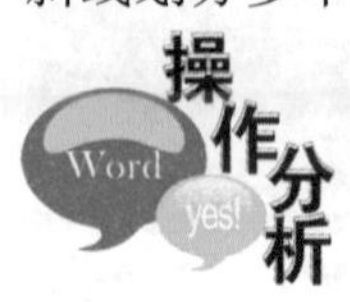

当表头只需要放映两个项目类别时，只需要绘制单条斜线的表头即可，但当有三个或三个以上的项目类别时就需要绘制有多条斜线的表头。

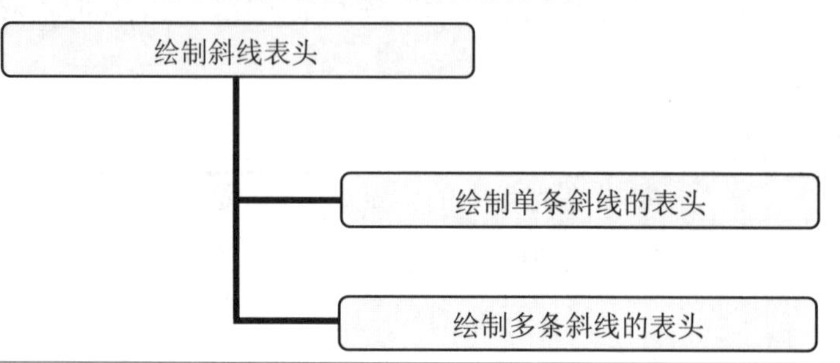

跟着做 1 绘制单条斜线的表头

在 Word 2010 中，特别提供有绘制单条斜线表头的功能，具体操作步骤如下。

1. 在 Word 2010 中选中目标单元格，打开“设计”功能栏。
2. 单击“边框”按钮上的下拉按钮，在边框下拉菜单中选择“斜下框线”命令，如图 7-16、图 7-17 所示。

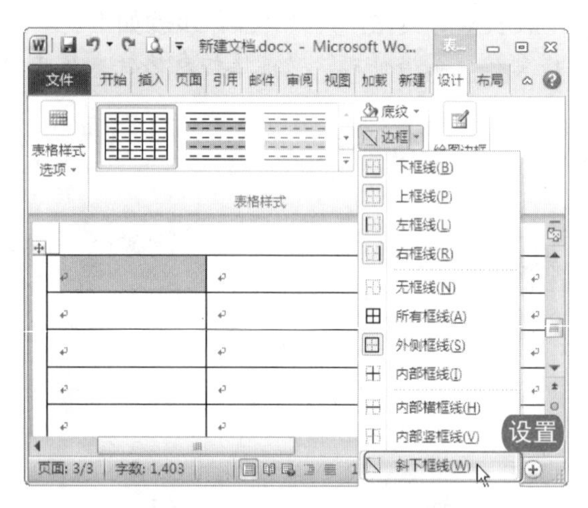

图 7-16　选择斜框线

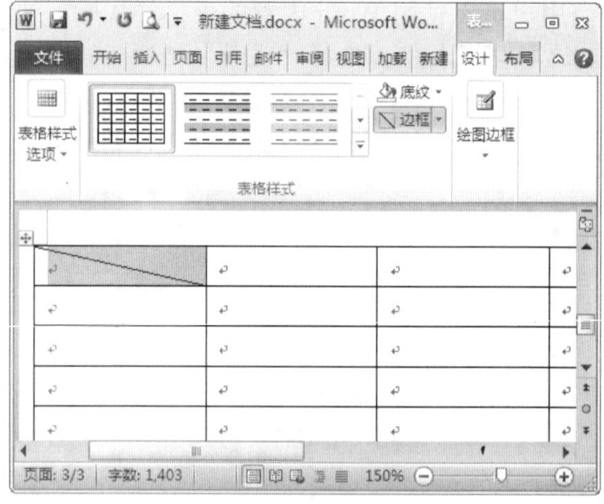

图 7-17　绘制斜线表头

跟着做 2 绘制多条斜线的表头

很多表格在编辑过程中需要用到多条斜线的表头，这时就需要对其进行绘制，具体操作步骤如下。

1. 在 Word 2010 中，选择“插入”选项卡，选择“插图”功能区下的“形状”线条，如图 7-18 所示。

电脑小百科

通过调整 ClearType 可以获得显示器的最佳显示效果，ClearType 字体技术可使屏幕上的文本几乎像打印在纸张上的文本一样清晰和清楚。

❷ 在“形状”菜单中选择“直线”命令，然后在目标单元格中进行绘制，如图 7-19 所示。

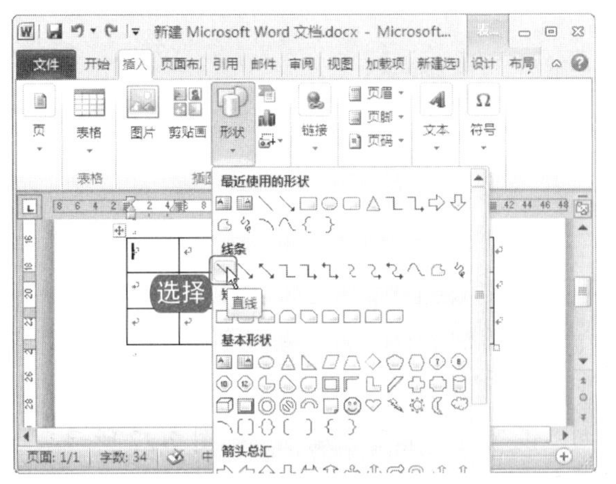

图 7-18　选择“直线”线条

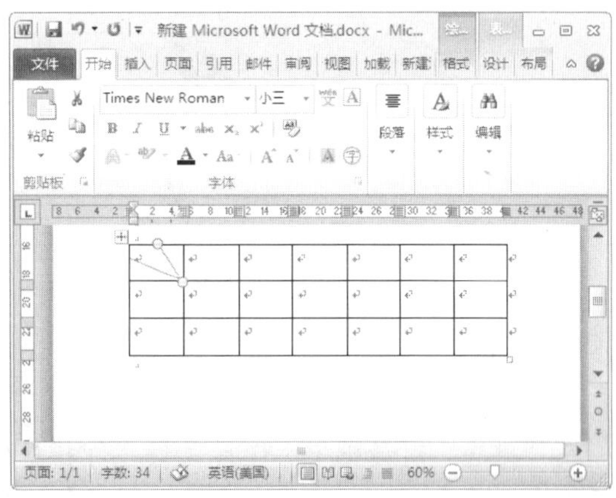

图 7-19　绘制斜线表头

❸ 在绘图工具栏中选择“格式”选项卡，在“形状样式”功能区中对线条颜色、大小等进行修改调整，如图 7-20 所示。

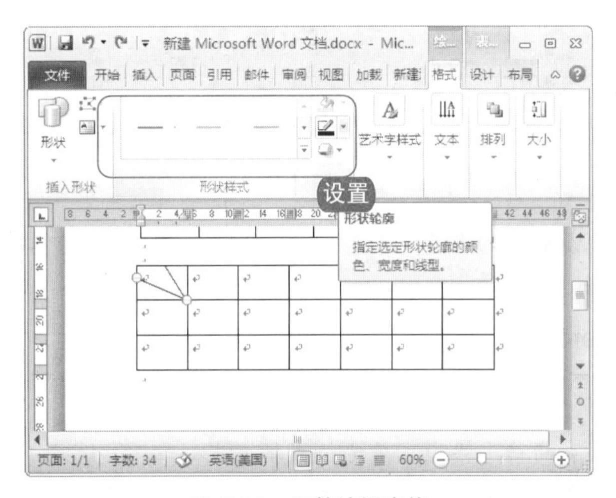

图 7-20　调整编辑直线

7.2.3　表格的排序与运算

虽然 Word 2010 并不是专业侧重于数据的电子表格软件，但是通过 Word 表格的“数据”功能也可以进行一些表格的排序和数据运算，以满足日常工作基本的运算要求。

跟着做 1☛　对表格进行排序

在表格的编辑过程中有时需要对表格中的一些数据进行排列，使其看起来更加有次序，结构更清晰合理。如体检表，将数据从大到小或从小到大进行排列，可以很快查找到各个同学在同学中的身高或体重分布属于中等还是特殊情况。对学生体检表数据进行排序的具体操作步骤如下。

电脑小百科

按下 Ctrl+Tab 组合键，可以使光标像普通文本那样在表格中缩进。

1. 将光标定位在目标表格中，选择“布局”选项卡，单击“数据”→“排序”按钮，弹出“排序”对话框，如图 7-21 所示。

图 7-21　单击“排序”按钮

2. 在“排序”对话框中，选择关键字即排序依据，设置排序类型等属性，如图 7-22 所示。
3. 单击“确定”按钮，完成表格的排序，如图 7-23 所示。

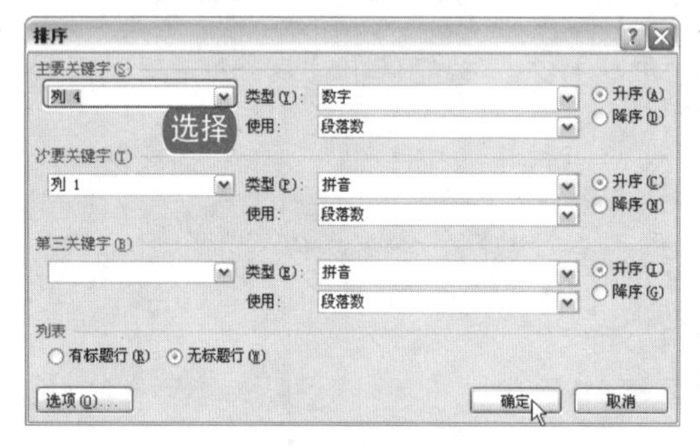

图 7-22　设置排序关键字

姓名	学号	性别	身高	体重	爱好
童小江	05	女	158	50	唱歌
欧阳卿琴	04	女	160	45	水彩
张啸	01	男	165	60	素描
戚里	02	男	170	55	足球
隋志	03	男	175	65	篮球

图 7-23　表格排序效果

跟着做 2 使用 Word 求和

使用 Word 求和值的具体操作步骤如下。

1. 将光标定位在需要求和的单元格上，确定公式插入点。
2. 单击“数据”→“公式”按钮，弹出“公式”对话框，如图 7-24 所示。

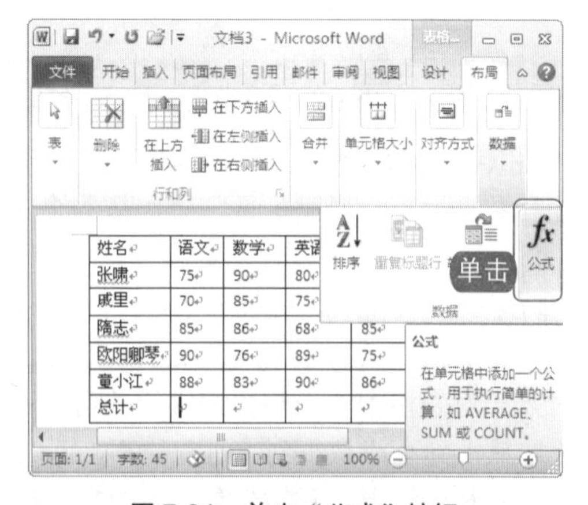

图 7-24　单击“公式”按钮

电脑小百科

如果驱动没有自动启动安装程序，可以进入光盘，然后运行安装目录下的 Setup.exe 文件开始安装。

❸ 在公式对话框中，Word 2010 自动生成求和公式，如图 7-25 所示。

❹ 单击“确定”按钮，就可以自动求和，如图 7-26 所示。

图 7-25　输入求和公式

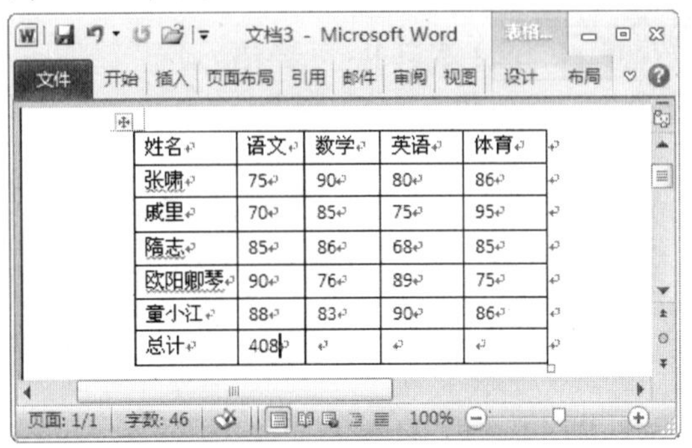

姓名	语文	数学	英语	体育
张啸	75	90	80	86
威里	70	85	75	95
隋志	85	86	68	85
欧阳卿琴	90	76	89	75
童小江	88	83	90	86
总计	408			

图 7-26　Word 自动求和

跟着做 3☛　使用 Word 求平均值

求平均值的具体操作步骤如下。

❶ 将光标定位在需要求平均值的单元格上，确定公式插入点。

❷ 选择“布局”→“数据”→“公式”命令，弹出“公式”对话框。

❸ 在“公式”对话框中，根据求平均值的不同位置输入公式，如图 7-27 所示。

❹ 单击“确定”按钮，Word 自动求平均值，如图 7-28 所示。

图 7-27　输入求平均值公式

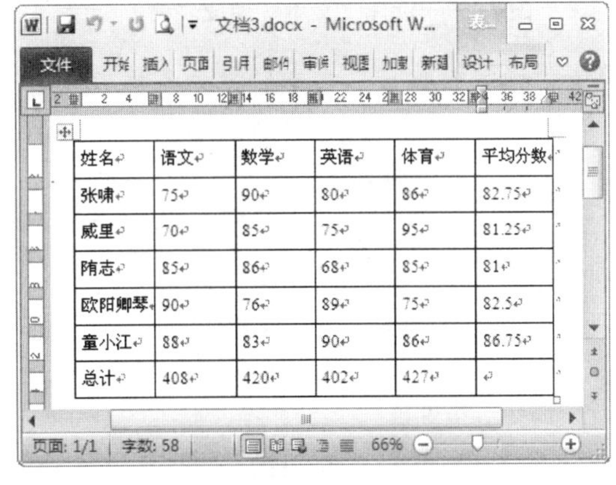

姓名	语文	数学	英语	体育	平均分数
张啸	75	90	80	86	82.75
威里	70	85	75	95	81.25
隋志	85	86	68	85	81
欧阳卿琴	90	76	89	75	82.5
童小江	88	83	90	86	86.75
总计	408	420	402	427	

图 7-28　Word 自动求平均值

知识补充

求平均值时，“公式”对话框中输入的命令应该参照公式插入点相对于数据组的位置进行输入。=AVERAGEE(ABOVE)：数据组在公式上边；=AVERAGEE(BELOW)：数据组在公式下边。=AVERAGEE(LEFT)：数据组在公式左边；=AVERAGEE(RIGHT)：数据组在公式右边。

7.2.4　表格与文本间的转换

如果用户想要将一些排列整齐、结构有序的纯文本数据制成表格，可以使用 Word 2010 中的

在“表格属性”对话框中选择“行”选项卡并选择“允许跨页断行”命令，可以避免表格的跨页断裂。

“文本转化为表格”功能。

跟着做 1 将文本转换为表格

将文本转换为表格的具体操作步骤如下。

1. 在 Word 2010 中，选中需要转换的文本，选择“插入”→“表格”命令，在下拉菜单中选择“文本转换成表格”命令，如图 7-29 所示，弹出“将文字转换成表格”对话框。
2. 在对话框中根据文本内容，对表格的尺寸和文字分隔位置等属性进行设置，如图 7-30 所示。

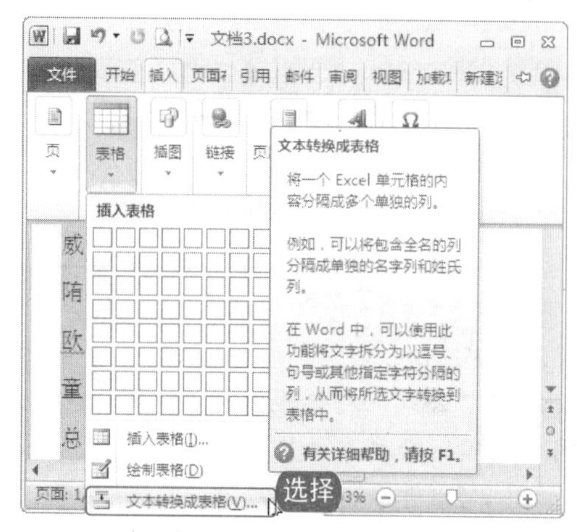

图 7-29 选择“文本转换成表格”命令

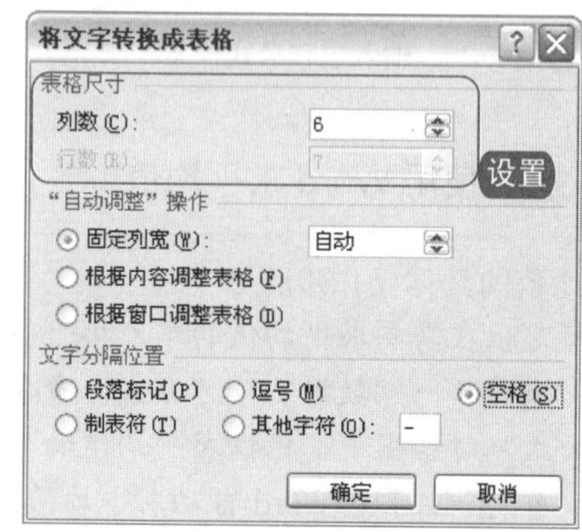

图 7-30 设置表格尺寸

3. 单击“确定”按钮，文本转换为表格效果，如图 7-31 所示。

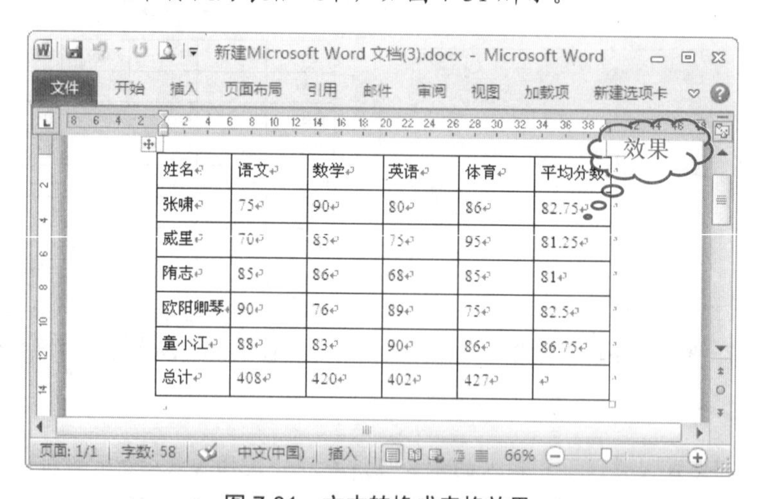

姓名	语文	数学	英语	体育	平均分数
张啸	75	90	80	86	82.75
威里	70	85	75	95	81.25
隋志	85	86	68	85	81
欧阳卿琴	90	76	89	75	82.5
童小江	88	83	90	86	86.75
总计	408	420	402	427	

图 7-31 文本转换成表格效果

跟着做 2 将表格转换成文本

如果需要将表格转换成文本的形式，使表格内容以纯文本的方式被记录下来，可以进行以下操作。

电脑小百科

所谓多操作系统，就是在一台电脑中安装两个或两个以上的操作系统，可以在不同的操作系统中完成相同或不同的任务或应用。

1. 在 Word 2010 中，选取需要转换的表格，选择“布局”→“数据”命令。
2. 单击“转换为文本”图标，在弹出的“表格转换成文本”对话框中，选择文字的分隔符，如选中“逗号”单选按钮，如图 7-32 所示。
3. 单击“确定”按钮，表格转换成文本，如图 7-33 所示。

图 7-32　选择文字分隔符

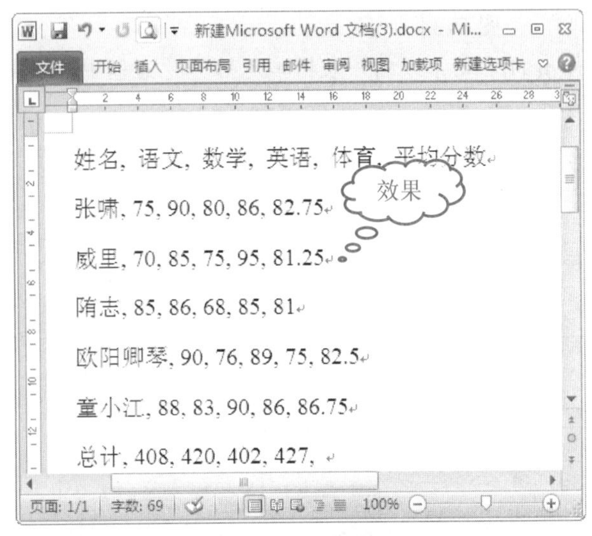

图 7-33　表格转换成文本效果

7.3　制作部门销售报表

销售报表以简明的数据形式记录了公司某时段的销售情况，便于了解公司的销售业绩、财务状况及其变动情况，对预测公司发展前景，具有形象直观、对比性强的特点。不同的销售报表有不同的格式，这就需要根据具体的行业和报表内容制作销售报表。

书盘互动指导

在光盘中的位置	书盘互动情况
7.3 制作部门销售报表 7.3.1 美化销售报表 7.3.2 计算报表销售总额	本节内容主要介绍了以上述内容为基础的综合实例操作方法，在光盘 7.3 节中有相关操作的视频文件，以及原始素材文件和处理后的效果文件。

原始文件	素材\第 7 章\第 1 季度销售统计表.docx
最终文件	源文件\第 7 章\第 1 季度销售报表.docx

根据本章所学内容对已提供的销售统计表进行美化和编辑，具体操作步骤如下。

电脑小百科

在制作选择题的选项时，可以选择使用表格输入，然后再取消表格边框，可以很好地对齐输入。

跟着做 1 美化销售报表

美化销售报表的具体操作步骤如下。

1. 选取需要改变文字方向的文字，如“一月”、“二月”、“三月”，单击鼠标右键选择“文字方向”命令，如图 7-34 所示。
2. 在弹出的“文字方向—表格单元格”对话框中，选择合适的文字方向，如图 7-35 所示。

图 7-34　选择“文字方向”命令

图 7-35　选择文字方向

3. 单击“确定”按钮，关闭对话框，文字方向发生改变。
4. 选取报表中的全部内容，选择“开始”→“段落”→“居中”命令。将表格内容的对齐方式设置为“居中”方式，如图 7-36 所示。
5. 选取竖排文字选择“开始”→“段落”命令，单击 按钮，选择设置行距，改变报表内容与左右边框之间的距离，如图 7-37 所示。

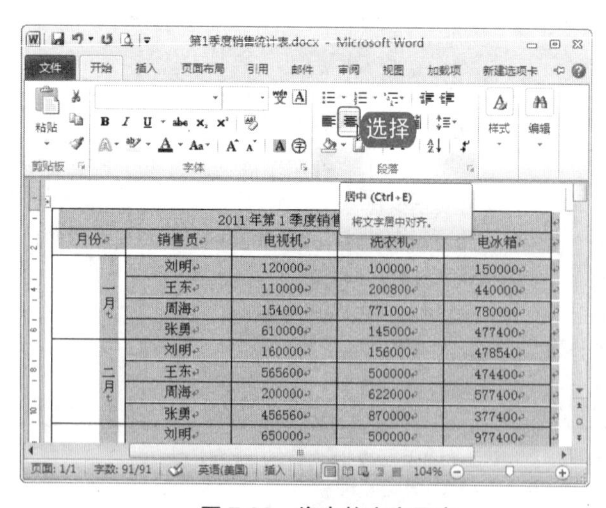

图 7-36　将表格文字居中

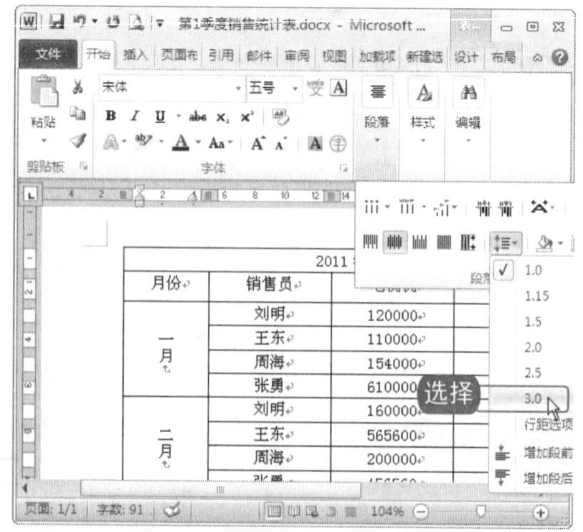

图 7-37　设置表格行距

电脑小百科

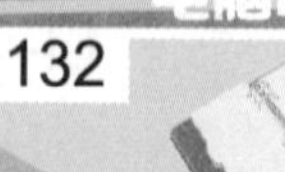

输入语言是 Windows 中的一种设置，控制用户在计算机上输入信息时所使用的语言。在更改输入语言前，需要将该语言添加到 Windows。

6 选取整个表格，选择“设计”选项卡，在“表格样式”功能区的表格样式库中进行选择快速套用表格样式，如图 7-38 所示。

图 7-38　套用表格样式

跟着做 2　计算报表销售总额

计算报表中销售总额的具体操作步骤如下。

1 将光标定位于最后一行，单击鼠标右键，在弹出的快捷菜单中选择“插入”→“在下方插入行”命令，如图 7-39 所示。

2 单击新添加的行，定位光标，输入文本内容，如图 7-40 所示。

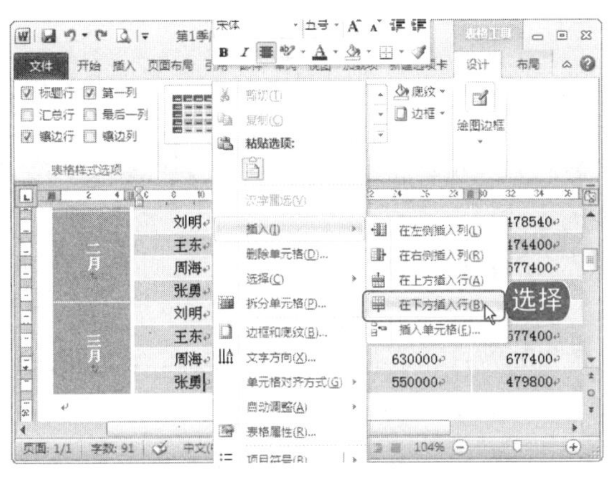

图 7-39　选择插入行的位置

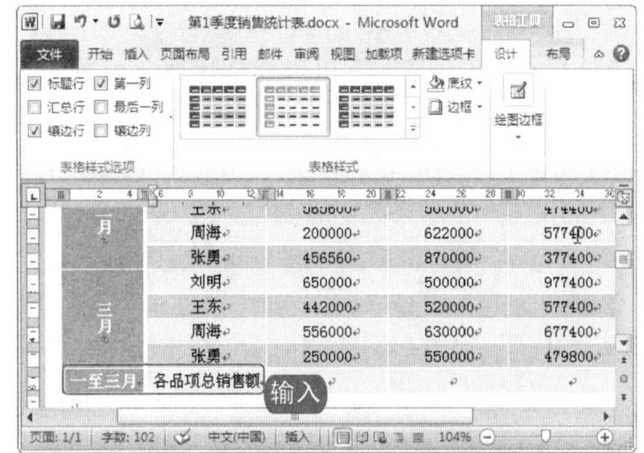

图 7-40　输入文本内容

3 将光标定位在需要插入运算结果的单元格，选择“布局”→“数据”→“公式”命令，弹出“公式”对话框。

4 在“公式”对话框中，输入需要使用的运算公式，如图 7-41 所示。

在 Word 2010 中用户可以删除表格中的内容，当删除表格的内容时，文档中依然会保留表格的行和列。

5 单击“确定”按钮，计算结果被输入在光标定位的单元格中。

6 重复以上两步操作，计算出其他项的销售总额，如图 7-42 所示。

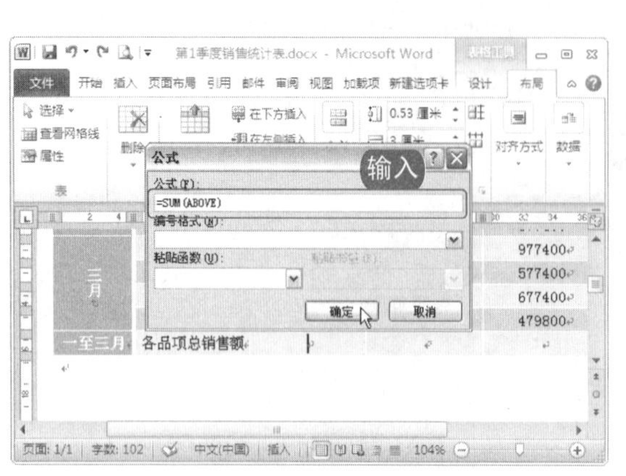

图 7-41 输入运算公式

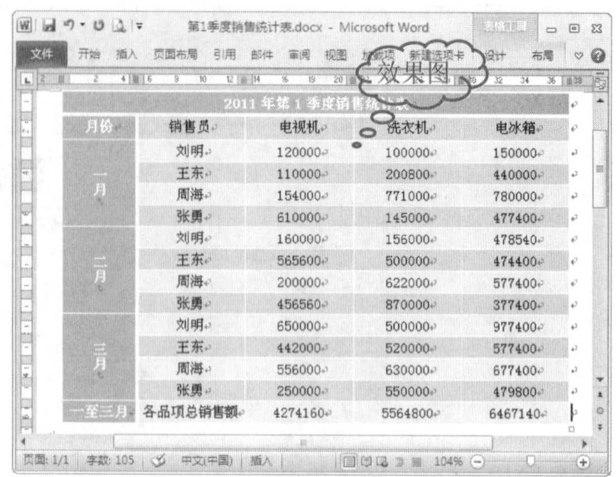

图 7-42 计算销售总额

学 习 小 结

本章主要介绍在 Word 2010 中，表格的美化、绘制斜线表头的操作技巧以及表格的排序运算等高级功能的应用。

通过对本章的学习，读者能够学会设置表格内容的对齐方式、文字方向，快速修改表格的边框和底纹、绘制斜线表头、套用表格样式等编辑美化，还可以对表格中的数据等进行排序和运算以及实现表格与文本间的转换。

下面对本章内容进行总结，具体内容如下。

(1) 对于表格中的文本内容我们可以设置其对齐方式、文字方向，也可以通过调整单元格边框距离来达到与表格的协调统一。

(2) 美化表格时，可以选择快速套用系统预设的表格样式，也可以对表格边框的样式、颜色和宽度以及底纹的颜色和样式进行自定义设置。

(3) 在 Word 2010 中，使用斜下框线或绘制表格的方式可以快速绘制出单条斜线表头，使用插入直线的方式可以绘制出具有单条或多条斜线的表头。

(4) 对 Word 中的表格也可以进行排序和一些常用的数据运算，如求和值、平均值、绝对值和四舍五入运算等。

(5) 将文字转换成表格时，需要设置表格的行高和列宽；将表格转换为文本时，需要选择文字分隔符，保证表格内容转换为纯文本格式时依然表述清楚，查看方便。

互 动 练 习

1. 选择题

(1) 在表格工具栏中，单击图标，可以将文本内容(　　)。

电脑小百科

自定义短语是通过特定字符串来输入自定义好的文本，设置常用的自定义短语可以提高输入效率。

A．居中对齐　　B．中部右对齐

C．中部两端对齐　　D．靠下居中对齐

(2) 以下关于表格边框和底纹的选项中，表述正确的是(　　)。

A．在“布局”选项卡下可以修改表格边框，也可以修改表格的底纹

B．在“边框”下拉菜单中，选择“左边框”命令可以删除表格的左边框

C．通过“边框和底纹”对话框，不可以自定义表格横线

D．通过“边框和底纹”对话框，可以为表格添加图片底纹

(3) (　　)是指在表格的第一个单元格中以斜线划分两个或更多个项目标题，分别对应表格的行和列。

A．斜线表头　　B．斜线标题

C．斜线表格　　D．斜线单元格

(4) Word 作为一个文字编辑软件，在表格中同样可以进行以下(　　)数据运算。

A．求平均值　　B．求和值

C．求平均值　　D．求微积分

(5) 将表格转换为文本时，需要将文字分隔符设置为(　　)才能将表格内容转换为纯文本格式。

A．段落标记　　B．逗号

C．制表符　　D．其他符号

2. 思考与上机题

(1) 为制作的“会议记录表”快速套用表格样式。

会议记录表			
会议名称		会议地点	
会议时间		主持人	
参与人员		缺席人员	
会议内容：			
主要讨论事项：			

	原始文件	素材\第 6 章\会议记录表.docx
	最终文件	源文件\第 7 章\会议记录美化效果.docx

电脑小百科

使用绘制表格工具也可以插入行，移动笔形鼠标绘制出的横线就可以插入新的一行。

(2) 打开“学生身高体重”表，分别计算这两项的平均值。

姓名	学号	性别	身高	体重	爱好
张啸	01	男	165	46	素描
戚里	02	男	170	61	足球
隋志	03	男	175	50	篮球
平均值		男	170	52.33	

原始文件	素材\第 7 章\学生身高体重.docx
最终文件	源文件\第 7 章\学生身高体重表.docx

(3) 将以下制作的“2011 年第 1 季度销售统计表”转换文本文档。

销售员	电视机	洗衣机	电冰箱
刘明	120000	100000	150000
王东	110000	200800	440000
周海	154000	771000	780000
张勇	610000	145000	477400
刘明	160000	156000	478540
王东	565600	500000	474400
周海	200000	622000	577400
张勇	456560	870000	377400
刘明	650000	500000	977400
王东	442000	520000	577400
周海	556000	630000	677400
张勇	250000	550000	479800
总销售额	4274160	5564800	6467140

原始文件	素材\第 7 章\国韵集团 2010 上半年营业额统计.xlsx
最终文件	源文件\第 7 章\国韵集团 2010 上半年营业额统计.xlsx

制作要求：

a. 删除表格第一列。

b. 将最后一行的“各项总销售额”设置为“总销售额”。

c. 将“制表符”设置为文字分隔符。

电脑小百科

如果某些设备驱动程序没有安装好，计算机将会在“其他设备”选项下显示这些硬件设备，并在设备前标记一个醒目的黄色问号或感叹号。

第8章

Word 2010 插入图片和图表

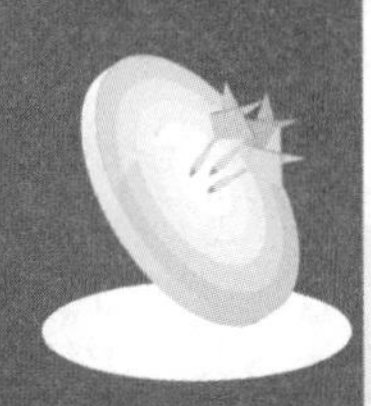

本章导读

在文档中插入一些图片可以使文档更加生动形象，插入图表可以使表格中想要表达的数据内容更加形象、直观地展示出来。

本章主要学习如何插入图片和图表，并对其进行合理的编辑美化，为文档增加亮点。

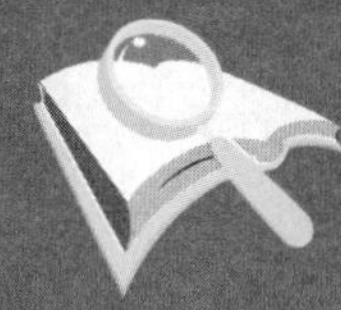

精彩看点

- 插入图片
- 调整图片格式
- 修饰美化图片
- 插入图表
- 添加图表内容
- 设置图表坐标

8.1 插入与设置图片

在 Word 文档中插入一些图片可以使文档更加生动形象，不仅会让整个文档增色不少，还能使读者在阅读内容时更容易理解。

书盘互动指导

⊙ 示例	⊙ 在光盘中的位置	⊙ 书盘互动情况
	8.1 插入与设置图片 8.1.1 插入图片 8.1.2 调整图片格式 8.1.3 修饰美化图片	本节内容主要带领大家学习如何在文档中插入并美化图片，在光盘 8.1 节中有相关内容的操作视频，并还特别针对本节内容设置了具体的实例分析。 大家可以在阅读本节内容后再学习光盘，以达到巩固和提升的效果。

8.1.1 插入图片

在 Word 2010 中，学会为文档插入图片，是对 Word 进行灵活运用的具体表现。

操作分析

在 Word 2010 中，可以选择从剪辑库中插入剪贴画或图片，也可以从其他的程序或位置插入图片。

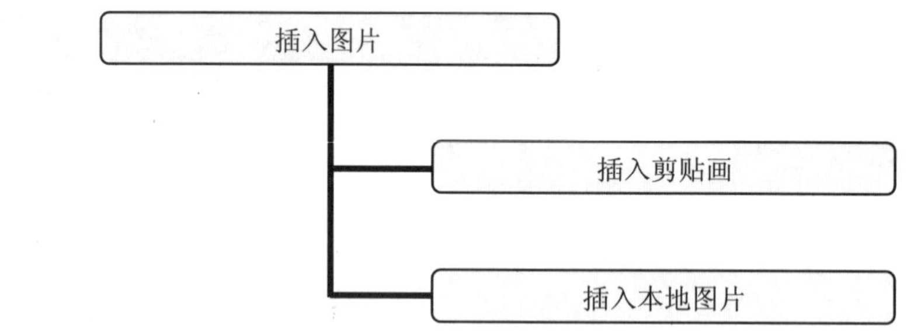

跟着做 1 插入剪贴画

Word 2010 提供了许多剪贴画，用户可以很方便地在文档中插入这些剪贴画对文档进行修饰，插入剪贴画的具体操作步骤如下。

1. 将光标定位在 Word 中需要插入图片的位置，选择“插入”→“插图”→“剪贴画”命令。
2. 弹出“剪贴画”任务窗栏，输入需要搜索的图片类别，如“玩偶”，单击“搜索”按钮。
3. 在“剪贴画”面板的搜索结果中选择合适的图片，如图 8-1 所示。

电脑小百科

主板集成的声卡，可用主板自带的声卡驱动光盘安装。如果独立声卡，那就需要该声卡的驱动，可以根据声卡的类型直接在网上下载驱动程序。

4 剪贴画被插入到文档中，效果如图 8-2 所示。

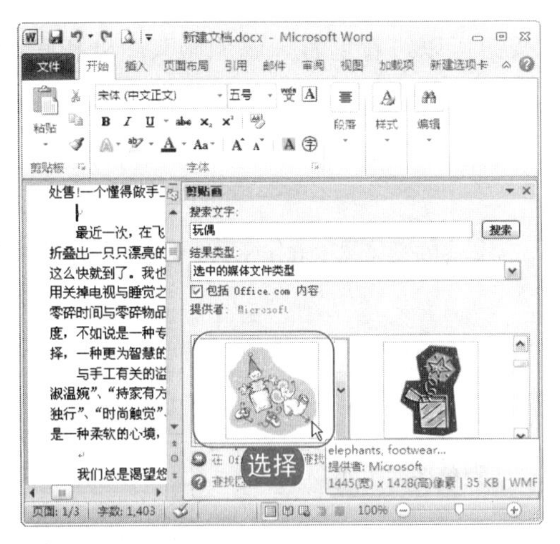

图 8-1　选择剪贴画

图 8-2　插入剪贴画后的效果

跟着做 2☛ 插入本地图片

在 Word 2010 中除了插入其自身携带的剪贴画外，还能随意插入已保存的其他图片。按照常规的操作步骤插入图片，首先要做的工作是将图片保存在“图片收藏”文件夹中，具体操作步骤如下。

1 将光标定位在需要插入图片的位置，选择“插入”→“插图”→“图片”命令。

2 在弹出的“插入图片”对话框中，选择插入的图片，单击“插入”按钮，如图 8-3 所示。

3 图片被插入到文本的指定位置，效果如图 8-4 所示。

图 8-3　选择文件中的图片

图 8-4　插入图片

对于本地图片的插入，除了可以采用以上方法外，也可以使用拖动插入和复制粘贴功能更加快速地在 Word 2010 中插入图片。拖动插入是指单击鼠标左键不放，直接将图片从目标图片文件夹中拖入文档中；复制和粘贴插入图片是在窗口太大，拖动不方便时先在文件夹中复制目标文件，再将光标定位在想要插入图片的位置，执行“粘贴”命令，完成图片的插入。

电脑小百科

如果不清楚剪贴画的详细内容，在“剪贴画”面板上直接单击“搜索”按钮，搜索结果显示的是计算机内全部的剪贴画。

8.1.2 调整图片格式

插入文档的图片，利用“图片”工具栏的各个按钮可以进行剪裁、添加修改边框和底纹、调整图片高度和对比度等编辑工作，如果“图片”工具栏目前不可见，只要单击插入的图片，它就会在 Word 功能区上方显现。

在对图片进行调整时，首先需要对图片的格式进行调整，其中主要为图片在文档中大小的调整，使其与文档搭配和谐。

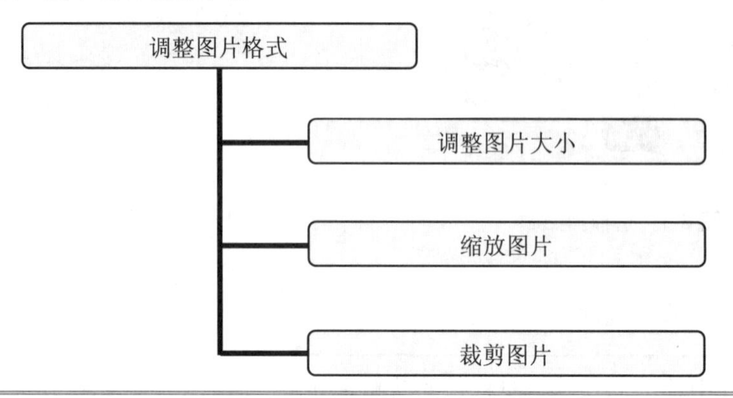

跟着做 1 调整图片大小

插入图片后，图片的四角和边上中点都会出现小圆点，将鼠标停留在上面就会变成双向箭头。此时按住左键不放，拖动鼠标就能调整图片大小。这是对图片大小的粗略调整，Word 还可以通过“布局”对话框，更精确地调整图片大小，具体操作步骤如下。

1. 在 Word 2010 中，选取图片，选择“格式”→“大小”命令，单击“大小”功能区右下角的按钮。
2. 在打开的“布局”对话框中，选择“大小”选项卡，设置图片的高度和宽度，如图 8-5 所示。也可以在“旋转”文本框中，对图片进行旋转设置。
3. 设置完成后，单击“确定”按钮，效果如图 8-6 所示。

图 8-5　设置图片的旋转度数

图 8-6　图片旋转效果

如果用户使用的网卡是非即插即用的网卡，安装该类网卡后系统不会在启动时发现它，需要从控制面板中手动添加。

跟着做 2☛ 缩放图片

除了可以通过设置图片的高度和宽度的数据调整图片大小这个方法外，还可以通过调整图片的缩放比例对图片进行调整，具体操作步骤如下。

❶ 在 Word 2010 中，单击图片，选择“格式”→“大小”命令，单击“大小”功能区右下角的按钮。

❷ 在弹出的“布局”对话框中，选择“大小”选项卡设置缩放的宽度和高度，如图 8-7 所示，将高度设置为 9.15 厘米，宽度设置为 14.22 厘米。

图 8-7 设置图片的缩放比例

❸ 设置完成后，单击“确定”按钮，效果如图 8-8 所示。

图 8-8 图片缩放效果

跟着做 3☛ 裁剪图片

为了文档的整体效果或排版需要，对于图片边缘不需要的部分，可以将其裁剪掉，其具体操作步骤如下。

❶ 在 Word 2010 中，选取需要裁剪的图片，选择“格式”→“大小”→“裁剪”命令。

电脑小百科

在“图片颜色设置”下拉菜单中选择“设置透明色”命令，可以快速删除图片中的纯色背景。

② 当所选图片的控制点变为黑色边框时，单击鼠标左键并拖动，如图 8-9 所示。

③ 拖动到合适的位置后释放鼠标，在空白处单击鼠标左键即可完成裁剪操作，如图 8-10 所示。

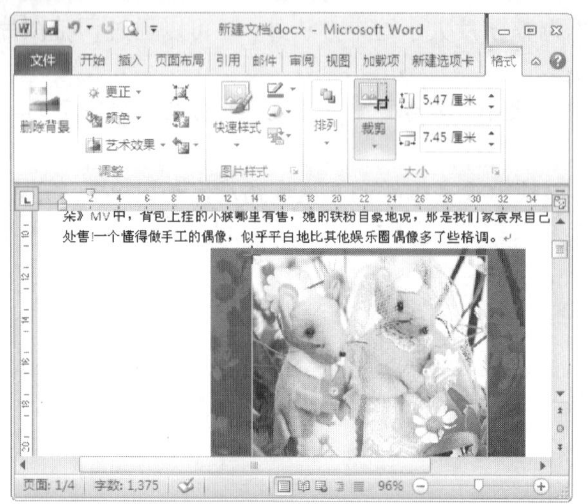

图 8-9 拖动鼠标裁剪图片

图 8-10 图片裁剪效果

在图片的编辑过程中，我们还可以将图片裁剪成一些特殊的形状，使其可以更好地美化文档。首先选取需要裁剪的图片，然后，选择“格式”→“大小”→“裁剪”命令，单击裁剪命令上的下拉按钮，在下拉菜单中选择“裁剪为形状”命令，并在菜单中选择合适的形状样式，即可将图片形状裁剪为所选形状。

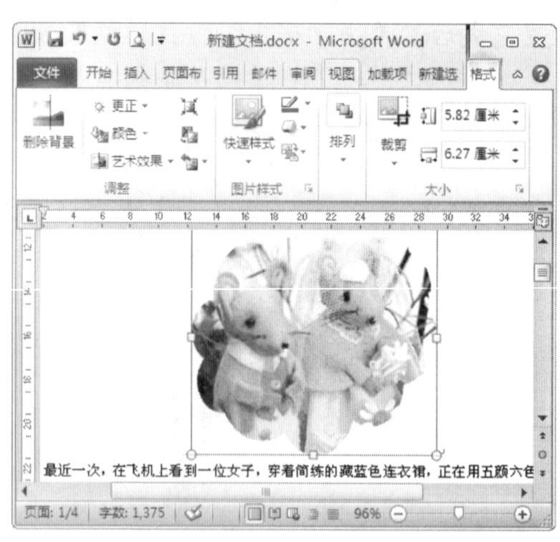

8.1.3 修饰美化图片

以上是对图片的大小进行调整，在 Word 2010 中，用户还可以使用其他功能对图片进行更进一步的美化修饰。

电脑小百科

用户可以通过指定位置搜索驱动程序，也可以直接指定驱动程序的位置。

在 Word 2010 中，选择“图片”工具栏的“格式”选项卡，可以看到在“调整”功能区中多种对图片进行修饰美化的命令。

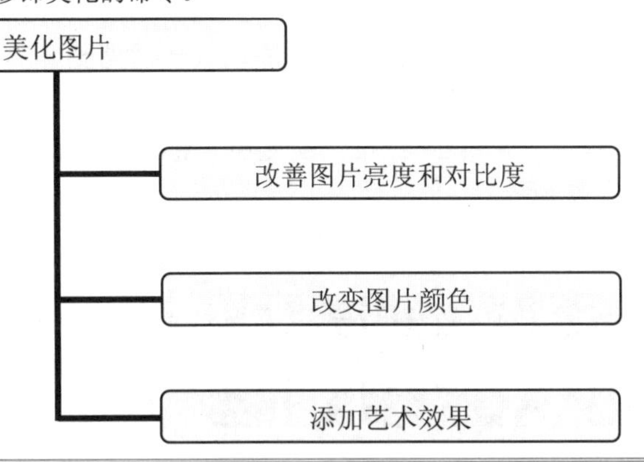

跟着做 1☛ 改善图片亮度和对比度

在“图片”工具栏的“更正”命令下，除了可以调整图片的亮度和对比度，还可以对图片进行清晰度的锐化和柔化调整，具体操作步骤如下。

❶ 单击图片，选择“图片”工具栏下的“格式”→“调整”→“更正”命令。

❷ 在打开的下拉菜单中包括 5 种预设好柔化和锐化图片，25 种预设好亮度和对比度的图片，我们可以根据需要选择不同的设置，如图 8-11 所示。

❸ 如果需要对图片亮度、对比度和清晰度进行更精准的设置，可以选择下拉菜单中的“图片更正”命令，进行自定义设置，如图 8-12 所示。

❹ 设置完成后，单击“关闭”按钮即可。

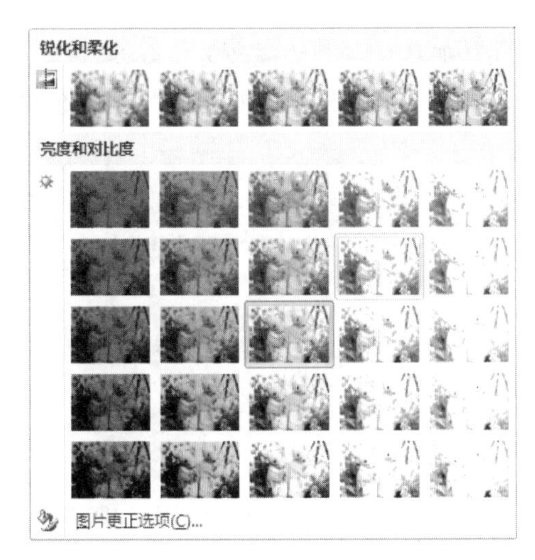

图 8-11　选择预设好亮度和对比度的图片

图 8-12　设置图片亮度和对比度

电脑小百科

设置图片格式为浮于文字上方或衬于文字下方，可以实现图片与文本内容的叠加。

跟着做 2☛ 改变图片颜色

使用 Word“图片”工具栏中的“更改图片颜色”命令，可以对颜色饱和度和色调进行调整，也可以重新着色，提高图片质量，使其与文档内容更加匹配，更改图片颜色的具体操作步骤如下。

1. 单击图片，选择“图片”工具栏下的“格式”→“调整”→“颜色”命令。
2. 在下拉菜单中，我们可以对系统预设好的图片效果进行选择设置，如图 8-13 所示。
3. 选择“图片颜色选项”命令，打开“设置图片格式”对话框，同样可以对图片颜色进行自定义设置，如图 8-14 所示。

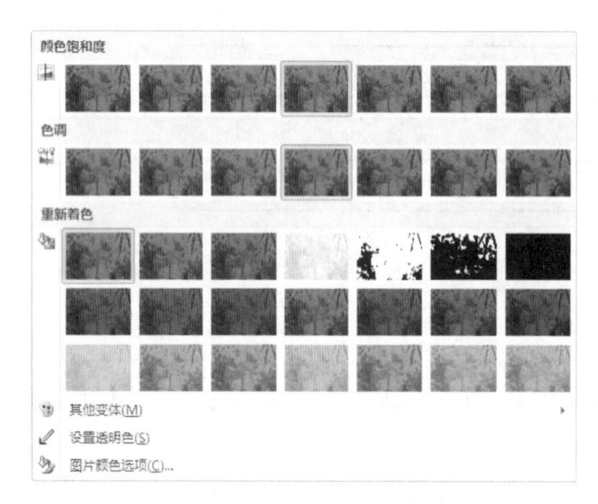

图 8-13　选择图片预设好的颜色饱和度

图 8-14　设置图片颜色

跟着做 3☛ 添加艺术效果

为图片添加艺术效果，如“水彩海绵”、“蜡笔平滑”、“马赛克气泡”等可以使图片整体看起来更像一幅艺术画，具体操作步骤如下。

1. 单击图片，选择“图片”工具栏下的“格式”→“调整”→“艺术效果”命令。
2. 在下拉菜单中，我们可以对系统预设好的图片效果进行选择设置，如图 8-15、图 8-16 所示。

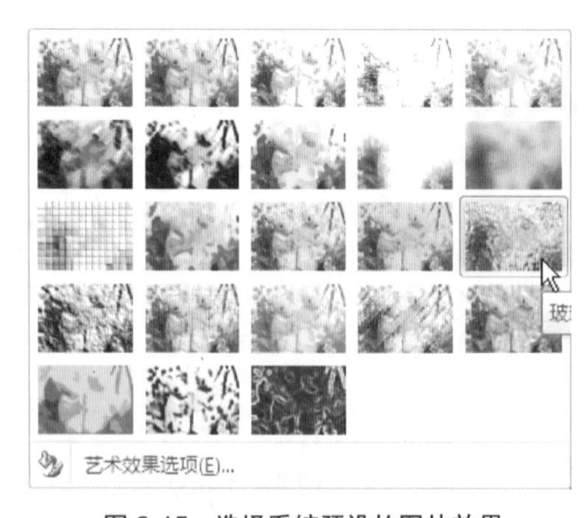

图 8-15　选择系统预设的图片效果

图 8-16　预设好的图片效果

电脑小百科

安装软件时一般会出现选择安装选项提示，用户可以根据需要进行选择，但首先要考虑这些选项会不会影响电脑性能。

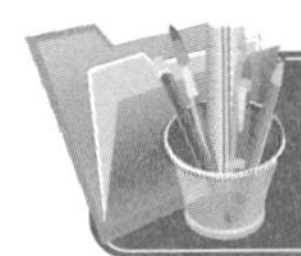

8.2　插入与设置图表

图表是将工作表数据用图形来表示，它比数据本身更易于表现数据之间的关系，主要用于演示和比较数据。当生成图表后，在图表中可自动表示出工作表中的数值。图表与生成它们的工作表数据相关联，当修改工作表数据时，图表也会随之变化。

书盘互动指导

示例	在光盘中的位置	书盘互动情况
	8.2 插入与设置图表 8.2.1 插入图表 8.2.2 添加图表内容 8.2.3 设置图表坐标	本节内容主要带领大家在文档中使用图表，在光盘 8.2 节中有相关内容的操作视频，并还特别针对本节内容设置了具体的实例分析。 大家可以在阅读本节内容后再学习光盘，以达到巩固和提升的效果。

8.2.1　插入图表

在 Word 2010 中，系统内置的图表类型有多种，用户可以根据不同的需要快速地创建和插入图表。如果用户常常使用的是同一类型的图表，就可以将这一图表设置为默认插入类型，以减少选择图表类型的频率。

跟着做 1☛　插入图表

掌握图表的使用方法是使用 Word 处理数据的关键，创建图表的具体操作步骤如下。

1. 在 Word 2010 中，选择“插入”选项“插图”功能区“图表”命令，弹出“插入图表”对话框，如图 8-17 所示。
2. 选择所需要的图表模板，如选择“柱形图”，在图表类型中选择具体的图表模板。
3. 单击“确定”按钮，完成图表的插入，如图 8-18 所示。

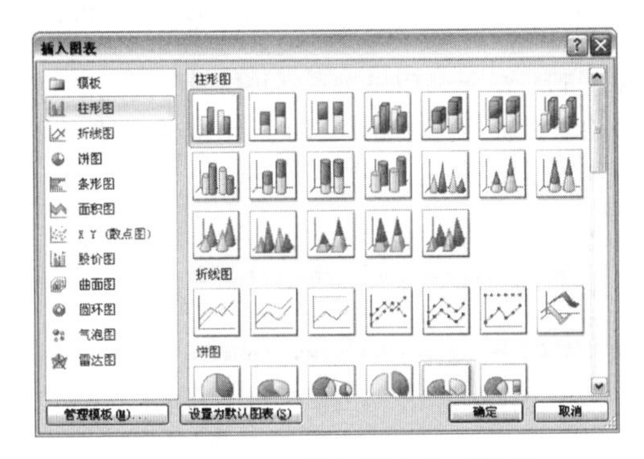

图 8-17　“插入图表”对话框

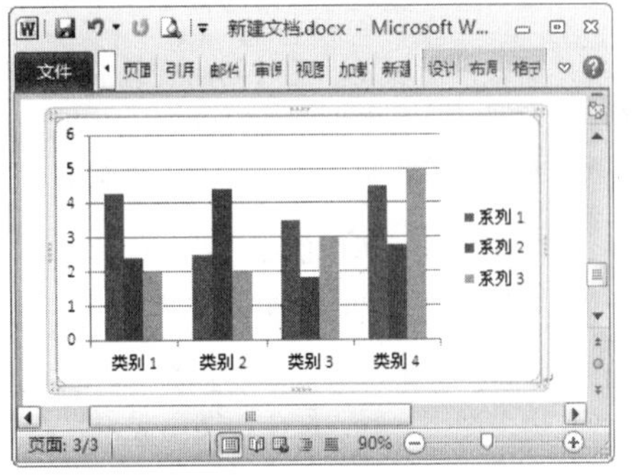

图 8-18　插入图表

使用“图片”工具栏中的“裁剪”工具逆向拖动可以恢复被裁剪的图片部分。

知识补充

插入图表的同时会打开一个 Excel 表格页面，里面包含控制图表结果的几组数据。

跟着做 2 设置默认的图表插入类型

设置默认的图表插入类型的具体操作步骤如下。

1. 在 Word 2010 中，选择“插入”→“插图”→“图表”命令。
2. 在弹出的“插入图表”对话框中选择图表类型和图表模板，如图 8-19 所示。
3. 选择完图表模板后，单击“设置为默认图表”按钮，即可将其设置为默认图表，同时插入一个同样类型的图表。

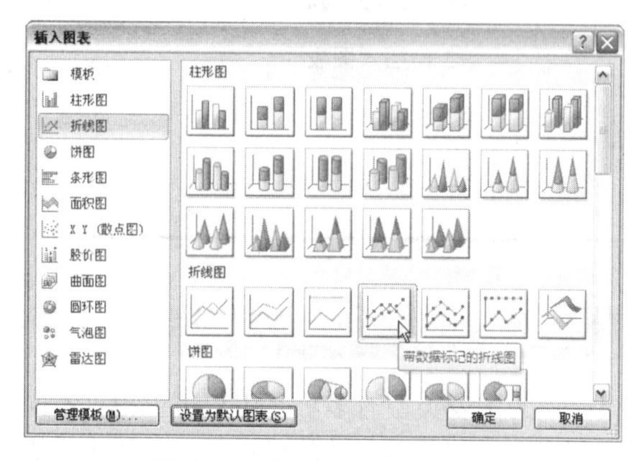

图 8-19 选择默认的图表类型

老师的话

在 Word 2010 中系统内置了很多图表类型，用户可根据数据的需要选择不同的图表类型，它主要包括柱形图、折线图、饼图、条形图、面积图、XY 散点图、股价图、曲面图和圆环图等。

这里重点介绍几个常用的图表。

柱形图：柱形图用来显示一段时间数据的变化或者描述各项之间的比较，分类项按水平方向组织，数值项按垂直方向组织，这样可强调数据随时间的变化而变化。柱形图在日常生活运用中极其广泛，但需要注意的是在运用时要掌握好操作方法。它的图标子类型包括：二维柱形图、三维柱形图、圆柱图、圆锥图和棱锥图。

折线图：折线图可以显示随时间而变化的连续资料，因此非常适用于显示在相等时间间隔下的资料趋势。在折线图中，类别资料沿水平轴均匀分布，所有值资料沿垂直轴均匀分布。它的子类型包括：带数据标记的折线图、带数据标记的堆积折线图、带数据标记的百分比堆积折线图以及三维折线图。

饼图：饼图用于显示每个值点与总值的比例，通常只能够显示一个序列中的数据，用于强调重要的元素、描述比例构成等信息。它的图表子类型包括：三维饼图、复合饼图和分离型饼图。

曲面图：排列在工作表列表行中的资料可以绘制到曲面图中，要找两组资料之间的最佳组合也可以使用曲面图，就像在地形图中一样，颜色和图案表示具有相同数值范围的区域。它的子类型包括：三维曲面图、框架图和俯视框架图。

电脑小百科

用户可以选中需要删除的文件，单击资源管理器中的“删除所选项目”文字链接，来彻底删除文件。

跟着做 3☛ 设置图表布局

完成图表创建后，还可以更改其布局来调整图表(如显示网格线等)。Word 2010 为每个模板都准备了多个布局样式，方便用户使用。更改图表布局的具体操作步骤如下。

1. 在 Word 2010 中，选中目标图表，选择“设计”→“快速布局”命令，选择需要的布局，如图 8-20 所示。
2. 图表自动变化为所选布局，如图 8-21 所示。

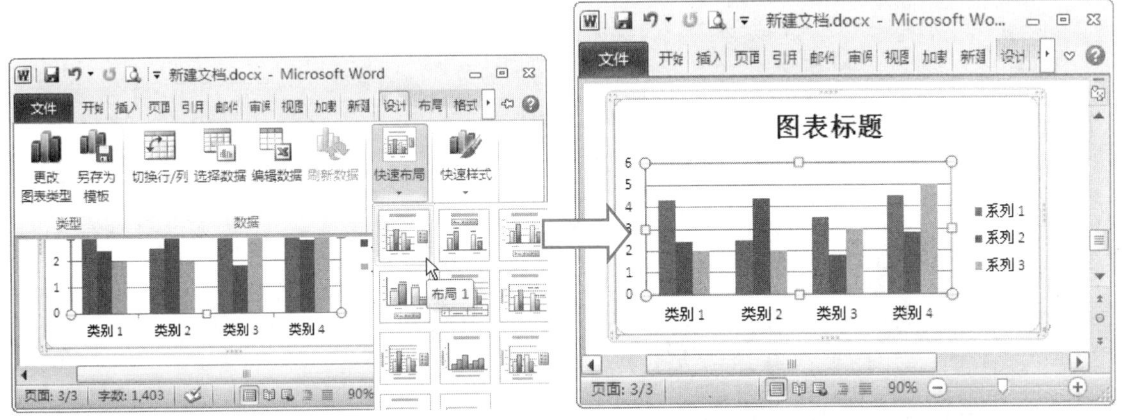

图 8-20　选择图表布局　　　　图 8-21　套用图表布局

8.2.2 添加图表内容

在完成图表模板的插入后，还需要为其添加一些具体的内容。如果说刚刚插入的图表模板只是一个躯壳的话，图表内容的添加将会使图表生动起来。

所要添加的图表内容主要包括图表的标题、用于图表说明的文本框、图表最重要的数据以及一些图表标签等。

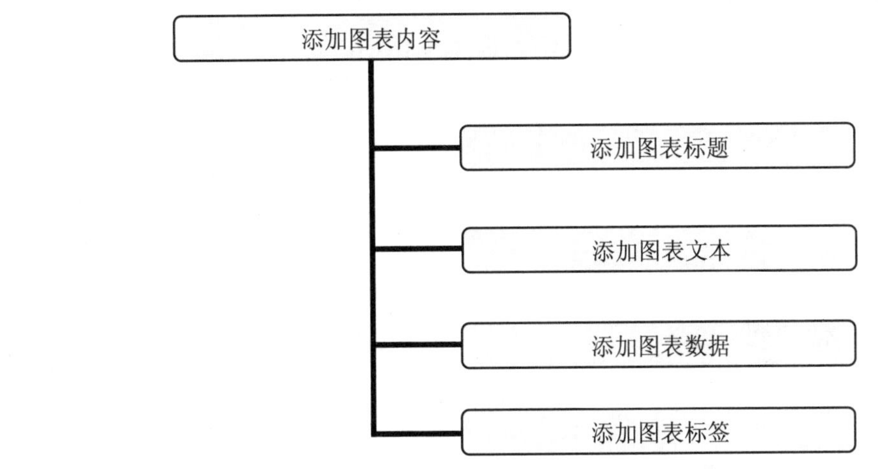

电脑小百科

对于组合在一起的多个图片需要首先将其“取消组合”才可以进行逐个的编辑操作。

跟着做 1☛添加图表标题

在图表上添加标题，能更容易让读者理解图表的内容。由于在默认情况下插入的图表并不带有标题，所以需要自主添加。添加图表标题的具体操作步骤如下。

1. 在 Word 2010 中，选取目标图表，选择“布局”→“标签”命令。
2. 选择“图表标题”命令，在下拉列表中选择插入图表标题的位置，如“居中覆盖标题”，如图 8-22 所示。
3. 图表标题文本框被插入到图表中，如图 8-23 所示，在文本框中输入标题内容。

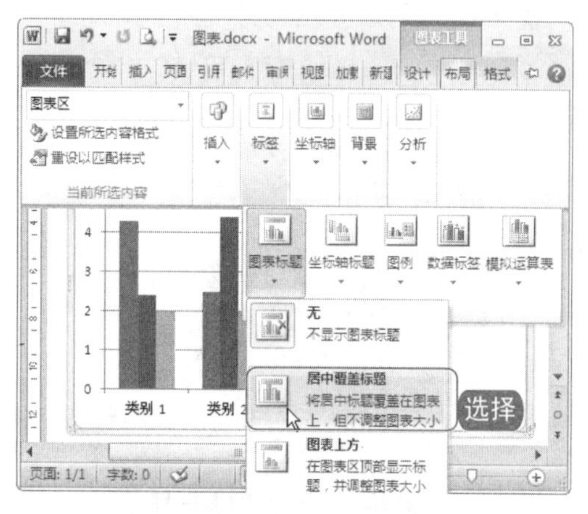

图 8-22　选择插入图表标题的位置

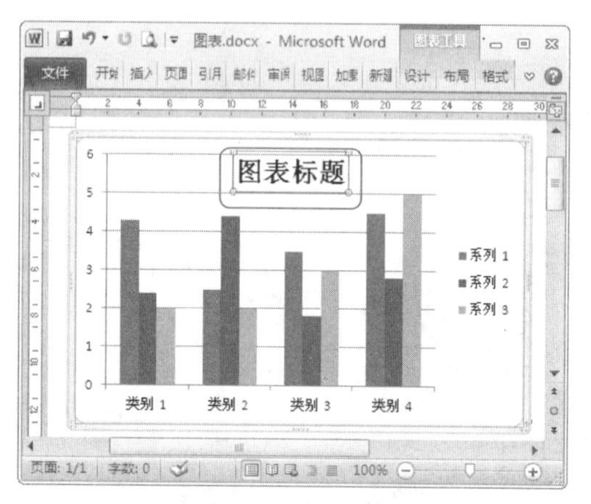

图 8-23　输入标题内容

跟着做 2☛ 添加背景图表文本

有时在 Word 2010 中完成图表创建操作后，可能还需要在其中添加一些文本，并对其加以说明，这时使用文本框工具即可实现，具体操作步骤如下。

1. 在 Word 2010 中，选取目标图表，选择“布局”→“插入”命令。
2. 单击“绘制文本框”命令上的下拉按钮，选择文本框内容方向，如选择“绘制文本框”文本内容的方向为横向，如图 8-24 所示。
3. 当文档中出现“+”光标时，单击拖动鼠标，绘制文本框，如图 8-25 所示。

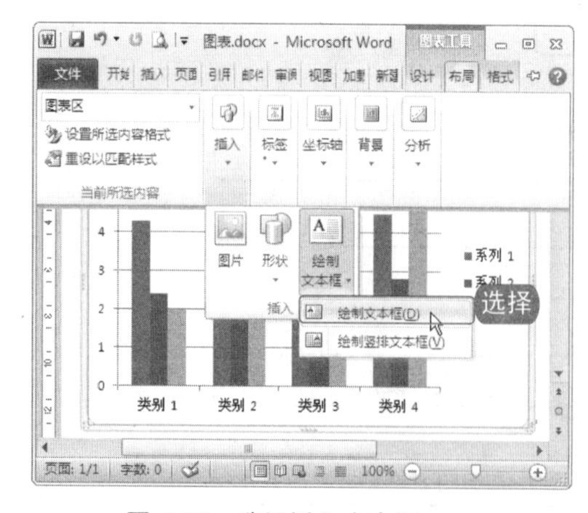

图 8-24　选择插入文本框

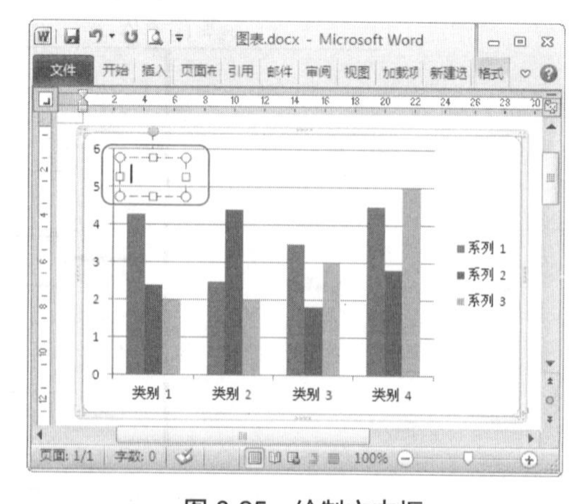

图 8-25　绘制文本框

电脑小百科

按下 Shift+Delete 组合键可以彻底删除电脑中的文件或文件夹。

跟着做 3 添加图表数据

使用模板建立的图表中所包含的少量数据往往在实际应用中无法满足需要，添加图表数据的具体操作步骤如下。

1. 在图表上单击鼠标右键，在弹出的快捷菜单中选择“编辑数据”命令，弹出显示图表数据的 Excel 表格。
2. 在 Excel 表格中，编辑输入新的数据，如图 8-26 所示。
3. 表格中的数据改变，Word 文档中对应的图表随即发生改变，如图 8-27 所示。

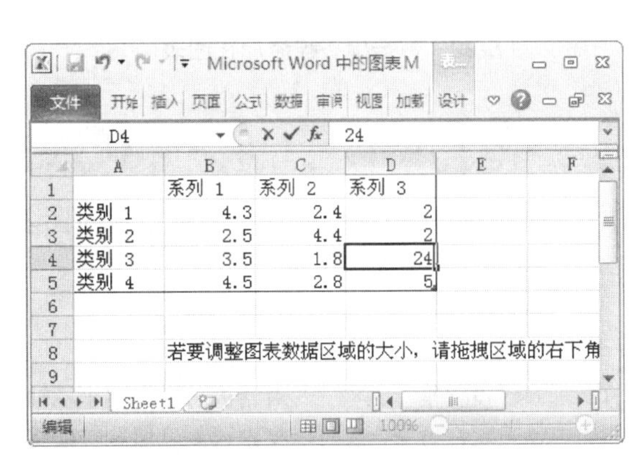

	A	B	C	D
1		系列 1	系列 2	系列 3
2	类别 1	4.3	2.4	2
3	类别 2	2.5	4.4	2
4	类别 3	3.5	1.8	24
5	类别 4	4.5	2.8	5

图 8-26　输入新的数据内容

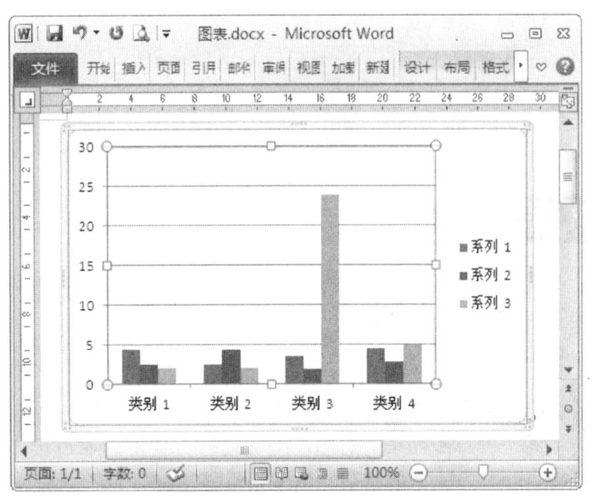

图 8-27　跟随数据图表发生变化

知识补充

如果需要删除表格中的数据，只需要选取删除该组数据，然后按下 Delete 键即可，这时图表中对应的图形也会被删除。另外用户也可以直接在图表中选取需要删除数据所对应的图形，单击鼠标右键，在弹出的快捷菜单中选择“删除”命令。

跟着做 4 添加图表标签

在某些图表上添加数据标签，能更直观地反映出图表的特性。如在一些柱形图的顶端加上数据，更能突显图表的对比效果，具体操作步骤如下。

1. 在 Word 2010 中，选取目标图表，选择“布局”→“标签”命令。
2. 单击“数据标签”命令上的下拉按钮，在下拉菜单中选择标签插入的位置，如选择“数据标签内”，如图 8-28 所示。
3. 数据标签被添加在图表内，效果如图 8-29 所示。

电脑小百科

插入文档的图片，有时在改变显示比例等操作时会不翼而飞，此时，单击“绘图”工具栏上的“选定”按钮，丢失的图片就无处藏身。

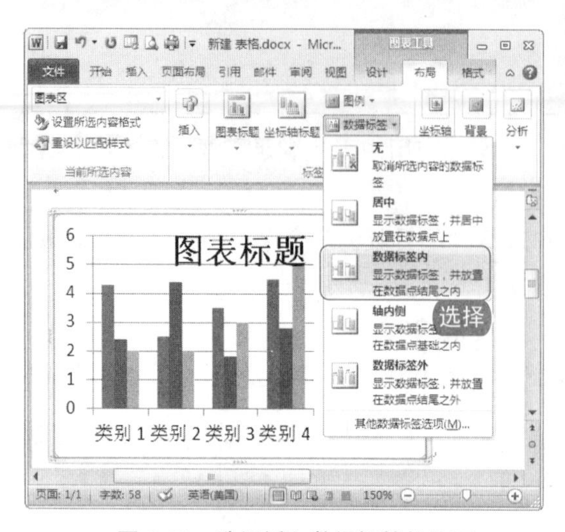

图 8-28　选择插入数据标签的位置

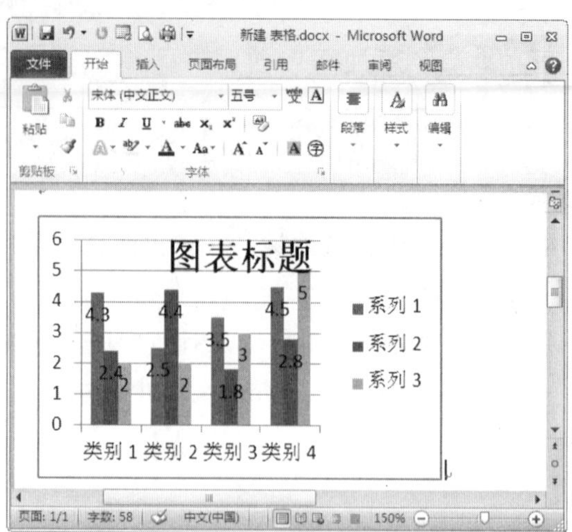

图 8-29　数据标签被添加在图表

8.2.3　设置图表坐标

图表上的坐标轴在一定程度上影响了图表的整体效果，所以可以通过以下一系列操作对图表的坐标轴进行调整。

对图表坐标轴的设置可以通过很多方面，通过“设置坐标轴格式”对话框可以调整坐标轴的最值、刻度单位等，有时为了图表或文档的整体美观性考虑，也可以将轴线刻度值翻转或将坐标轴隐藏。

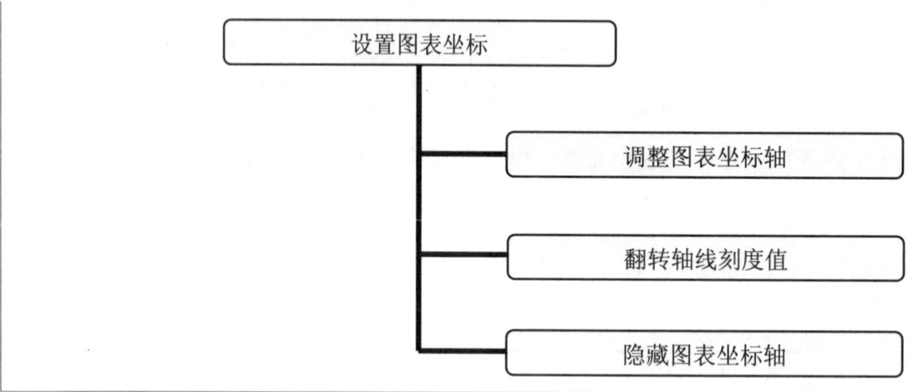

跟着做 1☛　调整图表坐标轴

建立合适的坐标轴，最值(最大值和最小值)和坐标轴单位是调整图形效果的关键，最值过大或过小可能会导致图形变形或无法显示完整。

坐标轴单位在图表数据较大时，可以选用较大的单位。对于一些数据之间并非直线变化的关系，Word 引用了以对数位刻度的功能，使坐标轴的适用面更广。调整图表坐标轴的具体操作步骤如下。

电脑小百科

通常软件中的卸载程序名称多为 Uninstall.exe。

1. 在 Word 2010 中，选取坐标轴，待其被文本框包围后，单击鼠标右键，在快捷菜单中选择“设置坐标轴格式”命令，或直接双击坐标轴，打开“设置坐标轴格式”对话框，如图 8-30 所示。
2. 在对话框中进行选择性设置，如设置最大值为“固定”、6.0，显示单位设置为 10000000，对数刻度设置为 20，如图 8-31 所示。
3. 设置完成后单击“关闭”按钮即可。

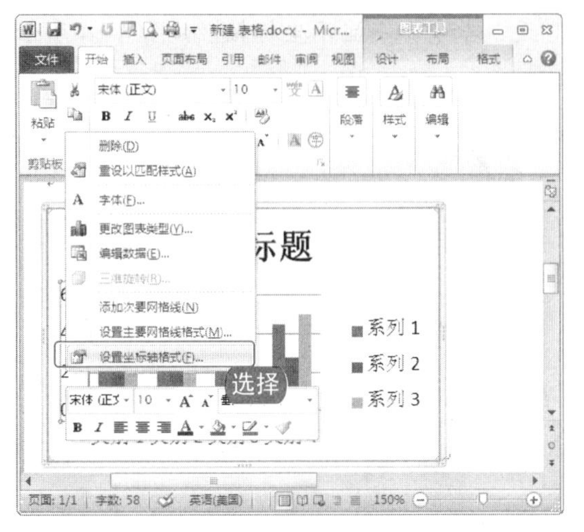

图 8-30　选择“设置坐标轴格式”命令

图 8-31　设置对数刻度

跟着做 2☛ 翻转轴线刻度值

通过颠倒轴线刻度值可将图表的整个绘图区域被翻转过来，从而使其变得更加清楚，反转轴线刻度值的具体操作步骤如下。

1. 双击图表中的坐标轴，打开“设置坐标轴格式”对话框，在“设置坐标轴格式”对话框中，选中“逆序刻度值”复选框，如图 8-32 所示。
2. 单击“关闭”按钮，图表随即发生改变，如图 8-33 所示。

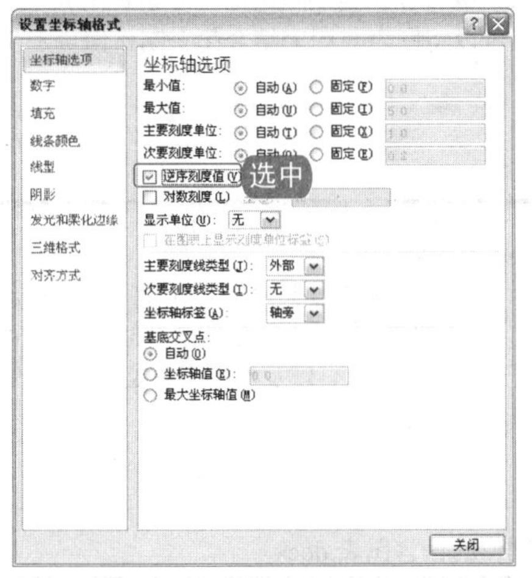

图 8-32　选中“逆序刻度值”复选框

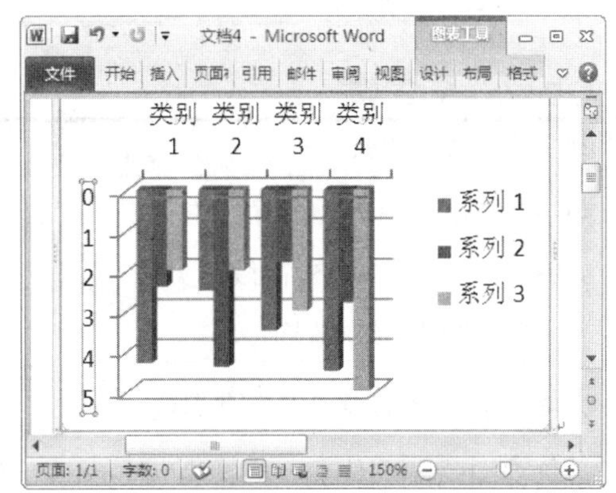

图 8-33　图片翻转效果

电脑小百科

单击“图片”工具栏上的“重设图片”命令，可以快速撤销操作来完成图片的恢复。

跟着做 3 隐藏图表坐标轴

面对不同的情况，用户对图表的要求自然也不一样。假如需要隐藏图表中的坐标轴(以纵轴为例)，可通过以下操作步骤来实现。

1. 在 Word 2010 中，选中目标图表，选择“布局”→“坐标轴”命令。
2. 选择“主要纵坐标轴”，在下拉菜单中选择“无”命令，不显示坐标轴，如图 8-34 所示，效果如图 8-35 所示。

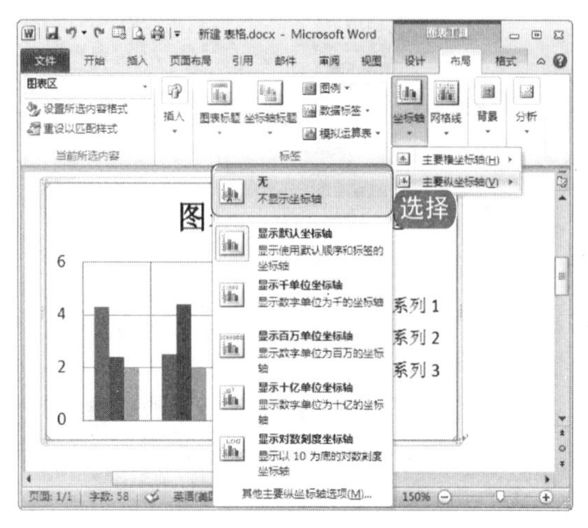

图 8-34 选择“无”命令

图 8-35 隐藏图表坐标轴效果

8.3 制作图片与图表相结合的销售图表

在 Word 2010 中，通过系统提供的图表模板可以快速制作出漂亮的销售图表，使销售数据直观地表现出来。结合本章所学内容，用户可以将图表与图表结合起来制作出更加生动、更具特色的销售图表。

书盘互动指导

在光盘中的位置	书盘互动情况
8.3 制作图片与图表相结合的销售图表 8.3.1 为图表添加图片背景 8.3.2 为图形添加背景	本节内容主要介绍以上述内容为基础的综合实例操作方法，在光盘 8.3 节中有相关操作的视频文件，以及原始素材文件和处理后的效果文件。

原始文件	素材\第 8 章\销售图表.docx
最终文件	源文件\第 8 章\图片与图表相结合制作的销售图表.docx

根据公司所生产的产品或企业文化等制作图片与图表相结合的销售图表。

电脑小百科

很多软件在卸载时，都会要求重新启动电脑，已完成软件的卸载。这时，用户可以根据情况立即重启或稍后重启。

跟着做 1 为图表添加图片背景

在 Word 2010 的默认情况下，图表均以纯色为背景。如果想让图表显得更加生动有趣，可以试着为其添加一张与主题相关的图片作为背景，具体操作步骤如下。

1. 在 Word 2010 中，选择“插入”→“插图”→“图表”命令，弹出“插入图表”对话框。
2. 在“插入图表”对话框的左侧选择图表的类型，右侧选择图表的样式，如选择“饼图”、“三维饼图”，如图 8-36 所示。
3. 将光标定位于目标图表上，单击鼠标右键弹出快捷菜单，选择“设置图表区域格式”命令，如图 8-37 所示。

图 8-36　选择图表样式

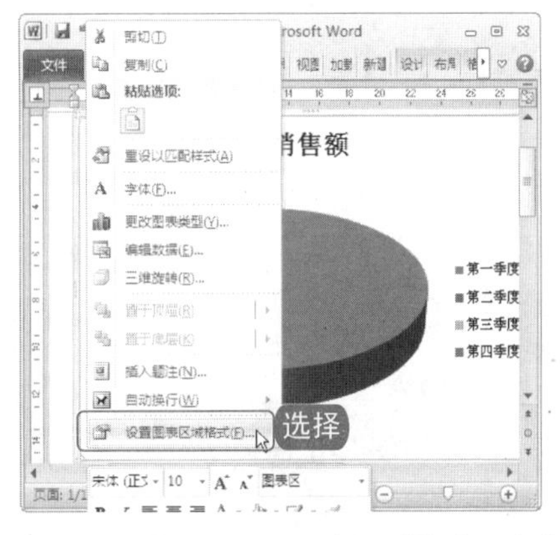

图 8-37　选择“设置图表区域格式”命令

4. 弹出“设置图表区格式”对话框，单击“填充”选项，选中“图片或纹理填充”单选按钮，单击“文件”按钮，如图 8-38 所示。在弹出的“插入图片”对话框中，选择合适的图片，单击“插入”按钮。
5. 在“设置图表区格式”对话框中，单击“关闭”按钮，图片被插入到文档中作为图表背景，效果如图 8-39 所示。

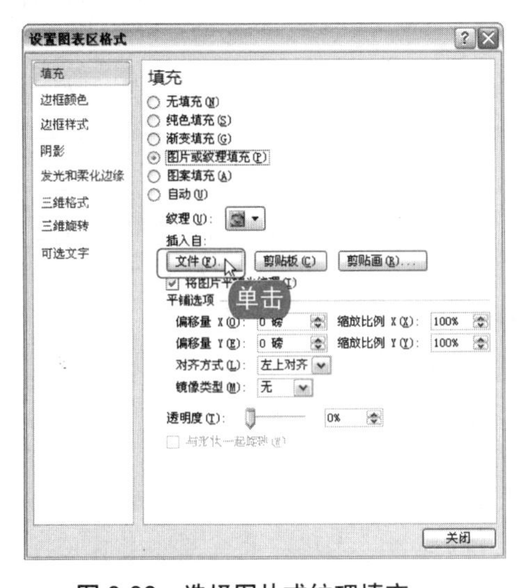

图 8-38　选择图片或纹理填充

图 8-39　图片作为图表背景效果

电脑小百科

选取需要禁止移动的图片，在“布局”对话框的“位置”选项卡下选择“对象随文字移动”和“锁定标记”选项，可让图形位置跟随文字移动。

跟着做 2 为图形添加背景

图表中的图形可被单独选中，所以也可以单独为图形添加背景，从而产生不一样的效果。为图形添加背景的具体操作步骤如下。

1. 单击选取图表中的目标图形，选择“格式”选项卡。
2. 在“形状样式”功能区中单击“填充”命令上的下拉按钮，在弹出的下拉菜单中选择“图片”命令，如图 8-40 所示。
3. 在弹出的“插入图片”对话框中选择合适的图片，然后单击“插入”按钮，图片被插入到目标图形中，如图 8-41 所示。

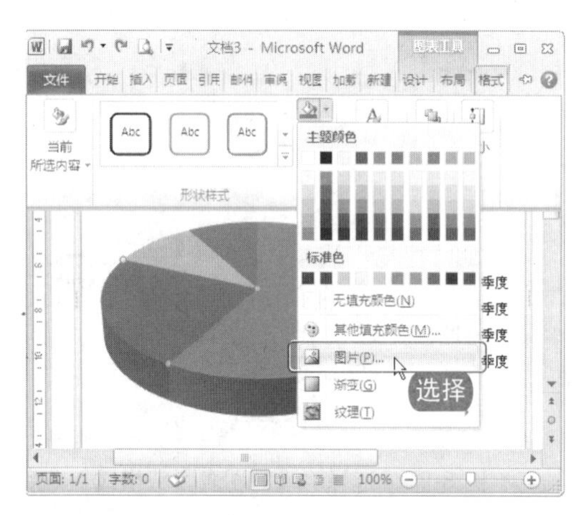

图 8-40　在下拉菜单中选择“图片”命令

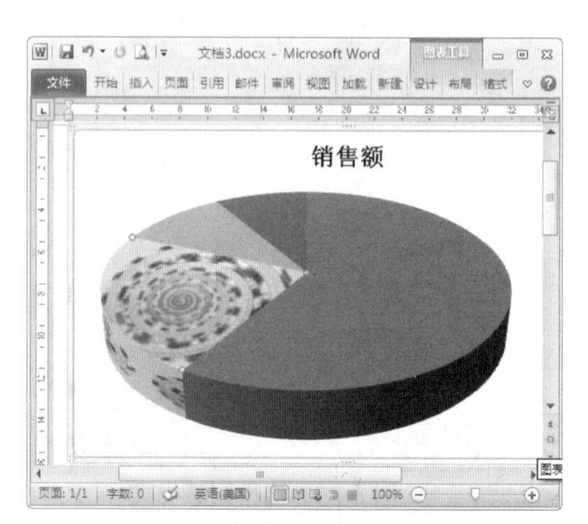

图 8-41　图片填充到目标形状的效果

学 习 小 结

本章主要介绍了 Word 2010 文档中插入、格式化、美化与应用图片和图表。

通过对本章的学习，读者能够学会如何快速插入图片、格式化图片、美化图片以及对图表的插入和使用。下面对本章内容进行总结，具体内容如下。

(1) 在 Word 文档中插入的图片可以是 Word 提供的剪贴画，也可以是从本地电脑中选择的。根据实际需要改变图片在文档中的大小，可以直接拖动鼠标改变图片大小或缩放，也可以选择“裁剪”命令直接将多余的部分裁减，以改变图片大小。

(2) Word 2010 提供了多种修饰美化图片的方法，可以改善图片亮度和对比度，也可以直接改变图片颜色，或为图片添加如图片、混凝土、玻璃等艺术效果。我们可以根据实际需要选择性地对其进行修饰美化，使其与文档达到整体的完美搭配。

(3) 图表是对表格中数据形象生动的反映，所以在实际应用中，我们应该根据具体情况选择合适的图表类型。图表的主要类型包括柱形图、折线图、饼图、条形图、面积图、XY 散点图、股价图、曲面图和圆环图等。

(4) 在制作图表时我们可以选择为图标添加标题、文本、标签、坐标轴和背景等，也可以对图表中所反映的数据进行修改。在编辑美化图表时，应注意色彩搭配的合理性，不可为了区分各系列而在同一图表中应用过多色彩，反而影响整体美观和可读性。

电脑小百科

在文件夹的空白处单击鼠标右键，在弹出的快捷菜单中选择“排列图标”命令，接着选择“按组排列”，可将文件按“组”排列。

互 动 练 习

1. 选择题

(1) 通过以下(　　)选项，不可以改变文档中插入图片的大小。

A．缩放图片　　B．旋转图片

C．裁剪图片　　D．设置图片高度和或宽度

(2) 在图片“艺术效果”下拉菜单中不可以进行(　　)美化操作。

A．使图片纹理化　　B．使图片虚化

C．影印　　D．黑白 25%

(3) (　　)不是柱形图的子类型图表。

A．圆锥图　　B．三维柱形图

C．分离型三维柱形图　　D．全部

(4) 下列关于图表的说法正确的是(　　)。

A．将居中标题覆盖在图表上，不能调整图表大小，但将图表标题显示在图标区顶部就可以调整图片大小。

B．曲面图的子类型包括：三维曲面图、框架图和俯视框架图。

C．图表坐标轴的单位可以根据需要进行不同的选择设置，也可以直接隐藏坐标轴。

D．对图表中数据的修改只能通过 Excel 表格才可以，在图表上不可以修改。

2. 思考与上机题

(1) 为“美化文本录入练习题”文档插入合适的图片。

	原始文件	素材\第 4 章\美化文本录入练习题.docx
	最终文件	源文件\第 8 章\插入图片的文本录入练习题.docx

制作要求：

a. 图片的亮度+40%，对比度-20%。

b. 等比缩放，图片宽度设置为 9 厘米。

c. 图片居中，图片旋转 5°。

使用“格式刷”命令可以快速将多个图片设置为同一格式。

(2) 制作一个带数据标记的折线图图表，将其命名为“产品销售图表”。

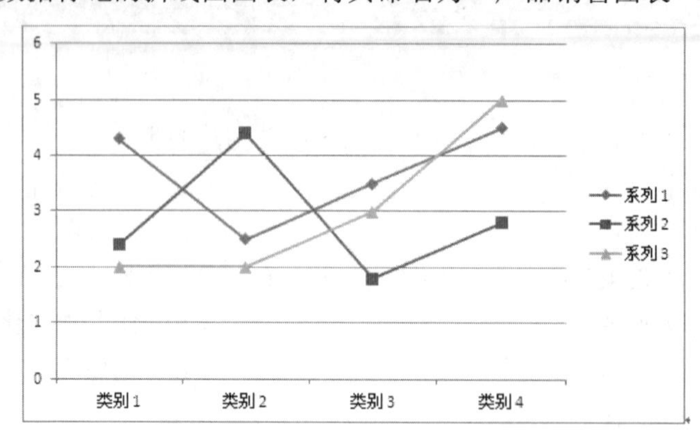

(3) 编辑美化“产品销售图表”。

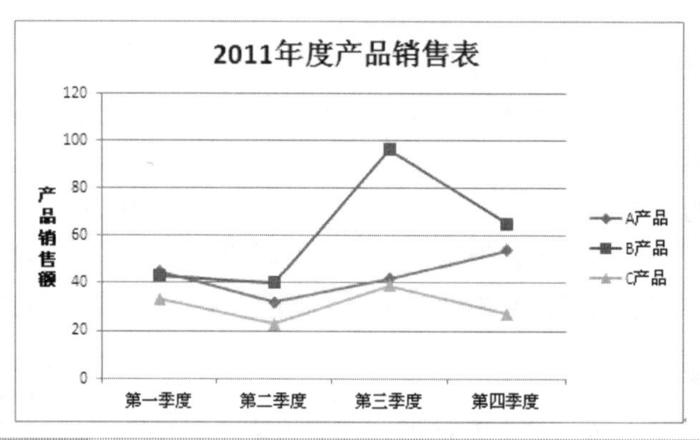

	原始文件	素材\第 8 章\产品销售年度表.xlsx
	最终文件	源文件\第 8 章\2011 年度产品销售图表.docx

制作要求：

a. 更新图表数据为素材文件中的数据信息。

b. 在图表上方插入图表标题，输入“2011 年度产品销售表”。

c. 插入竖排纵坐标轴标题，输入“产品销售额”。

电脑小百科

在文件夹的空白处单击鼠标右键，在弹出的快捷菜单中选择“查看”→“详细信息”命令，可以查看文件的详细资料。

第9章

Word 2010 插入其他对象

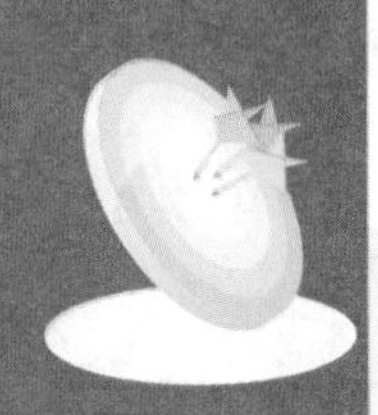

本章导读

在Word文档中，除了可以使用图片对文档内容进行美化外，用户还可以根据不同的需要插入许多其他的对象。例如，在制作杂志时可以插入一些漂亮的艺术字，有多张图片需要对应文字说明时可以使用SmartArt图形等。

本章主要介绍图形、文本框、艺术字和SmartArt图形的插入与使用。

精彩看点

- 插入图形
- 插入文本框
- 插入艺术字
- 格式化图形
- 设置文本框
- 美化艺术字
- 插入SmartArt图形
- 设计SmartArt图形

9.1 插入图形、文本框和艺术字

为了文档的美化需要，选择插入图形、文本框和艺术字可以更好地完善文档，使文档内容更加生动形象，读者阅读起来也更加轻松、易懂。

书盘互动指导

⊙ 示例	⊙ 在光盘中的位置	⊙ 书盘互动情况
	9.1 插入图形、文本框和艺术字 9.1.1 插入图形 9.1.2 插入文本框 9.1.3 插入艺术字	本节内容主要带领大家学习图形、文本框和艺术字的插入方法，在光盘 9.1 节中有相关内容的操作视频，并还特别针对本节内容设置了具体的实例分析。 大家可以在阅读本节内容后再学习光盘，以达到巩固和提升的效果。

9.1.1 插入图形

插入的图形具有较强的自主性，它可以将多个图形组合在一起，也可以绘制一些立体图形。

在 Word 2010 中，不再使用“绘图”工具栏来绘制图形，而是通过“插入”选项的“插图”功能区来插入“形状”。通过这种方法，可以在文档中插入基本形状、线条、箭头、流程图、标注、星与旗帜等内容。

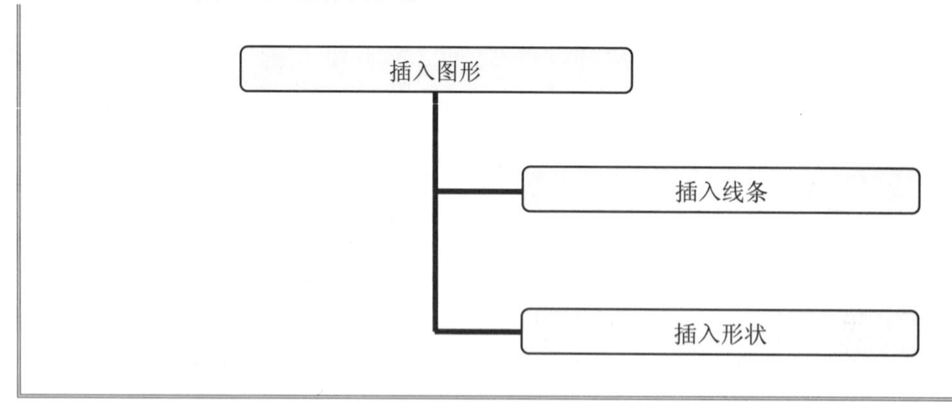

1. 插入线条

在 Word 中，线条被广泛使用，如在绘制多条斜线表头时，就是通过插入的直线来绘制的。这里以插入和编辑曲线为例来学习如何插入线条。

电脑小百科

使用压缩工具可以在不损坏源文件的状态下，将文件压缩且能将压缩文件原样恢复，从而节省存储空间，以便转移和运输。

跟着做 1☛ 插入曲线

在 Word 2010 中快速绘制曲线的具体操作步骤如下。

1. 在 Word 2010 中，选择“插入”→“插图”→“形状”命令。
2. 在“线条”选项中，单击“曲线”⌒图标，如图 9-1 所示。
3. 在 Word 2010 中，确定需要绘制图形的位置，单击鼠标左键移动鼠标绘制，在需要转弯的位置再次单击移动鼠标改变曲线方向，如图 9-2 所示。

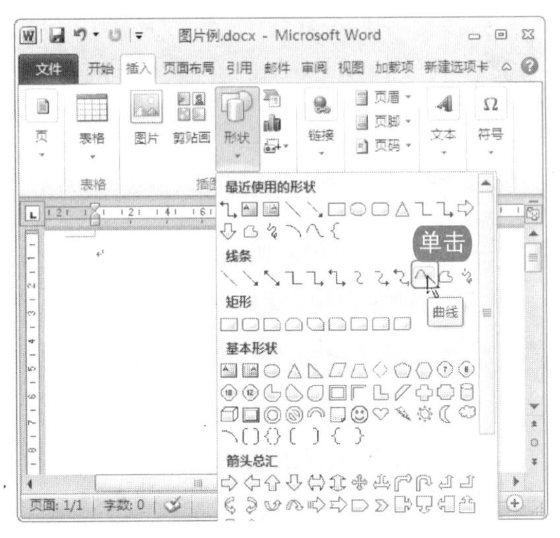

图 9-1　选择插入线条

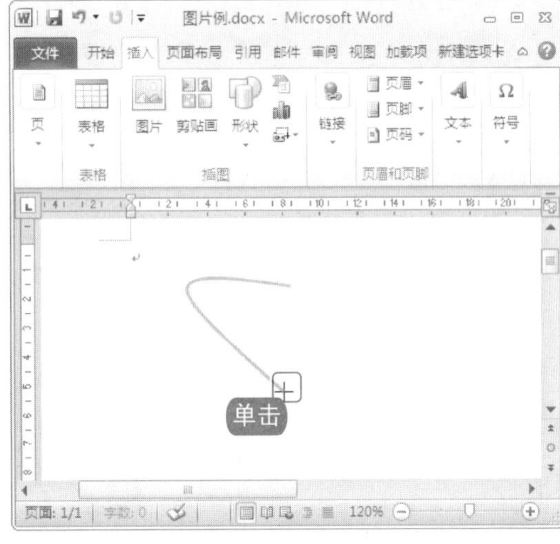

图 9-2　绘制图形

4. 粗略绘制完成后，双击鼠标左键即可结束绘制，如图 9-3 所示。

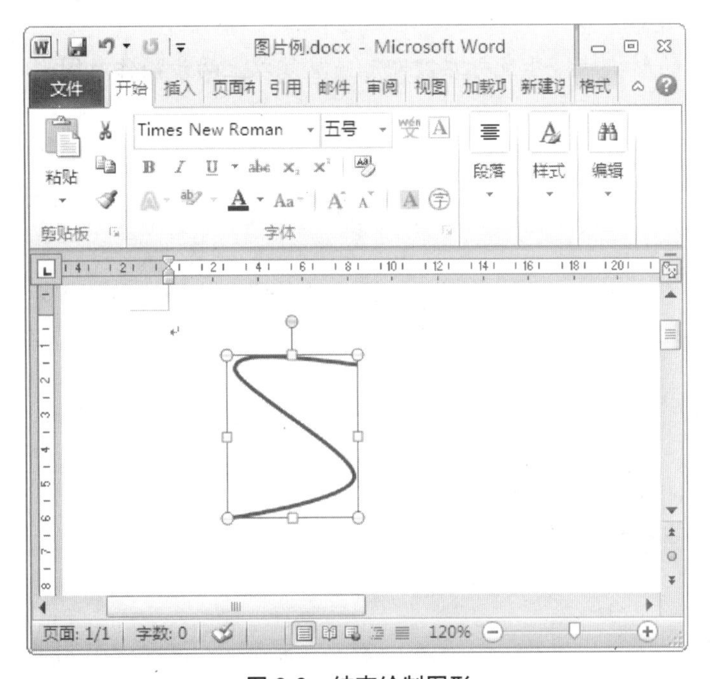

图 9-3　结束绘制图形

电脑小百科

为了绘图时方便，可以将“插入形状”选项组添加到快速访问工具栏中，使之成为快速访问工具栏。

跟着做 2 编辑曲线

在插入曲线绘制完粗略的图形之后，用户还需要对其进行修饰编辑，具体操作步骤如下。

1. 选取所插入的图形，单击鼠标右键，在弹出的快捷菜单中选择“编辑顶点”命令，如图 9-4 所示。
2. 单击图形顶点，在顶点位置出现一条蓝色的控制线，在控制线两端的小白框上单击鼠标右键，在弹出的快捷菜单中选择“平滑顶点”命令，如图 9-5 所示。

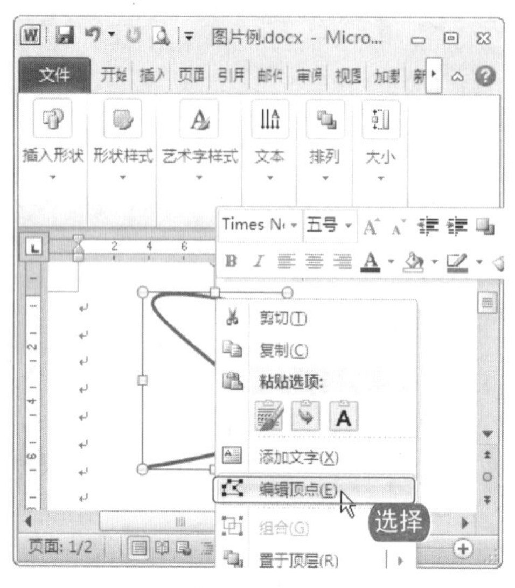

图 9-4　选择“编辑顶点”命令

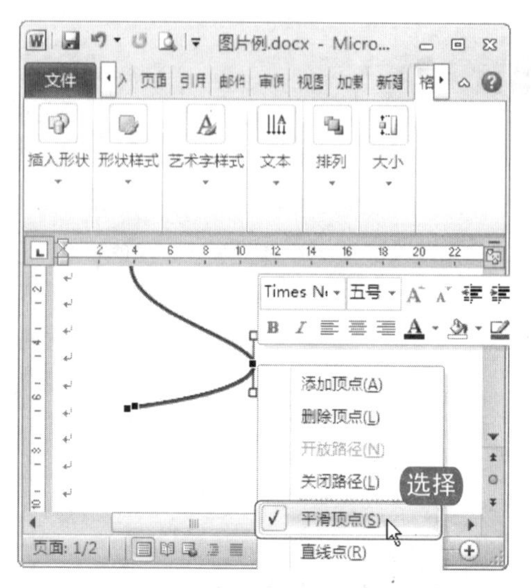

图 9-5　选择“平滑顶点”命令

3. 选择控制线一端的小白框，单击鼠标左键不松手，拖动就可以改变线条的形状或使顶点看上去更平滑，如图 9-6 所示。
4. 调整曲线到合适的形状后松开鼠标左键即可，重复以上两步操作对图形各顶点进行适当的编辑操作，效果如图 9-7 所示。

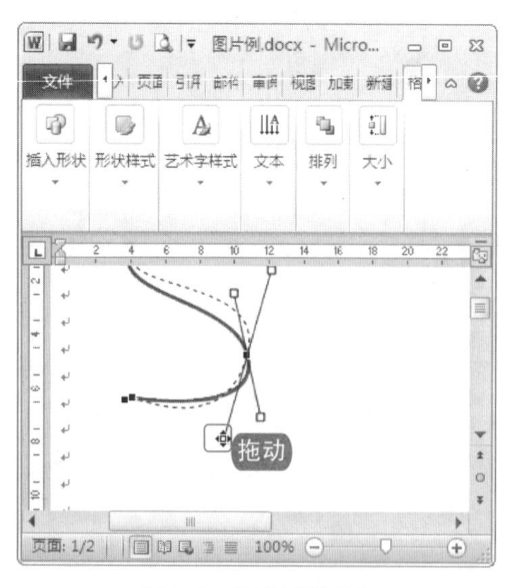

图 9-6　拖动平滑顶点

图 9-7　调整曲线到合适的形状

电脑小百科

压缩文件时占用大量系统资源，因此在压缩大文件时，可以在压缩文件名和参数对话框中将 WinRAR 自动降低对系统资源的消耗。

2. 插入形状

由于形状多是由各种线条组成的，所以用户可以认为形状的绘制只是线条绘制的综合。

跟着做 1☛ 插入任意多边形

绘制任意多边形的方法与绘制曲线的操作较为类似，具体操作步骤如下。

❶ 选择"插入"→"形状"命令，单击任意多边形图标。

❷ 单击变为"+"的鼠标即可构成一个起点，移动鼠标就拉出一条直线，再次单击确定多边形的一条边，并形成下一条边的起点，如此重复即可绘制其他边，如图 9-8 所示。

❸ 如果要绘制曲边，只需要按住鼠标不放，鼠标会变成铅笔状然后拖动鼠标即可开始绘制，然后松开鼠标完成曲线，最后单击起点就完成了多边形的绘制，如图 9-9 所示。

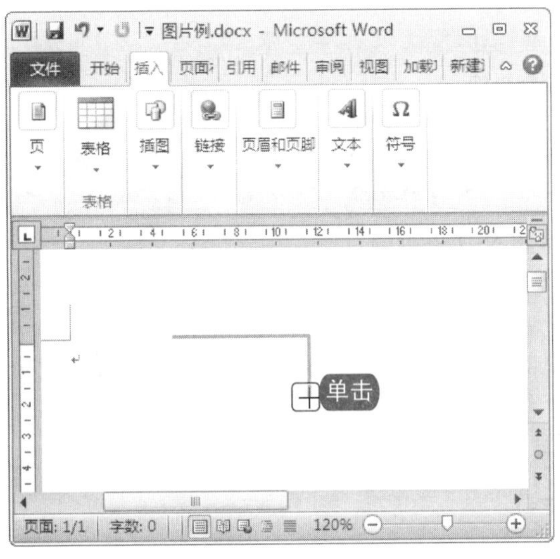

图 9-8 改变绘制方向

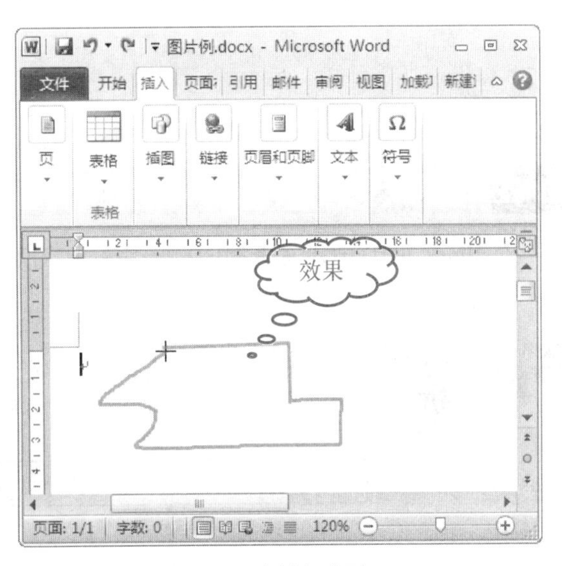

图 9-9 绘制多边形

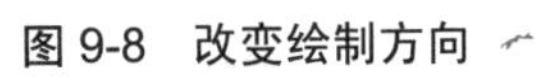

知识补充

组成任意多边形的可以是直线也可以是曲线。直线边的绘制只需要在单击起点后移动鼠标，在终点处再次单击即可完成绘制同时改变绘制方向。曲线边的绘制则是在按下鼠标左键的同时拖动鼠标，绘制完成后松开鼠标左键改变绘制方向。

跟着做 2☛ 插入正圆

在 Word 2010"插入"→"形状"命令中，提供了绘制椭圆的工具。巧用椭圆工具可以绘制出正圆，具体操作步骤如下。

❶ 选择"插入"→"插图"→"形状"命令，在下拉菜单中单击"椭圆"○图标。

❷ 在文档中，单击变为"+"的鼠标同时按住 Shift 键，拖动鼠标绘制一个正圆。

❸ 按住 Shift 键和 Ctrl 键，可以绘制出一个从起点向四周扩张的正圆，如图 9-10 所示。

选定多边形后右击，选择"编辑顶点"命令，按下 Ctrl 键不放，单击连线可增加顶点，单击顶点则删除该顶点。

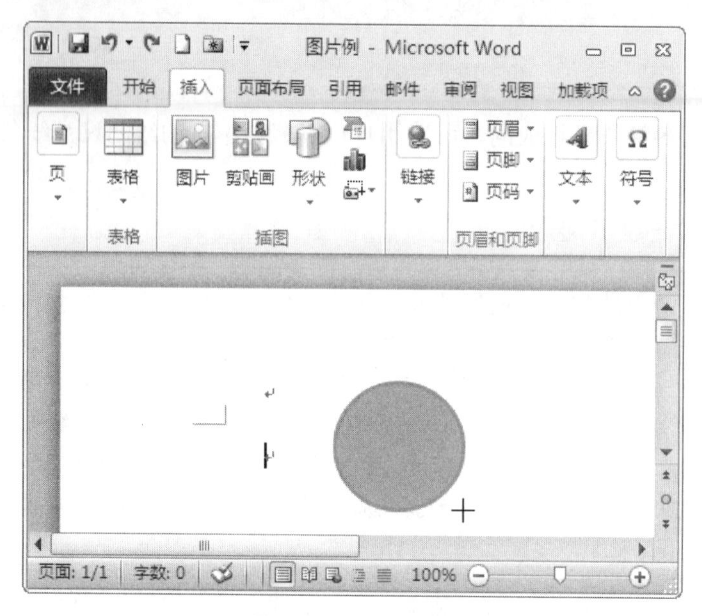

图 9-10　绘制正圆

9.1.2　插入文本框

在 Word 2010 中，文本框的插入方法与图形的插入方法相同。

文本框分为横排和竖排两类。可以根据需要插入相应的文本框，插入的方法一般有直接插入空文本框和在已有文本上插入文本框两种。

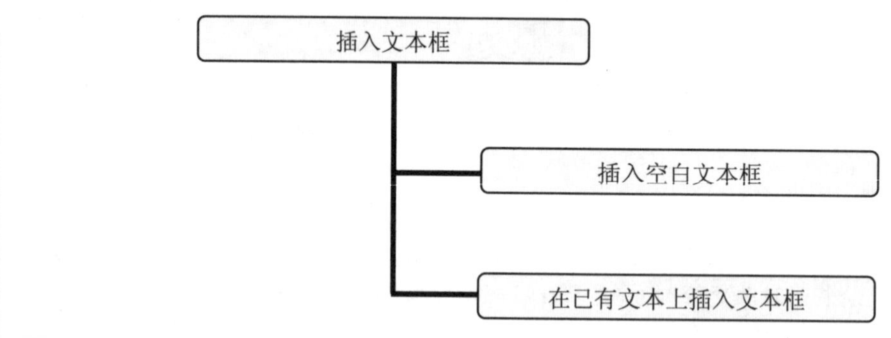

跟着做 1　插入空白文本框

插入一个空白横向文本框的具体操作步骤如下。

1. 在 Word 2010 中，选择“插入”→“插图”→“形状”命令，在“形状”下拉菜单中单击图标，如图 9-11 所示。
2. 当文档中出现“+”光标时，将光标定位于需要插入文本框的位置，单击拖动鼠标绘制出需要大小的文本框，如图 9-12 所示。

电脑小百科

绿色软件的特点是运行速度快，干净清洁，不会留下垃圾文件，不会与其他软件产生冲突。

❸ 文本框插入到文档中之后，就可以将文字或图片等插入到文本框中。

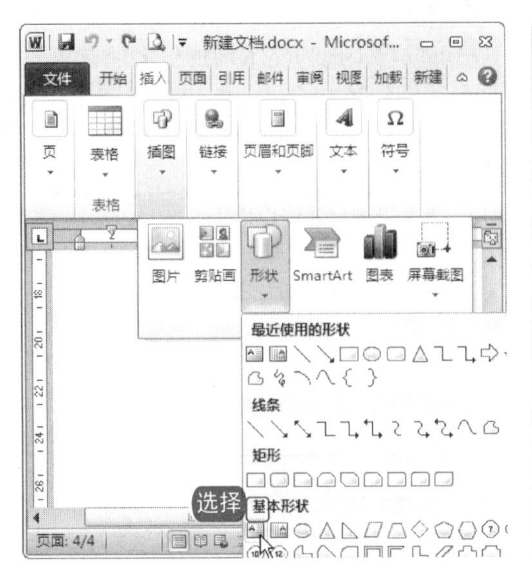

图 9-11　选择插入文本框

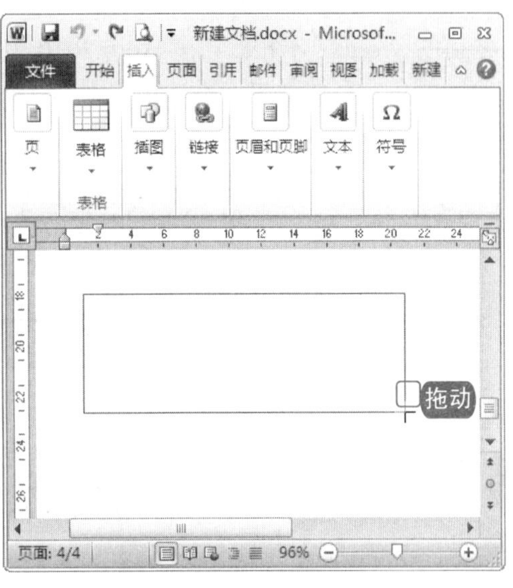

图 9-12　绘制文本框

跟着做 2☛ 在已有文本上插入文本框

除了插入空白文本框外，也可以为已输入的文本内容"量身定做"插入一个合适的文本框，具体操作步骤如下。

❶ 在 Word 2010 中，选取需要插入文本框的文本。

❷ 选择"插入"→"文本"→"文本框"→"绘制文本框"命令，如图 9-13 所示。

❸ 所选文本被插入文本框，如图 9-14 所示。

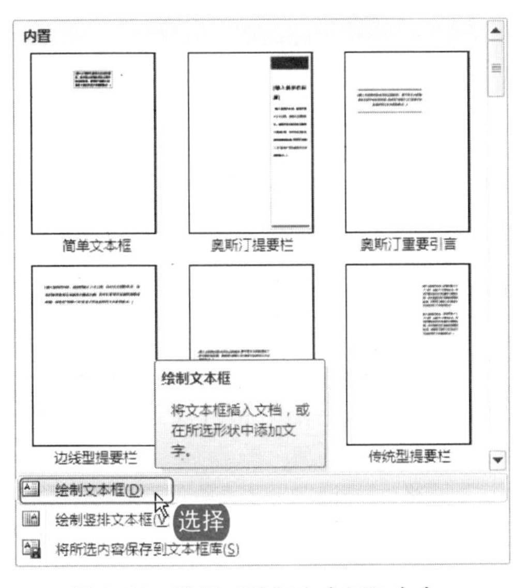

图 9-13　选择"绘制文本框"命令

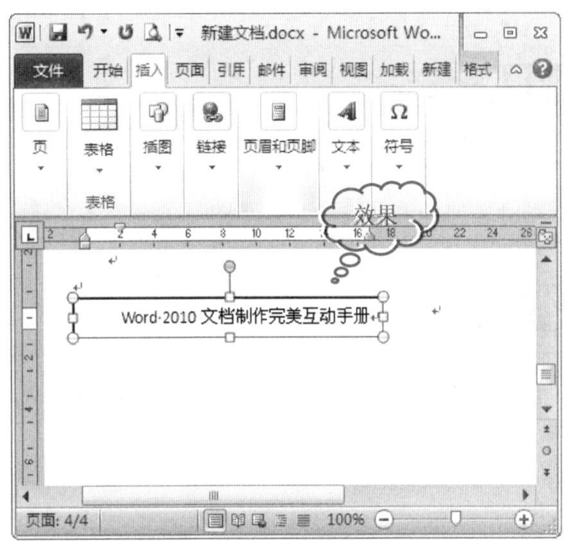

图 9-14　量身定做的文本框

将 Word 文件另存为 Web 类型后再提取图片，可以更好地保护图片效果。

9.1.3 插入艺术字

与之前的 Word 版本相比，在 Word 2010 中，用户可以自主地为文本增加更多的艺术效果，无论是文字的颜色、字体效果，还是添加阴影、文字旋转、倾斜等艺术效果都可由自己来选择搭配。

在 Word 2010 以前的版本中，艺术字均为系统设置好的固定格式效果，无法在进行更多样化编辑加工。而 Word 2010 就可以在插入艺术字文本框后，仍然对艺术字包括插入艺术字的载体文本框进行个性化地自定义设置。

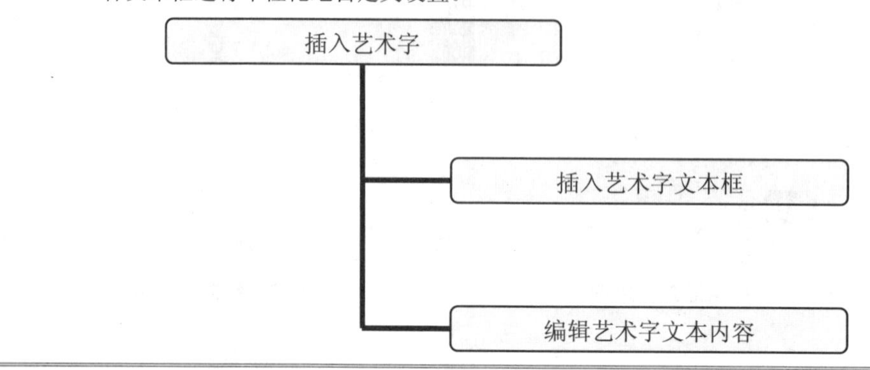

跟着做 1 插入艺术字文本框

插入艺术字文本框的具体操作步骤如下。

1. 在 Word 2010 中，将光标定位在需要插入艺术字的位置。
2. 选择“插入”→“文本”→“艺术字”命令。
3. 在打开的下拉菜单中选择一种合适的艺术字样式。
4. “请在此放置您的文字”文本框被插入到文档中，输入文字。

知识补充

在 Word 2010 中，由于选择插入的艺术字已经被添加了一定的颜色和艺术效果，所以在此基础上再对其进行编辑调整时可能会产生一些影响，特别是颜色。如果编辑需要也可以首先进行清除格式，然后在对其进行完全的自定义设置，包括艺术字的字体。

跟着做 2 编辑艺术字文本内容

在插入的艺术字文本框中输入文本内容后，用户还可以对其内容进行格式设置，具体操作步骤如下。

1. 在 Word 2010 中，选取插入的艺术字文本内容，选择“格式”选项卡。
2. 在“艺术字样式”功能区中单击“文本填充”选项上的下拉按钮，在下拉菜单中选择合适的填充颜色，文本内容的填充颜色随即发生改变，如图 9-15 所示。
3. 在“艺术字样式”功能区中单击“文本轮廓”选项上的下拉按钮，在下拉菜单中选择合适的文本轮廓的颜色、粗细和样式，如图 9-16 所示。

电脑小百科

使用绿色软件、使用快捷键和调整应用软件的安装位置是实现资源共享的 3 种方法。

图 9-15 选择文本的填充颜色

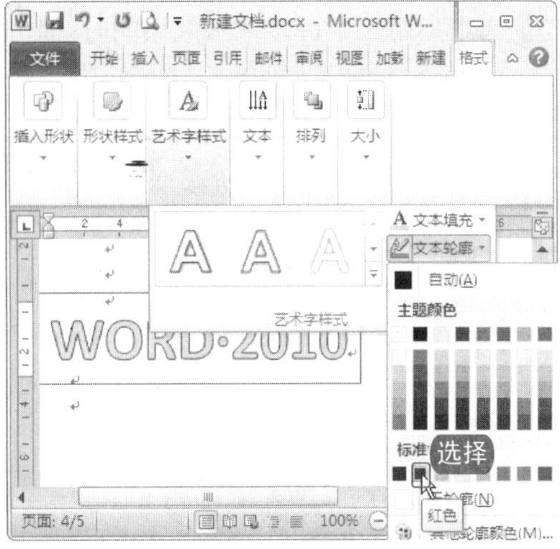

图 9-16 选择文本轮廓的颜色

4. 在“艺术字样式”功能区中单击“文本效果”选项上的下拉按钮，在下拉菜单中选择合适的艺术效果，使艺术字的文本内容变得更丰富多彩，如图 9-17 所示。
5. 艺术字的文本内容被设置的艺术效果，如图 9-18 所示。

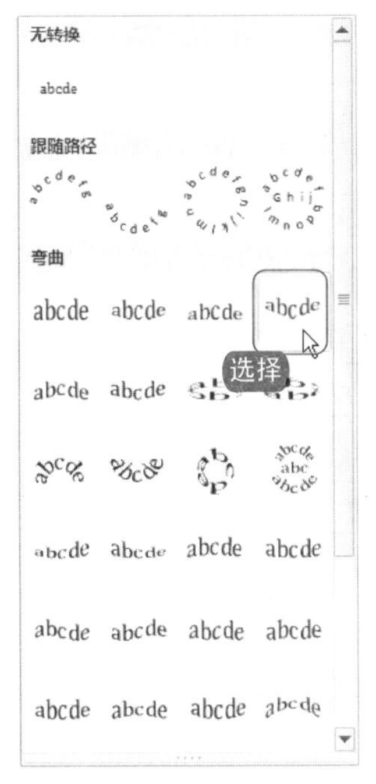

图 9-17 选择文本效果

图 9-18 艺术效果

9.2 格式化图形、文本框和艺术字

图文并茂的文档不但美观协调，而且能够更形象、精确地传达信息。Word 2010 强大的图文

插入一个线条颜色和填充色均为白色的文本框可以实现图片或文字的涂盖。

混排功能为用户带来了许多艺术效果的时尚体验。

书盘互动指导

示例	在光盘中的位置	书盘互动情况
	9.2 格式化图形、文本框和艺术字 9.2.1 调整插入对象的格式 9.2.2 美化修饰插入对象	本节内容主要带领大家对插入对象进行格式化和美化操作，在光盘 9.2 节中有相关内容的操作视频，并还特别针对本节内容设置了具体的实例分析。 大家可以在阅读本节内容后再学习光盘，以达到巩固和提升的效果。

9.2.1 调整插入对象的格式

插入图形、艺术字和文本框等是为了更形象生动地表达文本内容，同时美化 Word 文档。所以将其调整为合适的大小放置在一个合适的位置就显得十分重要。

如果要对插入对象进行调整、修改和删除等操作，首先应该单击选中该对象，这时其周围就会出现 8 个控制点，表示该对象已被选中。如果要选择多个插入对象，在单击某一对象的同时按下 Ctrl 键，可以使每个对象的四周都出现 8 个控制点。

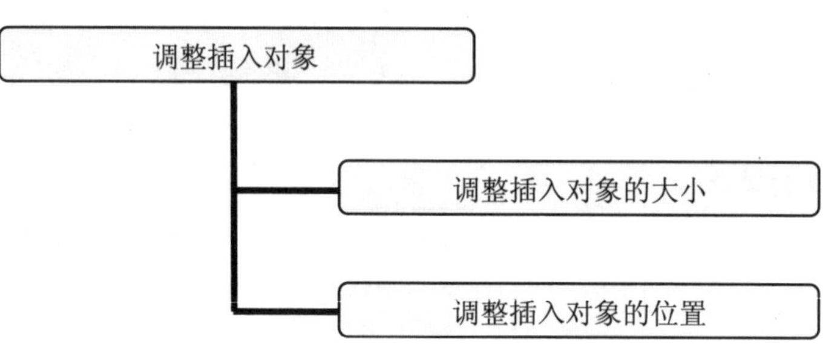

跟着做 1 调整插入对象的大小

调整图形、艺术字和文本框等插入对象的大小，与调整图片大小的方法基本相同，用户可以采用拖曳控制点调整，也可以使用对话框调整。

1. 单击文本框，文本框周围出现 8 个控制点，选择“格式”→“大小”命令。
2. 单击“大小”功能栏右下角的按钮，打开“布局”对话框，如图 9-19 所示。
3. 在对话框中选择“大小”选项卡，在“高度”、“宽度”、“旋转”、“缩放”命令下设置文本框的大小，旋转幅度和是否缩放，如图 9-20 所示。
4. 设置完成后，单击“确定”按钮，文本框的大小调整完成。

电脑小百科

将“我的文档”存放在非系统盘，可以防止系统损坏造成的文档丢失。

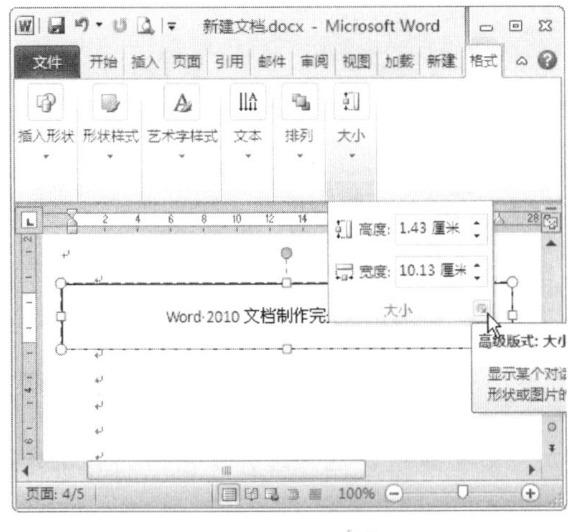

图 9-19　单击按钮

图 9-20　设置文本框大小

跟着做 2　调整插入对象的位置

由于插入的图形、艺术字和文本框系统默认的均为“浮于文字上方”格式，所以用户可以单击选取直接拖动要调整的插入对象，直到将其调整到合适的位置后再松开鼠标左键。这种方法最为直接和简单，但在有文字结合的情况下，往往就会与文字位置发生冲突，这时我们可以使用对话框来调整它的位置，以达到与文字的完美结合。调整艺术字位置的具体操作步骤如下。

1. 在 Word 2010 文档中，单击选取需要调整位置的艺术字，选择“格式”→“排列”命令。
2. 在“排列”功能区中，单击“位置”命令上的下拉按钮，在下拉菜单中选择系统预设的文字环绕方式，如图 9-21 所示。
3. 如果以上步骤中没有找到合适的文字环绕方式，可以在下拉菜单中选择“其他布局”选项，打开“布局”对话框。
4. 在“布局”对话框中，选择“位置”选项卡，在“水平”和“垂直”选项区中，选择设置艺术字与页边距或字符之间的绝对距离，如图 9-22 所示。

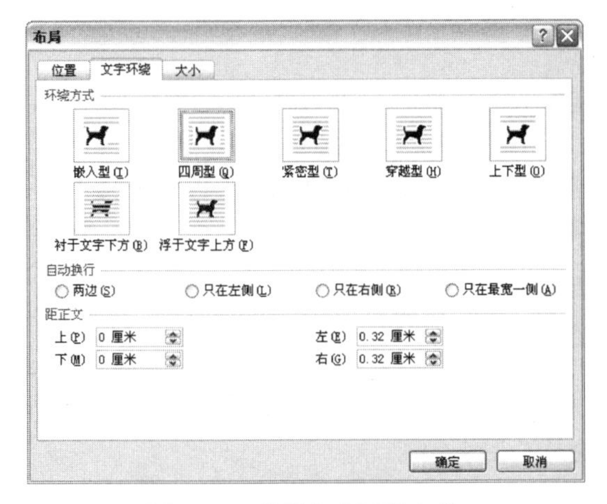

图 9-21　选择文字环绕方式

图 9-22　设置艺术字与页边框之间的距离

电脑小百科

对一张图片进行编辑，图片查看器会自动保存原始图片，使图片无论何时都可以恢复原状。

5 在“布局”对话框中，选择“文字环绕”选项卡，选择不同的环绕方式。
6 设置完成后，单击“确定”按钮即可。

知识补充

在 Word 2010 中，图文之间的环绕方式包括嵌入式、四周型、紧密型、穿越型、上下型、衬于文字上方和浮于文字上方。其中在“位置”的下拉菜单中系统预设的环绕方式均为嵌入文本行中的四周型文本环绕方式。

9.2.2 美化修饰插入对象

在 Word 2010 中，对插入对象除了可以进行大小、位置等格式调整外，还可以对其进行更高级的美化修饰，使文档看起来更加美观。

在 Word 2010 中，使用图形工具栏可以对插入对象的形状轮廓、填充色和形状效果进行美化修饰。

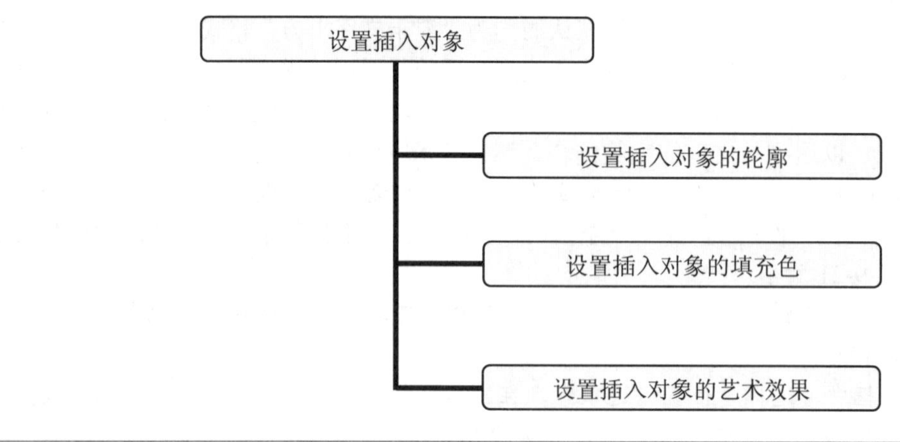

跟着做 1 设置插入对象的轮廓

在插入图形、文本框和艺术字时，系统会设置默认的格式，如将图形类的轮廓设置为深蓝色，文本框设置为黑色，艺术字设置为无文本框等。这里用户可以根据需要对其进行自定义设置，设置文本框轮廓的具体操作步骤如下。

1 在 Word 2010 中单击插入的文本框，选择“格式”选项卡。
2 在“形状样式”功能区中单击“形状轮廓”选项上的下拉按钮。
3 在下拉菜单中选择轮廓颜色，在“粗细”命令中选择轮廓磅数，在“虚线”命令中选择线条的类型，如将文本框轮廓设置为“红色”、“2.25 磅”和“圆点线条”类型，如图 9-23 所示。
4 在文档中的文本框自动变为所设置的类型，效果如图 9-24 所示。

电脑小百科

安装向导需要选择 Windows 安装时用户的交互级别，不同交互级别代表了不同的自动方式。

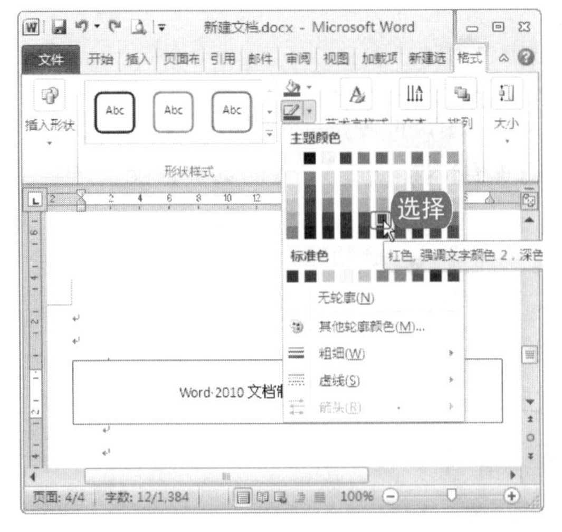

图 9-23　选择插入对象的轮廓颜色

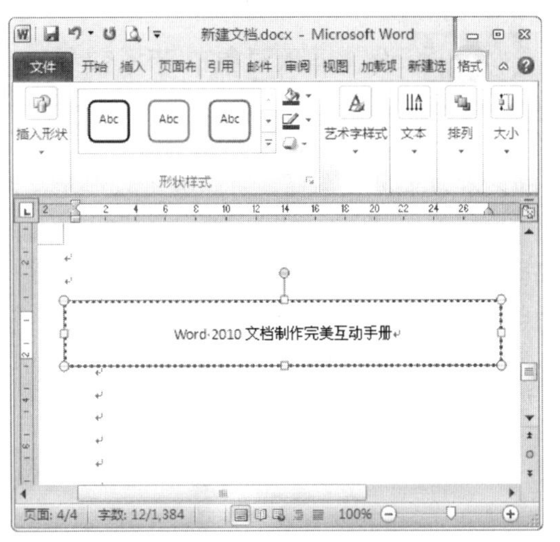

图 9-24　设置文本框的效果

跟着做 2☛　设置插入对象的填充色

以图形为插入对象来学习设置填充色，具体操作步骤如下。

1. 在 Word 2010 中单击插入的图形，选择“格式”选项卡。
2. 在“形状样式”功能区中单击“形状填充”选项上的下拉按钮。
3. 在下拉菜单中选择填充色，或将其设置为“无填充颜色”，如图 9-25 所示，选择“图片填充”命令。
4. 文档中的图形自动完成设置，效果如图 9-26 所示。

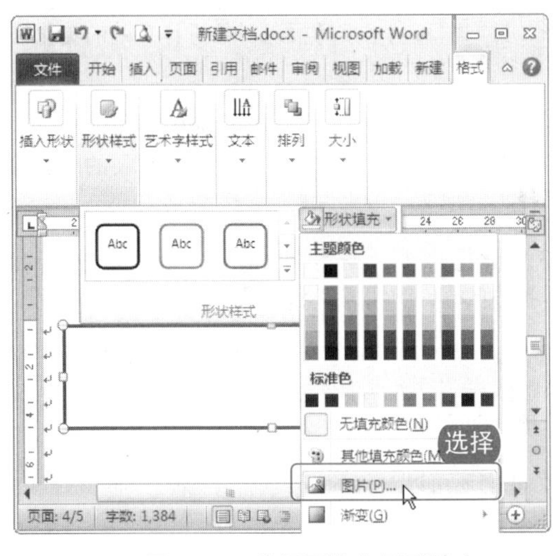

图 9-25　选择图片为图形填充

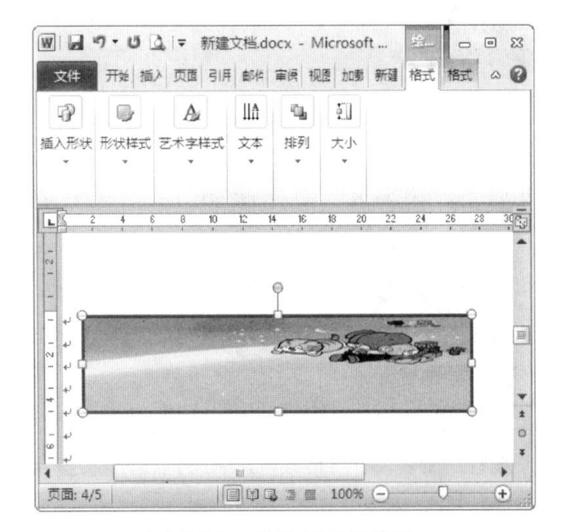

图 9-26　图片填充的效果

知识补充

在 Word 2010 中，对插入对象的轮廓和边框也可以进行同时设置，即可以在形状样式预设框中直接选择套用设置好边框和填充色的样式。

电脑小百科

按下 Alt 键后拖动插入对象可以对其进行每 0.01 字符的微小布局移动。

跟着做 3 设置插入对象的艺术效果

在插入图片、图形、文本框或艺术字等对象后，在图片或图形工具栏中，Word 2010 提供了丰富的艺术效果可供选择。用户也可以自定义对象的艺术效果进行更多的选择搭配，这里以艺术字为插入对象来设置其效果，具体操作步骤如下。

1. 在 Word 2010 中单击插入的艺术字文本框，选择“格式”选项卡。
2. 在“形状样式”功能区中单击“形状效果”选项上的下拉按钮，在下拉菜单中选择合适的艺术效果，如图 9-27 所示，选择“发光”效果对插入艺术字的文本框进行艺术设置。
3. 文档中的艺术字文本框自动完成设置。

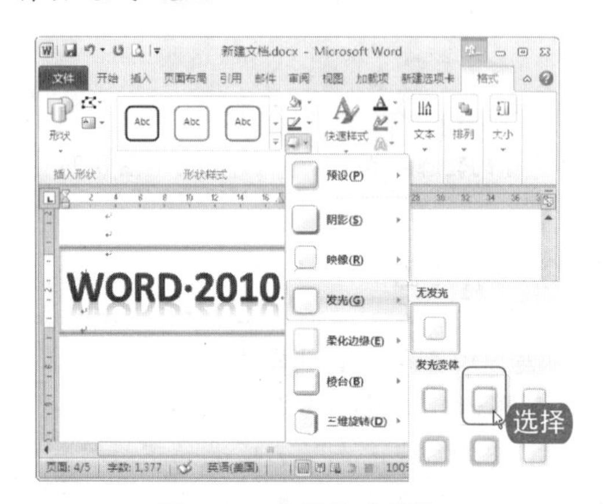

图 9-27 选择艺术效果

在 Word 2010 中，想要对图片、图形、文本框和艺术字等插入对象进行高效的美化修饰，就应该了解 Word 提供的艺术效果的类别与作用。

阴影：阴影特效的预设有外部、内部和透视 3 种，每种又包含了不同的阴影角度，可供我们自主选择。还可以对颜色、透明度、大小、虚化、角度和距离 6 个方面随意调整，达到我们想要的阴影特效。如果要消除阴影特效，可以在预设中选择“无阴影”，选择“清除文字效果”。

映像：映像特效的预设有紧密映像、半映像和全映像 3 种，每种又根据映像幅度的不同包含 3 种可供选择。还可以对颜色、透明度、大小和虚化 4 个方面随意调整，来满足我们的映像要求。

发光和柔化边缘：发光特效的预设有蓝色、红色、橄榄色、紫色、水绿色和橙色 6 种，每种又根据发光范围的大小分别包含了 4 种发光方式可供选择，在“设置形状格式”对话框中同样也可以对其进行颜色、大小、透明度和柔化边缘的设置，其中柔化边缘也可以直接选择预设好的特效。

棱台：又名“三维格式”，系统预设 12 种棱台特效，我们还可以对其顶端、底端、深度、轮廓线和表面材质进行自定义设置，搭配合适的三维特效。

三维旋转：三维旋转特效的预设有平行、透视和倾斜 3 种，其中每种又分别包括多种特效方式，也可以对它的旋转方向和度数进行更准确的自定义设置。

形状转换：转换特效是对艺术字文本内容的修饰，系统预设的特效包括 4 种跟踪路径的形状转换和 24 种弯曲的形状转换方式。将这一特效与文本填充和文本轮廓设置结合，即可将艺术字的文本内容变幻出更多更完美的艺术效果。

电脑小百科

一般情况下，病毒、木马等危害电脑的程序是故意行为造成的，当然也有可能是编写程序缺陷造成的。

9.3　插入与设计 SmartArt 图形

SmartArt 图形是信息和观点的可视表示形式，而图表是数字值或数据的可视图示。一般来说，SmartArt 图形是为文本设计的，而图表是为数字设计的。

书盘互动指导

⊙ 示例	⊙ 在光盘中的位置	⊙ 书盘互动情况
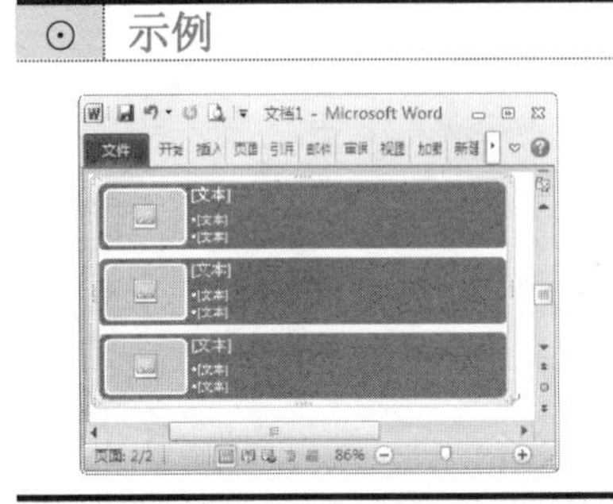	9.3 插入与设计 SmartArt 图形 9.3.1 插入 SmartArt 图形 9.3.2 设计 SmartArt 图形	本节图书主要带领大家全面认识 SmartArt 图形，在光盘 9.3 节中有相关内容的操作视频，并还特别针对本节内容设置了具体的实例分析。

9.3.1　插入 SmartArt 图形

在 Word 2010 中插入 SmartArt 图形可以添加不同的图示，系统提供的图形类型共有以下 8 种。

- 列表类 SmartArt 图形：用于显示无序信息。
- 流程类 SmartArt 图形：用于在流程或日程表中显示步骤。
- 循环类 SmartArt 图形：用于显示连续的流程。
- 层次结构类 SmartArt 图形：用于显示决策树和创建组织结构图。
- 关系类 SmartArt 图形：用于图示连接。
- 矩阵类 SmartArt 图形：用于显示各个部分如何与整体关联。
- 棱锥图类 SmartArt 图形：用于显示与顶部或底部最大部分的比例关系。
- 图片类 SmartArt 图形：用于显示一系列的图片，使图片和文字更完美地结合在一起。

选择使用系统预设的常用图形模板可以快速完成 SmartArt 图形的插入，帮助我们更好地表达文本内容，提高工作效率。

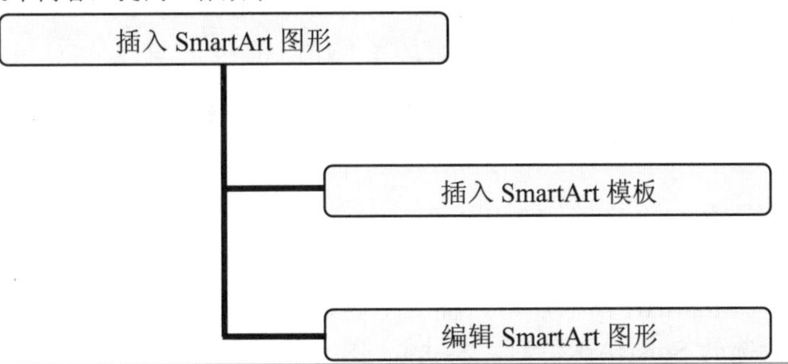

电脑小百科

使用“插入”→“对象”命令，然后选择“Microsoft Word 文件”选项可以将文本文件转换为图形文件。

跟着做 1☛ 插入 SmartArt 图形模板

Office 2010 引入了 SmartArt 模板功能，方便用户轻松制作出精美的业务流程图。在 Office 2010 中，这一功能得到了加强，在原有的类别下增加了大量新模板，还新增了新的“图片”类别，插入 SmartArt 图形模板的具体操作步骤如下。

1. 在 Word 2010 中，将光标定位于需要插入 SmartArt 图形的位置。
2. 选择“插入”选项卡，在“插图”功能区中单击 SmartArt 图标，如图 9-28 所示。
3. 弹出“选择 SmartArt 图形”对话框，在左侧的图形选项栏中选择图形类型，如图 9-29 所示。

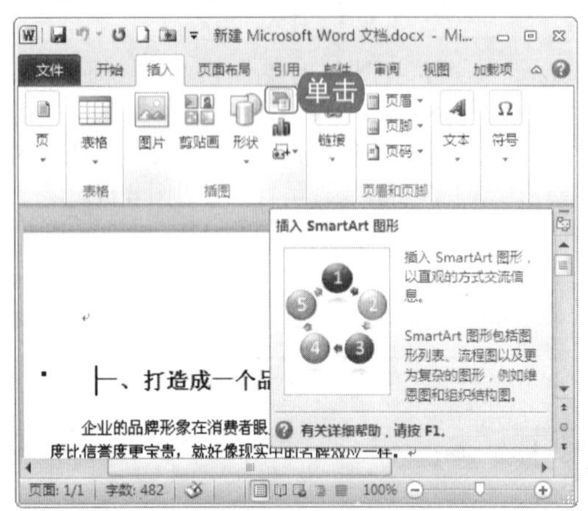

图 9-28 单击“选择 SmartArt 图形”图标

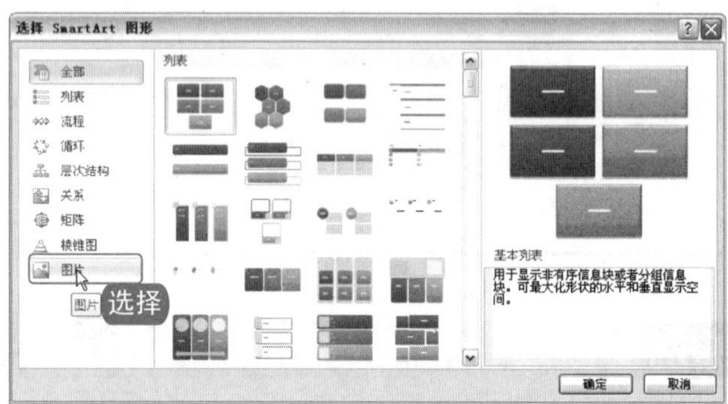

图 9-29 选择 SmartArt 图形类型

4. 在“图片”选项的模板区中选择合适的模板，单击“确定”按钮，如图 9-30 所示。

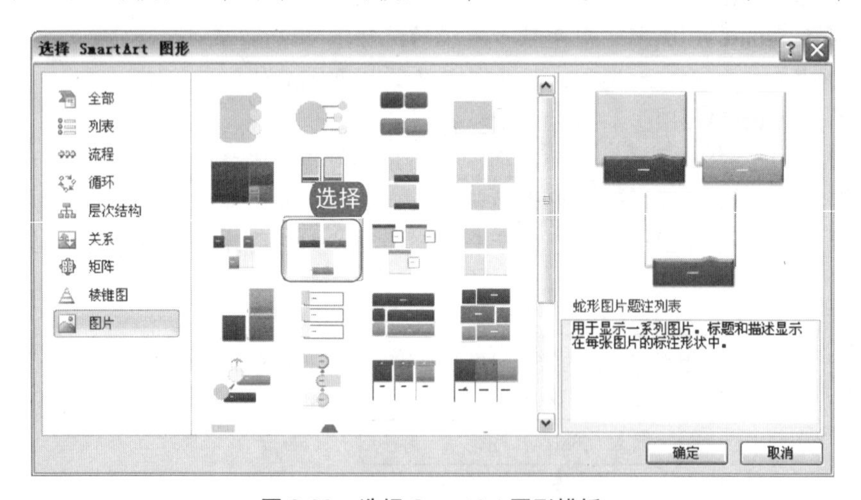

图 9-30 选择 SmartArt 图形模板

跟着做 2☛ 编辑插入的 SmartArt 图形

在 Word 中插入 SmartArt 模板后，还需要对它进行编辑输入，具体操作步骤如下。

1. Word 中插入所选的 SmartArt 图形，单击图片插入图片，如图 9-31 所示。

电脑小百科

桌面上的文件其实全部存储在系统盘，为了使系统性能更加优化，建议桌面上尽量少放置文件。

❷ 单击文本框，输入文字，如图 9-32 所示。

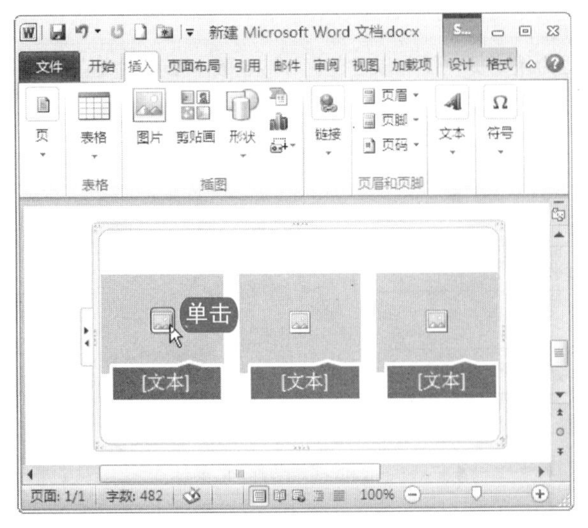

图 9-31 插入图片

图 9-32 输入文本内容

❸ 完成对 SmartArt 图形的编辑操作，效果如图 9-33 所示。

图 9-33 SmartArt 图形效果

9.3.2 设计 SmartArt 图形

Word 2010 中预设的 SmartArt 图形一般为常用图形，用户也可以根据不同的文本需要对这些预设的 SmartArt 图形模板再加以设计调整。

选择使用系统预设的常用图形模板可以快速完成 SmartArt 图形的插入，然后只需要添加上文本内容或图片再做稍微地调整即可达到想要的效果。

电脑小百科

文字双栏排版中有一张图片特别大，要通栏显示，可以选择内容按双栏排，选择其他内容为单栏排。

操作分析

Word 2010 的 SmartArt 图形工具栏为用户提供了比以往任何 Word 版本都更强大有效的设计工具，帮助我们实现真正意义上的个性化设计。

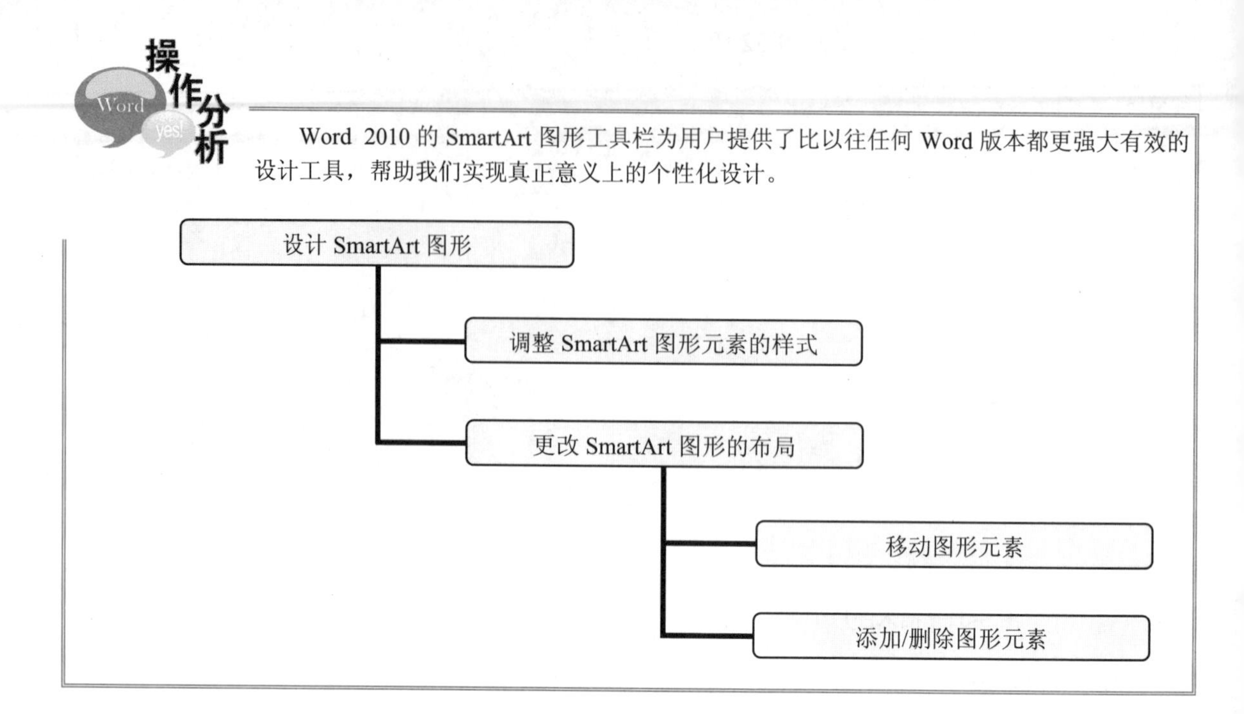

跟着做 1 调整 SmartArt 图形元素的样式

对于插入的 SmartArt 图形，如果对它的图形元素不是特别满意，可以重新进行选择设置，具体操作步骤如下。

1. 单击选取插入的 SmartArt 图形，选择"设计"选项卡，在"SmartArt 样式"功能区中单击"快速样式"上的下拉按钮。
2. 在下拉列表中选择合适的图形元素样式，其中可以选择系统推荐的最佳匹配对象，也可以选择三维样式，如图 9-34 所示。

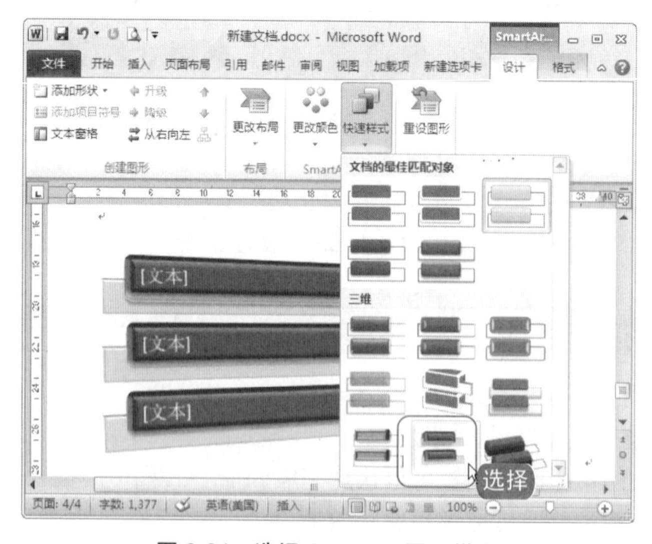

图 9-34　选择 SmartArt 图形样式

电脑小百科

在关闭计算机的时候，不要直接使用机箱中的电源按钮，因为直接使用电源按钮会引起文件的丢失，使下次不能正常启动，从而造成系统死机。

跟着做2☛ 更改SmartArt图形的布局

SmartArt图形的布局可以在插入图形时，就在选择好图形元素的样式后重新对其更改调整，具体操作步骤如下。

1. 单击选取需要调整的SmartArt图形，选择“设计”→“布局”→“更改布局”命令。
2. 在打开的下拉菜单中选择合适的布局结构进行快速套用，如图9-35所示。

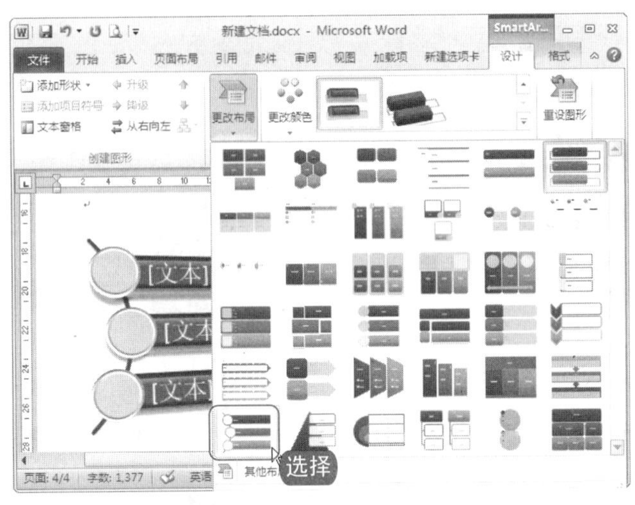

图9-35　更改SmartArt图形布局

3. 套用过布局结构后，我们还可以对其单个的图形元素进行略微的调整。单击选取需要调整的图形元素，选择“设计”→“创建图形”命令。
4. 选择“从右向左”、上箭头和下箭头等命令移动调整图形元素的位置，如选择“从右向左”命令，如图9-36、图9-37所示。

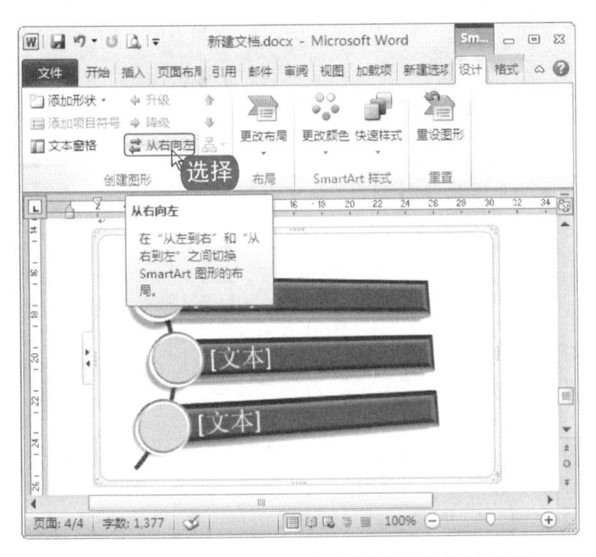

图9-36　调整SmartArt图形中图形元素的位置

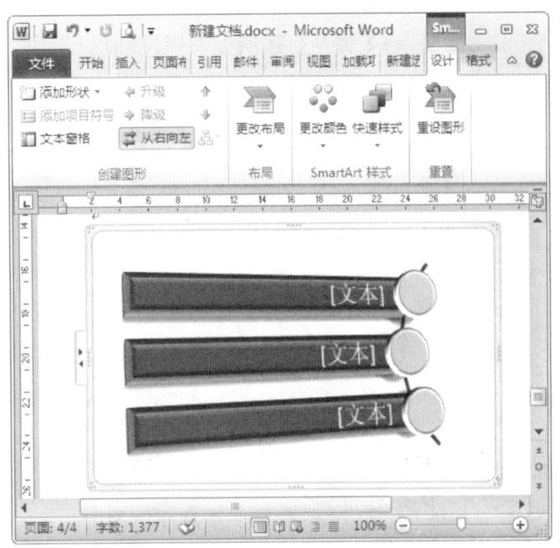

图9-37　调整位置后的效果图

电脑小百科

在调整一张图片或其他对象时只是用鼠标，图片大小的变化不连续，如果按下Alt键，就可以对其大小进行任意调节。

5. 如果要对图形元素进行添加，可以单击“添加形状”命令上的下拉按钮，在下拉列表中选择添加形状的位置即可，如“在前面添加形状”，如图 9-38、图 9-39 所示。
6. 要想删除多余的图形元素，只需要选取该图形元素，在键盘中按下退格键或 Delete 键即可。

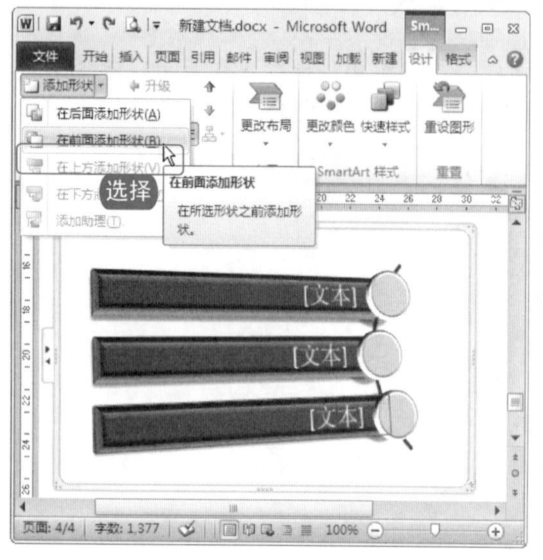

图 9-38　选择添加形状的位置

图 9-39　添加形状

9.4　制作公司组织机构图

实例解析

公司的每个成员都分布在不同的部门和岗位中工作，大家各有分工，各尽其责。公司组织机构流程图清楚地反映了部门的类别以及相互之间的级别关系。它可以使公司组织中的每个人更清楚自己所处的岗位、相互间的工作关系以及沟通渠道。

书盘互动指导

在光盘中的位置	书盘互动情况
9.4 制作公司组织机构图 9.4.1 插入组织结构 SmartArt 图形 9.4.2 修改组织结构图 9.4.3 编辑组织结构图的文本内容	本节图书主要介绍了以上述内容为基础的综合实例操作方法，在光盘 9.4 节中有相关操作的视频文件，以及原始素材文件和处理后的效果文件。

原始文件	素材\第 9 章\ XX 公司的组织成员结构.docx
最终文件	源文件\第 9 章\XX 公司的组织结构流程图.docx

制作 XX 公司的组织结构流程图，可通过下面的操作步骤来实现。

电脑小百科

病毒感染并破坏了硬盘，已经丢失所有的信息，包括分区表、引导扇区、FAT 和根目录，RecoverNT 能够完好如初地恢复这些文件。

跟着做 1☛ 插入组织结构 SmartArt 图形

由于要制作的流程图是公司组织结构图，所以建议选择层次结构类的 SmartArt 图形。

1. 将光标定位于需要插入 SmartArt 图形的位置，选择“插入”→“插图”命令。
2. 在“插图”功能区中单击 SmartArt 图标，在弹出的“选择 SmartArt 图形”对话框的左侧的图形选项栏中选择“层次结构”图形类型，在右侧的模板区中选择合适的模板，如“组织结构图”，单击“确定”按钮，如图 9-40 所示。
3. 组织结构图被插入到 Word 文档中，如图 9-41 所示。

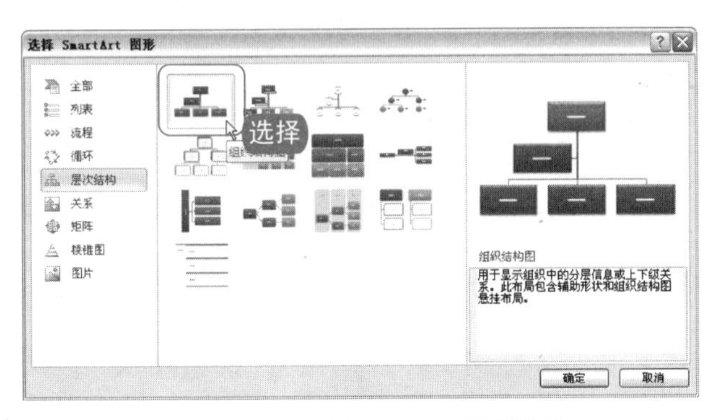

图 9-40 选择 SmartArt 图形类型

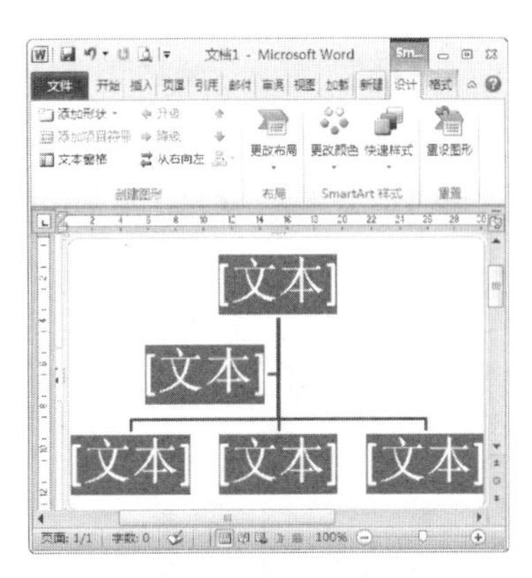

图 9-41 SmartArt 图形被插入到文档中

跟着做 2☛ 修改组织结构图

由于插入的组织结构图只是一个模板，所以用户还应该根据公司结构的实际情况对其进行编辑修改，具体操作步骤如下。

1. 单击选取需要删除的图形元素，如图 9-42 所示，直接按下 Delete 键删除。
2. 单击拖动需要调整的图形元素，将其放置到合适的位置后松开鼠标左键，如图 9-43 所示。

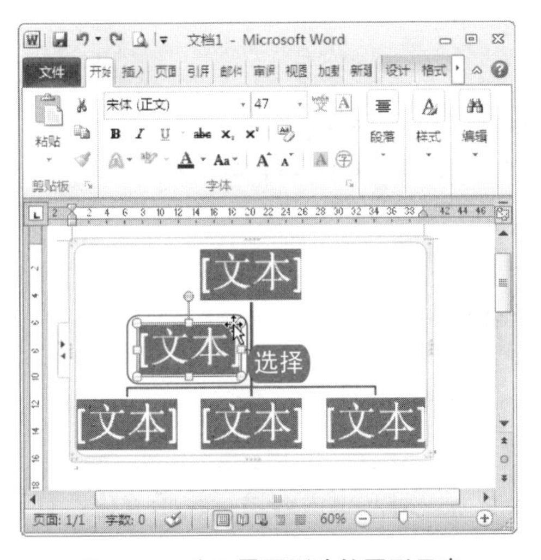

图 9-42 选取需要删除的图形元素

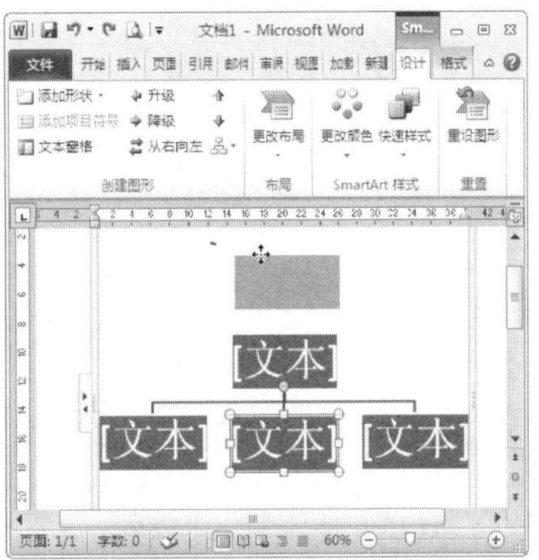

图 9-43 移动图形元素

电脑小百科

将 Word 另存为 Html 格式文件，然后在 Html 文件对应的文件夹里找到转换为.jpg 格式的图片。

3 单击选取同级的图形元素，选择“设计”→“创建图形”→“添加形状”→“在后面添加形状”命令，如图 9-44 所示。

4 单击选取图形元素，选择“设计”→“创建图形”→“添加形状”→“添加助理”命令，为所选取的图形元素添加助理，如图 9-45 所示。

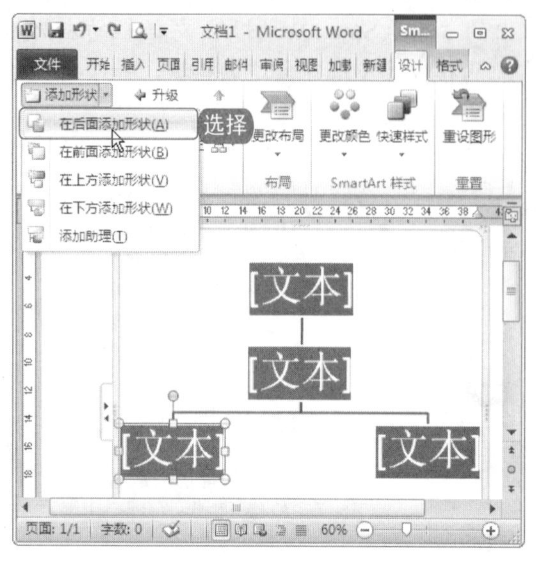

图 9-44　选择添加形状的位置

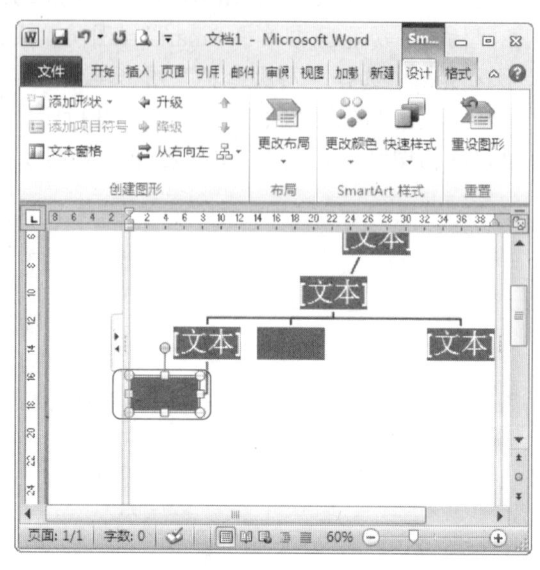

图 9-45　添加助理

5 根据公司实际情况选择性重复以上步骤，对组织结构图进行修改调整，效果如图 9-46 所示。

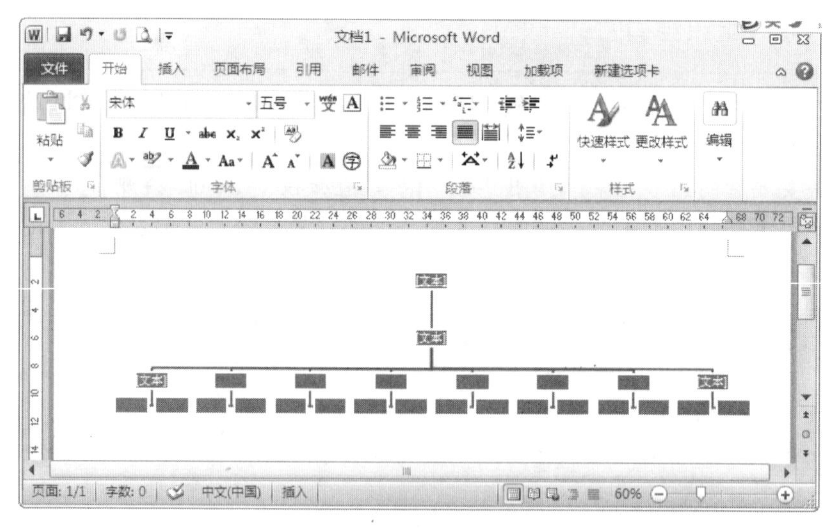

图 9-46　组织结构图框架

跟着做 3 编辑组织结构图的文本内容

公司组织结构图的框架制作完成后，需要输入文本，对文本内容进行编辑美化，具体操作步骤如下。

电脑小百科

不要将 RecoverNT 安装在准备恢复数据的驱动器中，以避免由于疏忽或意外而将准备恢复的数据覆盖。

1. 单击选取图形元素，选择“开始”选项卡设置文字格式，然后在图形元素文本框中输入文字或者单击组织结构图左侧边框上的按钮，打开“在此处输入文字”对话框，集中输入文本框的文字，如图 9-47 所示。
2. 完成全部文本框内容的输入，选择“设计”→“SmartArt 样式”→“快速样式”命令，在下拉列表中选择合适的图形元素样式，如图 9-48 所示。

图 9-47　输入文本内容

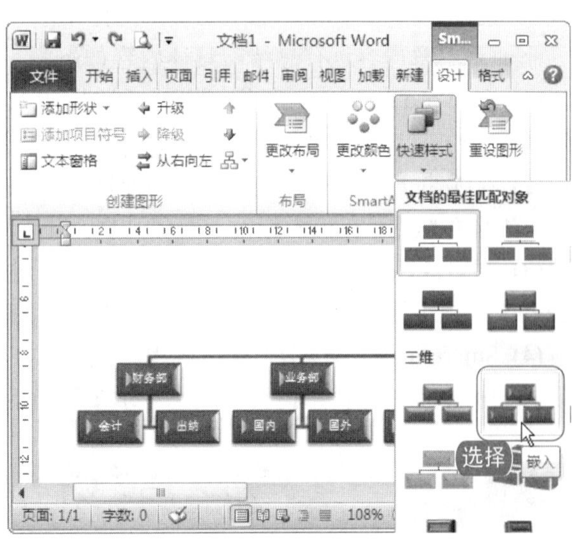

图 9-48　套用图形样式

3. 选择“格式”→“大小”命令，在高度和宽度的文本框中输入数字设置整个 SmartArt 图形的大小，单击图形元素后，选择“格式”→“大小”命令，设置图形元素的大小，避免文本内容单字成行的显现。
4. 最后再次调整各个图形元素的位置，使其达到总体效果的和谐，如图 9-49 所示。

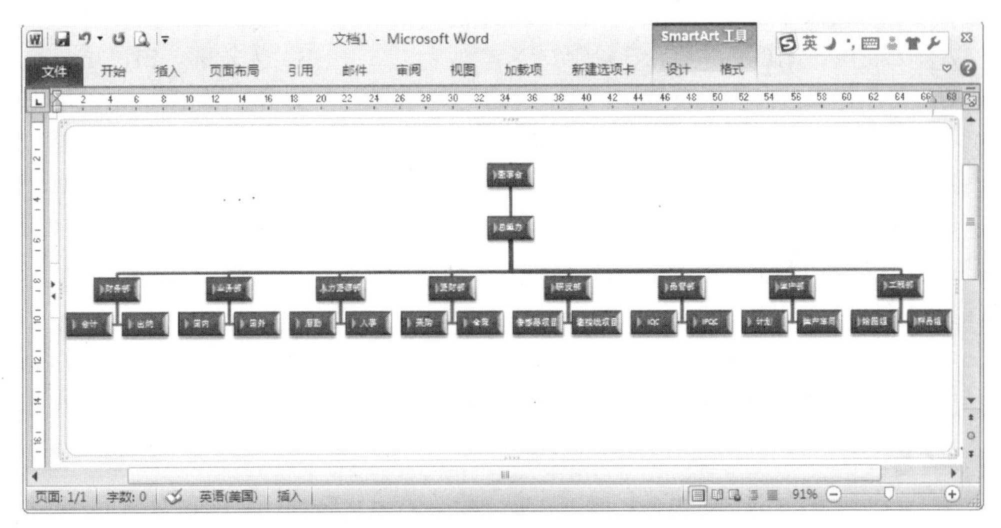

图 9-49　公司组织结构效果图

电脑小百科

在单栏文本中，将图片格式设置为四周环绕型，可以将图片的左边、上边、下边都显示文本。

学习小结

本章主要介绍了 Word 2010 中图形、文本框和艺术字的插入与设置，以及 SmartArt 图形的插入与使用。

通过对本章的学习，大家能够对文档进行更加多元化的编辑和美化，学会插入与使用图形、文本框、艺术字和 SmartArt 图形，从而制作出更加唯美的 Word 文档。

下面对本章内容进行总结，具体内容如下。

(1) 在 Word 2010 中，我们可以灵活选择插入图形、文本框、艺术字或 SmartArt 图形等多种对象，其中文本框和艺术字也属于图形的特殊类型，SmartArt 图形则是多个文本框的集合。

(2) 在编辑美化文档时，我们可以使这些插入对象结合起来，合理运用。虽然使用图形、图片、艺术字等可以在很大程度上美化文档，但是过量使用反而影响文档的整体美观和可读性。

(3) 对图片、图形、文本框和艺术字等插入对象可以添加多种艺术效果，如阴影、映像、发光和柔化边缘、灵台、三维旋转等，其中艺术字还可以进行形状转换。

(4) SmartArt 图形包括列表、流程、循环、层次结构、关系、矩阵、棱锥图和新增的图片等 8 种结构类型，每种结构类型又包含了多种模板供大家选择使用。

互动练习

1. 选择题

(1) 在 Word 2010 中，选择插入“椭圆”命令后，在绘制图形时同时按下(　　)可以绘制出一个正圆。

A. Alt 键　　B. Shift 键

C. Ctrl 键　　D. Ctrl+Alt 键

(2) 在对插入的文本框没有进行自定义设置之前，系统默认的插入的文本框为(　　)。

A. 无轮廓，无填充颜色　　B. 无轮廓，白色填充色

C. 白色轮廓，白色填充色　　D. 黑色轮廓，白色填充色

(3) 与文本框和图形相比，艺术字独有以下哪项艺术效果(　　)。

A. 柔化边缘　　B. 三维旋转

C. 弯曲转换　　D. 映像

(4) (　　)类型的 SmartArt 图形用于显示一系列的图片，使图片和文字更紧密地结合在一起，互补说明。

A. 列表类 SmartArt 图形　　B. 关系类 SmartArt 图形

C. 图片类 SmartArt 图形　　D. 锥形图类 SmartArt 图形

2. 思考与上机题

(1) 为本章制作的“公司组织结构图”添加“纸莎草纸”纹理作为图形背景。

电脑小百科

由于 Ghost 具有将相同容量硬盘之间数据复制的功能，所以这个功能也被称为“克隆”。

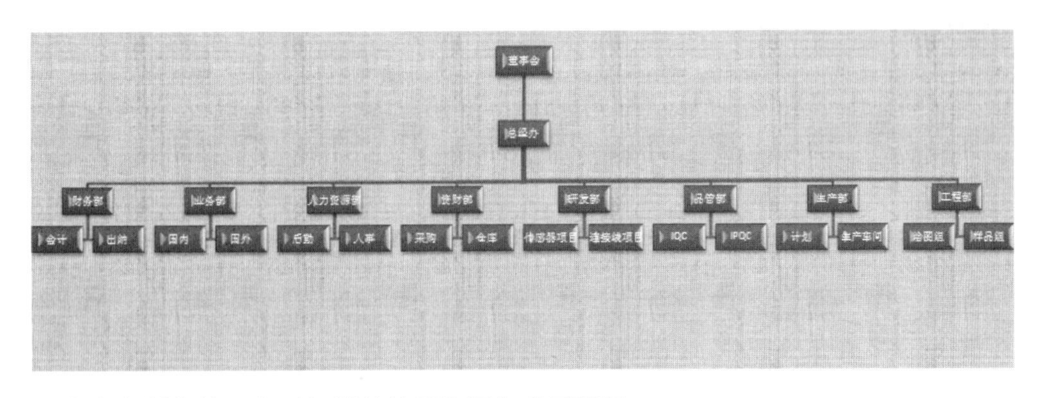

(2) 为本章制作的“公司组织结构图”添加公司语录。

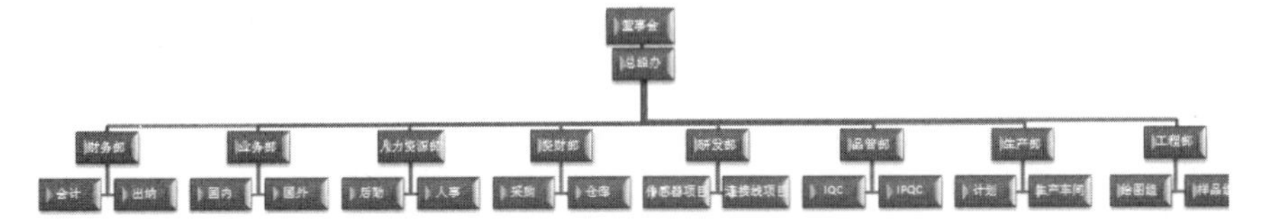

全新服务，天天更好

原始文件	素材\第 9 章\公司组织结构图.docx
最终文件	源文件\第 9 章\2011 公司组织结构图.docx

制作要求：

a. 插入横向文本框，输入文字“全心服务，天天更好”。

b. 字体设置为“宋体、初号、水绿色，全映像”。

c. 文本框设置为无轮廓，无填充颜色。

(3) 使用插入图形的方式绘制垃圾桶效果图。

原始文件	素材\第 9 章\无
最终文件	源文件\第 9 章\垃圾桶效果图.docx

Word 具有强大的压缩功能，把文档另存为.doc 文件之后图片就会变小很多。

制作要求：

a. 插入“笑脸”图形，将其轮廓设置为“绿色”，填充色设置为“橄榄色”。

b. 插入“磁盘”流程图类图形，将其轮廓设置为“橄榄色”，填充色设置为“绿色”。

c. 插入横向文本框，输入文字“绿色环保，举手之劳”，将文本框设置为无轮廓，无填充颜色。

d. 将文本框移动到插入的“磁盘”流程图上，并将其与其他图形组合在一起。

电脑小百科

“写字板”也是一个使用简单、功能强大的文字处理程序。它不仅可以进行文字的编辑，而且还可以图文混排，插入图片、声音、视频剪辑等多媒体资料。

第 10 章

Word 2010 页面的排版布局

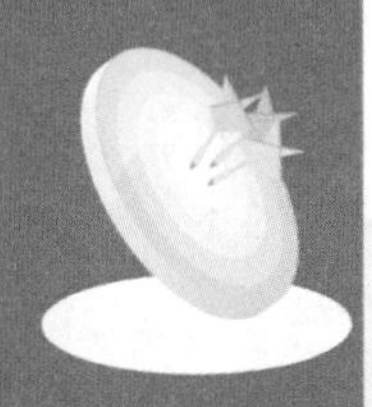

本章导读

页面的排版布局影响着文档的整体风格，不同的页眉、页脚、页面背景和版式栏页会产生不同的视觉效果。

本章主要介绍页面的排版布局以及制表位、项目符号和编号的添加使用等，灵活选择合适的方法对页面进行合理的排版布局。

精彩看点

- 设置页眉和页脚
- 设置页面背景颜色
- 为页面添加水印
- 设置图表区格式
- 使用制表位
- 创建分栏版式
- 添加项目符号
- 添加编号

10.1 页面的版式设计

页面的版式设计决定着整个文档的样式风格，页眉、页脚、页面背景等元素的改变都会影响页面的整体效果。

书盘互动指导

示例	在光盘中的位置	书盘互动情况
	10.1 页面的版式设计 10.1.1 设置页眉和页脚 10.1.2 设置页面背景颜色 10.1.3 为页面添加水印	本节内容主要带领大家学习页面的版式设计，在光盘 10.1 节中有相关内容的操作视频，并还特别针对本节内容设置了具体的实例分析。 大家可以在阅读本节内容后再学习光盘，以达到巩固和提升的效果。

10.1.1 设置页眉和页脚

在文档页面的顶部和底部，分别设有一个页眉和页脚区域，在这些区域中可以添加页码、时间、日期、章节名称以及文本或图形等。

1. 插入页眉和页脚

要创建页眉和页脚，只需在某一个页眉或页脚中输入要放置在页眉或页脚的内容即可，Word 会把它们自动地添加到每一页上。

对于页眉和页脚的插入，Word 2010 提供了多种风格的模板，甚至也可以使用 Office.com 更新模板。

虽然页眉和页脚在文档中所占的位置不大，但是为文档添加了合适的页眉页脚，同样可以起到画龙点睛的作用，甚至成为一个与众不同的亮点。

跟着做 1 插入页眉

为页面插入页眉的具体操作步骤如下。

1. 选择“插入”选项卡，在“页眉和页脚”功能区中选择“页眉”命令。
2. 在弹出的“内置”页眉下拉菜单中选择合适的页眉样式，如图 10-1 所示。
3. 页眉被添加到文档中，在“输入文字”或“键入文档标题”字样处输入文字，设置需要的页眉内容，如图 10-2 所示。

电脑小百科

电脑在 Windows XP 启动画面出现后，登录画面显示之前，电脑突然重启，这个错误发生的原因是 Kernel32.dll 文件丢失或者被损坏。

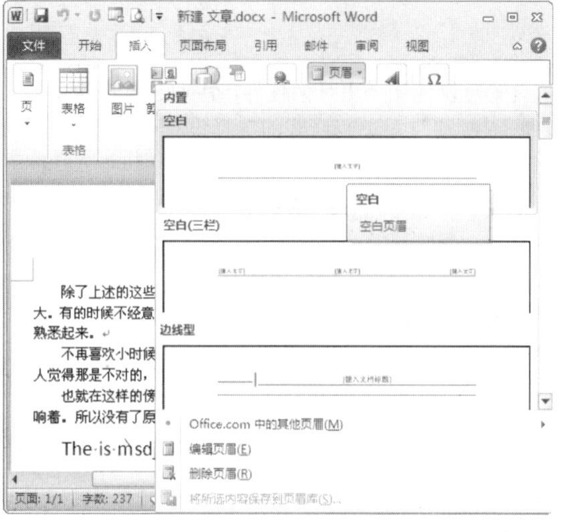

图 10-1　选择页眉类型

图 10-2　插入页眉效果

跟着做 2☛　插入页脚

从文档的页眉编辑区转移到文档的页脚编辑区，为页面插入页脚的具体操作步骤如下。

1. 选择“插入”选项卡，在“页眉和页脚”功能区中选择“页脚”命令。
2. 在弹出的“内置”页脚下拉菜单中选择合适的页脚样式，如图 10-3 所示。
3. 页脚被添加到文档中，在“输入文字”字样处输入需要的文字，设置需要的页脚内容，如图 10-4 所示。

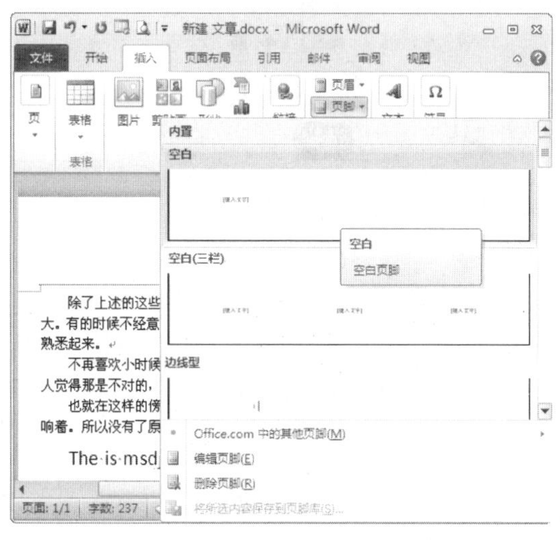

图 10-3　选择插入的页脚类型

图 10-4　插入页脚的效果

2. 编辑页眉和页脚

页眉和页脚的样式可以是多种多样的，除了以上插入系统预设好的样式之外还可以对其进行更多的编辑和美化，比如插入图片、插入页码等。

电脑小百科

在“页面设置”对话框的“版式”选项卡下可以将 Word 的行号显示在文本中。

在 Word 2010 中，为页眉或页脚插入页码可以使文档更具条理性，特别是较长的文档。如果插入页码不仅可以为每页标注序号，方便查找，通过对页码格式的选择设置也可以美化页面。

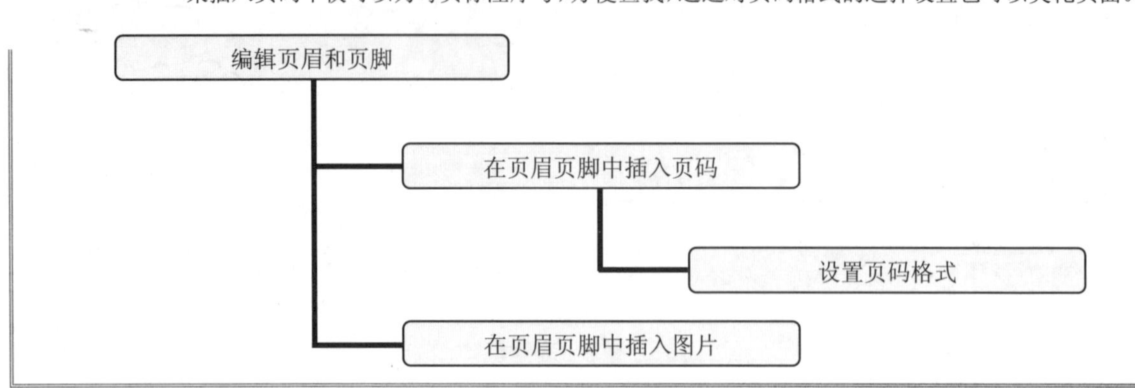

跟着做 1 在页眉页脚中插入页码

页眉和页脚的常见用法是显示页码。在 Word 中插入页码，首先，要决定把页码显示在什么位置，然后单击第一页中想要显示页码的位置开始设置即可。页码可以设置在页面顶端、页面底端或侧边距区，这里以设置在页面顶端为例，具体操作步骤如下。

1. 选择“插入”选项卡，在“页眉和页脚”功能区中选择“页码”命令。
2. 在弹出的页码下拉菜单中，选择“页面顶端”或“页面底端”命令，如图 10-5 所示。

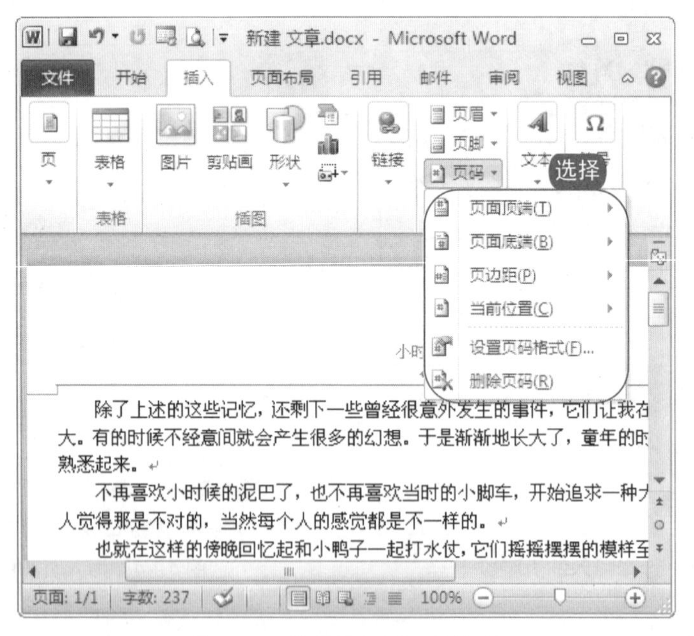

图 10-5　选择添加页码的位置

3. 在弹出的页码菜单中选择页码样式，如图 10-6 所示。
4. 页码被添加到文档中，如图 10-7 所示，页码被添加到页面顶端。

电脑小百科

关机是与电源管理密切相关的，有时候电源管理选项设置得不正确也会造成关机故障。

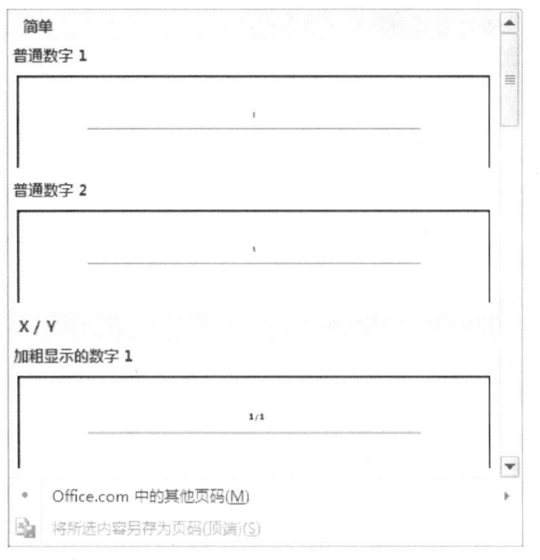

图 10-6　选择插入的页码类型

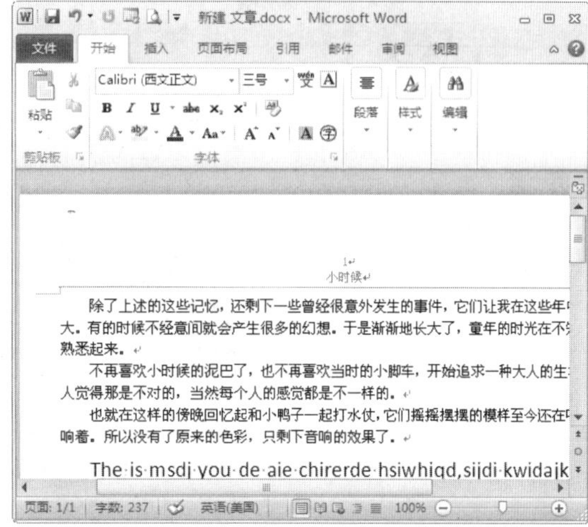

图 10-7　插入页码的效果

跟着做 2　设置页码的格式

在插入页码后如果需要对页码的样式进行设置，具体操作步骤如下。

1. 选择“插入”选项卡，在“页眉和页脚”功能区中选择“页码”命令。
2. 在弹出的“页码”下拉菜单中，选择“设置页码格式”命令，如图 10-8 所示。
3. 在弹出的“页码格式”对话框中，单击“编号格式”文本框的下拉按钮，选择页码格式，如图 10-9 所示。

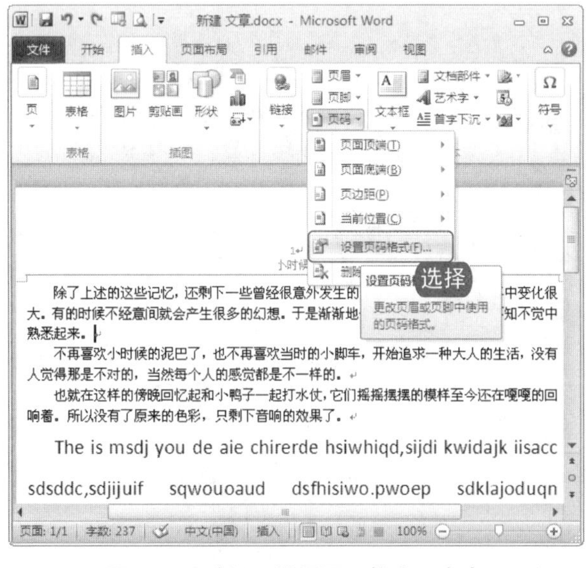

图 10-8　选择“设置页码格式”命令

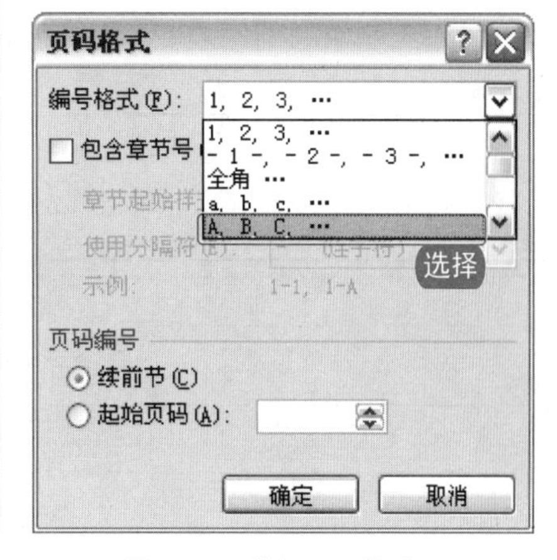

图 10-9　选择页码格式

4. 单击“确定”按钮，页码格式设置完成，效果如图 10-10 所示。

将 CAD 图形的背景设为白色，设置为合适的大小后将其转换为.wmf 格式文件之后可以将其插入到 Word 中进行编辑操作。

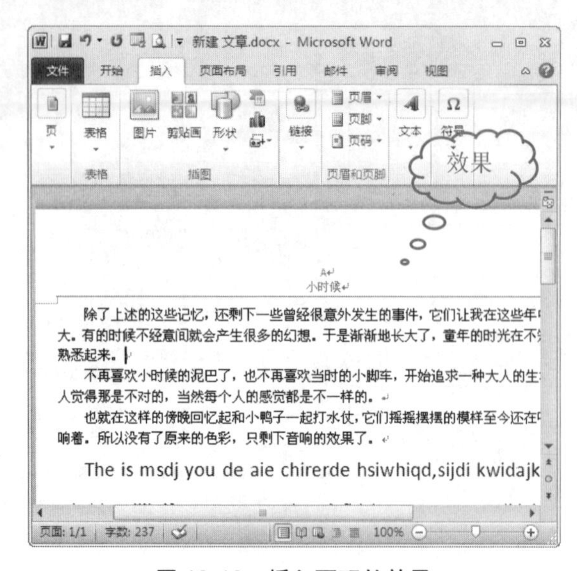

图 10-10 插入页码的效果

跟着做 3 在页眉页脚中插入图片

除了以上可以在页眉页脚中插入文字和页码外，也可以在页眉页脚中插入图片，具体操作步骤如下。

1. 选择“插入”选项卡，在“页眉和页脚”功能区中选择“页眉”命令。
2. 在弹出的“内置”页眉的下拉菜单中，选择“编辑页眉”命令，如图 10-11 所示。
3. 在页眉和页脚工具栏中，选择“设计”选项卡下“插入”功能区的“图片”命令，如图 10-12 所示。

图 10-11 编辑页眉

图 10-12 选择“图片”命令

电脑小百科

计算器在内存中存储数字时，内存选项上方的框中会显示 M。存储其他数字时，内存中的数字将被替换。

④ 弹出“插入图片”对话框，在对话框中选择需要插入页眉的图片，如图 10-13 所示。

⑤ 单击“插入”按钮，完成图片的插入，如果图片位置或大小不合适也可以对图片进行编辑调整，效果如图 10-14 所示。

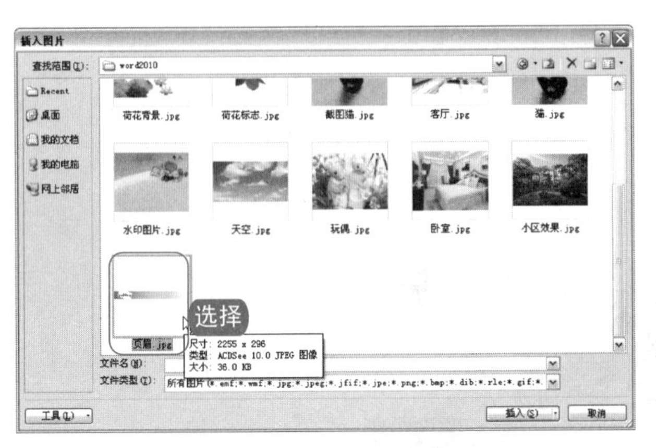

图 10-13 选择需要插入页眉的图片

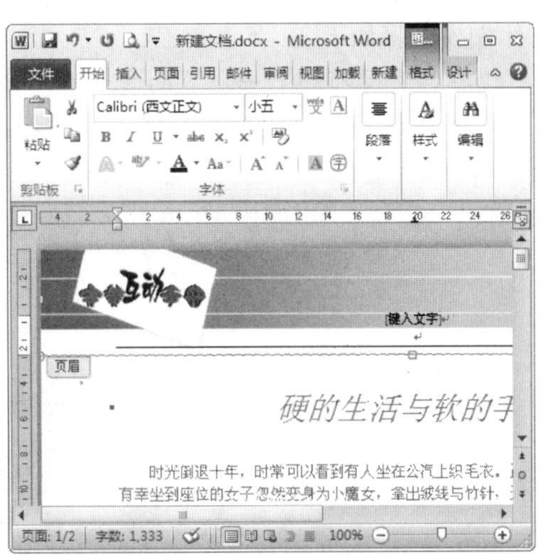

图 10-14 插入图片后的页眉效果图

知识补充

在对图片的位置进行调整前，需要注意应先将图片设置为“衬于文字下方”或“浮于文字上方”的浮动模式，才可以自由地移动图片。

10.1.2 设置页面背景颜色

页面的背景颜色影响着文档的整体风格，一般暖色调的背景色会让文档看起来充满活力，冷色调的文档则更显说服力。在选择页面的背景颜色时还应结合字体的颜色。

操作分析

页面的背景可以选择某种颜色，也可以是图片或纹理图案等，用户可以根据实际情况进行自定义选择。

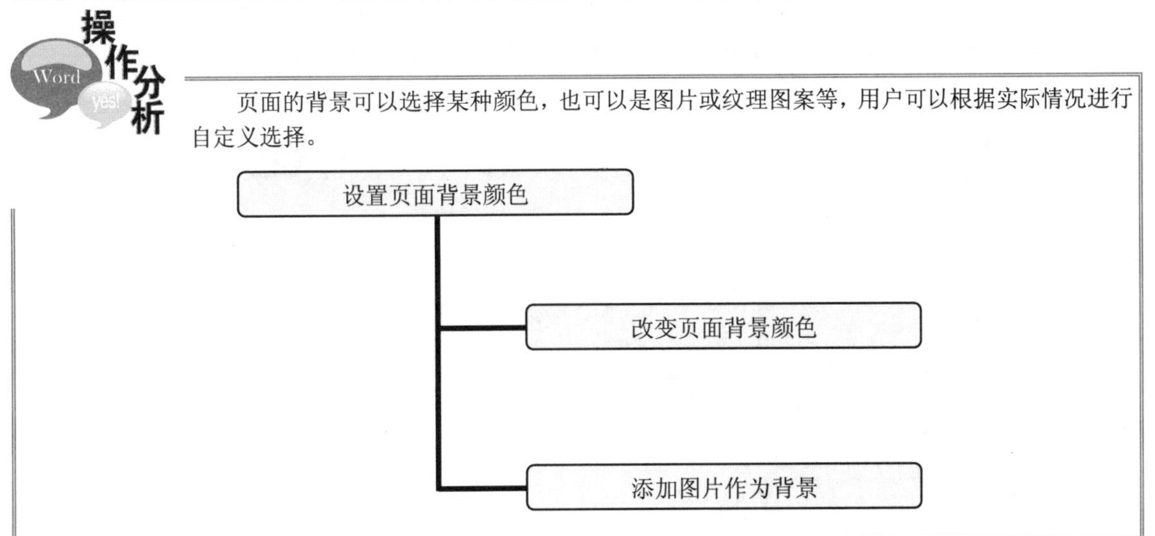

电脑小百科

由于各个电脑上默认的页面设置格式或版本的不同，在一台机器上排好版的 Word 文档换在另一台机器打开就会改变。

跟着做 1 设置页面背景颜色

Word 2010 中，页面背景颜色默认为无颜色，如果有特殊要求也可以将其设置为其他颜色，具体操作步骤如下。

1. 选择“页面布局”→“页面背景”命令，单击“页面颜色”命令上的下拉按钮。
2. 在弹出的“页面颜色”下拉菜单中选择合适的颜色，在 Word 文档中可以直接预览，如图 10-15 所示。

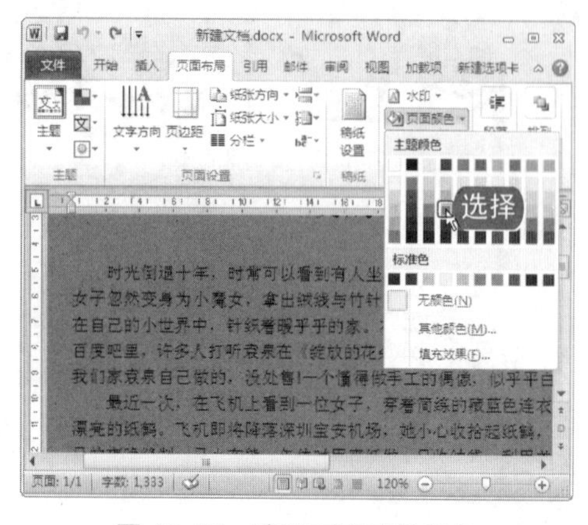

图 10-15 选择页面背景颜色

跟着做 2 添加图片作为页面背景

在 Word 2010 中，对页面背景的设置除了颜色可供选择外，还可以进行更多样化的设置，如添加一些纹理、图案以及一些图片等，具体操作步骤如下。

1. 选择“页面布局”选项卡，在“页面背景”功能区中选择“页面颜色”命令。
2. 在弹出的“页面颜色”下拉菜单中选择“填充效果”命令，如图 10-16 所示。
3. 在弹出的“填充效果”对话框中选择“图片”选项卡，如图 10-17 所示。

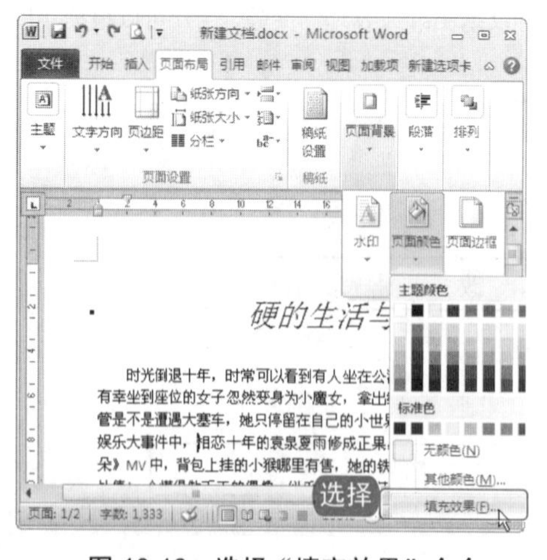

图 10-16 选择“填充效果”命令

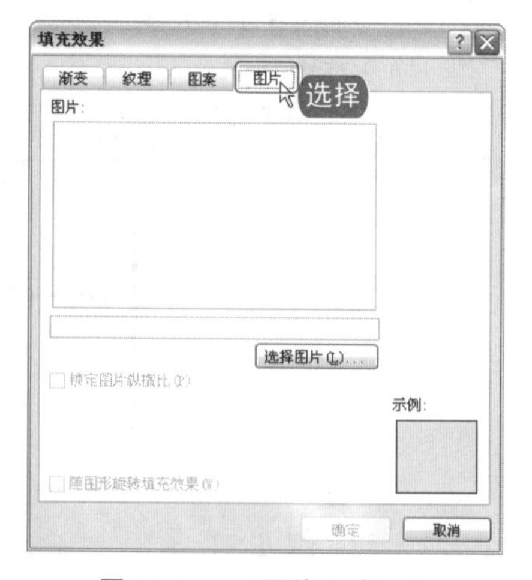

图 10-17 “图片”选项卡

电脑小百科

现在 Windows 7 系统中的画图工具支持触控功能，因此，使用触摸屏电脑的用户可以实现直接用手指在屏幕上作画。

4 单击“选择图片”按钮，弹出“选择图片”对话框。

5 在“选择图片”对话框中选择合适的图片，单击“选择图片”按钮，图片被显示在“填充效果”对话框的预览区中，如图 10-18 所示。

6 单击“确定”按钮，图片被作为页面背景插入到 Word 文档中，效果如图 10-19 所示。

图 10-18　选择背景图片

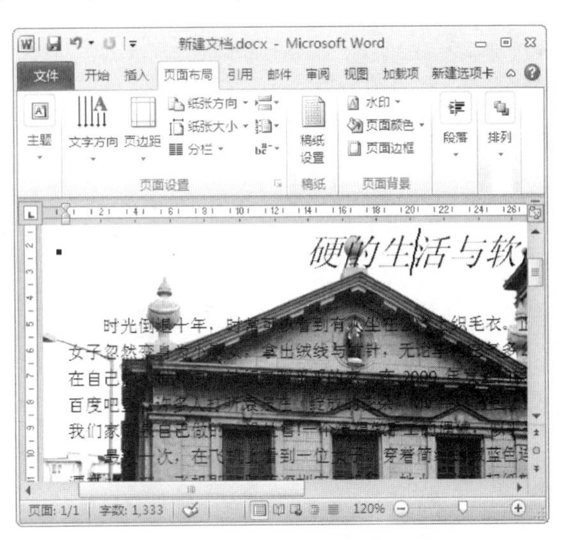

图 10-19　图片作为页面背景效果

10.1.3　为页面添加水印

对一些重要文档或需要保护版权问题的文档，可以为其页面添加水印。

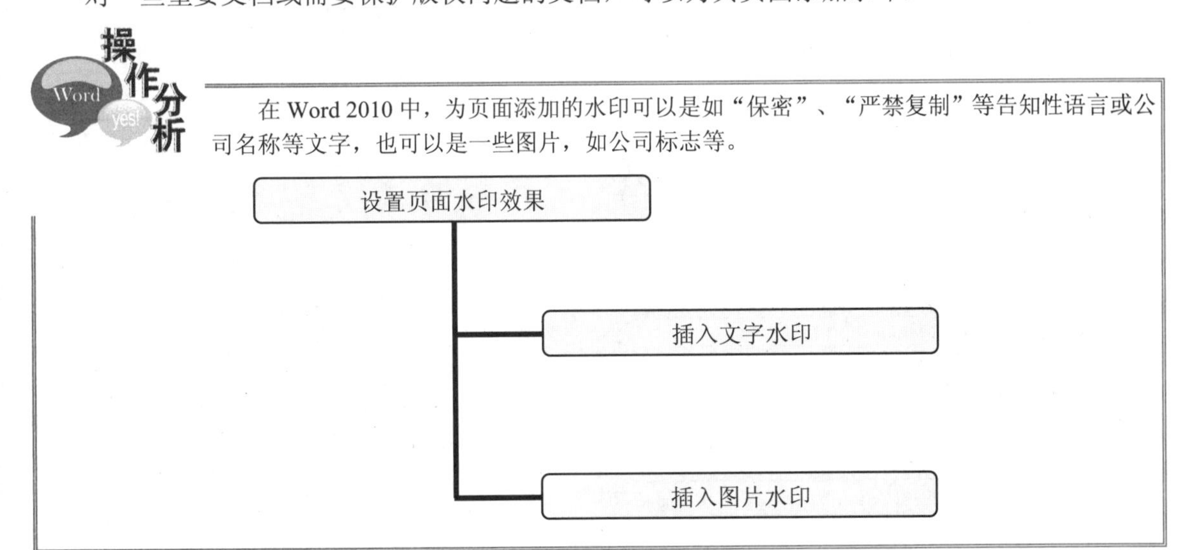

在 Word 2010 中，为页面添加的水印可以是如“保密”、“严禁复制”等告知性语言或公司名称等文字，也可以是一些图片，如公司标志等。

跟着做 1　插入文字水印

对于一些绝密文档或者有自己版权的文档，常常被添加了如“保密”或“盗版必究”等文字水印，这样既可以起到告知作用，又可以防止别人随便复制，侵犯自己的权利。为文档添加文字

电脑小百科

在阅读版式视图状态下将显示文档的背景、页边距，可进行文本的编辑，但是该视图状态下不显示文档的页眉和页脚。

水印的具体操作步骤如下。

1. 在 Word 2010 中，选择“页面布局”→“页面背景”命令。
2. 在“页面背景”功能区中选择“水印”命令。
3. 在弹出的“水印”下拉菜单中选择需要的水印模板，如图 10-20、图 10-21 所示。

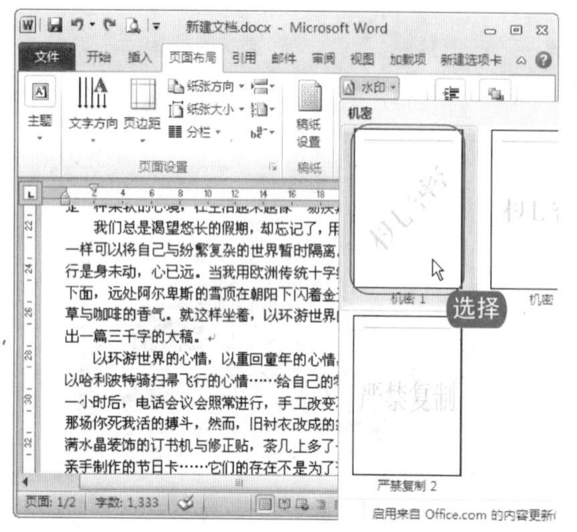

图 10-20 选择水印模板

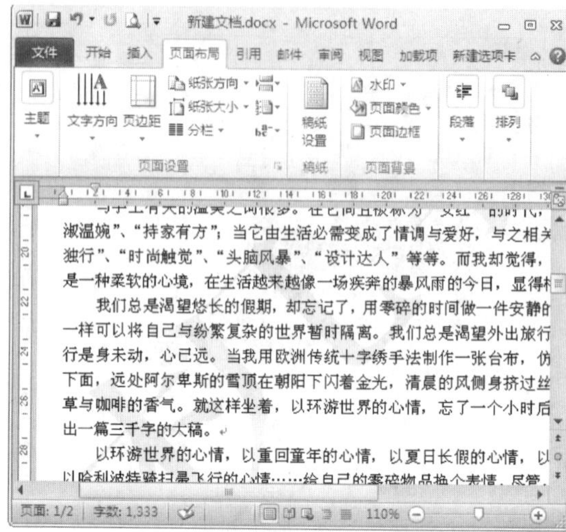

图 10-21 添加“机密”水印效果

4. 如果在 Word 提供的常用水印模板中，没有找到合适的，还可以选择“自定义水印”命令进行自定义设置。
5. 在弹出的“水印”对话框中，选中“文字水印”单选按钮，对水印文字、字体、色彩等信息进行设置，如图 10-22 所示。
6. 单击“确定”按钮，文字水印插入完成，如图 10-23 所示。

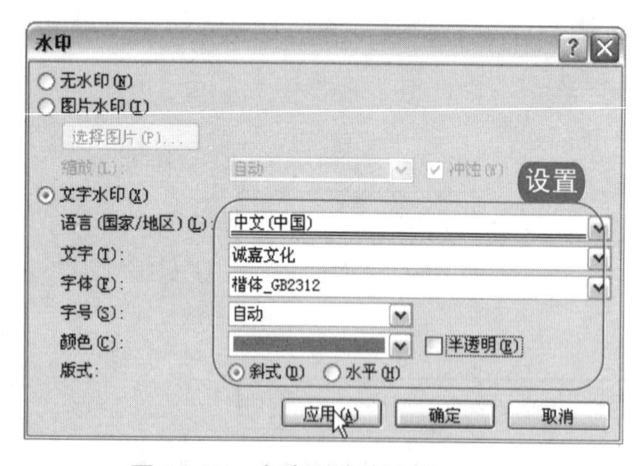

图 10-22 自定义文字水印

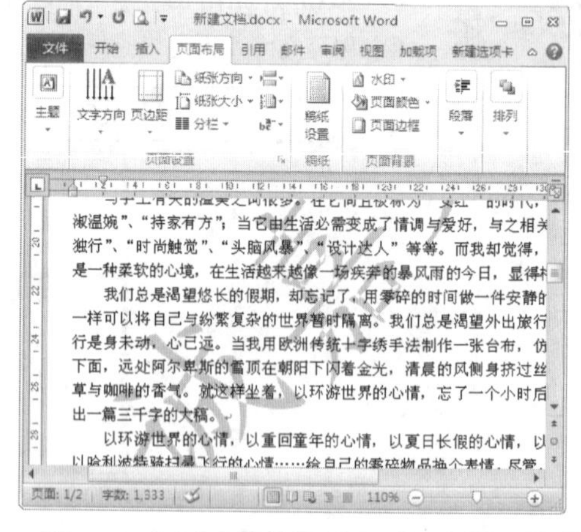

图 10-23 插入的文字水印效果图

跟着做 2 插入图片水印

除了可以在文档中插入文字水印外，也可以在文档中插入一些图片水印。这不仅可以起到文

在 Windows 7 中包含称为“小工具”的小程序，这些小程序可以提供即时信息以及可轻松访问常用工具的途径。

字水印该有的作用，在一定程度上还可以美化文档，插入图片水印的具体操作步骤如下。

1. 在 Word 2010 中，选择“页面布局”→“页面背景”命令。
2. 在“页面背景”功能区中选择“水印”命令。
3. 在弹出的“水印”下拉菜单中选择“自定义水印”命令。
4. 在弹出的“水印”对话框中，选中“图片水印”单选按钮，如图 10-24 所示。
5. 在弹出的“插入图片”对话框中，选择合适的水印图片，单击“插入”按钮。
6. 返回“水印”对话框，单击“应用”按钮，关闭对话框。
7. 图片被作为水印插入到文档中，效果如图 10-25 所示。

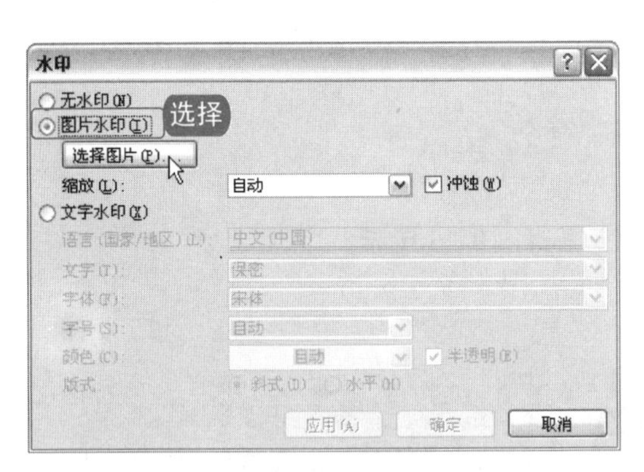

图 10-24　选择设置作为水印的图片

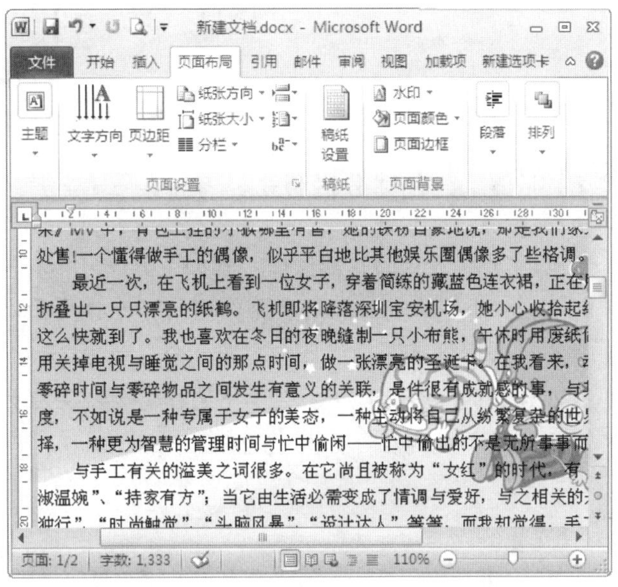

图 10-25　插入图片作为水印的效果图

知识补充

使用图片作为文档水印时，为了不影响文档阅读，一般会像设置文字水印时一样设置透明度。选择“水印”对话框中的“冲蚀”命令可以设置图片的透明度，使图片的颜色变浅从而不影响文档字体的显现。

10.1.4　设置页面版式的栏页

分栏是指将页面分为横向的多个栏，文档内容在其中逐栏排列。利用“分栏”的命令可以方便地设置任意栏数的分栏，并且可以更改各栏的栏宽及各栏间距。

操作分析

在 Word 2010 中，常用分隔符包括分页符和分节符。其中，分页符主要用于分隔页面，而分节符则用于章节之间的分隔。

电脑小百科

在“页面设置”对话框的“版式”选项卡下，可以设置节的起始位置。

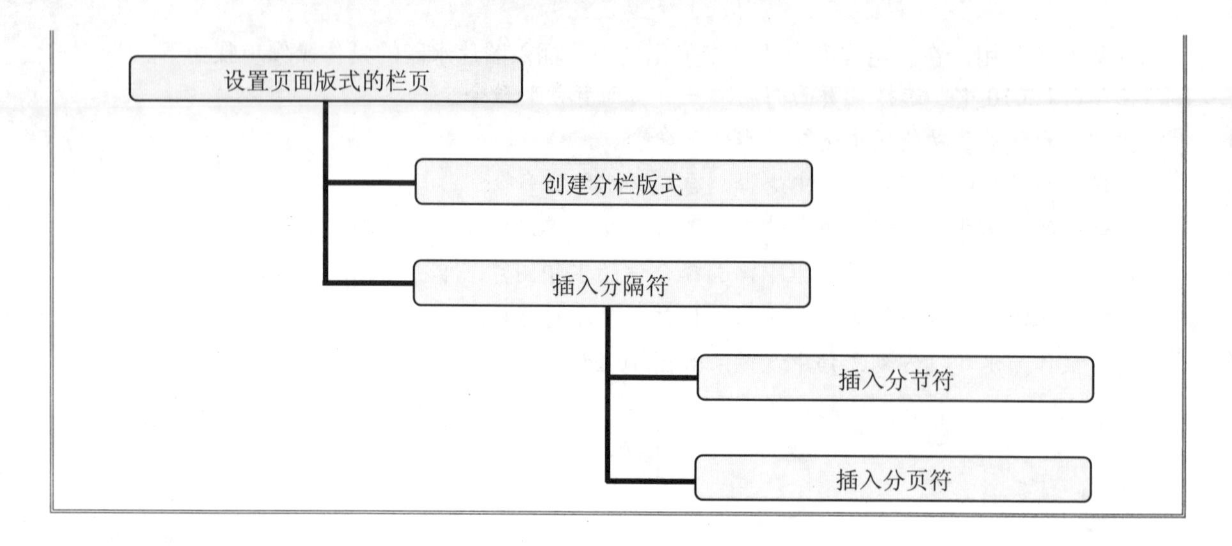

跟着做 1☛ 创建分栏版式

创建分栏版式的具体操作步骤如下。

1. 在 Word 2010 中，选择“页面布局”→“页面设置”命令。
2. 在“页面设置”功能区中选择“分栏”命令。
3. 在弹出的“分栏”下拉菜单中选择需要的分栏方式，如图 10-26 所示。
4. 文档被分成两栏，如图 10-27 所示。

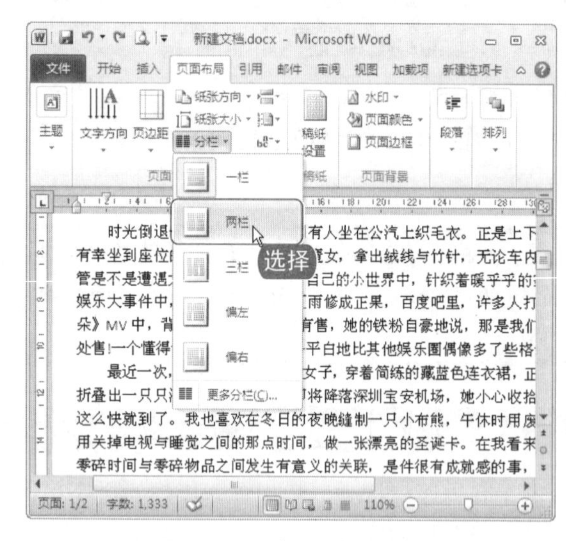

图 10-26　选择分栏方式

图 10-27　分栏效果图

5. 如果在“分栏”下拉列表中没有找到需要的分栏版式，还可以选择“更多分栏”命令。
6. 在弹出的“分栏”对话框中进行自定义设置，如图 10-28 所示。
7. 设置完成后，单击“确定”按钮，文档被进行相应的分栏设置，如图 10-29 所示。

电脑小百科

Windows 7 小工具包括日历、时钟、天气、提要标题、幻灯片放映和图片拼图板。

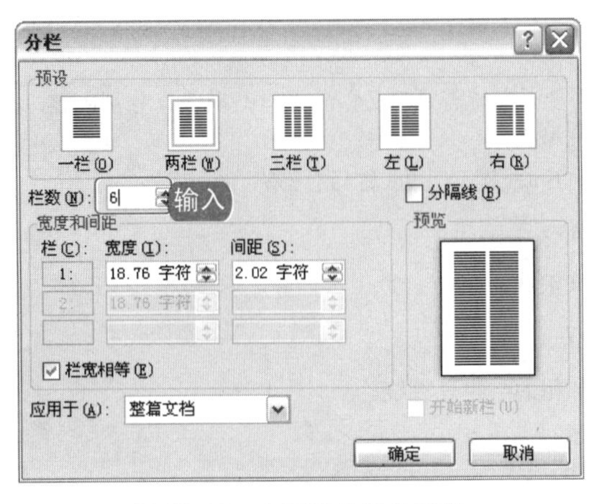

图 10-28　自定义分栏的栏数

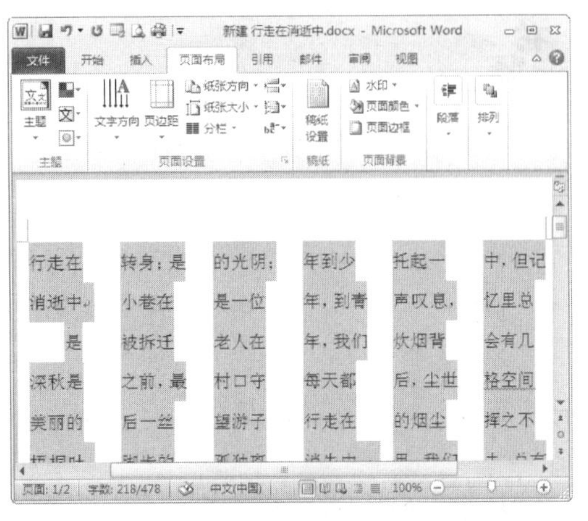

图 10-29　将页面分为 6 栏

跟着做 2☛　插入分节符

在设置分栏后，经常会遇到文档最后一页两栏底部不齐，出现“小尾巴”的情况。对于这种情况，只需要在文档末尾插入一个分节符。

为了便于对同一个文档中不同部分的文本进行不同格式的操作，可以将文档分割成多个节。节是文档格式化的最大单位。分节符是指节与节之间用一个双虚线作为分界线，它可以使文档的编辑排版更灵活，使版面更美观。

1. 将光标定位在需要分节的位置，然后选择“页面布局”选项卡。
2. 在“页面设置”功能区中选择“分隔符”命令，在弹出的下拉菜单中，从“分节符”的类型中选择合适的类型，如选择“连续”分页符，如图 10-30 所示。
3. 文档中刚刚光标定位的位置被插入了分节符，如图 10-31 所示。

图 10-30　选择“连续”分页符

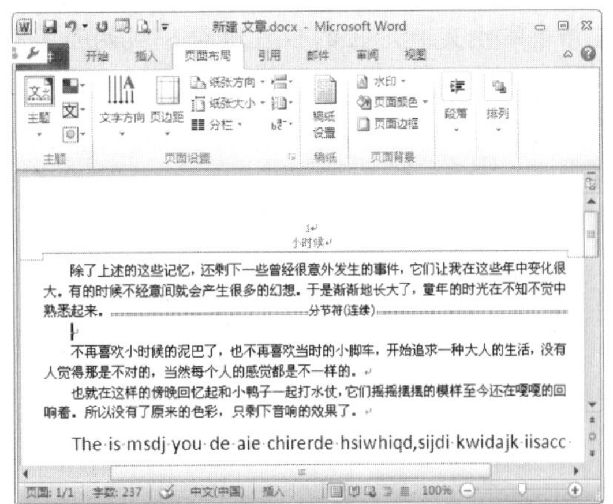

图 10-31　插入了连续分页符的效果

电脑小百科

在 Word 的选项对话框中，可以选择“隐藏文件中的语法错误”命令，关闭那些语法检查错误标记。

在编辑文档时，出于美观和醒目的需要，有时需要为文档添加一些横线来分割内容，巧用特殊符号来输入，则可以达到事半功倍的效果。

连续按下 Shift+3 个“-”，然后按下 Enter 键，就可以得到一条直线。

输入 3 个“*”，然后按下 Enter 键可得到一条虚线。

输入 3 个“~”，然后按下 Enter 键可得到一条波浪线。

输入 3 个“=”，然后按下 Enter 键可得到一组双直线。

输入 3 个“#”，然后按下 Enter 键可得到中间加粗的一组三直线。

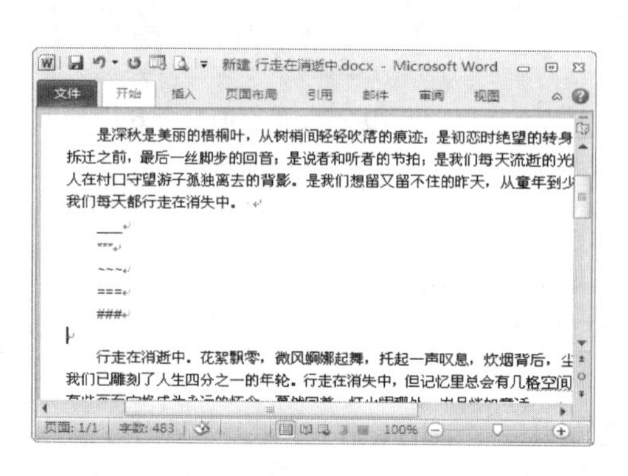

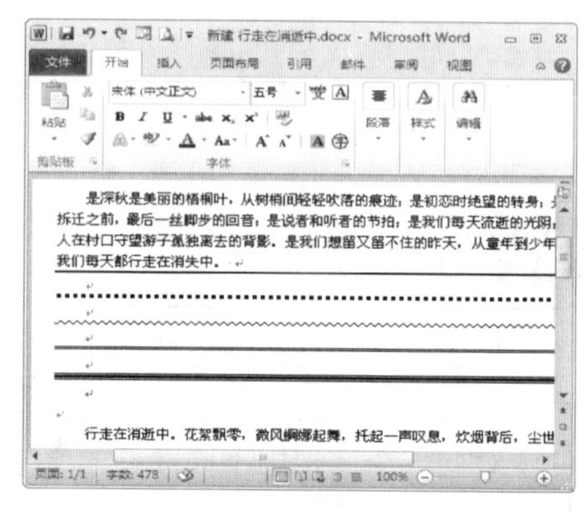

跟着做 3 插入分页符

通常情况下，在编辑文档时系统会将文档自动分页。如果有需要，可以采用手动分页的方法。手动分页是一种强制分页的手段，具体操作步骤如下。

1. 将光标移到要分页的位置，选择“页面布局”→“页面设置”命令。
2. 选择“分隔符”→“分页符”命令，如图 10-32 所示。
3. 文档中刚刚光标定位的位置被分隔成两页，效果如图 10-33 所示。

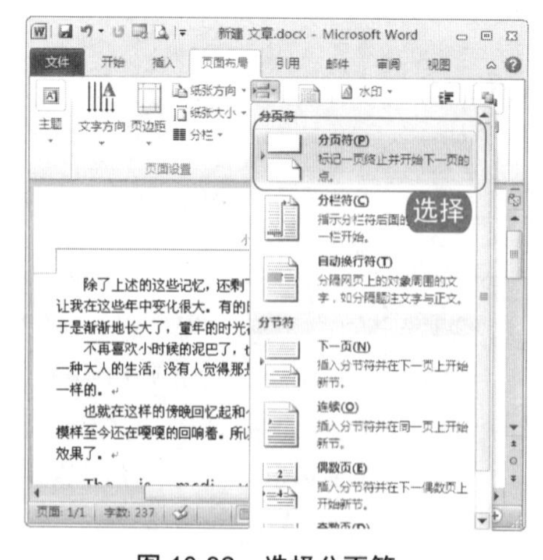

图 10-32 选择分页符

图 10-33 插入分页符效果

电脑小百科

电脑的冷启动方法：当死机后，一直按住主机箱的最大电源开关按钮不放，直到电脑关闭电源后才释放，然后隔 6 秒钟以上再按一次该按钮进行开机。

知识补充

在 Word 2010 中还可以插入分栏符和换行符。其中，使用分栏符可以实现将希望的文本内容出现在下栏的顶部，而换行符可以实现文档的强制断行产生新行，这也是它与直接按下 Enter 键换行的不同之处。

10.2　使用列表项改变页面布局

在编辑文档时，使用制表位、项目符号和编号可以使页面看起来更加整齐、有序。使用制表位可以将编辑的文档内容像表格一样对齐，使用项目符号和编号可以使文档层次更加鲜明合理。

书盘互动指导

示例	在光盘中的位置	书盘互动情况
	10.2 使用列表项改变页面布局 10.2.1 使用制表位 10.2.2 添加项目符号和编号	本节内容主要带领大家学习如何使用制表符、项目编号等美化页面，在光盘 10.2 节中有相关内容的操作视频，并还特别针对本节内容设置了具体的实例分析。 大家可以在阅读本节内容后再学习光盘，以达到巩固和提升的效果。

10.2.1　使用制表位

制表位是指在水平标尺的位置上指定文字缩进的距离或一栏文字开始的地方。使用制表位能够向左、向右、居中对齐文本，或者将文本与小数字符或竖线字符对齐。用户也可以在制表符前自动插入特定字符，如句号或下划线。

制表符是为了制表方便而设置的一种对齐符号，在 Word 2010 中提供了多种类型的制表符，主要有以下 7 种类型。

- 左对齐式制表符：使文本在制表位处左对齐。
- 居中对齐式制表符：使每个文字都位于制表位指定直线上。
- 右对齐式制表符：使文本在制表位处右对齐。
- 小数点对齐式制表符：可以是数字的小数点对齐在指定直线上，用于数字的输入。
- 竖线式制表符：可以在制表位产生一条竖线。
- 首行缩进：可以使当前首行缩进一定距离。
- 悬挂缩进：可以使当前行悬挂缩进一定距离。

电脑小百科

在 Word 中，用户可以利用"稿纸向导"功能生成稿纸格式的文档。

操作分析

分清制表位与制表符之后，用户可以通过不同的方法设置制表位，并可以使用前导符设置制表符。

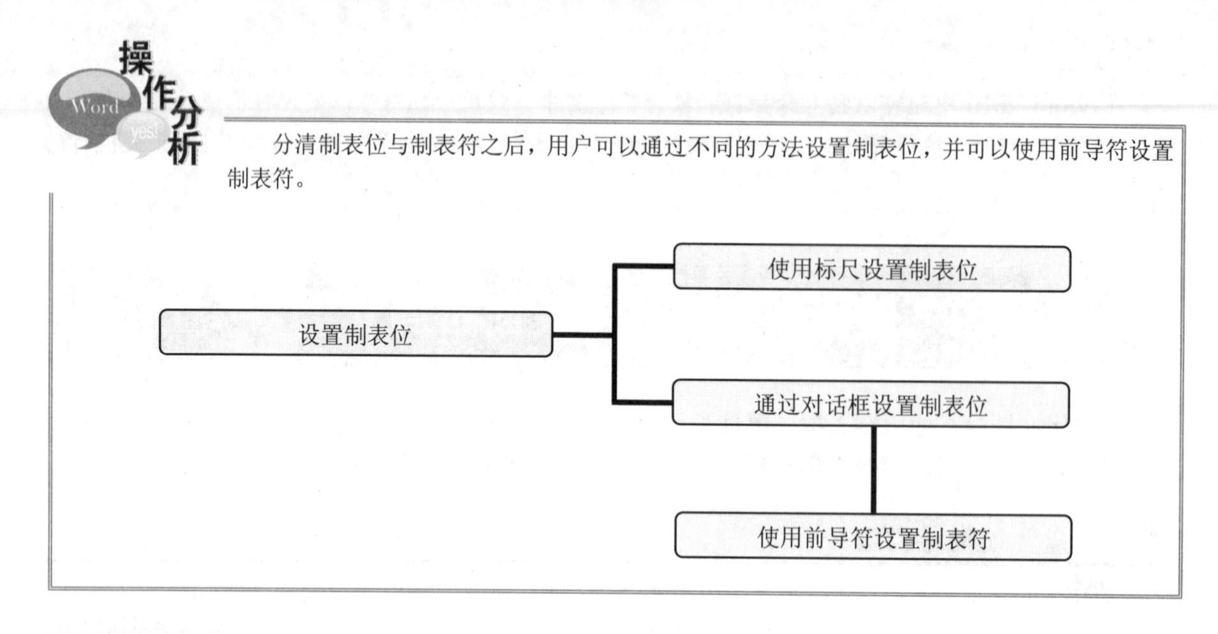

跟着做 1 使用标尺设置制表位

单击标尺的最左端的制表符标志可以调整文字的位置，这里介绍使用标尺设置制表位的具体操作步骤。

1. 新建并打开一个 Word 2010 文档，输入“2.1 制表位”字样。
2. 单击横竖标尺交会处的制表符标志，如图 10-34 所示，使其切换到右对齐式制表符，单击移动制表符，如图 10-35 所示。

图 10-34 切换到右对齐式制表符

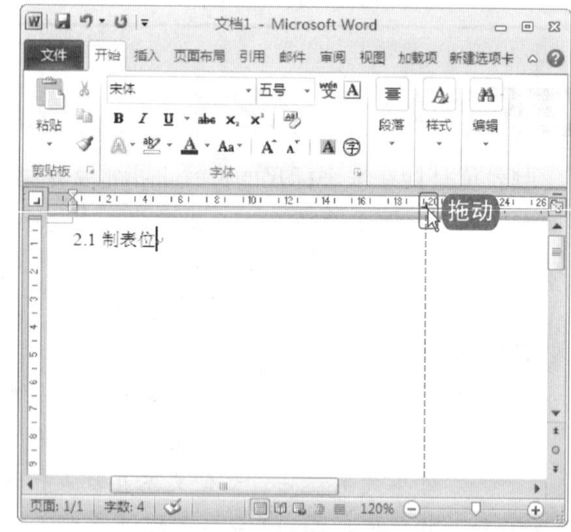

图 10-35 调整制表符的位置

3. 在文字末尾处按下 Tab 键后输入是数字 1，效果如图 10-36 所示。
4. 按下 Enter 键换行，重复以上操作步骤，就可以制作出一个页码是右对齐效果的简易目录，如图 10-37 所示。

电脑小百科

电源所使用的线材粗细决定了电源的耐用度，较细的线材经过长时间使用，常常会因过热而烧毁；同时散热孔也是加大空气对流的重要因素。

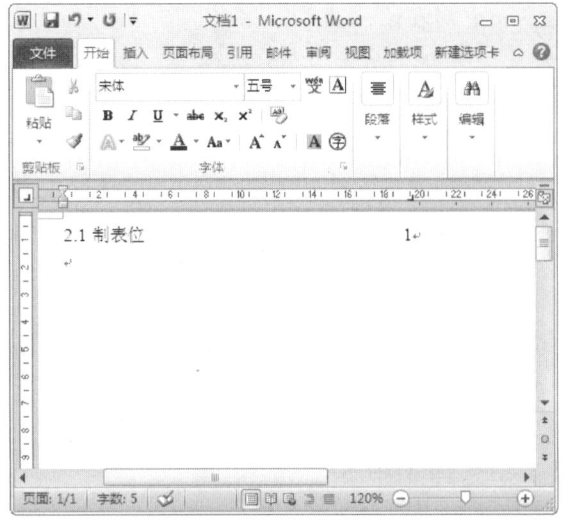

图 10-36 输入文字

图 10-37 右对齐效果图

跟着做 2 通过对话框设置制表位

除了用标尺来设置制表位外，用户还可以通过对话框来设置制表位，具体操作步骤如下。

1. 打开一个 Word 2010 文档，选择“开始”→“段落”命令，单击按钮，弹出“段落”对话框。
2. 在“段落”对话框中，单击“制表位”按钮，如图 10-38 所示。
3. 弹出“制表位”对话框，在对话框中对制表位位置、制表位大小等进行设置，如图 10-39 所示，单击“设置”按钮。

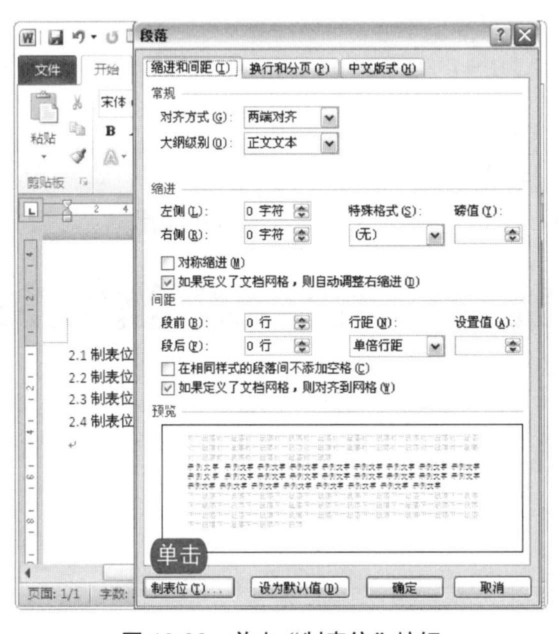

图 10-38 单击“制表位”按钮

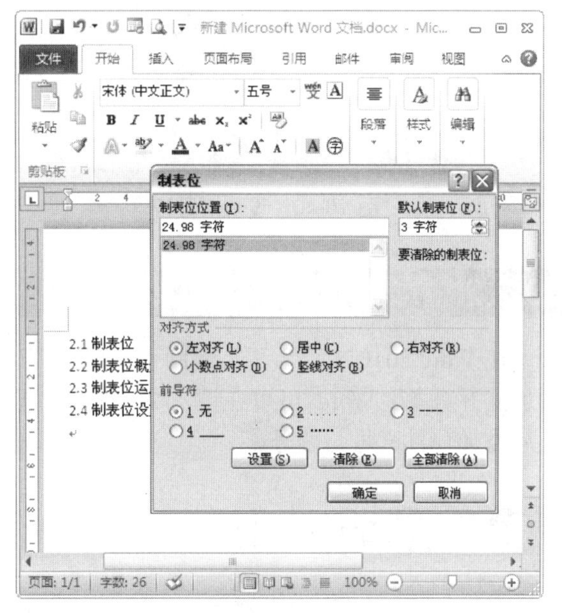

图 10-39 在“制表位”对话框中进行设置

电脑小百科

在第二页末插入分节符，在第三页的页眉格式中去掉同前节，如果第一、二页还有页眉，把它设置成正文就可以从第三页起设置页眉。

4. 重复以上操作步骤，直接在对话框中继续设置下一个制表位。
5. 单击“确定”按钮，完成制表位的设置。

跟着做 3 使用前导符设置制表符

前导符是指在目录中使用或填充制表符空白位置的实线、虚线或点划线，使用前导符设置制表符的具体操作步骤如下。

1. 选取需要设置的目标文字，选择“开始”→“段落”命令，单击按钮，弹出“段落”对话框。
2. 在“段落”对话框中，单击“制表位”按钮，弹出“制表位”对话框。
3. 在“制表位”对话框中，对前导符进行选择设置，如图 10-40 所示，单击“设置”按钮。
4. 单击“确定”按钮，完成对制表符的设置，效果如图 10-41 所示。

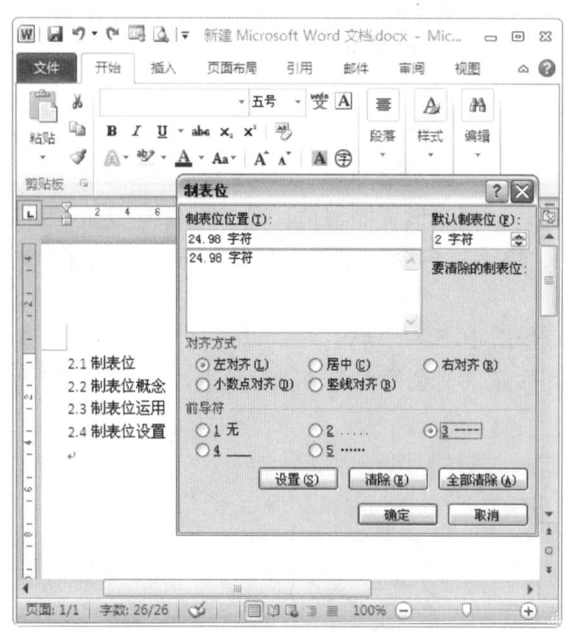

图 10-40 设置前导符

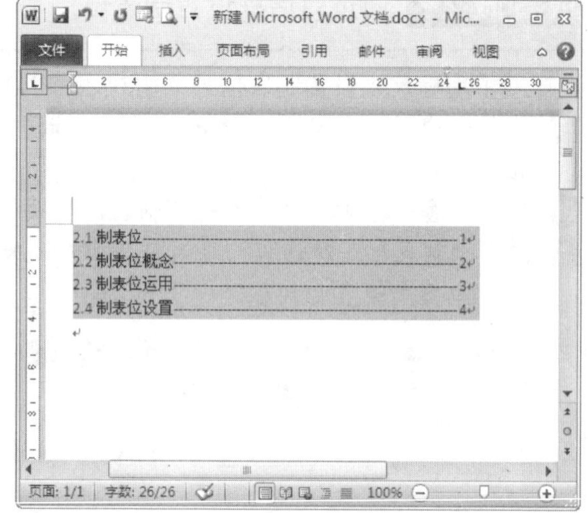

图 10-41 插入前导符的效果

10.2.2 添加项目符号和编号

在 Word 2010 中，为了方便阅读，用户可以为文档添加项目符号和编号列表，使文档看起来更加井井有条。Word 可以在键入文档的时候自动创建项目符号与编号列表，也可以在录入文本之后添加项目符号与编号。

跟着做 1 添加项目符号

项目符号是指放在文本(如列表中的项目)前以添加强调效果的点或其他符号，添加项目符号的具体操作步骤如下。

电脑小百科

将鼠标指针移动到窗口的标题栏上并按住鼠标左键不放拖动，当拖动到目标位置再释放鼠标左键可快速移动窗口。

❶ 在 Word 2010 中，选取需要添加项目符号的文本，选择“开始”→“段落”命令。
❷ 单击 ☰ 项目符号图标，在弹出的下拉列表中选择合适的项目符号，如图 10-42 所示。
❸ 项目符号被添加到文档中，如图 10-43 所示。

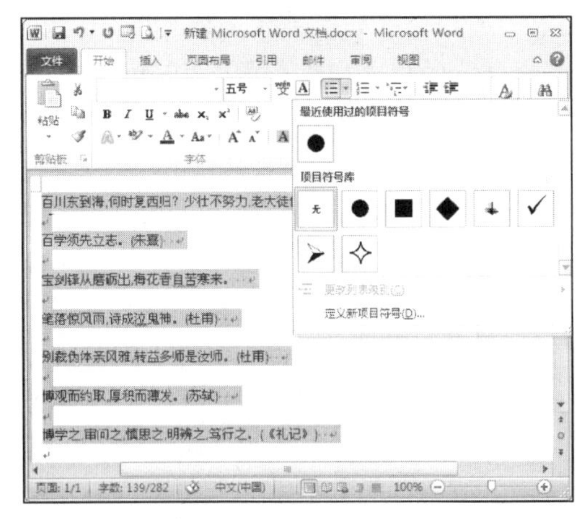

图 10-42 选择项目符号

图 10-43 添加项目符号效果

跟着做 2☛ 添加编号

添加编号的方法和添加项目符号相似，添加编号的具体操作步骤如下。

❶ 在 Word 2010 中，选取需要添加编号的文本，选择“开始”→“段落”命令。
❷ 单击 ☰ 编号图标，在弹出的下拉列表中，选择合适的编号模板，如图 10-44 所示。
❸ 编号被添加到文档中，如图 10-45 所示。

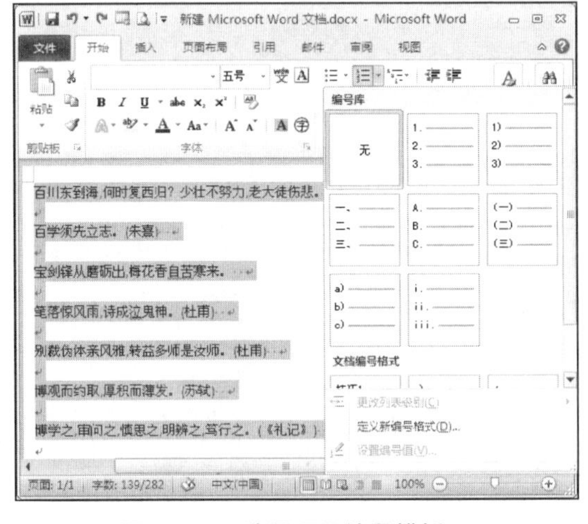

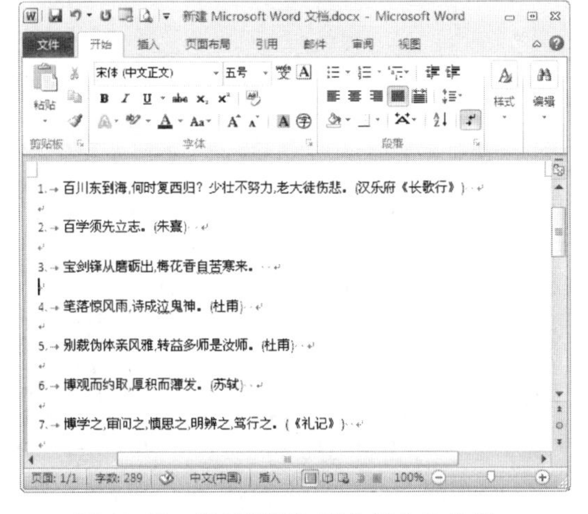

图 10-44 选择项目编号模板

图 10-45 编号被添加到文档中的效果

知识补充

单击列表中的第一个编号并将其拖到一个新的位置。整个表都会随着用户的拖动而移动，但列表中的编号级别不变。

电脑小百科

使用“视图”→“显示比例”→“文字宽度”命令，可以显示过宽的文件。

跟着做 3 添加多级列表

添加多级列表的具体操作步骤如下。

1. 在 Word 2010 中，选取需要添加多级列表的文本，选择“开始”→“段落”命令。
2. 单击多级列表图标，在弹出的下拉列表中选择合适的列表模板，如图 10-46 所示。
3. 列表被添加到文档中，效果如图 10-47 所示。

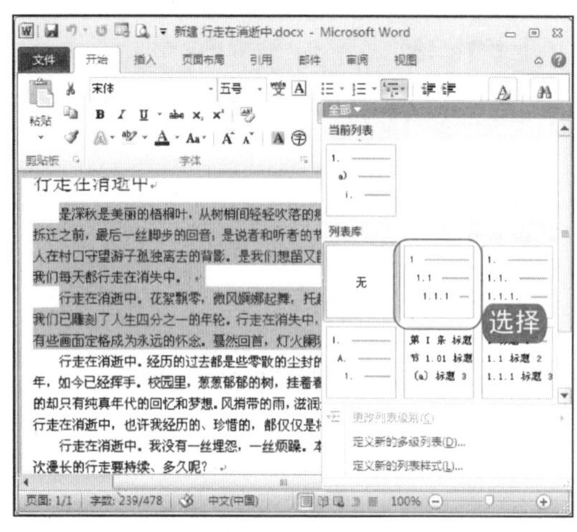

图 10-46　选择列表模板

图 10-47　列表被添加到文档中

4. 将光标定位在除第一个编码外的其他编码，如图 10-48 所示。
5. 按下 Tab 键，该编码就会降为下一级编码。每按一次，编码就会变化一次，直到成为第九级编码为止，效果如图 10-49 所示。

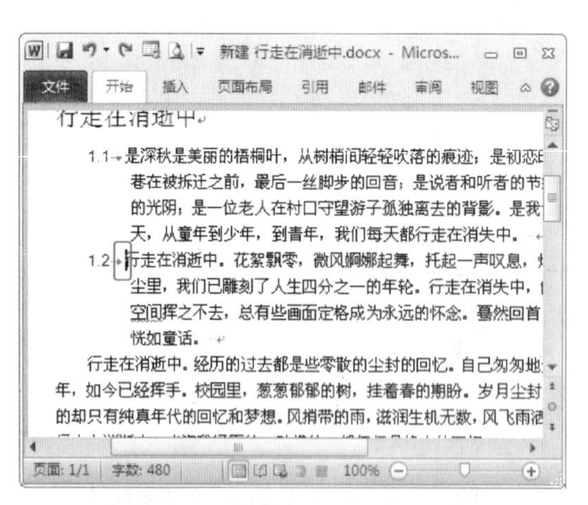

图 10-48　将光标定位在插入下级编码的位置

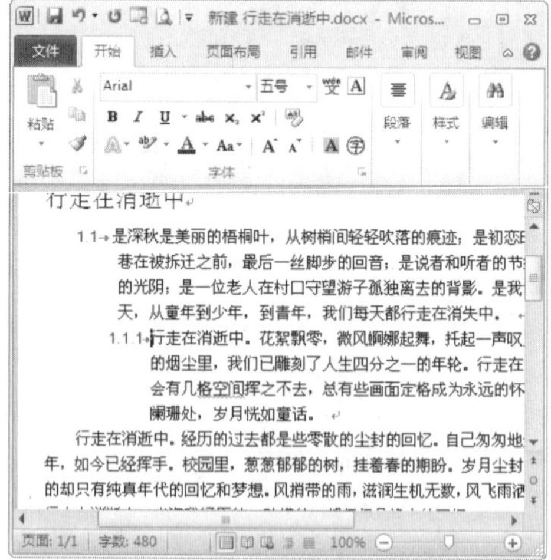

图 10-49　增加编码级的效果图

6. 按下 Shift+Tab 组合键，该编码就会升为上一级编码。每按一次，编码就会变化一次，直到成为第一级编码为止。

电脑小百科

Intel 盒装 CPU 的防伪标签采用的是立体式防伪，不仅防伪标签的底层图案会有变化，而且从不同的方向还能看到立体的 Intel 标志。

10.3 制作精美的杂志页

实例解析

一份漂亮的杂志往往根据顾客群的不同被分为多个栏目，每个栏目都具有不同的格调和排版要求。在对杂志进行排版设计时，需要保证文章看上去美观、紧凑，还要突出重点，抓住读者眼球，同时也要考虑杂志成本。所以，只有经过合理地设计排版才能制作出精致、完美的杂志。

书盘互动指导

在光盘中的位置	书盘互动情况
10.3 制作精美的杂志页 10.3.1 设置杂志的页面颜色 10.3.2 设置杂志的页眉和页脚 10.3.3 设计杂志的版式栏页	本节主要介绍以上述内容为基础的综合实例操作方法，在光盘 10.3 节中有相关操作的视频文件，以及原始素材文件和处理后的效果文件。 大家可以在阅读本节内容后再学习光盘，以达到巩固和提升的效果。

原始文件	素材\第 10 章\大学毕业后的工作和生活.docx
最终文件	源文件\第 10 章\大学毕业后的工作和生活.docx

制作一页精美的杂志，可通过下面的操作步骤来实现。

跟着做 1 设置杂志的页面颜色

杂志有时会因为不同的栏目或者突出的重点，将页面背景设置为除白色以外的其他颜色，设置杂志页面颜色的具体操作步骤如下。

1. 打开 Word 2010 文档，选择“页面布局”选项卡，在“页面背景”功能区中选择“页面颜色”命令，在弹出的下拉菜单中选择背景颜色，如选择“绿色”，如图 10-50 所示。
2. 对页面背景的颜色进行设置之后，用户可以根据需要改变文本的字体颜色，选取文字，选择“开始”→“字体”命令，将字体颜色设置为“白色”。
3. 选取小标题，选择“开始”→“段落”→“底纹”命令，在下拉菜单中修改所选文字的底纹，如图 10-51 所示。

电脑小百科

在排版时，通常使用鼠标左键调整页边距、制表符等，如果效果不尽如人意，可以在调整过程中按鼠标右键来进行微调。

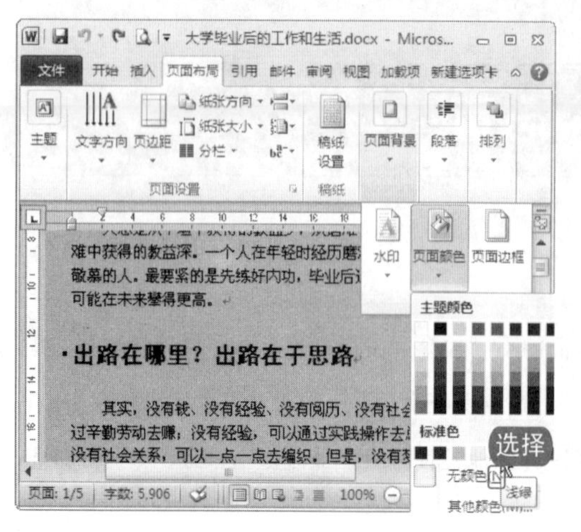

图 10-50 选择页面的背景颜色

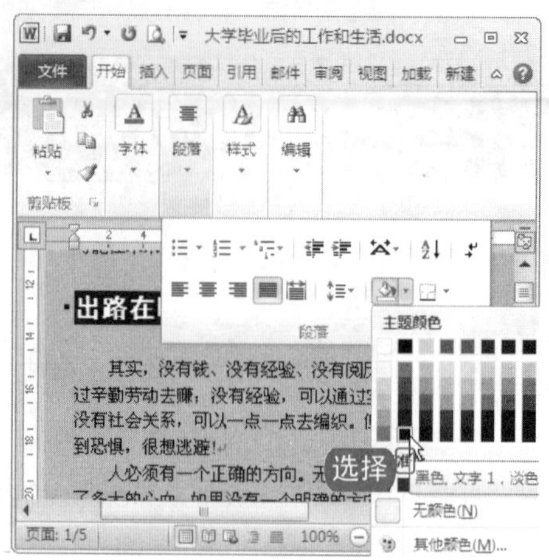

图 10-51 选择文字的底纹颜色

跟着做 2☛ 设置杂志的页眉和页脚

为文本插入页眉页脚的具体操作步骤如下。

1. 在 Word 2010 文档中，选择“插入”→“页眉和页脚”→“页眉”命令。
2. 在打开的“页眉”下拉菜单中选择插入的页眉类型，如图 10-52 所示。
3. 在页眉的文本框中输入文字，如图 10-53 所示，也可以根据需要，选取文字对其进行美化，设置完成后双击文档内容或单击“关闭页眉和页脚”按钮。

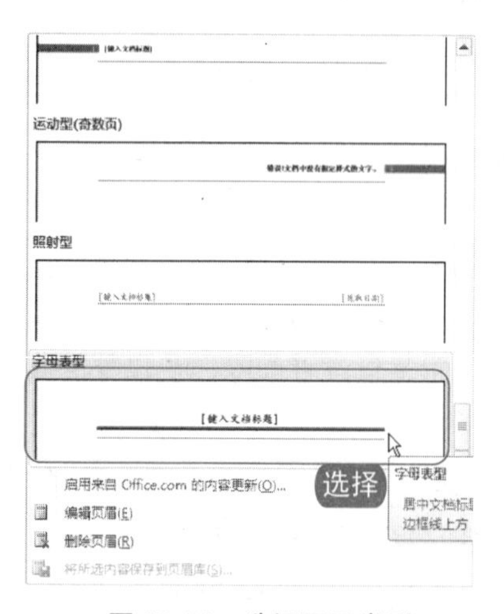

图 10-52 选择页眉类型

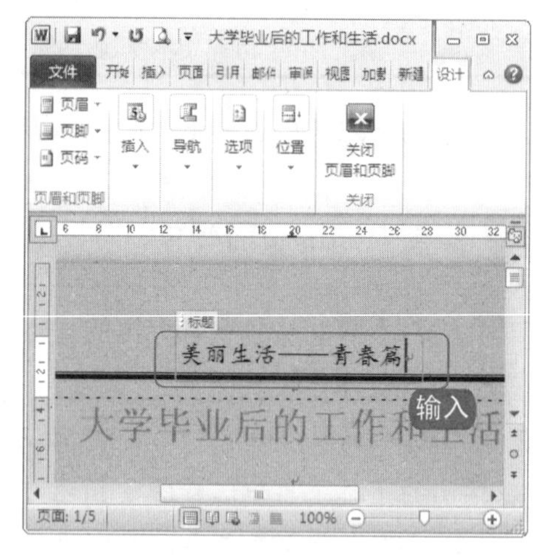

图 10-53 输入文本内容

4. 选择“插入”→“页眉和页脚”→“页码”→“页面底端”命令，在打开的“页码”下拉菜单中选择合适的页码类型，如图 10-54 所示。
5. 页码被插入到文档中，对其进行适当的编辑美化。选择“设计”→“位置”命令，设置页眉顶端距离和页脚底端距离，如图 10-55 所示。
6. 设置完成后，单击“关闭页眉和页脚”按钮即可。

电脑小百科

Windows 是一个系统操作平台，要解决实际问题，处理日常事务最终要通过应用程序软件来完成。

图 10-54　选择页码类型

图 10-55　设置页码的位置

跟着做 3 设计杂志的版式栏页

对杂志进行排版时，可以将其设置为双栏、三栏或混栏版面，具体操作步骤如下。

1. 在 Word 2010 中，按下 Ctrl+A 组合键，选取整篇文章。
2. 选择"页面布局"→"页面设置"命令，单击"分栏"命令上的下拉按钮，在下拉菜单中选择分栏的方式，如选择"两栏"，如图 10-56 所示。
3. 文档版面随即变为两栏，效果如图 10-57 所示。

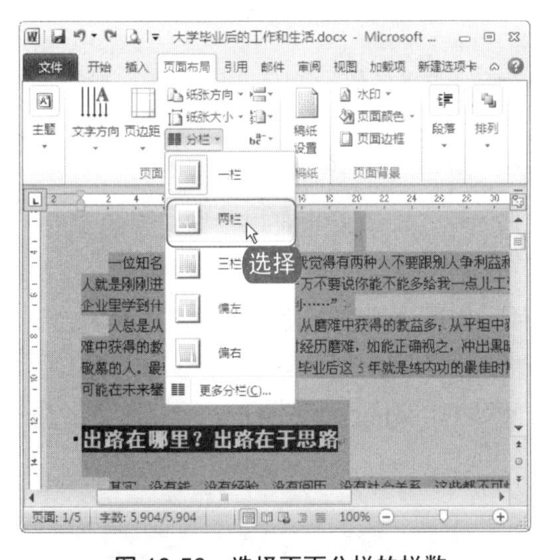

图 10-56　选择页面分栏的栏数

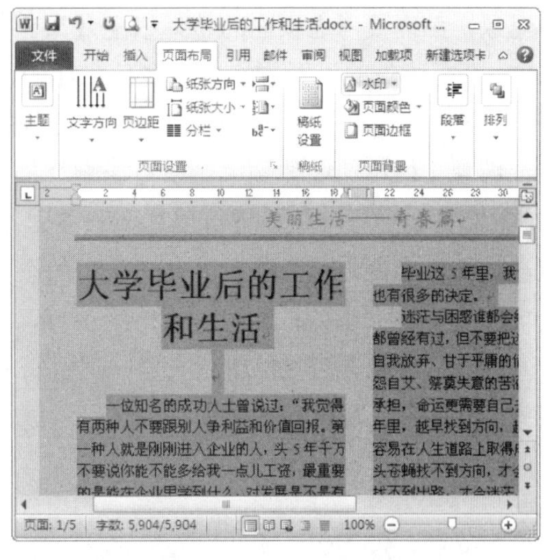

图 10-57　两栏式效果

跟着做 4 为二级标题添加项目符号

为了方便读者阅读，可以为文中的二级标题添加项目符号，具体操作步骤如下。

1. 选取一个二级标题，按下 Shift 键同时选择其他的二级标题，选择"开始"→"段落"命令。

将页眉中的横线颜色设置"白色"，可以在视觉效果上将横线去除。

2 单击“项目符号”命令的下拉按钮，在下拉菜单中选择合适的项目符号，如图 10-58 所示。

图 10-58 为二级标题添加项目符号

学 习 小 结

本章主要介绍了 Word 2010 页面的设置，包括页眉、页脚、页码的插入，页面背景颜色的设置，页面的分栏等，另外还介绍了制表位、项目符号和编号的添加。

通过对本章的学习，读者能够学会如何进行页面设置，还能为 Word 2010 中的一些文档添加项目符号，使页面看起来更加整洁、有序。下面对本章内容进行总结，具体内容如下。

(1) 在 Word 2010 中，为文档插入页眉、页脚时，可以选择系统提供的模板，也可以进行自定义，插入自己设计的模板或者是图片。合理利用页眉、页脚，无论是插入页码还是图片等其他对象，都需要考虑页面的整体搭配效果。

(2) 页面背景的设置方法也是多种多样的，它可以选择任何的颜色和图片，但对于一些正式场合，建议还是选择系统默认的无背景颜色或白色。在选择页面颜色时，除了应该注意场合，还应该结合文档中的字体颜色，以免影响文档的基本阅读。

(3) 对页面进行分栏设置可以很大程度上帮助页面排版，有时也可以提高读者的阅读兴趣。但应注意文档末尾，避免单栏“小尾巴”的出现，这时可以选择插入分节符、多栏混排，也可以考虑改变字体大小、行间距、段落间距等，灵活运用所学知识，使页面看起来更加美观。

(4) 在 Word 文档中使用制表位、项目符号和编号都可以使原本杂乱不够清晰的文档看起来整齐、有序更具层次感。例如，为二级标题或三级添加项目符号或编号，可以使读者快速了解每段的主要内容，帮助阅读。

互 动 练 习

1. 选择题

(1) 为文档插入页眉、页脚应该选择(　　)选项卡。

A. 开始　　B. 插入

C. 页面布局　　D. 视图

电脑小百科

在文件夹中单击一个文件后，隔 3 秒再次单击该文件，则可以更改文件的文件名称。

(2) 关于页面背景颜色的设置，以下说法不正确的是(　　)。

A．Word 2010 系统默认的页面背景为无颜色

B．页面的背景颜色不一定全为纯色，也可以是渐变色

C．页面背景可以设置为某种颜色、纹理图案，也可以是自定义图片

D．选择将图片作为页面背景后，页面背景将无法再改变

(3) 以下哪个不是“页面设置”对话框中的选项？(　　)

A．页边距　　B．纸张

C．文档网格　　D．显示比例

(4) 使用(　　)可以实现文档的强制断行产生新行。

A．制表位　　B．换行符

C．分页符　　D．分节符

2. 思考与上机题

(1) 为“员工考勤表”的“序号”列添加编号。

员工考勤表					
序号	上班时间	签到者	下班时间	签退者	请假人员:
1.					
2.					出差人员:
3.					
4.					旷职人员:
5.					
6.					考勤人员:
7.					
8.					备注:
9.					
10.					

	原始文件	素材\第 6 章\员工考勤表.docx
	最终文件	源文件\第 10 章\员工考勤编号表.docx

(2) 为“大学毕业后的生活和工作”添加版权水印。

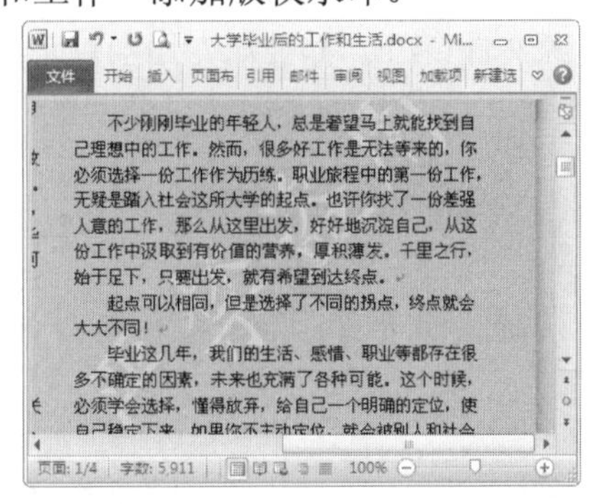

	原始文件	素材\第 10 章\大学毕业后的生活和工作.docx
	最终文件	源文件\第 10 章\大学毕业后的生活和工作版权.docx

制作要求：

a. 使用文字水印，输入文字“不经许可，严禁盗用”字样。

b. 将水印字体设置为“楷体”，字号设置为“自动”。

c. 将水印字体颜色设置为“灰色”，效果为“不透明”。

d. 版式设置为“斜式”。

(3) 为“会议记录表”添加公司专用的页眉、页脚。

天美有限公司

会议记录表			
会议名称		会议地点	
会议时间		主持人	
参与人员		缺席人员	
会议内容：			
主要讨论事项：			

	原始文件	素材\第 6 章\会议记录表.docx
	最终文件	源文件\第 10 章\公司专用会议记录表.xlsx

制作要求：

a. 添加页眉，输入文字“天美有限公司”。

b. 页眉字体设置为“华文行楷”，字号设置为“小二”，字体颜色为“红色”。

c. 添加页脚，输入“公司地址：北京朝阳区安定桥桥西 XX 大厦 1203 室”，换行输入“联系电话：010—88119××××”。

d. 页脚字体设置为“长城楷体”，字号为“五号”，颜色为“红色”。

e. 将页眉和页脚的文字居中。

电脑小百科

在“控制面板”中，打开鼠标的“属性”对话框，可以改变和调节双击鼠标时的速度。

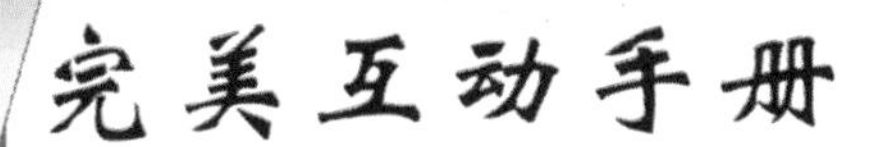

第 11 章

Word 2010 文档的打印设置

本章导读

文档在制作完成之后往往需要将其打印出来，这属于文本的输出。通过电脑的外部设备打印机，可以完成这一任务。

本章主要介绍了打印机的安装和维护，打印前页面和纸张的设置，以及打印文档的预览。

精彩看点

- 安装打印机
- 维护打印机
- 预览打印效果
- 设置页面大小
- 设置纸张和文字方向
- 选择打印文档

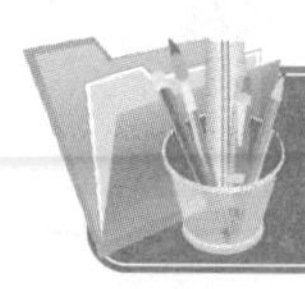

11.1 安装和维护打印机

完成文档编辑后，需要将文档打印出来分享给他人使用，特别是一些合同或证书，一定要打印出来才能生效。从打印机原理上讲，常见的打印机大致分为针式打印机、喷墨打印机和激光打印机。如果需要简单的文本输出，可以选购较廉价的喷墨打印机。如果对打印质量、效果和速度要求较高，且经济能力能负担的，用户可以选购激光打印机。

书盘互动指导

示例	在光盘中的位置	书盘互动情况
	11.1 安装和维护打印机 11.1.1 安装打印机 11.1.2 维护打印机	本节主要带领大家学习如何安装和维护打印机，在光盘 11.1 节中有相关内容的操作视频，并还特别针对本节内容设置了具体的实例分析。

11.1.1 安装打印机

在安装打印机之前要确认打印机和电脑都处于关闭状态。而且要将打印机放置在离电脑较近的地方，避免放置在温度和湿度容易发生剧烈变化的地方，同时要保持通风，避免阳光直射。

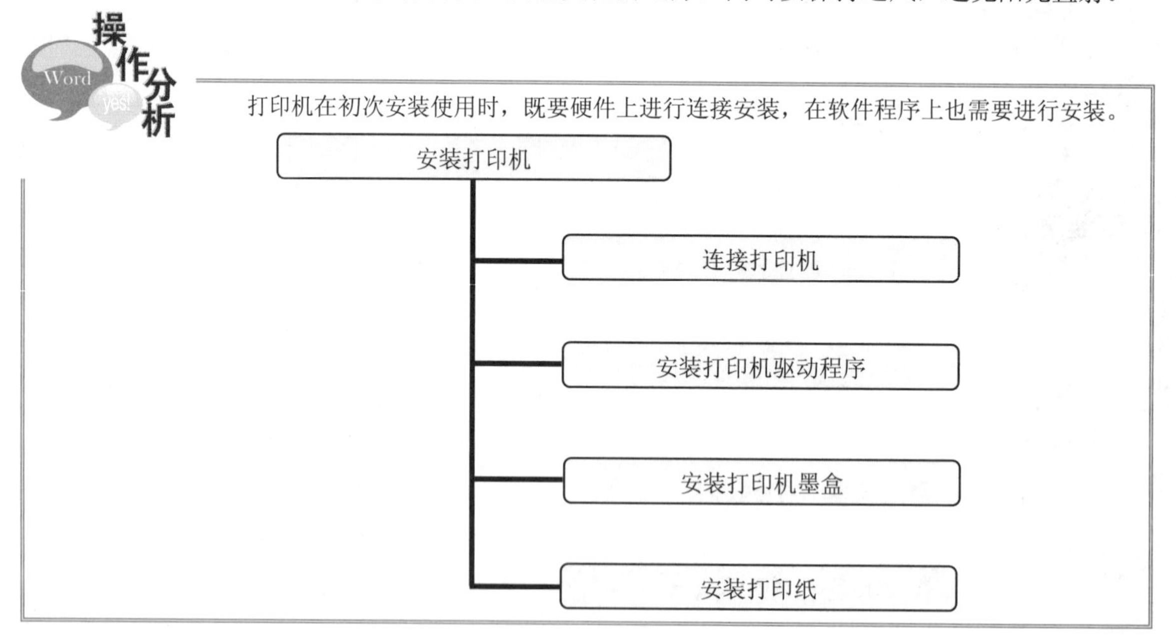

跟着做 1 连接打印机

要想使用打印机，需要首先将其连接到电脑上，连接喷墨打印机的具体操作步骤如下。

电脑小百科

安装虚拟机对电脑的硬件配置要求比较高，要求具有较大的内存。

1. 确认打印机和电脑的电源都处于关闭状态。
2. 将打印线缆一端插入打印机后面右侧打印接口，再将另一端插入电脑机箱后面的并口中，如图 11-1、图 11-2 所示。

图 11-1　数据线和电源线

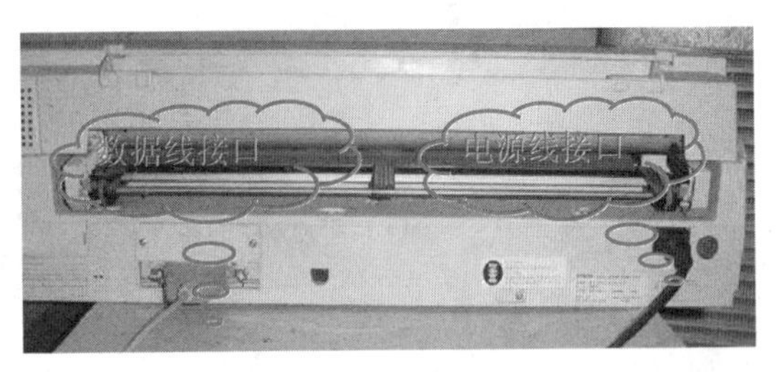

图 11-2　连接打印机

3. 接好后拧紧接头螺丝，以免松脱。在连接数据线时，一定要注意接头的方向，如果接法不对口是插不上的。

跟着做 2 安装打印机驱动程序

连接好打印机后，还必须安装该打印机的驱动程序，具体操作步骤如下。

1. 打开打印机电源并启动电脑，将打印机驱动光盘放到光驱中，电脑会自动运行并进入驱动程序安装界面。
2. 根据光盘软件的提示进行安装，系统将自动安装打印机驱动程序到电脑并确保打印机正常运行。

跟着做 3 安装打印机墨盒

安装好打印机软件后，系统将会提示继续进行安装墨盒。由于是初次使用，因此选择“是”，单击“下一步”按钮开始安装墨盒，打印头会自动移至墨盒安装的位置。

1. 打开打印机墨盒的舱盖位置，如图 11-3 所示。
2. 取出新墨盒连接墨盒线，如图 11-4 所示。

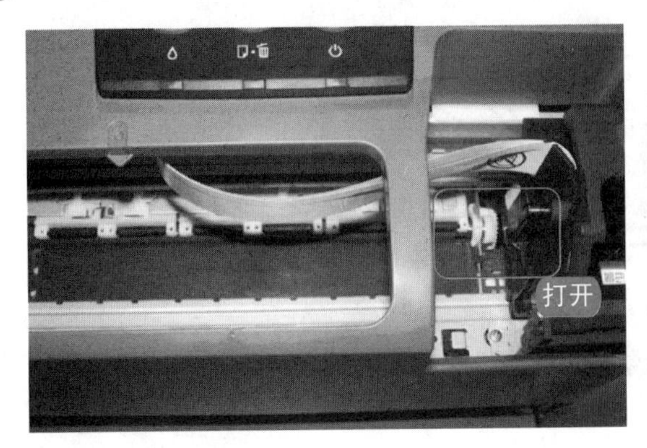

图 11-3　打开舱盖

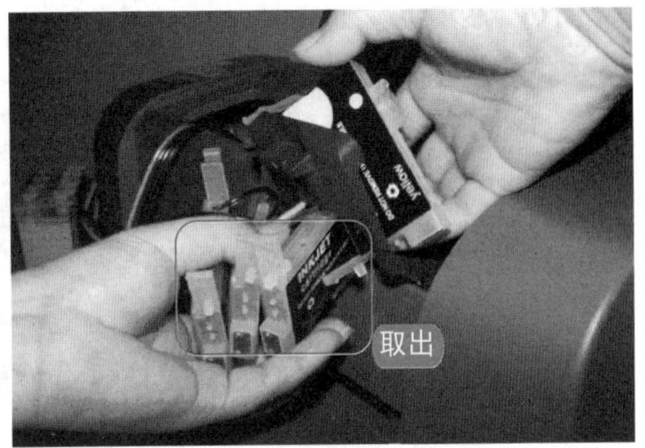

图 11-4　新墨盒连接墨盒线

电脑小百科

与他人共享计算机上的公用文件夹时，对方能像在自己的计算机上那样打开和查看计算机上保存的文件。

3 连接好墨盒线后，将喷头上的黄色胶质放置在墨盒底座中，墨盒上部的箭头指向打印机的后部，墨盒锁定杆拉起并推向打印机后部，锁紧墨盒，如图 11-5 所示。

4 将墨盒装入打印机中即可，如图 11-6 所示。

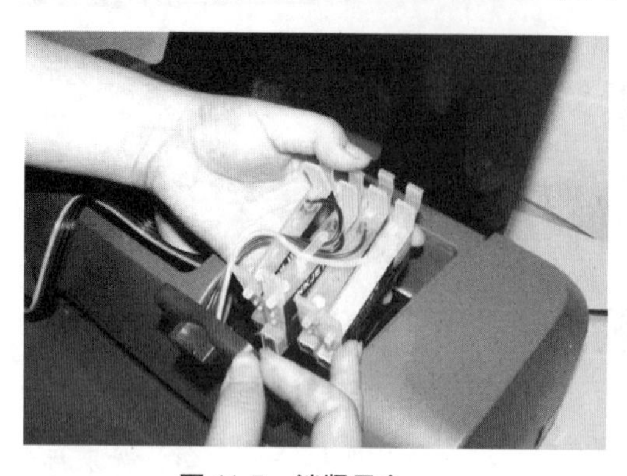

图 11-5 锁紧墨盒

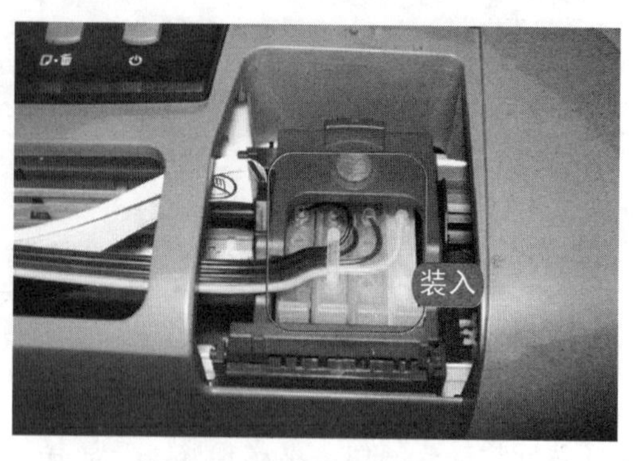

图 11-6 墨盒装入打印机

知识补充

给打印机装入墨水时，打印机会发出一些刺耳的机械声，这是打印头移动的声音，完成后系统会弹出一个对话框说明墨水装入结束。

跟着做 4 安装打印纸

要打印文件，必须安装打印纸，安装打印纸的具体操作步骤如下。

1 拉出打印机的送纸器，按下左导轨上的锁定钮并滑动该导轨，使两个导轨间的距离略大于打印纸宽度。

2 让打印纸的右边缘紧靠右导轨，然后滑动左导轨，使其靠住打印纸的左边缘，确保装入的纸不超过导轨内侧的小片，将打印纸装入送纸器，如图 11-7 所示。

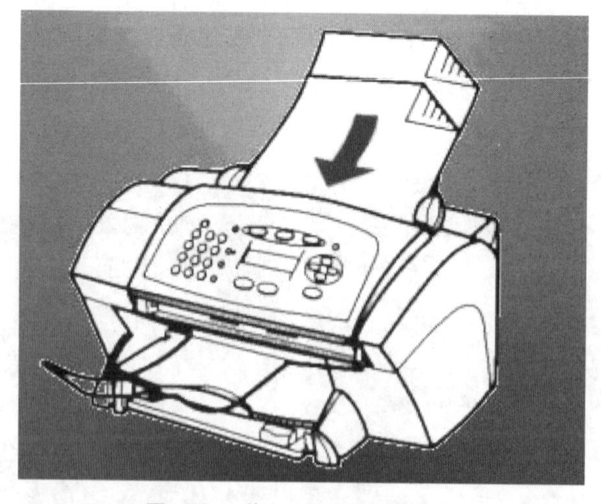

图 11-7 将打印纸装入送纸器

3 装入后打印一张测试页来判断打印机是否能正常工作。

电脑小百科

注册表作为计算机的核心部分之一，其主要用来管理应用程序和文件的关联、硬件设备说明、状态属性以及各种状态信息和数据等。

一般在办公室可能会有多台打印机，对于不同打印要求可能会使用不同的打印机。单击桌面的“开始”按钮，选择“打印机和传真”命令，在打开的“打印机和传真”窗口中，将鼠标移至需要设置为默认的打印机上单击鼠标右键，在弹出的快捷菜单中选择“设为默认打印机”命令，即可将其设为默认打印机。

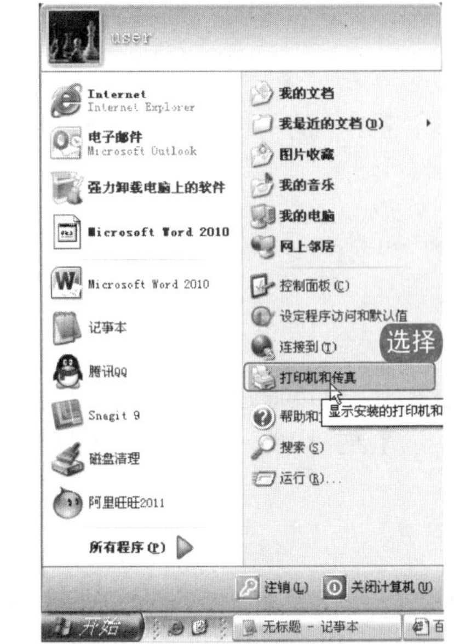

11.1.2 维护打印机

为了延长打印机的使用寿命，使其更高效地工作，在使用打印机时，应注意以下一些事项。

- 打印机工作的时候，禁止切断电源。
- 打印机在打印的时候，切勿搬动或拖动打印机。
- 不要擦拭齿轮，不要擦拭打印头和墨盒附近的区域。
- 一般不要移动打印头，特别是有些打印机的打印头处于机械锁定状态，用手是无法移动的。若强行用力移动打印头，将会造成打印机机械部分的损坏。
- 不要使用纸巾等纸制品来清洁打印机内部，以免机内残留纸屑。
- 不要使用挥发性液体清洁打印机，以免损坏打印机表面。
- 不要用手触摸墨水盒出口处，以防杂质混入墨水盒。
- 切忌摔撞墨水盒，以防泄漏墨水。
- 禁止将物品摆放在打印机上。
- 切忌电源插头长期插在电源插座中。
- 切勿触摸打印电缆接头及打印头的金属部分，打印头工作的时候，不可触摸打印头。
- 禁止订书针、金属片、液体等异物进入打印机，以免造成触电或机器故障。
- 在打印文档时，禁止使用有皱纹、折过的纸张，以免在打印的时候出现卡纸现象。

除了以上这些注意事项之外，在使用打印机时，有时也常常会出现一些硬件或软件方面的故障，下面为大家介绍几种排除常见故障的一些方法。

电脑小百科

安装的打印机驱动程序不同，“打印”对话框也会有所不同，但设置的内容大致相同。

1. 打印时墨迹稀少

当使用喷墨打印机打印文件出现墨迹稀少情况时，说明打印机的墨水输送系统或打印机的喷头遇到了堵塞或障碍。将喷墨打印机拆开，取出其中的墨水输送系统和喷头进行清洗就可以解决该问题。

2. 打印字迹不清

在使用针式打印机或喷墨式打印机时，都可能会遇到打印字迹不清的情况，造成这种现象的原因主要有以下几种。

- 针式打印机的打印色带使用时间过长。
- 打印头脏污太多。
- 针式打印机的打印头有断针。
- 打印头驱动电路有故障。

如果是因为打印色带使用时间过长或打印头脏污太多的原因，可以通过调节打印头与打印辊的间距来解决。如果还是不行的话，可能需要更换打印色带、清洁打印头。如果是因为打印头有断针或驱动电路有故障的原因，建议拿到维修部进行修理。

3. “文件与打印共享”无法选择

使用网络打印文件是指在某个特定的网络环境中共享使用打印机，这就需要在网络通信协议中选择“文件与打印共享”选项。如果不能选择“文件与打印共享”选项，则说明没有安装“Microsoft 网络上的文件与打印共享”组件。

下面为大家介绍安装“Microsoft 网络上的文件与打印共享”组件的操作步骤。

1. 在电脑桌面的“网上邻居”图标上，单击鼠标右键，在弹出的快捷菜单中选择“属性”命令。
2. 打开“网络连接”窗口，在窗口中的“本地连接”图标上单击鼠标右键，在快捷菜单中选择“属性”命令，如图 11-8 所示。

图 11-8　选择“属性”命令

3. 打开“本地连接 属性”对话框，在对话框中选择“常规”选项卡，单击“安装”按钮，如图 11-9 所示。
4. 打开“选择网络组建类型”对话框，在对话框中选择“服务”命令，单击“添加”按钮，如

电脑小百科

无线是有线的最好延伸与替补，无线和有线在短期内不会相互取代，对一般用户而言，无线和有线仍是相当长一段时间内应用的主流。

图 11-10 所示。

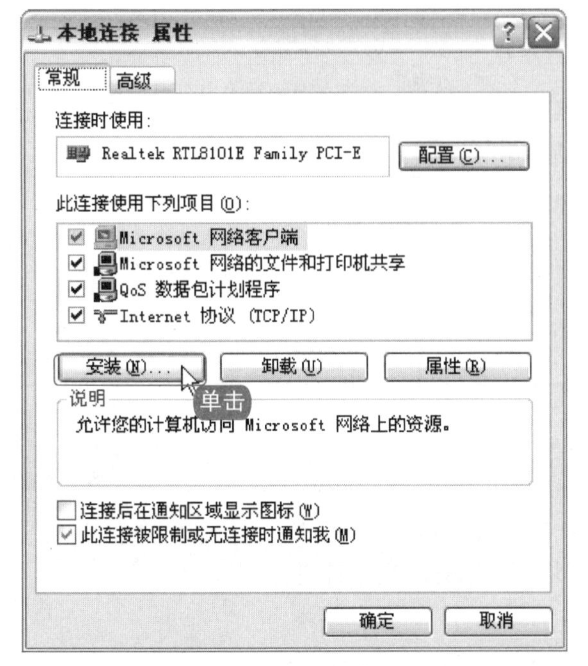

图 11-9　“本地连接 属性”对话框

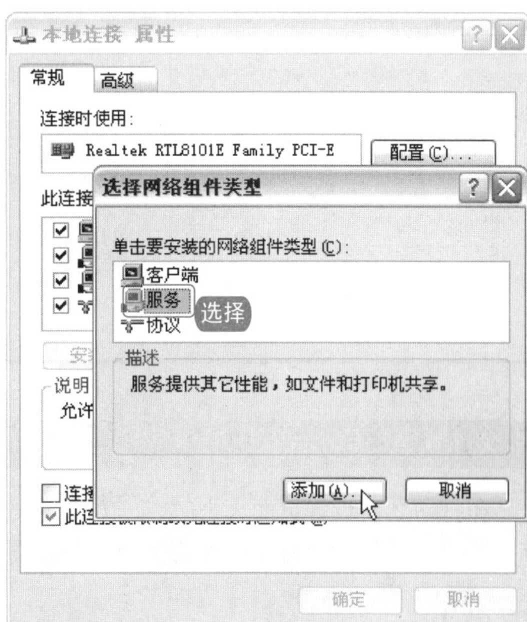

图 11-10　“选择网络组件类型”对话框

5 打开“选择网络服务”对话框，在对话框的列表框中选择“Microsoft 网络的文件和打印机共享”选项，如图 11-11 所示。

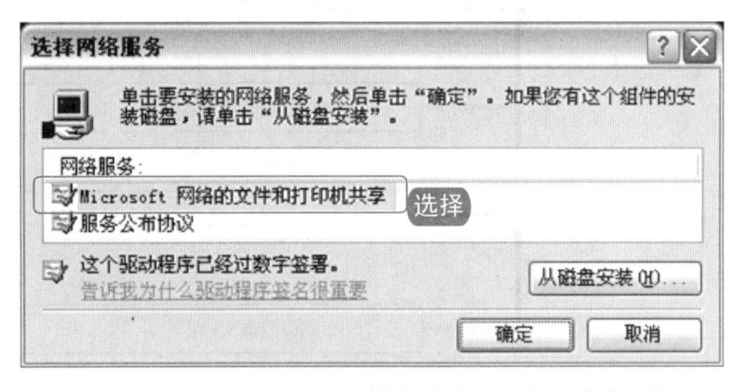

图 11-11　选择“Microsoft 网络的文件和打印机共享”选项

6 将 Windows 安装光盘放入电脑光驱，单击对话框中的“确定”按钮，开始安装组件，打印机从而实现共享。

11.2　设置打印内容

在对文档进行打印之前需要对文档的页面大小、纸张和文字方向等进行格式设置，这是对文档进行打印的准备工作。

电脑小百科

如果文档中有许多图片，在打开文档时，图片可能会需要很长时间才能显示完全，但是可以使用打印预览功能来快速显示图片。

书盘互动指导

示例	在光盘中的位置	书盘互动情况
	11.2 设置打印内容 11.2.1 设置页面大小 11.2.2 设置纸张和文字方向 11.2.3 设置文字方向	本节主要带领大家学习设置需要打印的文本内容，在光盘 11.2 节中有相关内容的操作视频，并还特别针对本节内容设置了具体的实例分析。 大家可以在阅读本节内容后再学习光盘，以达到巩固和提升的效果。

11.2.1 设置页面大小

在打印之前设置页面大小时，一方面需要考虑到文档的美观性和排版的其他特殊要求，另一方面还要考虑到打印机和纸张的大小，所以需要将两者结合起来进行设置。

在 Word 2010 中，对文档进行打印之前需要对页面大小进行设置，它包括页边距的大小和纸张的大小，对它们的设置既可以套用系统预置的，也可以进行自定义设置。

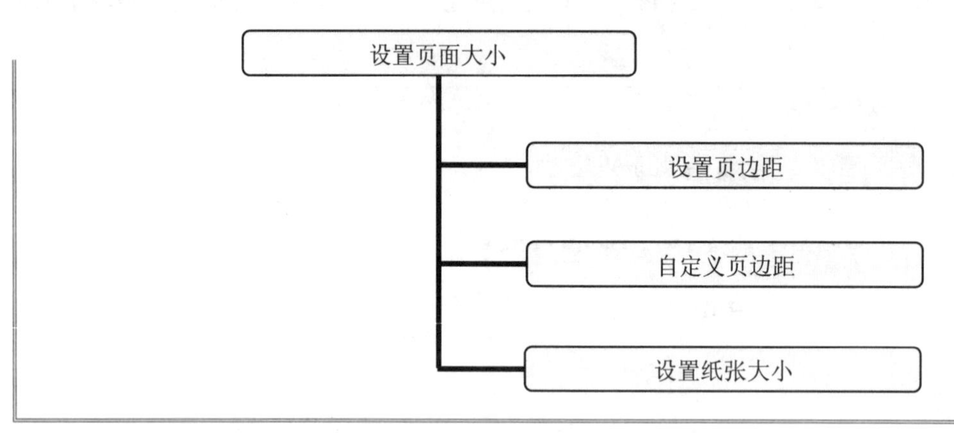

跟着做 1 快速设置页边距

Word 2010 提供了多种常用的页边距模板，可以快速套用，设置页边距的具体操作步骤如下。

1. 选择“页面布局”→“页面设置”命令。
2. 单击“页边距”按钮，在弹出的页边距下拉菜单中选择合适的页边距模板，如选择“窄”选项，如图 11-12 所示。
3. Word 文档页边距发生改变，如图 11-13 所示。

电脑小百科

在网络和可移动磁盘中，删除或删除内容超过“回收站”存储容量的项目都不能放入到“回收站”中，而是被彻底删除，且一般无法还原。

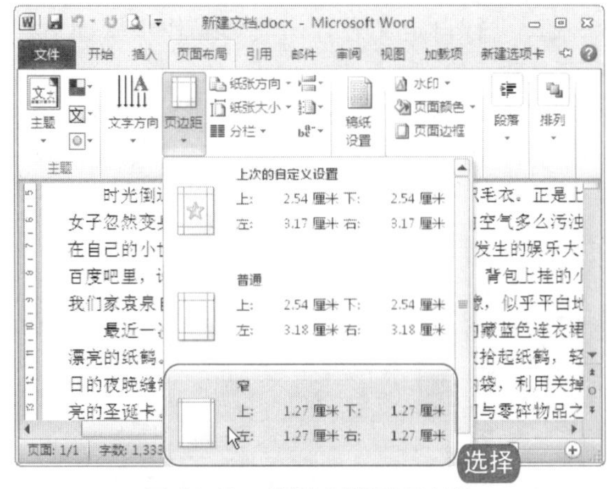

图 11-12　设置文档的页边距

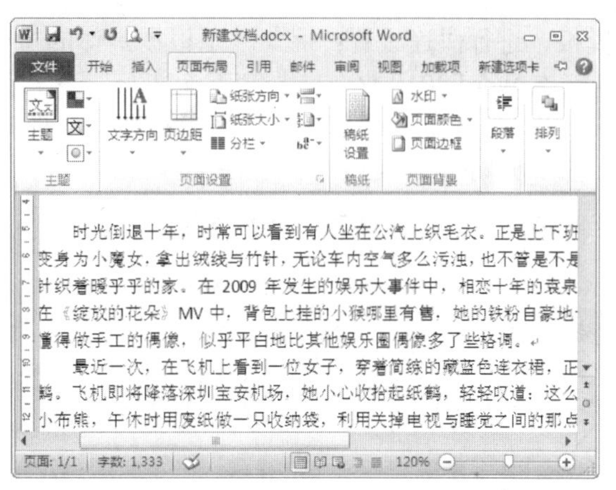

图 11-13　文档页边距发生变化

跟着做 2☛ 自定义页边距

设置页边距包括调整上、下、左、右边距以及页眉和页脚距页边界的距离，使用这种方法设置页边距十分精确，具体操作步骤如下。

1. 选择“页面布局”→“页面设置”命令。
2. 单击“页面设置”功能区右下角的下拉按钮，弹出“页面设置”对话框。在对话框中对页边距进行自定义设置，如图 11-14 所示。
3. 设置完成后单击“确定”按钮，页边距设置完成效果如图 11-15 所示。

图 11-14　自定义页边距

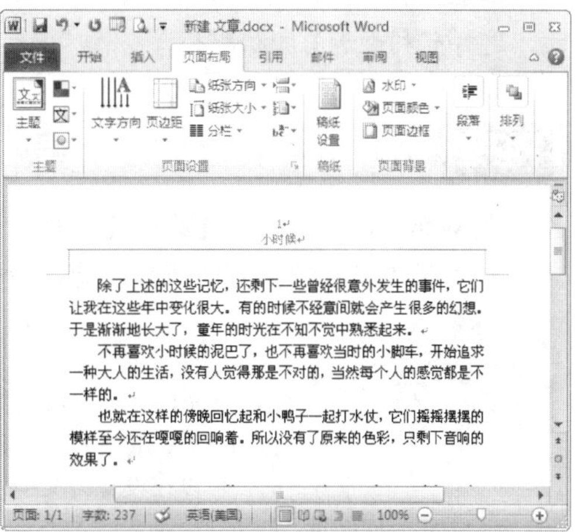

图 11-15　自定义页边距效果

跟着做 3☛ 设置纸张大小

不同的纸张大小所显示出来的文字数量是不一样的，所以应该根据不同的需求选择不同的纸张大小，设置纸张大小的方法有两种：一种就像设置页边距一样可以套用 Word 提供的纸张大小

电脑小百科

如果启用了密码保护的共享，则要与其共享的用户必须在该计算机上具有用户账户和密码才能完全访问共享项目。

模板，进行快速设置；另一种是根据具体的特殊需求，进行自定义设置，具体操作步骤如下。

1. 在 Word 2010 中，选择“页面布局”→“页面设置”命令。
2. 单击“纸张大小”命令，在弹出的“纸张大小”下拉列表中选择合适的纸张，如“16 开(18.4×26 厘米)”如图 11-16 所示。
3. 纸张大小发生改变，效果如图 11-17 所示。

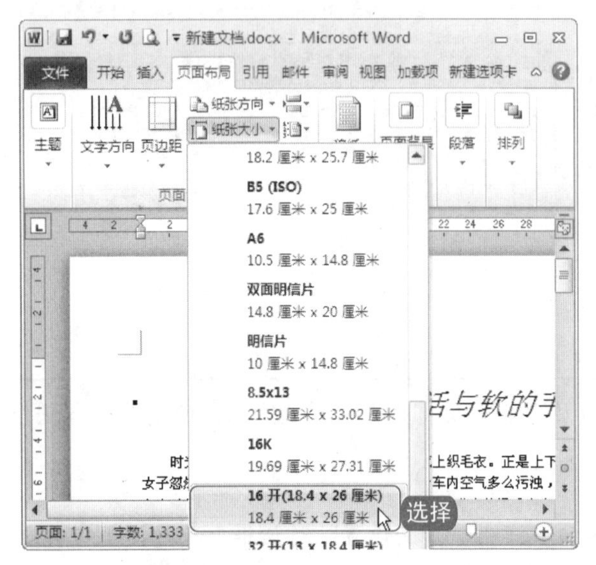

图 11-16　选择系统内置的纸张大小

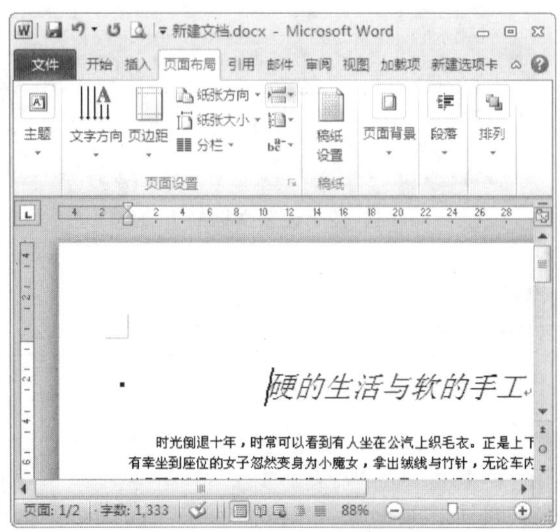

图 11-17　16 开纸张的页面效果

知识补充

如果当前使用的纸张为特殊规格或者调整了纸张的宽度和高度，建议选择系统提供的标准纸张尺寸，这样有利于和打印机配套。

11.2.2　设置纸张和文字方向

在 Word 2010 中，系统默认的纸张方向为纵向，文字方向为横向，所以对于一些文档特殊的排版要求需要对其纸张方向或文字方向选择设置。

操作分析

在 Word 2010 中，一般纸张的方向和文字的方向是相反的。如果将原本水平方向的文字变成垂直方向排列，纸张方向就会由横向变为纵向。所以如果用户只是想改变文字方向不改变纸张方向时，可以在设置完文字方向后，再次在“页面设置”工具栏或“页面设置”对话框中重新选择纸张方向即可。

跟着做 1　设置纸张的方向

纸张的方向有纵向和横向两种，用户可以根据文档内容的需要选择适当的纸张方向，具体操作步骤如下。

1. 在 Word 2010 中，选择“页面布局”→“页面设置”命令。

电脑小百科

对于使用针式打印机的用户，在打印 Word 文档中的图片时，可以将插入的图片设置为灰度，提高打印效果的清晰度。

❷ 在“页面设置”功能区中，单击“纸张方向”按钮，如图 11-18 所示。
❸ 在弹出的“纸张方向”菜单中选择“横向”方向，如图 11-19 所示。

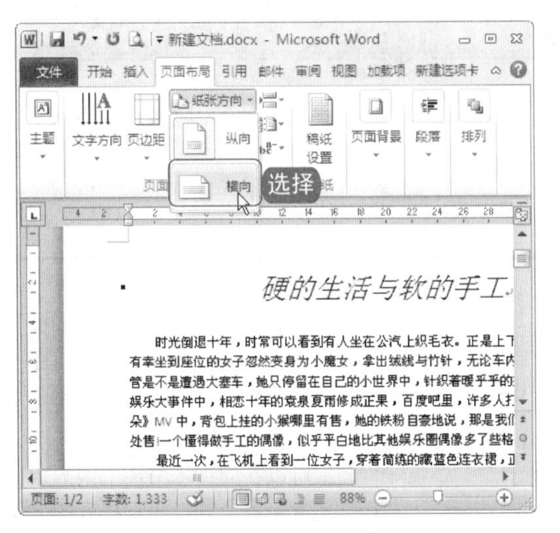

图 11-18　选择纸张方向

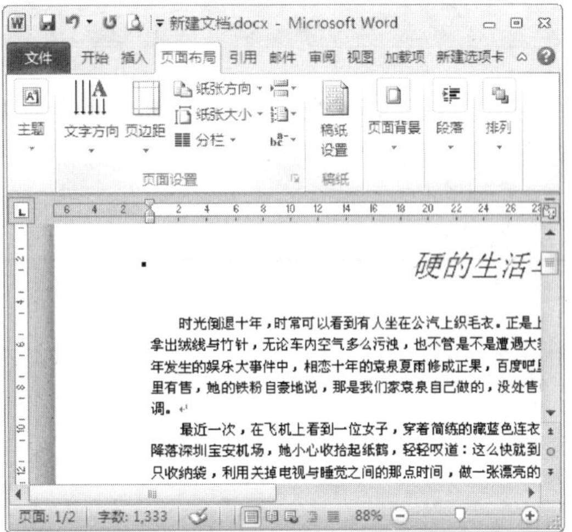

图 11-19　横向纸张的页面效果

跟着做 2☛ 设置文字方向

在编辑文档的过程中，有时候需要改变文本的方向以得到一个想要的编辑效果，这个时候，就需要变动文字的方向。

❶ 在 Word 2010 中，选择“页面布局”→“页面设置”命令。
❷ 在“页面设置”功能区中，单击“文字方向”图标。
❸ 在弹出的“文字方向”下拉菜单中，选择需要的文字方向，如选择“垂直”命令，如图 11-20 所示。
❹ 文档中的文字方向发生改变，效果如图 11-21 所示。

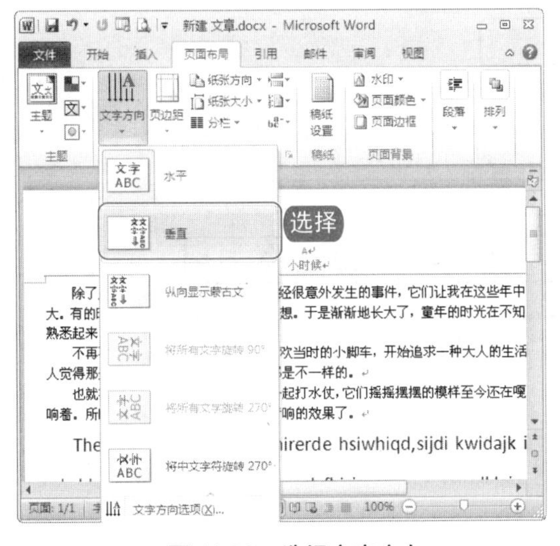

图 11-20　选择文字方向

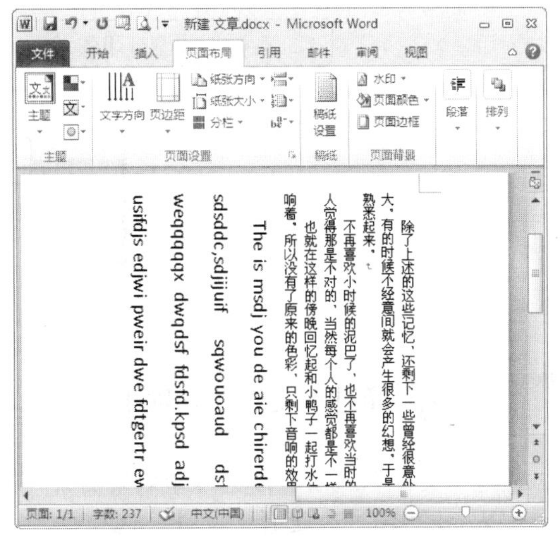

图 11-21　垂直方向排列的文字

电脑小百科

系统若安装有多个虚拟打印机，各个打印机属性会不同，有些是纸张类型不同，所以打印时要注意选择打印机。

11.3 打印文档

应用艺术字效果的文字，在文档中起着画龙点睛的作用。就来学习一下以数字的插入、修饰和调整的方法以及一些使用技巧。

书盘互动指导

⊙ 示例	⊙ 在光盘中的位置	⊙ 书盘互动情况
	11.3 打印文档 11.3.1 预览打印效果 11.3.2 选择打印文档	本节内容主要带领大家学习如何预览打印文档，在光盘 11.3 节中有相关内容的操作视频，并还特别针对本节内容设置了具体的实例分析。 大家可以在阅读本节图书内容后再学习光盘，以达到巩固和提升的效果。

11.3.1 预览打印效果

在打印之前，使用打印预览功能，就能在打印之前看到打印出来的效果，以便提前发现错误。

在 Word 2010 中，预览打印效果的途径包括两种。如果需要在设置文档打印属性的同时即时预览打印效果，就可以通过“文件”选项卡预览，但由于 Word 界面大小的限制，所以当比例调整大于 30%时，就不能预览到完整的页面，这时就可以使用快速访问工具栏中的“打印预览”功能，对其页面进行完整的预览甚至是多页预览。

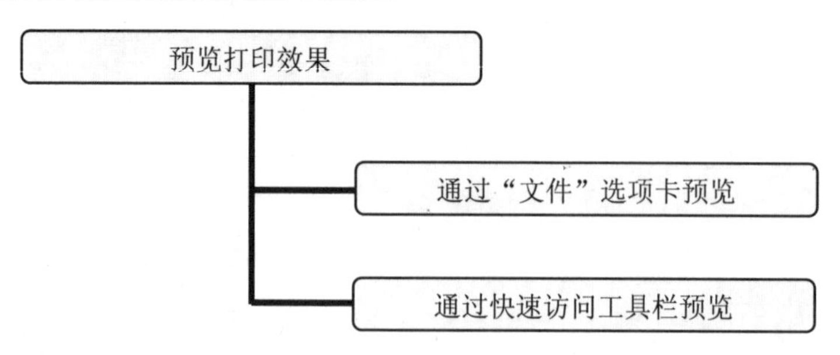

跟着做 1 通过“文件”选项卡预览

通过“文件”选项卡预览打印效果的具体操作步骤如下。

1. 在 Word 2010 中，选择“文件”选项卡。
2. 选择“打印”命令，在 Word 窗口右侧显示文档的打印效果，如图 11-22 所示。

电脑小百科

打开记事本的快捷方法是：选择“开始”→“运行”命令，在弹出的对话框中输入“Notepad”，按下 Enter 键即可。

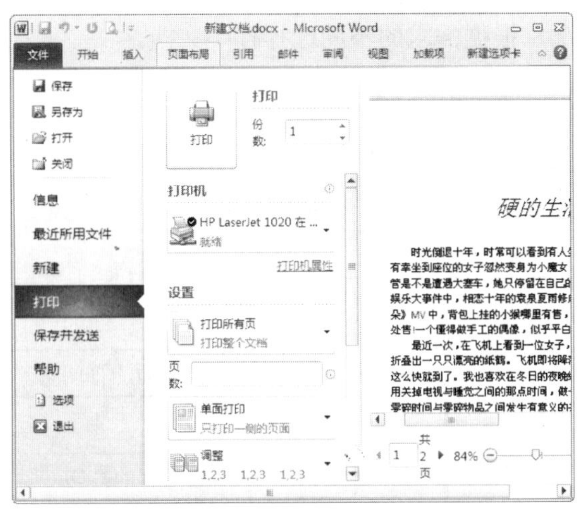

图 11-22　预览文档

跟着做 2 通过快速访问工具栏预览

通过快速访问工具栏预览打印效果的具体操作步骤如下。

1. 单击快速访问工具栏右侧的下拉按钮，弹出“自定义快速访问工具栏”快捷菜单。
2. 选择“打印预览和打印”命令，如图 11-23 所示。
3. 在“打印预览”前打钩后，快速访问工具栏中会增加“打印预览”按钮，单击该按钮即可预览打印效果，如图 11-24 所示。

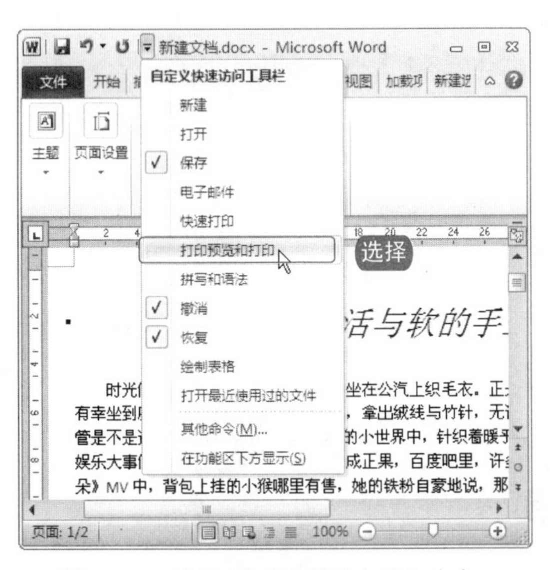

图 11-23　选择“打印预览和打印”命令

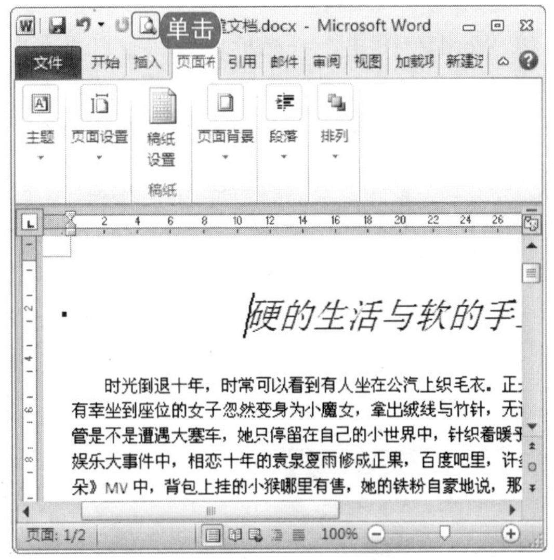

图 11-24　添加打印预览为快速访问

11.3.2 选择打印文档

由于文档的长短不一，需要打印内容的多少不同以及纸张的大小不等等因素的影响，在打印

电脑小百科

在 Word 中，单击快速访问工具栏右侧的下拉按钮，然后选择“快速打印”命令，可以不用进行页面设置直接进行打印。

文档之前应该结合实际情况，根据需求的不同选择打印文档。

在 Word 2010 中，对文档进行选择性灵活打印时，就会发现其命令的归类更加集中合理，使用起来更加方便和快捷。

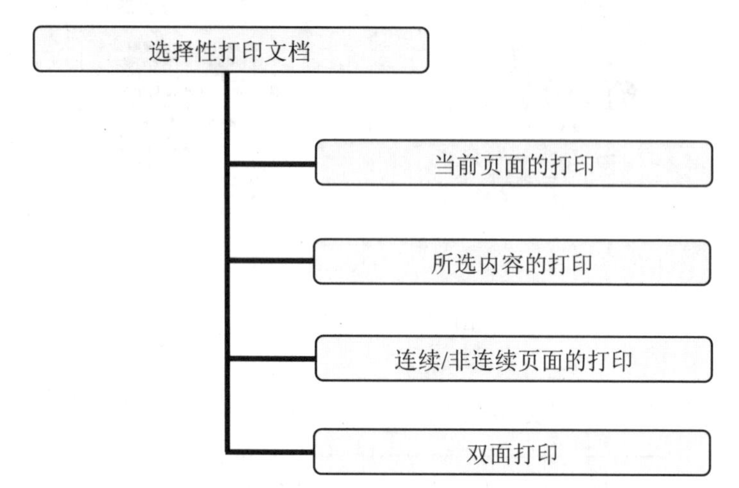

跟着做 1☛ 打印当前页面

如果文档很长，只需要打印此时正在查看的一页内容，通过以下设置即可实现只打印当前页内容，具体操作步骤如下。

1. 在 Word 2010 中，将光标定位在当前页面中，选择“文件”→“打印”命令。
2. 单击“打印所有页”命令的下拉菜单，如图 11-25 所示。
3. 在下拉菜单中选择“打印当前页面”命令，如图 11-26 所示。

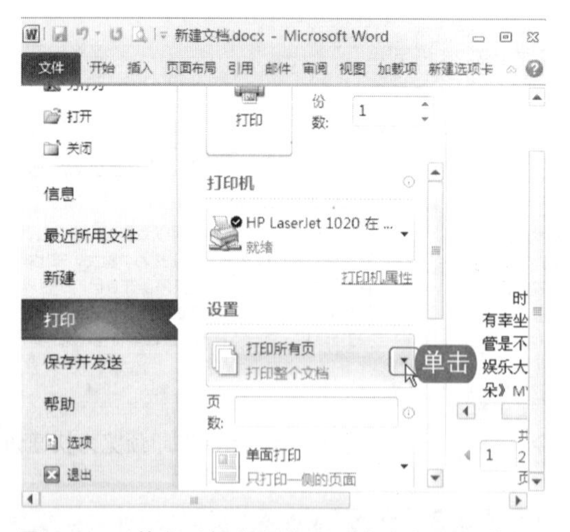

图 11-25 单击“打印所有页”命令的下拉菜单

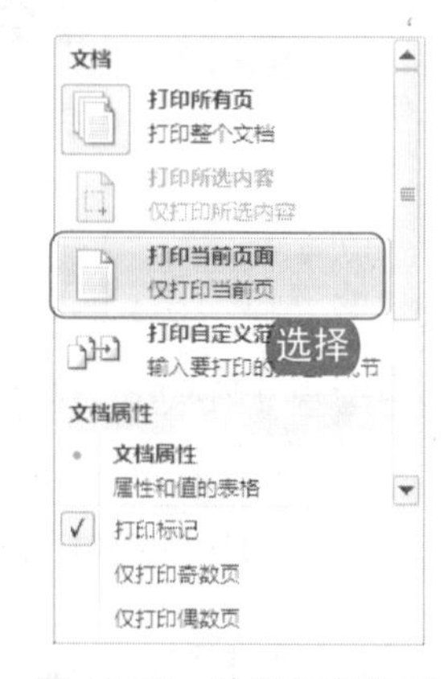

图 11-26 选择打印范围

电脑小百科

把打印机的联机关闭，使其处于未联机状态，稍等便会弹出一个对话框，从中单击“取消”按钮可以取消打印操作。

跟着做 2☛ 打印文档所选内容

对于不需要打印全部文档内容的情况，可以选取部分内容进行打印，具体操作步骤如下。

❶ 在 Word 2010 中，选中需要打印的小部分内容，选择“文件”→“打印”命令。

❷ 单击“打印所有页”命令的下拉按钮，在下拉菜单中选择“打印所选内容”命令，如图 11-27 所示。

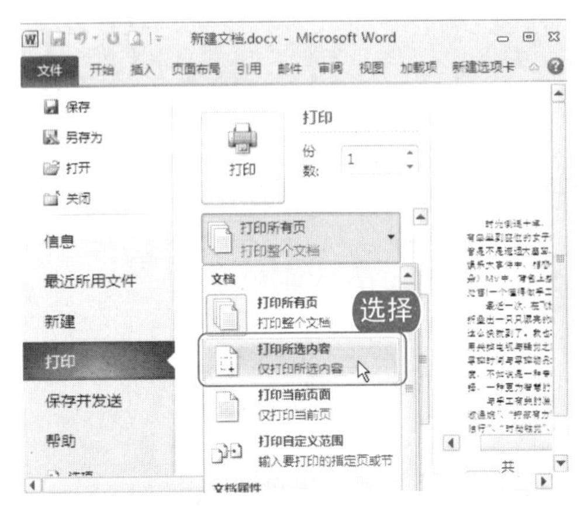

图 11-27　选择“打印所选内容”命令

跟着做 3☛ 打印连续/非连续页面内容

如果需要打印的是文档中连续(如第 10～20 页)或非连续(如第 2 页、第 4 页、第 6 页和第 8～10 页)的页面内容，可以通过以下设置来指定要打印的对象。

❶ 在 Word 2010 中，选择“文件”→“打印”命令。

❷ 在“页数”文本框中输入要打印的页数，如打印连续的页面内容输入“10-20”，如图 10-28 所示；非连续的输入“2，4，6，8-10”，如图 11-29 所示。

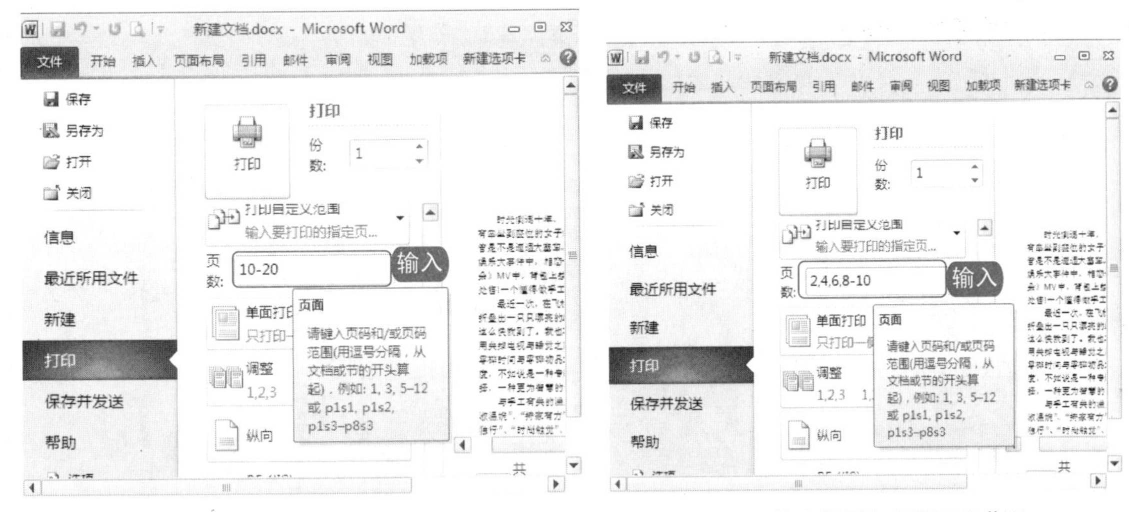

图 11-28　输入连续打印的始末页码　　图 11-29　输入需要打印的页码范围

电脑小百科

如果不需要打印出标记内容，可以隐藏修订和批注的内容，只要在“打印内容”对话框中选择“文档”选项即可。

跟着做 4 打印双面内容

有时打印的内容比较多，如果使用单面打印会用掉很多纸张，这时可以选择双面打印，具体操作步骤如下。

1. 选择“文件”→“打印”命令，单击“打印所有页”命令的下拉按钮，如图 11-30 所示。
2. 在下拉菜单中选择“仅打印奇数页”命令，如图 11-31 所示。
3. 奇数页打印完成之后，将这些纸叠整齐放入打印机，继续在其反面用同样的方法打印偶数页内容即可。

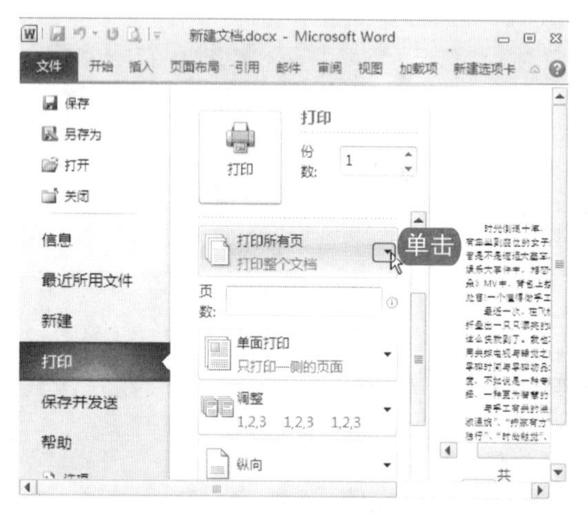

图 11-30 打开打印文档的下拉菜单

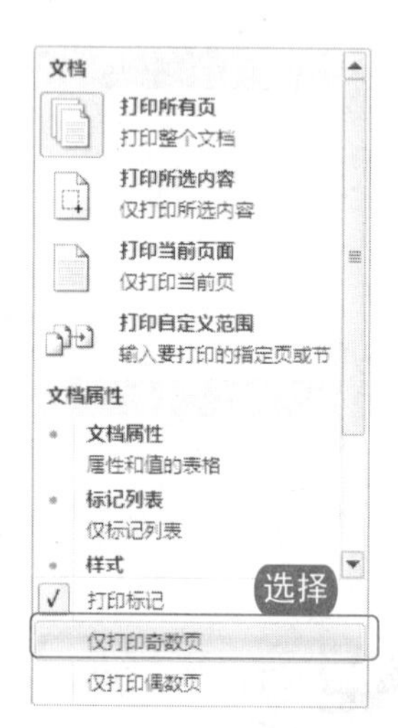

图 11-31 打印奇数页

在一些特殊情况下，需要将文档中多页内容集中在一张纸上打印出来。在 Word 2010 中，选择“文件”→“打印”命令，单击“每版打印 1 页”命令的下拉按钮，在弹出的菜单中，选择需要每版打印页数所对应的命令即可。

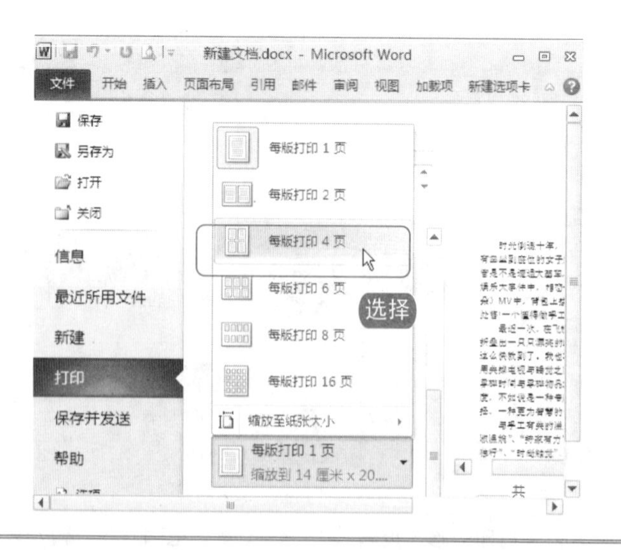

电脑小百科

VPN 的本质是利用公网传输数据，当网络传输饱和的时候，提供给 VPN 用户的带宽就窄；当网络传输未饱和的时候，提供给 VPN 用户的带宽就宽。

11.4　打印预览杂志排版效果

在对杂志进行彩色打印之前，一般会首先使用一般的打印机对其进行黑白打印，这样既节约了打印成本还了解了排版效果，可以说是个两全其美的办法。

书盘互动指导

⊙ 在光盘中的位置	⊙ 书盘互动情况
11.4 打印预览杂志排版效果 11.4.1 设置页边距和纸张大小 11.4.2 双页合并打印 11.4.3 打印页面背景	本节主要介绍以上述内容为基础的综合实例操作方法，在光盘 11.4 节中有相关操作的步骤视频文件，以及原始素材文件和处理后的效果文件。

原始文件	素材\第 10 章\大学毕业后的生活和工作.docx
最终文件	源文件\第 11 章\打印大学毕业后的生活和工作.docx

想要打印预览第 10 章制作的杂志效果，可通过下面的操作步骤来实现。

跟着做 1☛　设置页边距和纸张大小

设置页边距和纸张大小具体操作步骤如下。

1. 在 Word 2010 中，选择“页面布局”→“页边距”命令，在页边距下拉菜单中选择合适的页边距，如图 11-32 所示。
2. 选择“页面布局”→“纸张大小”命令，将纸张大小设置为 A4，如图 11-33 所示。

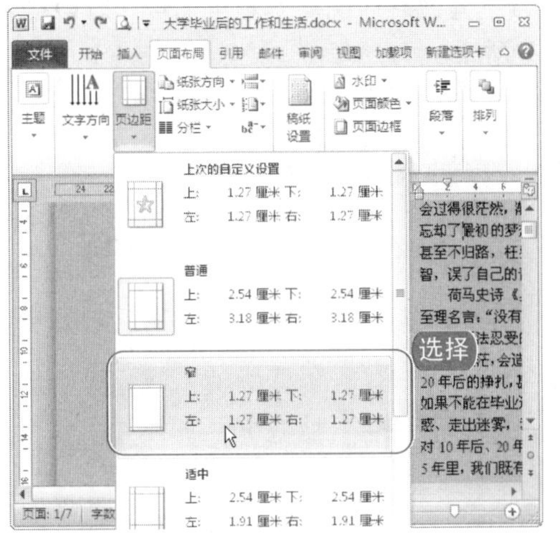

图 11-32　设置文档页边距

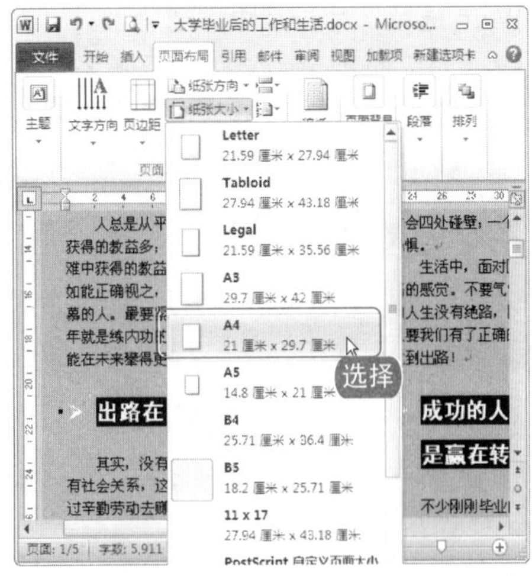

图 11-33　设置纸张大小

电脑小百科

用鼠标左键双击“打印机”图标打开“打印”窗口，在要取消的打印项上单击鼠标右键，在弹出的快捷菜单中选择“取消打印”命令即可取消打印。

跟着做 2 双页合并打印

为了节约纸张，可以将其两页合并到一张纸上进行打印，具体操作步骤如下。

1. 在 Word 2010 中，选择“文件”→“打印”命令。
2. 单击“每版打印 1 页”命令上的下拉按钮，在下拉菜单中选择“每版打印 2 页”命令，如图 11-34 所示。
3. 在打印文本框中设置打印份数，如图 11-35 所示，最后单击“打印”按钮，打印机即可开始工作。

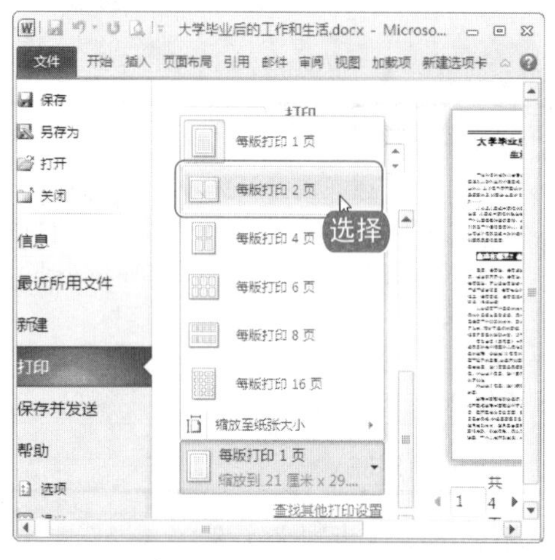

图 11-34　选择每版的打印页数

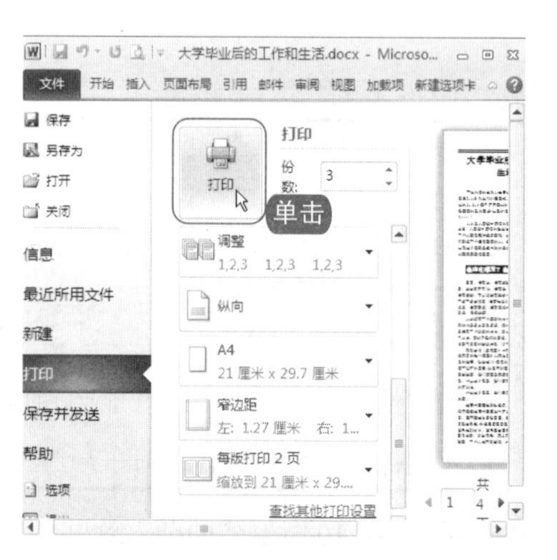

图 11-35　打印文档

跟着做 3 打印页面背景

在 Word 2010 中，系统默认的打印效果一般不会包括页面背景，但如果需要将页面背景一起打印出来就需要进行一些设置，具体操作步骤如下。

1. 在 Word 2010 中，选择“文件”→“选项”命令，打开“Word 选项”对话框。
2. 在“Word 选项”对话框中，选择“显示”选项，在“打印选项”栏中选中“打印背景色和图像”复选框，单击“确定”按钮，如图 11-36 所示。
3. 重新选择“文件”→“打印”命令，预览打印效果并打印，如图 11-37 所示。

图 11-36　选择打印页面背景

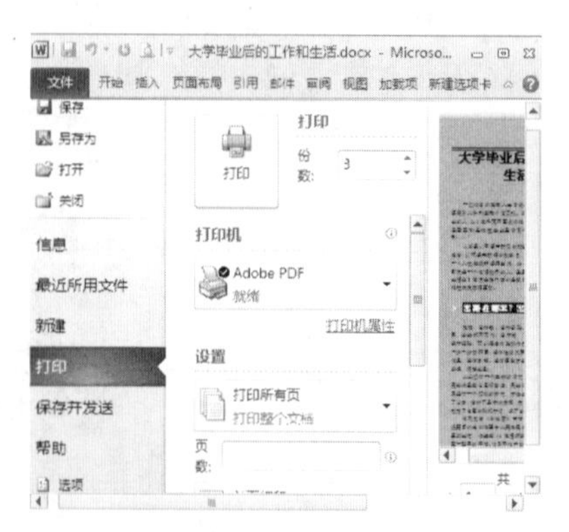

图 11-37　预览打印文档

电脑小百科

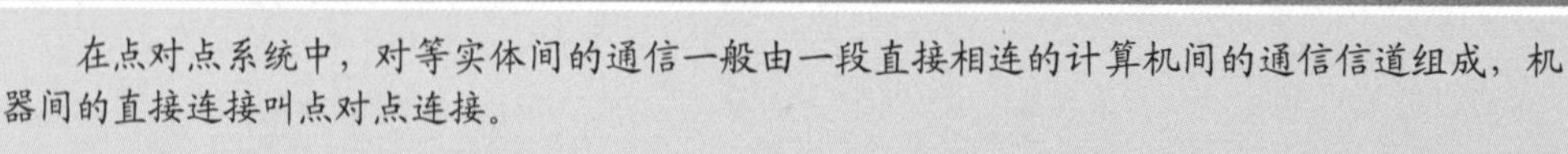
在点对点系统中，对等实体间的通信一般由一段直接相连的计算机间的通信信道组成，机器间的直接连接叫点对点连接。

学 习 小 结

本章主要介绍了 Word 2010 文档打印的相关内容，包括打印机的添加、页面大小和纸张大小的设置，预览打印文档和选择性打印双面内容、当前内容等。

通过对本章的学习，读者能够学会如何设置打印文档，以及如何巧妙打印所需内容。

下面对本章内容进行总结，具体内容如下。

(1) 在打印文档之前需要在电脑上正确连接和安装打印机。打印机主要包括针式打印机、喷墨打印机和激光打印机，大家可以根据需要进行选择。如果有多台打印机，为了打印方便可以将比较常用的打印机设置为默认打印机。

(2) 对打印文档进行页面和纸张大小设置时，可以通过“页面设置”对话框进行设置，也可以直接选择“文件”→“打印”命令，在此打印界面进行设置。

(3) 根据实际情况，对打印内容进行灵活选择，可以只打印所选择内容，也可以选择打印连续或不连续的某些内容。为了节约纸张或携带方便，也可以通过设置将多页内容打印在同一张纸上或进行双面打印。

互 动 练 习

1. 选择题

(1) 如果对打印质量、效果和速度要求较高，且经济能力能负担的，用户可以选购(　　)。

A．喷墨打印机　　B．针式打印机

C．激光打印机　　D．刻板打印机

(2) 以下关于打印内容的设置，说法不正确的是(　　)。

A．系统默认的纸张方向为纵向，文字方向为横向

B．打印效果与文档的页面大小无关只跟纸张大小有关

C．选择系统提供的标准纸张尺寸有利于和打印机配套

D．当纸张方向发生变化时，文档的文字方向不会随之发生变化

(3) 在打印页数的文本框中输入以下哪项可以打印出不连续页面的文档内容？(　　)

A．1~3　　B．1，3，5

C．2，4，6，8-10　　D．全部

(4) 如果需要将 4 页文档内容打印在同一张纸上，应该选择(　　)命令。

A．双面打印　　B．每版打印 4 页

C．调整　　D．自定义边距

2. 思考与上机题

(1) 对“大学毕业后的生活和工作”这一文档进行双面打印。

(2) 为了携带方便，打印“唐诗精选”文档。

电脑小百科

如果文件不是应用于正式场合，对文档内容进行缩进或字体大小进行设置可以减少打印页数节约纸张。

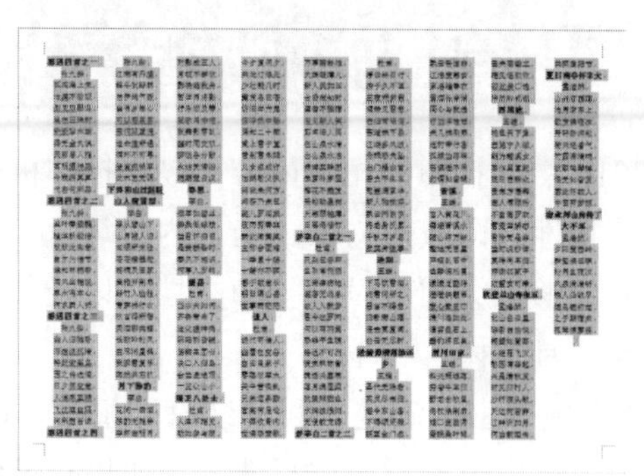

	原始文件	素材\第 11 章\唐诗精选.docx
	最终文件	源文件\第 11 章\打印唐诗精选.docx

制作要求：

a. 文本内容设置为“宋体”、“五号字”。

b. 为每首诗的题目加粗。

c. 将纸张方向设置为“横向”，页边距设置为“窄”。

d. 将文档内容分为 9 栏，显示在同一张 A4 纸上。

电脑小百科

如果用户不熟悉声卡型号等参数，可以在“添加硬件向导”对话框中选中第一个单选按钮，让系统自动搜索。

第 12 章

Word 2010 与其他组件协同办公

本章导读

有时在使用 Word 的时候需要进行一些特殊的操作，如导入 Excel 数据、转换 PowerPoint 格式、输出 Access 数据等，本章就主要解决这方面的问题，以实现 Office 组件之间强大的交互使用。

精彩看点

- Word 与 Excel 协同办公
- Word 与 PowerPoint 协同办公
- Word 与 Access 协同办公
- Word 在 Outlook 中的应用

12.1 Word 与 Excel 协同办公

在 Office 2010 中，Word 主要用于文字文档的编辑处理，Excel 主要用于数据文档的编辑处理，所以如果可以实现两者之间的互通，便可相互辅助加强彼此的功能。

书盘互动指导

示例	在光盘中的位置	书盘互动情况
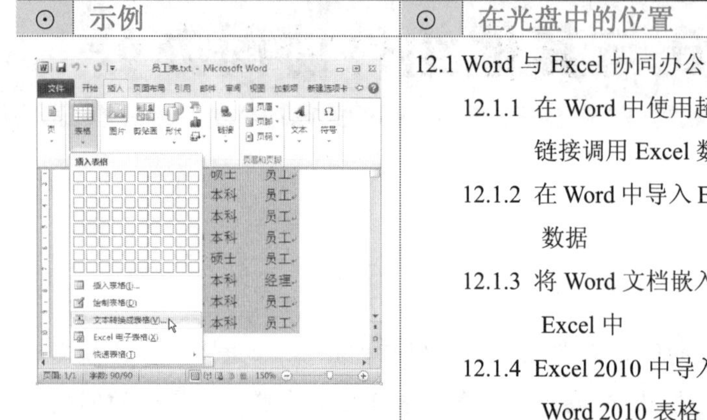	12.1 Word 与 Excel 协同办公 12.1.1 在 Word 中使用超链接调用 Excel 数据 12.1.2 在 Word 中导入 Excel 数据 12.1.3 将 Word 文档嵌入到 Excel 中 12.1.4 Excel 2010 中导入 Word 2010 表格	本节内容主要带领大家学习如何实现 Word 与 Excel 的协同办公，在光盘 12.1 节中有相关内容的操作视频，并还特别针对本节内容设置了具体的实例分析。 大家可以在阅读本节内容后再学习光盘，以达到巩固和提升的效果。

12.1.1 在 Word 中使用超链接调用 Excel 数据

在 Word 2010 中可以通过超链接来调用 Excel 2010 数据的内容，这是在 Word 中实现 Excel 数据分享的最简单最快速的方法，具体操作步骤如下。

1. 选取需要创建超链接的文本，选择“申购单”。
2. 选择“插入”选项卡下“链接”功能区的“超链接”命令，如图 12-1 所示。

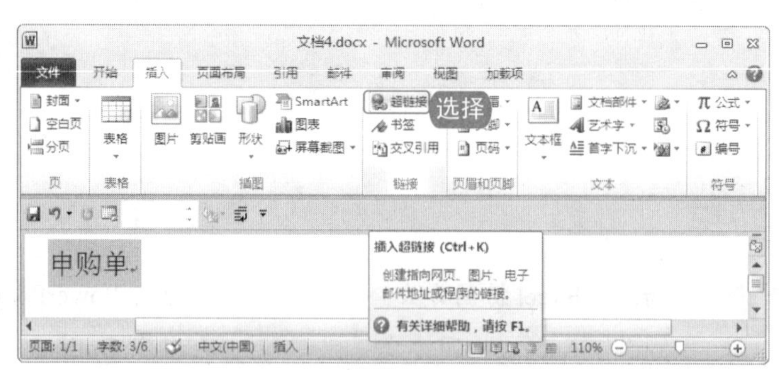

图 12-1 选择“超链接”命令

3. 在弹出的“插入超链接”对话框中，选择需要链接的 Excel 文档，单击“确定”按钮，如图 12-2 所示。
4. 将光标移至创建超链接的文本上，即可显示超链接的位置以及小提示，如图 12-3 所示。
5. 按住 Ctrl 键，并单击该文本即可打开所链接的 Excel 文件。

电脑小百科

无线覆盖的设备被统称为无线 AP，而当前的无线 AP 可以分为两类：单纯型 AP 和扩展型 AP。

图 12-2 选择要链接的 Excel 文档

图 12-3 超链接效果

12.1.2 在 Word 中导入 Excel 数据

如果不想通过超链接的方式调用 Excel 2010 表格数据，还可以在 Word 2010 中直接导入 Excel 2010 表格数据，用这种更直观的方式来实现数据的分享。

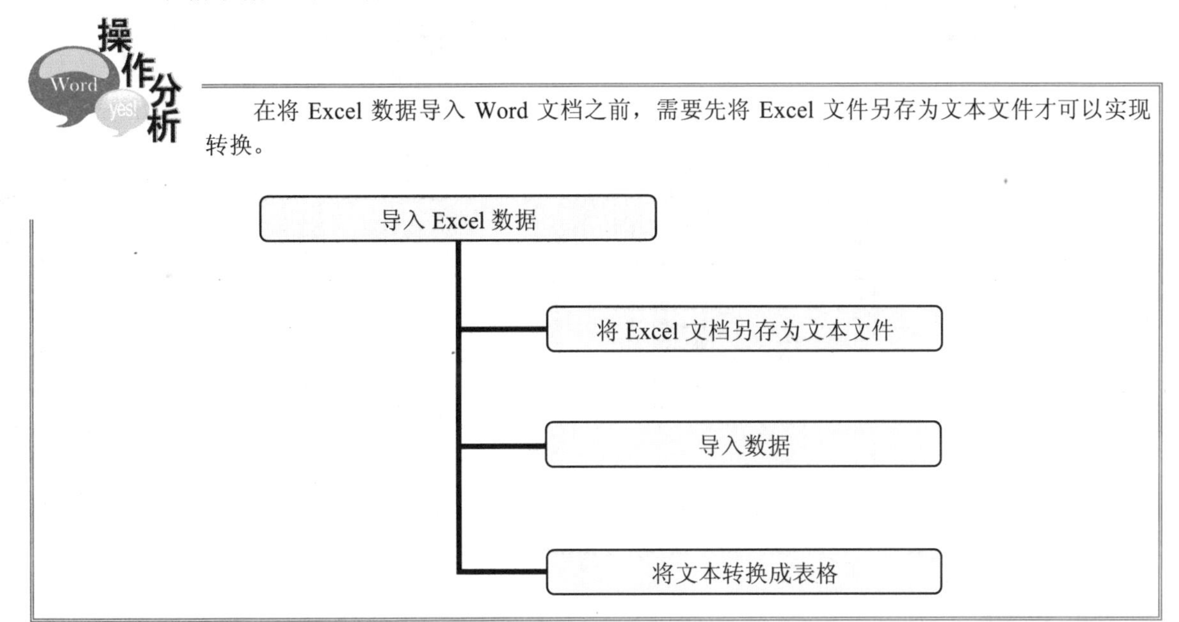

跟着做 1 将 Excel 文档另存为文本文件

通过使用“另存为”命令，可将数据从 Excel 导出到文本文件，具体操作步骤如下。

1. 打开需要另存为文本文件的 Excel 文档，选择“文件”→“另存为”命令。
2. 选择设置文件的保存位置，将文件类型设置为“文本文件(制表符分隔)(*.txt)”类型，单击“保存”按钮，如图 12-4 所示。
3. 弹出 Excel 提示框，根据提示内容单击“确定”按钮，如图 12-5、图 12-6 所示。
4. 此时，即可将 Excel 文件保存为文本文件，如图 12-7 所示。

电脑小百科

创建超链接的元素可以是文本、图片或视频文件等对象，也可以在 Excel 2010 中用相同的方法创建超链接。

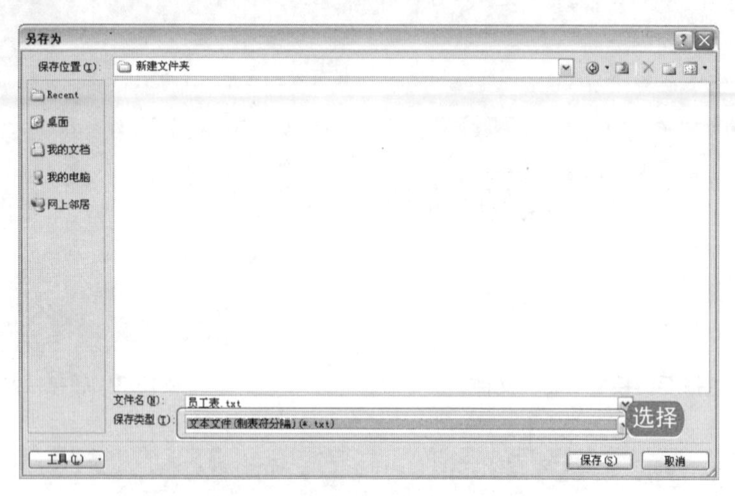

图 12-4 将文件保存为文本格式

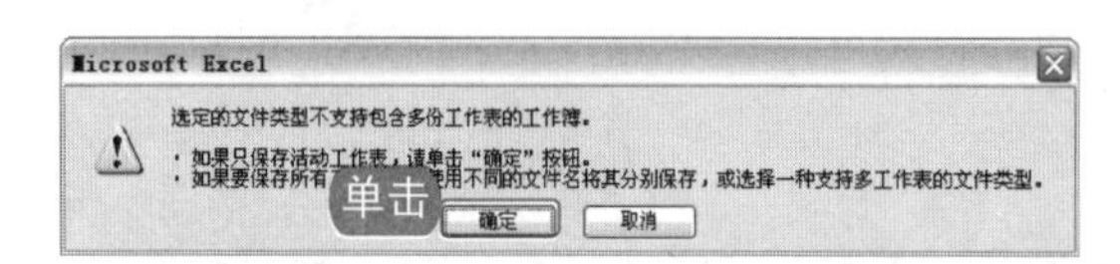

图 12-5 文件类型不支持工作表提示框

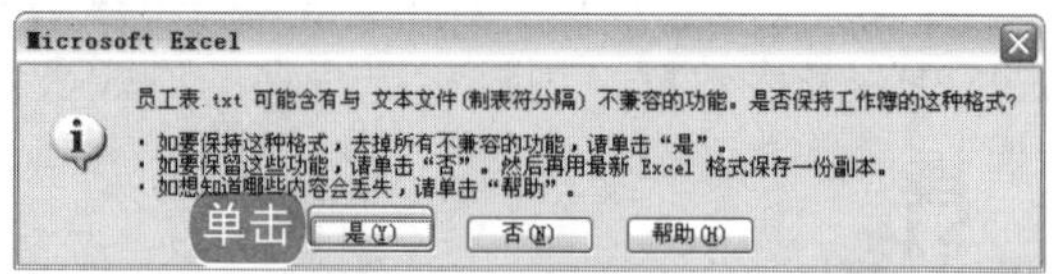

图 12-6 保留工作簿格式的提示框

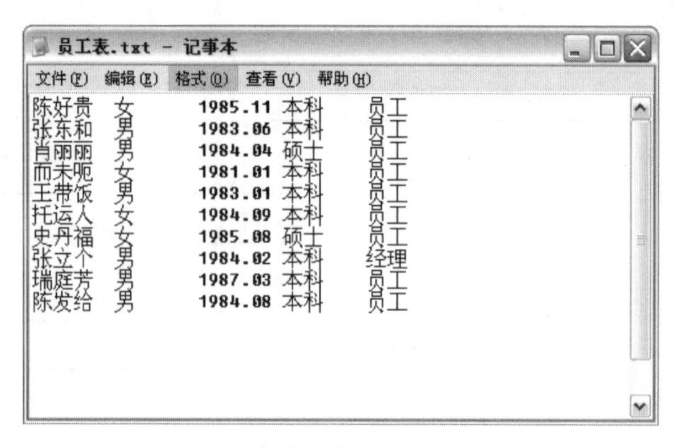

图 12-7 保存为文本格式的 Excel 文件

跟着做 2 导入数据

在 Word 中导入已转换为文本的 Excel 文件，具体操作步骤如下。

1. 在 Word 2010 中选择“文件”→“打开”命令。
2. 打开文件所在路径，在“所有文件(*.*)”文件类型状态下，选择要找的文件，单击“打开”按钮，如图 12-8 所示。
3. 在弹出的“文件转换”对话框中，选择设置为“简体中文”文本编码，如图 12-9 所示。
4. 单击“确定”按钮，完成数据的导入。

电脑小百科

在扫描文件时不要关闭系统虚拟内存。因为在内存配置较低的计算机中，扫描图像常常出现内存不足的现象。

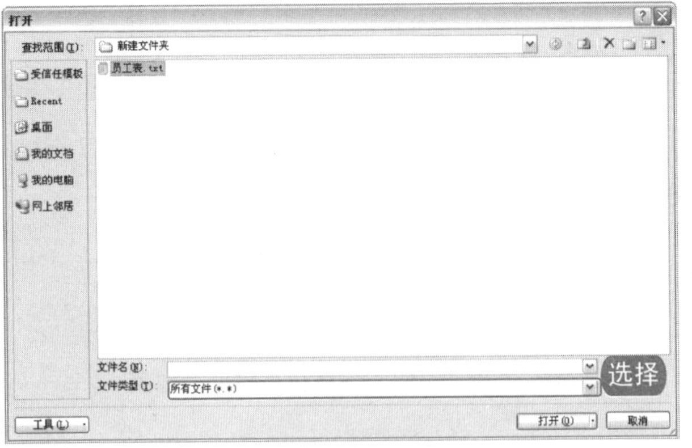

图 12-8　选择“所有文件”文件类型

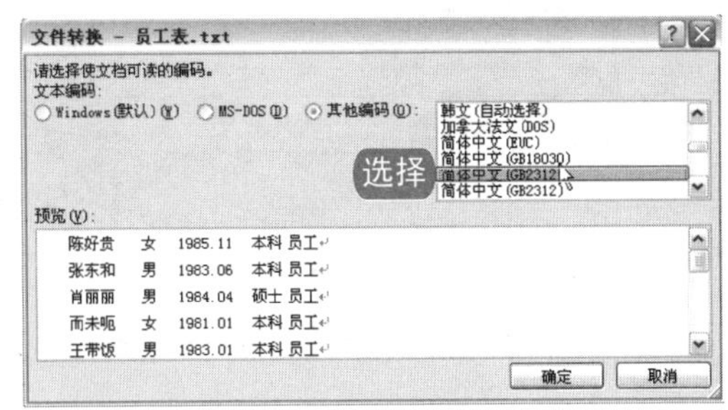

图 12-9　选择文档的文本编码

跟着做 3　将文本转换成表格

如有需要，用户也可以根据以前章节所学的知识，将导入的文本转换成表格的形式，具体操作步骤如下。

1. 在 Word 中选择需要转换成表格的文本。
2. 选择“插入”→“表格”命令，单击“表格”下拉按钮。
3. 在下拉菜单中选择“文本转换成表格”命令，如图 12-10 所示，弹出“将文字转换成表格”对话框。
4. 在“将文字转换成表格”对话框中选择设置表格属性，如图 12-11 所示。

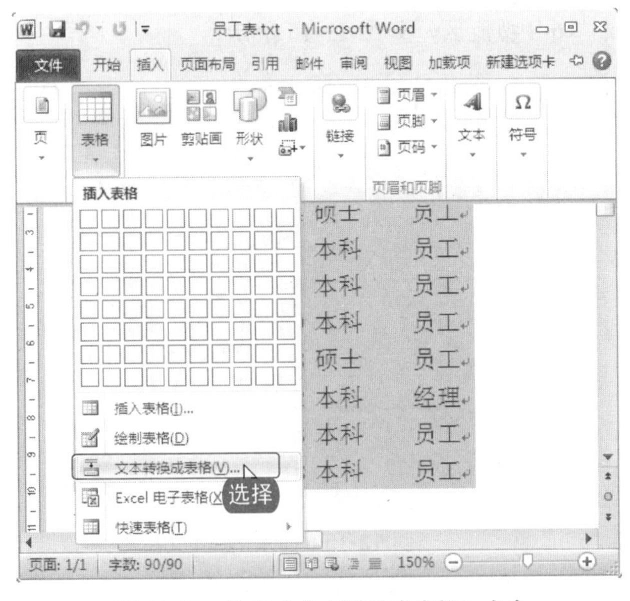

图 12-10　选择“文本转换成表格”命令

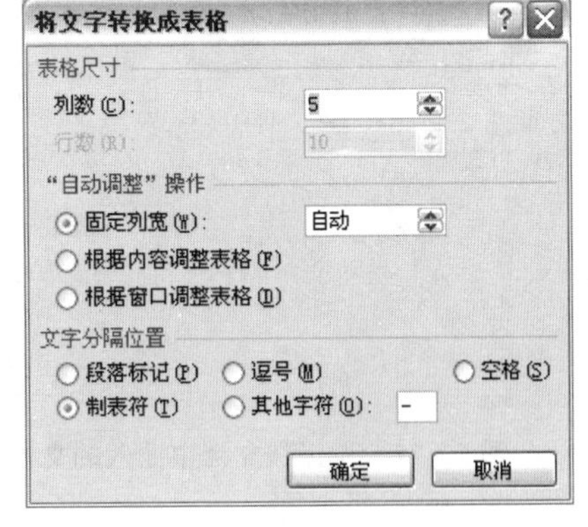

图 12-11　设置表格的属性

5. 文本转换成表格，效果如图 12-12 所示，也可以根据需要对表格做适当调整，如图 12-13 所示。

电脑小百科

在创建超链接的过程中，除了通过选择“插入”→“超链接”命令打开“插入超链接”对话框外，还可以通过 Ctrl+K 组合键打开。

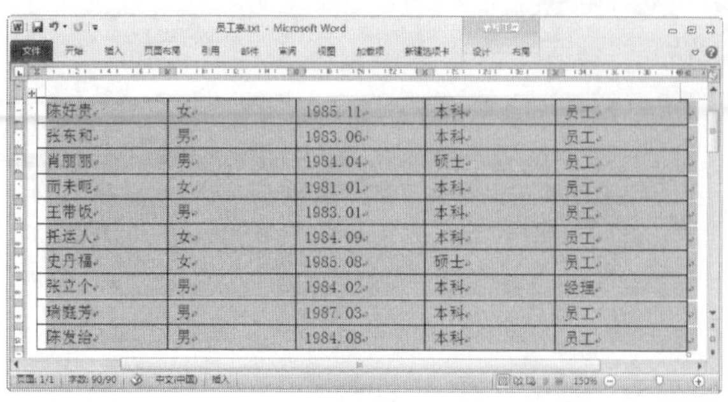

陈好贵	女	1985.11	本科	员工
张东和	男	1983.06	本科	员工
肖丽丽	男	1984.04	硕士	员工
而未呢	女	1981.01	本科	员工
王带饭	男	1983.01	本科	员工
托运人	女	1984.09	本科	员工
史丹福	女	1985.08	硕士	员工
张立个	男	1984.02	本科	经理
瑞庭芳	男	1987.03	本科	员工
陈发给	男	1984.08	本科	员工

图 12-12　文本转换成表格的效果

陈好贵	女	1985.11	本科	员工
张东和	男	1983.06	本科	员工
肖丽丽	男	1984.04	硕士	员工
而未呢	女	1981.01	本科	员工
王带饭	男	1983.01	本科	员工
托运人	女	1984.09	本科	员工
史丹福	女	1985.08	硕士	员工
张立个	男	1984.02	本科	经理
瑞庭芳	男	1987.03	本科	员工
陈发给	男	1984.08	本科	员工

图 12-13　格式化表格后的效果

12.1.3　将 Word 文档嵌入到 Excel 中

将 Word 文档嵌入到 Excel 表格中，可以使 Excel 在文本编辑方面的功能得以加强，可以使用 Word 中文档的各种编辑美化功能，具体操作步骤如下。

跟着做 1　在 Excel 文档中嵌入 Word 文档

在 Excel 文档中嵌入 Word 文档的具体操作步骤如下。

1. 在 Word 2010 文档中，选择“插入”→“文本”命令，单击“对象”按钮，弹出“对象”对话框。
2. 在“对象”对话框的“新建”选项卡下，拖动“对象类型”栏的滑动块，选择“Microsoft Word 文档”选项，如图 12-14 所示。
3. 单击“确定”按钮，Excel 功能区变为 Word 功能区，如图 12-15 所示。

图 12-14　选择在文档中插入的文档类

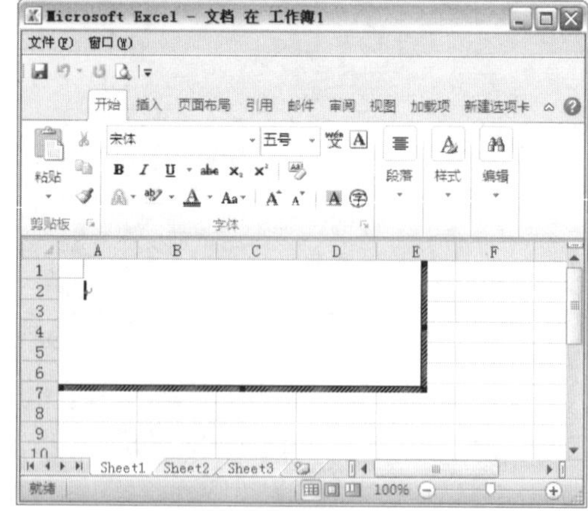

图 12-15　插入 Word 文档

跟着做 2　编辑 Excel 文档中的 Word 文档

在 Excel 文档中嵌入 Word 文档编辑区后，可以像在 Word 文档中一样进行编辑处理。

1. 在 Word 功能区中输入文本内容，如图 12-16 所示。

当电脑的虚拟内存被禁用时，扫描仪也无法继续工作。

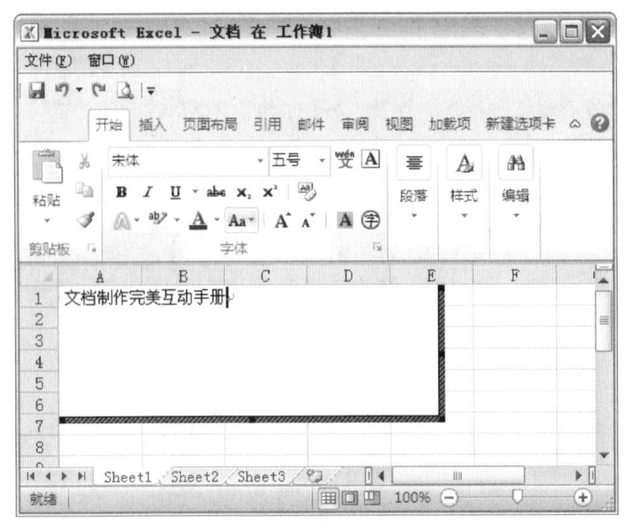

图 12-16　输入文本内容

② 单击任意单元格，即可返回 Excel 功能区。

③ 双击嵌入的 Word 文档部分，即可对 Word 文档进行编辑。

知识补充

如果在“对象”对话框中选中右侧的“显示为图标”选项，会自动打开一个 Word 文档，并在 Excel 中嵌入一个 Word 图标，双击该图标即可对 Word 文档进行编辑。

12.1.4　Excel 2010 中导入 Word 2010 表格

在 Excel 2010 中导入 Word 2010 文档形式的表格可以有效利用数据资源，节约工作时间。

操作分析

在 Excel 2010 中导入 Word 2010 表格数据前，同样需要先将 Word 表格转成文本文件，然后才可以将其导入到 Excel 电子表格中。

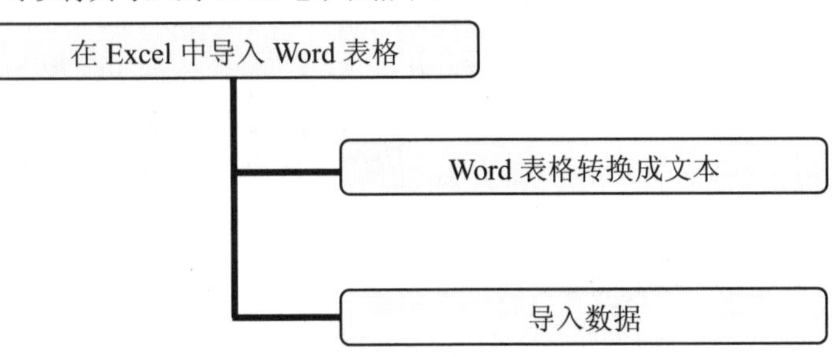

跟着做 1　Word 表格转换成文本

Word 表格转化成文本的具体操作步骤如下。

① 单击 Word 表格，在表格工具中选择“布局”→“转换为文本”命令。

2. 在弹出的“表格转换成文本”对话框中选中“逗号”单选按钮，单击“确定”按钮，如图 12-17 所示。
3. 选择“文件”→“另存为”命令，弹出“另存为”对话框。
4. 在“另存为”对话框，输入文件名为“对照表”，保存类型为“纯文本”，弹出“文件转换”对话框，选择文本编码，单击“确定”按钮，如图 12-18 所示。

图 12-17 选择文字分隔符

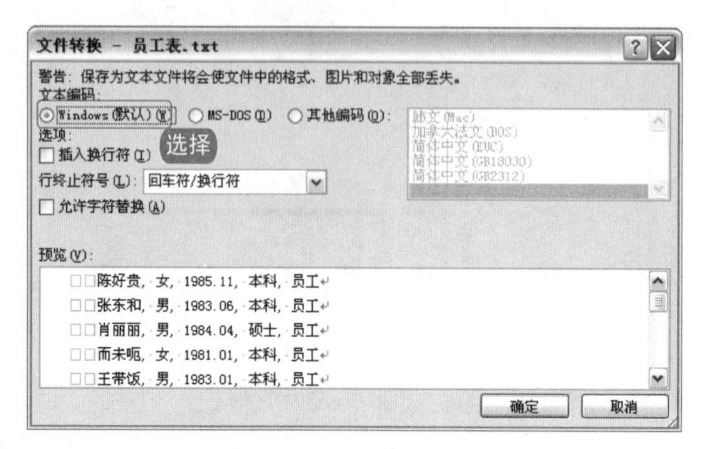

图 12-18 选择文本编码

跟着做 2 导入数据

导入 Word 表格中数据的具体操作步骤如下。

1. 在 Excel 2010 中，选择“数据”→“获取外部数据”→“自文本”命令，弹出“文本导入向导”对话框，如图 12-19 所示。找到所要导入的文件，单击“导入”按钮，如图 12-20 所示。

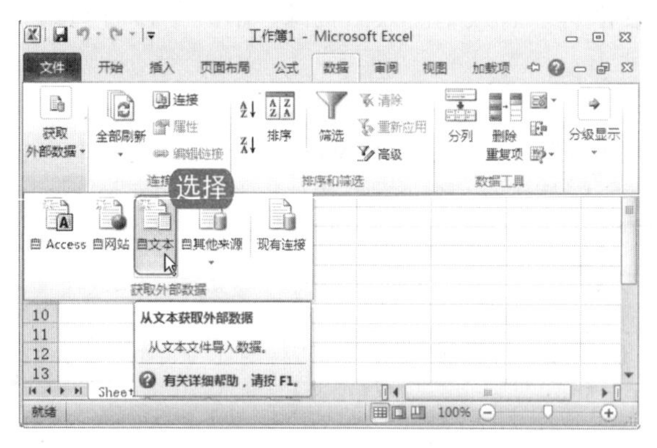

图 12-19 选择从文本文件获取外部数据

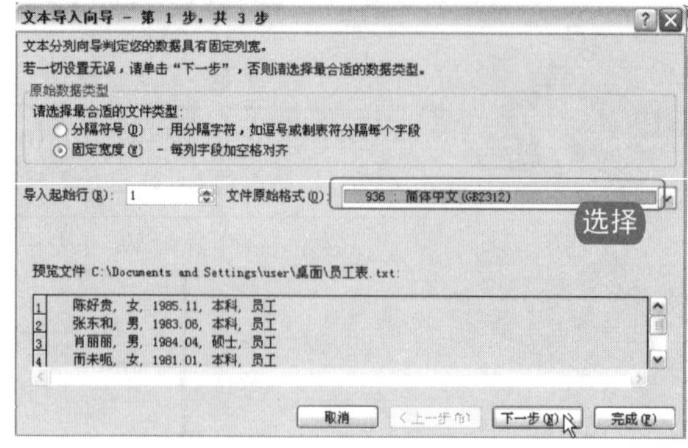

图 12-20 选择文件原始格式

2. 在弹出的“文本导入向导”对话框中，对“文件原始格式”、“分隔符号”和“列数据格式”依次进行设置，单击“完成”按钮，如图 12-21、图 12-22 所示。
3. 单击鼠标将光标定位于需要导入数据的单元格。
4. 在“导入数据”对话框中选择数据的插入位置，如图 12-23 所示。
5. 单击“确定”按钮，完成数据的导入，效果如图 12-24 所示。

电脑小百科

系统还原功能，只能够还原注册表中修改的项目，对于各种文档的修改是无法恢复的。

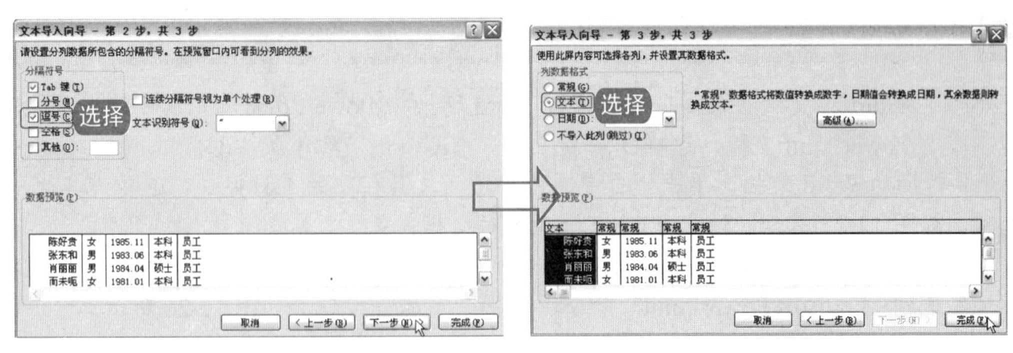

图 12-21　选择分隔符号　　　　图 12-22　选择列数据格式

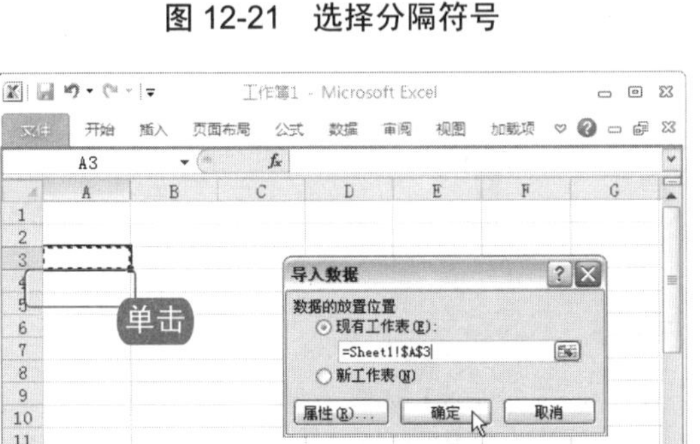

图 12-23　选择数据插入的位置

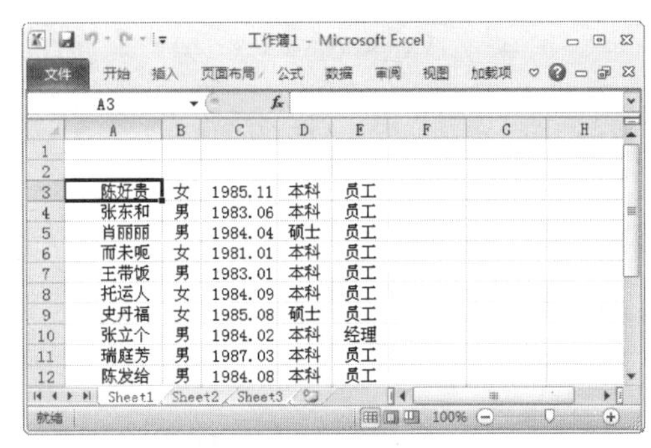

图 12-24　数据被插入到 Excel 表格中

12.2　Word 与 PowerPoint 协同办公

由于 Office 应用程序良好的交互性，只需要通过一些简单的步骤，很容易就可以将 Word 文档转换为 PowerPoint 演示文档。

书盘互动指导

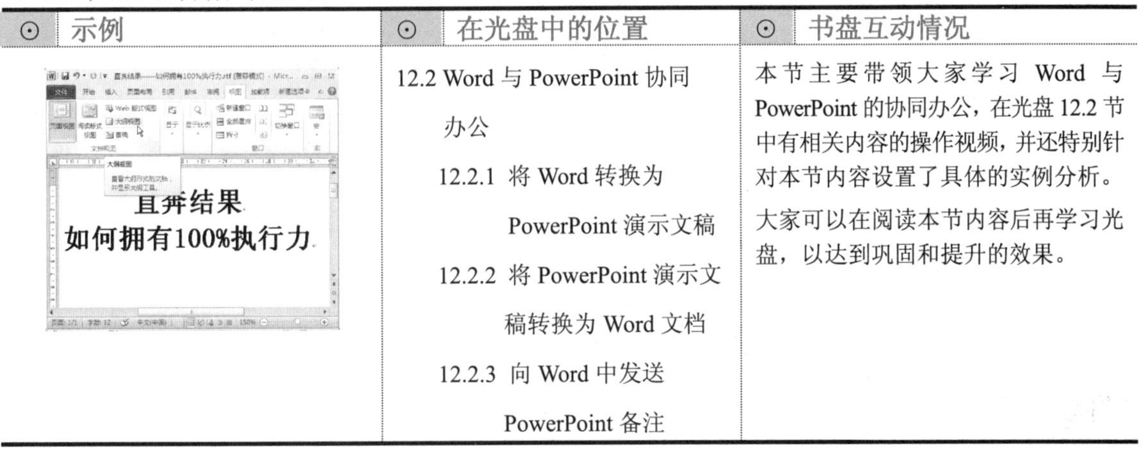

示例	在光盘中的位置	书盘互动情况
且奔结果 如何拥有100%执行力	12.2 Word 与 PowerPoint 协同办公 12.2.1 将 Word 转换为 PowerPoint 演示文稿 12.2.2 将 PowerPoint 演示文稿转换为 Word 文档 12.2.3 向 Word 中发送 PowerPoint 备注	本节主要带领大家学习 Word 与 PowerPoint 的协同办公，在光盘 12.2 节中有相关内容的操作视频，并还特别针对本节内容设置了具体的实例分析。 大家可以在阅读本节内容后再学习光盘，以达到巩固和提升的效果。

电脑小百科

将 Word 转换为 Postscript 文件时需要现将其转换为.pdf 格式然后打印到文件，通过 Distiller 生成。

12.2.1 将 Word 转换为 PowerPoint 演示文稿

在熟悉了 Word 对文档的编辑之后，通过 Word 转换为 PowerPoint 演示文稿这一功能，可以轻松地制作出 PowerPoint 文稿，这样既降低了工作难度，也节约了不少时间。

1. 打开要转换的 Word 文档，单击“自定义快速访问工具栏”的下拉按钮，选择“其他命令”选项，如图 12-25 所示，弹出“Word 选项”对话框。
2. 在对话框默认选择的“快速访问工具栏”选项下，选择“不在功能区中的命令”，在菜单中选择“发送到 Microsoft PowerPoint”命令，单击“添加”按钮，如图 12-26 所示。

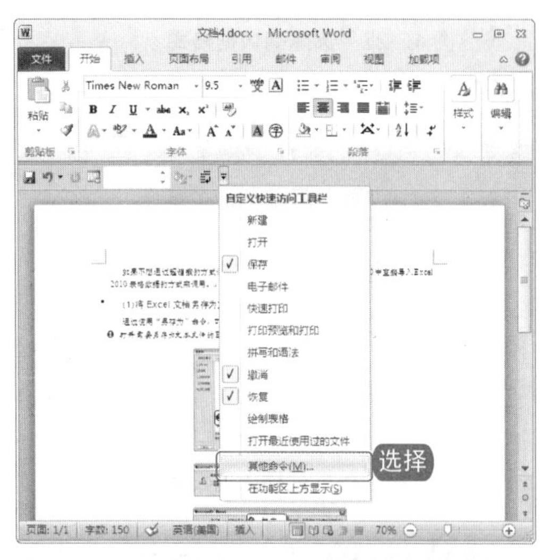

图 12-25 选择“其他命令”选项

图 12-26 添加快速访问命令

3. 设置完成，单击“确定”按钮，快速访问工具栏新增加了命令，如图 12-27 所示
4. 单击新增命令图标，即可完成文档与演示文稿之间的转换。

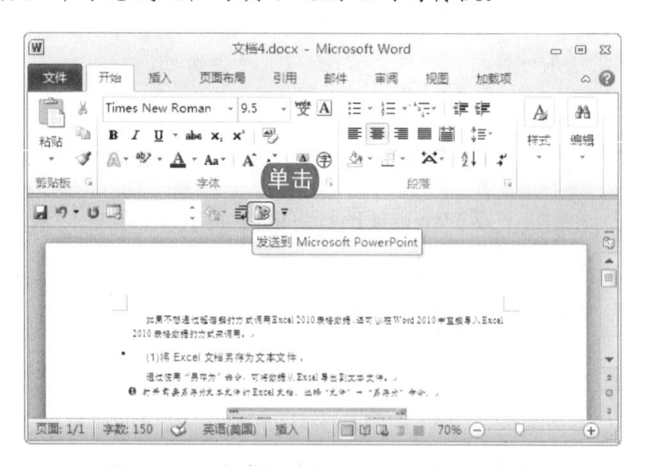

图 12-27 完成文档与演示文稿之间的转换

12.2.2 将 PowerPoint 演示文稿转换为 Word 文档

有时在查看 PowerPoint 演示文稿时，常常会遇到翻页比较慢或不能复制再次使用等问题，这

电脑小百科

U 盘和移动硬盘都属于擦写的移动存储设备，但是他们的存储机理是不一样的，所以它们的写入速度、容量、体积也存在很大的差别。

时就可以将 PowerPoint 演示文稿转换为 Word 文档。

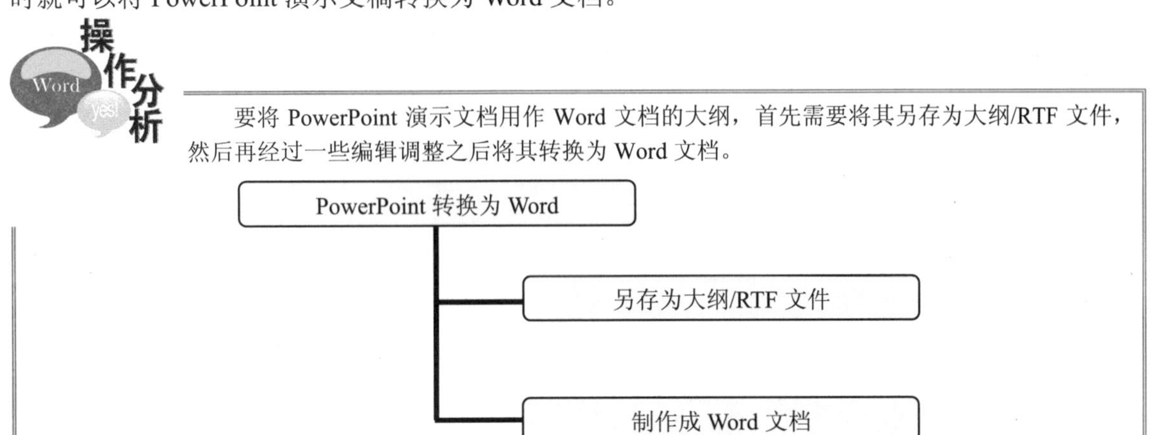

1. 在 PowerPoint 中，选择“文件”→“另存为”命令。
2. 在弹出的“保存类型”对话框中，将“保存类型”设置为“大纲/RTF 文件(*.rtf)”，并单击“保存”按钮。
3. 在 Word 中选择“文件”→“打开”命令，定位到刚刚创建的.rtf 文件并打开它，如图 12-28 所示。
4. 在 Word 中选择“视图”选项卡，选择“文档视图”功能区的“大纲视图”命令，如图 12-29 所示。

图 12-28　转换为.rtf 大纲文件

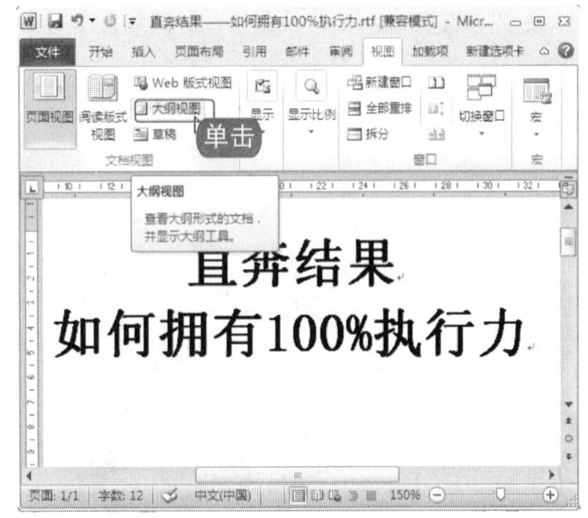

图 12-29　选择“大纲视图”命令

5. 在 Word 文档中呈现出大纲，幻灯片的顶级被赋予“标题 1”，下一级别是“标题 2”，以此类推。
6. 此时文档中就有了 Word 大纲，接下来只需要完善某些小细节就可以了。

12.2.3　向 Word 中发送 PowerPoint 备注

不仅 Word 文档可以转化成 PowerPoint 演示文稿，也可将演示文稿中的备注、讲义及大纲转

电脑小百科

在 Word 2010 中，可以直接将 Word 文档另存为.pdf 格式实现格式的转换。

化成 Word 文件，具体操作步骤如下。

1. 在 PowerPoint 2010 中选择“文件”命令，选择“保存并发送”→“创建讲义”命令，单击窗口右侧预览栏下的“创建讲义”按钮，如图 12-30 所示。

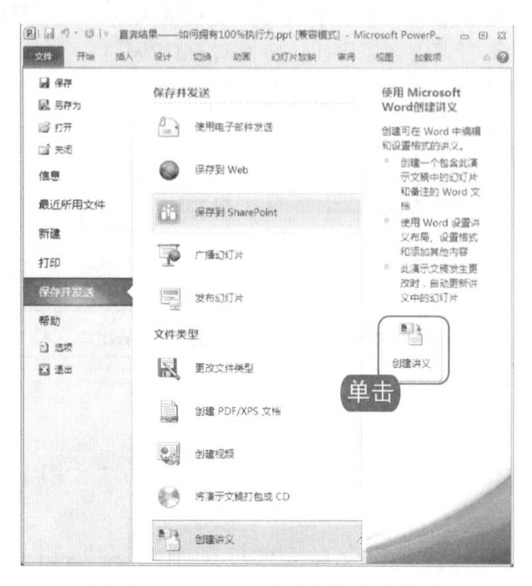

图 12-30 单击“创建讲义”按钮

2. 在弹出的“发送到 Microsoft Word”对话框中，选中“备注在幻灯片下”单选按钮，如图 12-31 所示。
3. 单击“确定”按钮，效果如图 12-32 所示。

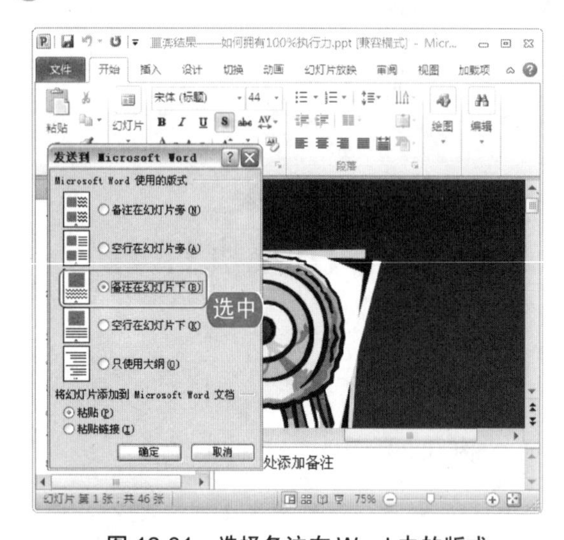

图 12-31 选择备注在 Word 中的版式

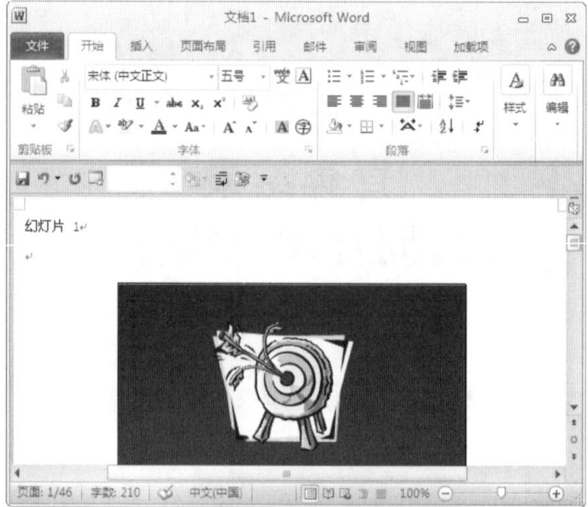

图 12-32 效果图

老师的话

在 Office 中，Word 同 Outlook 也可以协同使用，如在 Word 中使用“Outlook 通讯簿”查找地址。

首先，选择“邮件”选项卡下“创建”功能区的“信封”或“标签”命令；然后在弹出的“信

电脑小百科

如果通过网上邻居访问别人的计算机，但在网上邻居上却看不到自己的机器，原因可能是没有安装 Microsoft 文件以及打印机共享。

封和标签”对话框中单击通讯簿按钮，弹出“选择姓名”对话框；在对话框中选择需要的信息，最后单击“确定”按钮。

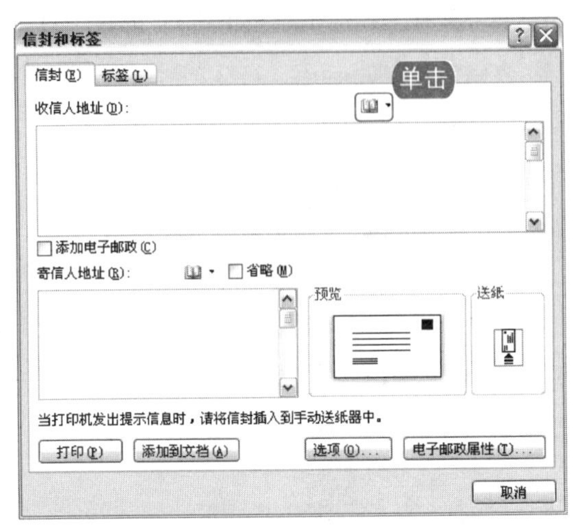

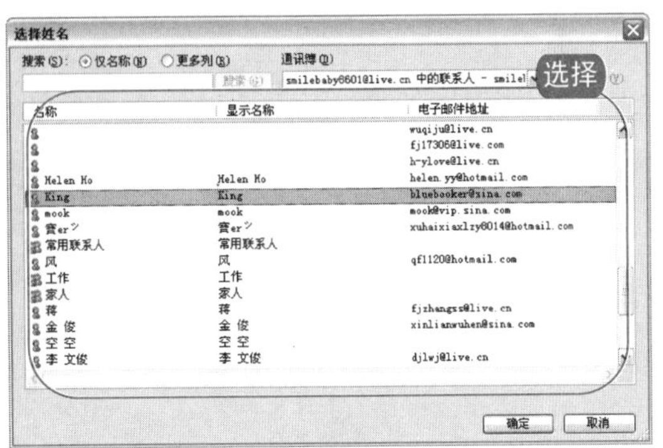

如果有多个“联系人”文件夹设置为通讯簿，则单击“通讯簿”下拉箭头，选择需要的那个文件夹。“搜索”选项可以搜索“仅名称”或“更多列”；选择“仅名称”对话框就只显示以输入的内容开头的姓名。

12.3　Word 与 Access 协同办公

Microsoft Office Access 是由微软发布的关联式数据库管理系统，其结合了 Microsoft Jet Database Engine 和图形用户界面两项特点。Access 2010 中，可以快速地将其数据输出到 Word 文档中。

书盘互动指导

示例	在光盘中的位置	书盘互动情况
数据库 数据源 获取数据(G)... 数据：C:\...\Administrator\My Documents\职员表.accdb 数据选项 查询选项(Q)...　表格自动套用格式(T)... 已设置查询选项 将数据插入文档 插入数据(I)... 取消	12.3 Word 与 Access 协同办公 12.3.1 将 Access 数据直接输出到 Word 中 12.3.2 在 Word 中导入符合条件的 Access 数据	本节主要带领大家学习 Word 与 Access 协同办公，在光盘 12.3 节中有相关内容的操作视频，并还特别针对本节内容设置了具体的实例分析。 大家可以在阅读本节内容后再学习光盘，以达到巩固和提升的效果。

12.3.1 将 Access 数据直接输出到 Word 中

在编辑 Access 2010 时，可以不用重新打开 Word 2010，直接将 Access 数据输出到 Word 2010 中使用。

电脑小百科

如果希望将.pdf 格式的文件转换为 Word 格式，则不可以直接另存为，需要使用格式转换软件才可以。

1. 在 Access 2010 中，选中需要输出的数据，选择“外部数据”→“导出”命令，单击“其他”命令的下拉按钮。
2. 在弹出的下拉菜单中，选择 Word(W)选项，如图 12-33 所示，弹出“导出-RTF 文件”对话框。

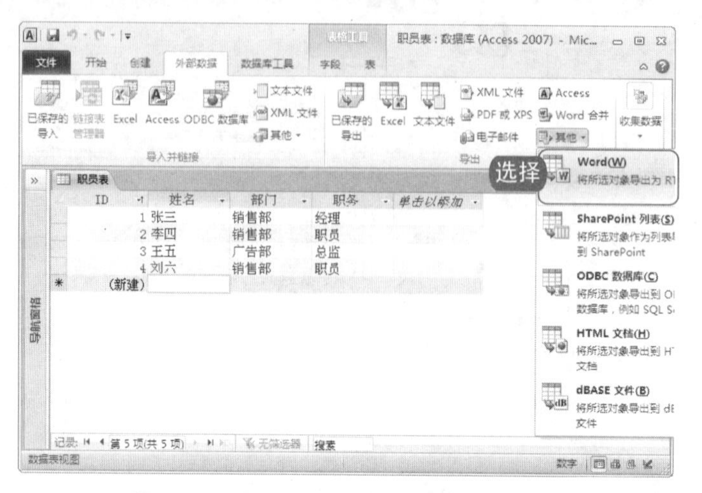

图 12-33　打开“导出-RTF 文件”对话框

3. 单击“导出-RIF 文件”对话框中的“浏览”按钮，弹出“保存文件”对话框，在对话框中选择合适的保存路径，单击“保存”按钮。
4. 在“导出-RIF 文件”对话框中，选中“仅导出所选记录”复选框，将指定导出选项设置为仅导出所选记录命令，如图 12-34 所示。
5. 单击“确定”按钮，将 Access 数据输出到 Word 中，如图 12-35 所示。

图 12-34　选择导出选项

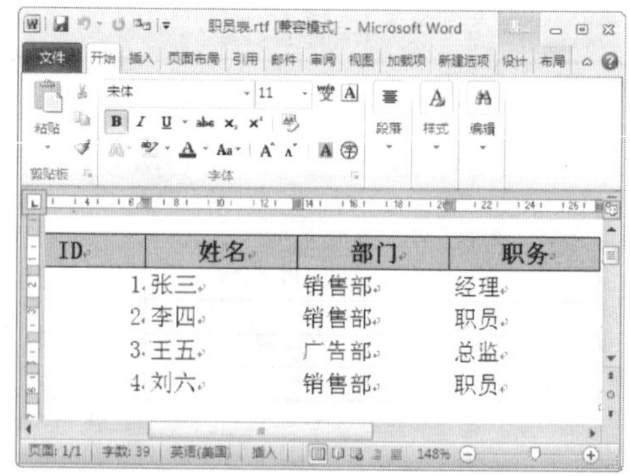

图 12-35　Access 数据被输出到 Word 中

12.3.2　在 Word 中导入符合条件的 Access 数据

对于已经在 Access 数据库储存好的资料，在编辑 Word 时可以直接拿来使用。在 Word 中导入符合条件的 Access 数据并将其自动生成表格的具体操作步骤如下。

电脑小百科

还原系统最好是找相邻最近的一个还原点，这样才不会造成还原后的系统丢失太多的设置。

在 Word 中导入符合条件的 Access 数据，方法类似于将 Word 文档转换为 Power Point 演示文稿，可以先将这一功能添加到快速访问工具栏中，然后在对其进行方便的数据导入。

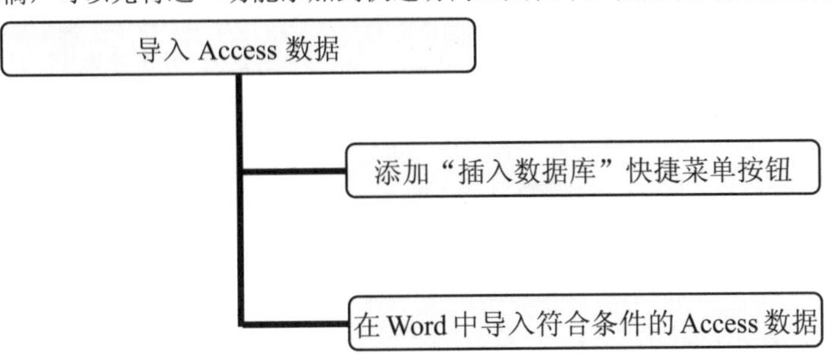

跟着做 1☛ 添加“插入数据库”快捷菜单按钮

添加“插入数据库”快捷菜单按钮的具体操作步骤如下。

1. 在 Word 2010 中，单击“自定义快速访问工具栏”上的下拉按钮。
2. 在下拉菜单中选择“其他命令”选项，弹出“Word 选项”对话框。
3. 在对话框默认选择的“快速访问工具栏”选项卡下进行选择设置，选择“所有命令”选项为下拉位置，选择“插入数据库”命令，如图 12-36 所示。
4. 单击“添加”按钮，所选命令被添加到自定义快速访问工具栏中，单击“确定”按钮，完成添加。

图 12-36　选择“插入数据库”命令

跟着做 2☛ 在 Word 中导入符合条件的 Access 数据

通过以上步骤，将“插入数据库”按钮添加到了 Word 中的快速访问工具栏，可以方便使用。接下来就可以在 Word 中导入符合条件的 Access 数据，具体操作步骤如下。

1. 单击“自定义快速访问工具栏”中新添加的“插入数据库”按钮。

电脑小百科

按下 Ctrl+Alt+ 组合键，鼠标指针会变成黑色的减号时，单击需要清除的文件就可以删除 Word 使用的文档记录。

2 弹出“数据库”对话框，单击“获取数据”按钮。

3 在弹出的“选取数据源”对话框中选择所有选取的数据库文件，若数据库中有多个表，还应在其中选择多表，单击“打开”按钮，如图 12-37 所示。

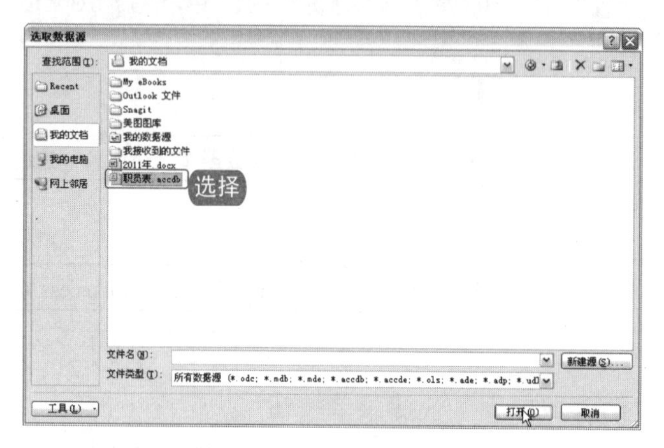

图 12-37　选择数据库文件

4 再次弹出“数据库”对话框，单击“查询选项”按钮，如图 12-38 所示，打开“查询选项”对话框，选择需要筛选的数据库字段，设置比较条件与比较对象，单击“确定”按钮，如图 12-39 所示。

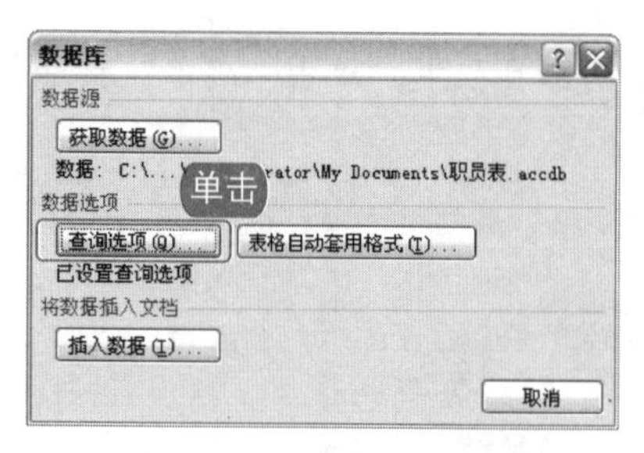

图 12-38　“数据库”对话框

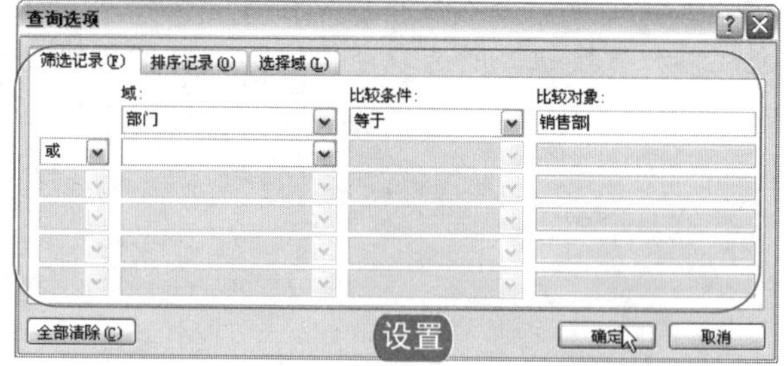

图 12-39　选择需要筛选的数据库字段

5 在“数据库”对话框中，单击“插入数据”按钮。

6 弹出“插入数据”对话框，根据需要继续筛选设置，其默认为“全部”命令。

7 单击“确定”按钮，完成导入，效果如图 12-40 所示。

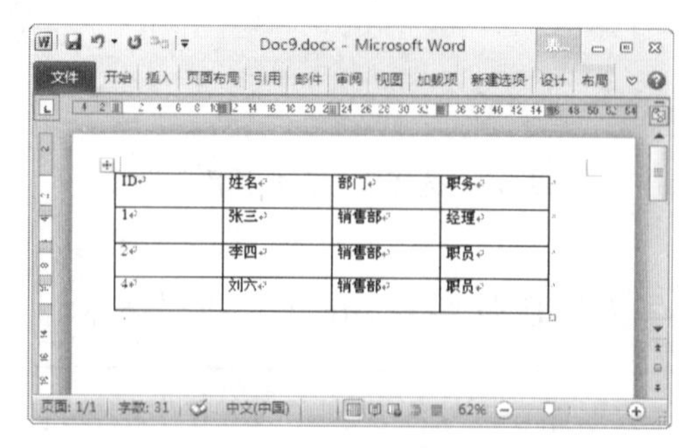

图 12-40　Access 数据被导入到 Word 中

电脑小百科

按 Ctrl+PauseBreak 组合键可以打开“系统属性”对话框。

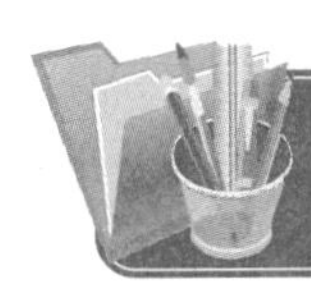

12.4 将 PPT 项目报告转换为 Word 文档保存

PowerPoint 演示文稿格式的文档不利于打印存档，对于一些重要资料，可以将其转换为 Word 格式，然后再进行编辑整理使其在保质节能的情况下存档管理。

书盘互动指导

在光盘中的位置	书盘互动情况
12.4 将 PPT 项目报告转换为 Word 文档保存 12.4.1 将 PPT 格式项目报告转换为.rtf 大纲格式 12.4.2 编辑 Word 格式的项目报告	本节内容主要介绍了以上述内容为基础的综合实例操作方法，在光盘 12.4 节中有相关操作步骤的视频文件，以及原始素材文件和处理后的效果文件。

原始文件	素材\第 12 章\项目报告. pptx
最终文件	源文件\第 12 章\项目报告.docx

将××公司的 PPT 项目报告转换为 Word 文档，可通过下面的操作步骤来实现。

跟着做 1 将 PPT 格式项目报告转换为.rtf 大纲格式

将 PPT 格式项目报告转换为.rtf 大纲格式的具体操作步骤如下。

1. 在 PowerPoint 2010 中，选择“文件”→“另存为”命令，弹出“另存为”对话框。
2. 在“另存为”对话框中选择文件保存的地址，并将保存类型选择设置为“大纲/RTF 文件”，单击“保存”按钮，如图 12-41 所示。

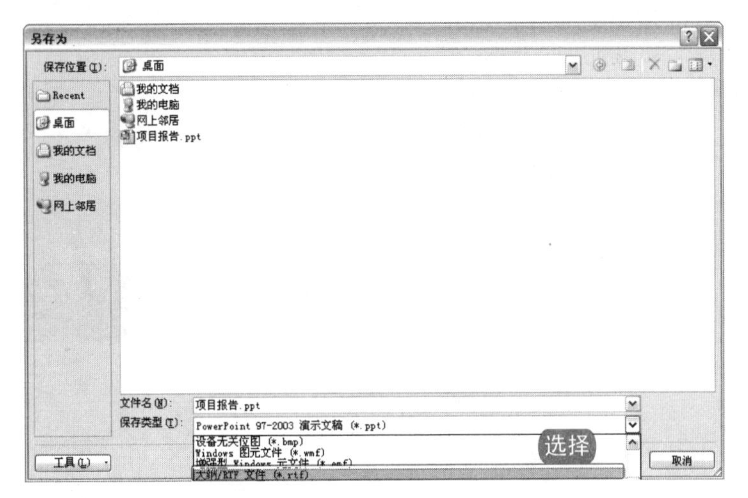

图 12-41　选择文件的保存类型

将 Origin 中的汉字字体改为宋体或仿宋体之后，Word 才可以识别 Origin 中的汉字。

跟着做 2 编辑 Word 格式的项目报告

将其保存为大纲格式之后，如果要想使用 Word 2010 强大的文本编辑功能，还要首先将其设置为.docx 格式，具体操作步骤如下。

1. 找到刚刚保存的.rtf 格式的文档，单击鼠标右键，在弹出的快捷菜单中选择“打开”命令。
2. 在 Word 2010 中，选择“文件”→“另存为”命令，在弹出的“另存为”对话框中将其保存类型设置为“Word 文档.docx”格式。
3. 弹出“您正打算将文档保存为某种新文件格式”提示框，单击“确定”按钮。
4. 重新打开刚刚保存的 Word 文档，一般演示文档中字体都很大，所以在对文档进行编辑之前可以先按下 Ctrl+A 组合键，然后选择“开始”→“字体”→“清除格式”命令，如图 12-42 所示。
5. 分别选取文档标题、一级标题等内容进行逐个格式化编辑，效果如图 12-43 所示。

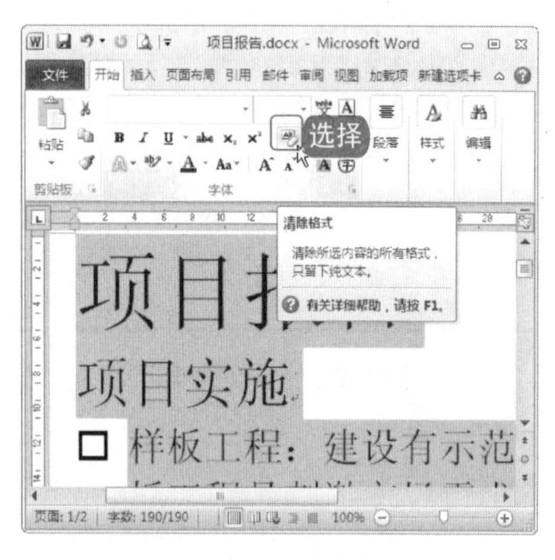

图 12-42　选择“清除格式”命令

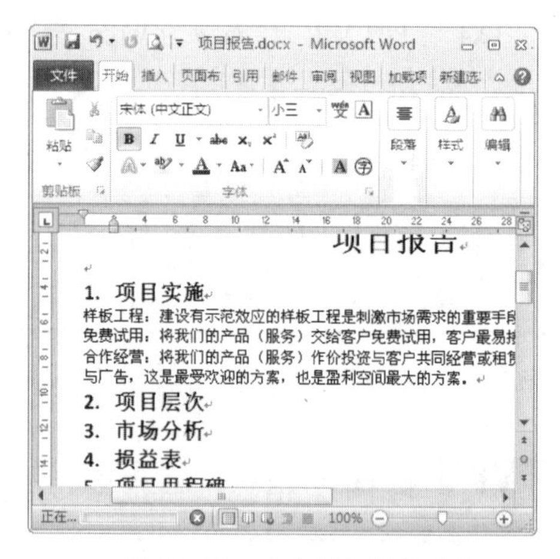

图 12-43　对文本进行格式化

6. 选取文档，选择“开始”→“段落”→“项目符号”命令，在下拉列表中选择合适的项目符号，为文档添加项目符号如图 12-44 所示。
7. 由于在 PowerPoint 演示文稿转化为 Word 文档时，一些图表和图片可能无法显示，所以还需要对照 PowerPoint 演示文稿将其复制粘贴到对应的位置，并对其进行格式化调整，使其达到整篇文章的协调，如图 12-45 所示。

图 12-44　添加项目符号

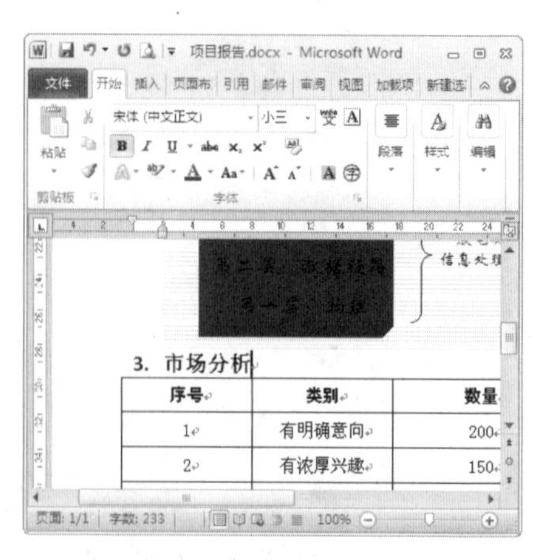

图 12-45　编辑调整 Word 文档

电脑小百科

在系统中，安装正确的设备驱动程序才能正确地反映出设备型号。

学习小结

本章主要介绍了 Word 2010 与 Excel、PowerPoint 和 Access 数据库之间的转换、资源共享和协同办公。

通过对本章的学习，读者能够懂得如何实现 Word 与 Excel 表格、PowerPoint 和 Access 数据之间的转换，分享数据资料，以及在 Word 中使用 Outlook 通讯簿，提高工作效率。

下面对本章内容进行总结，具体内容如下。

(1) 在 Word 文档中调用 Excel 数据可以使用超链接调用，也可以将 Excel 数据直接导入到 Word 文档中。使用将数据直接导入文档时，需要将其保存为文本格式。

(2) 将 Word 与 PowerPoint 演示文稿或 Access 数据之间实现转换和资源分享时，彼此之间需要大纲/RTF 文件作为中转文件，然后才可以进行转换。

(3) 无论是将 Excel 中数据转换成 Word 文档使用，还是将 Word 文档转换成 PowerPoint 演示文稿，都是为了节约时间，减少工作量。但在它们实现彼此的转换之后都应该检查一下信息的正确性，避免由于格式的显示不同或其他原因造成的信息错误。

(4) 多加练习各 Office 组件之间的转换，为工作或生活中的实战操作打好坚实基础。

互动练习

1. 选择题

(1) 将 Excel 电子表格中的内容导入到 Word 中，需要将其首先转换为(　　)文件。

A. 大纲　　B. 兼容

C. 文本　　D. PowerPoint

(2) 在自定义快速访问工具栏中，要添加“插入数据库”命令为快捷菜单，需要在(　　)位置查找添加。

A. 不在功能区中的命令　　B. 所有命令

C. 常用命令　　D. 宏命令

(3) 在 Word 2010 中，选择(　　)选项卡，可以使用“Outlook 通讯簿”查找地址。

A. 引用　　B. 插入

C. 邮件　　D. 以上说法都不能

(4) 关于 Word 与其他组件的协同办公，说法正确的是(　　)。

A. 在“引用”选项卡下可以添加超链接，实现信息的分享。

B. Word 中的表格可以转换为 Excel 电子表格，但是 Excel 电子表格却无法转换为 Word 表格

C. 将 Access 数据输出到 Word 中，需要先将其转换为.txt 文本文件

D. 将 PowerPoint 演示文稿用作 Word 文档的大纲，需要先将其另存为大纲/RTF 文件

2. 思考与上机题

(1) 在 Word 中使用超链接调用 Excel 电子表格中“产品销售年度表”的数据。

电脑小百科

选取整篇文档后将字体颜色设置为“无”，可以从视觉效果上隐藏文件内容。

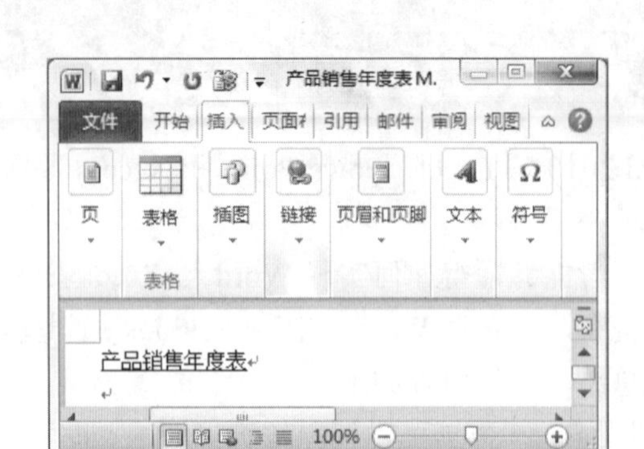

	原始文件	素材\第 8 章\产品销售年度表.xlsx
	最终文件	源文件\第 12 章\产品销售年度表. docx

(2) 备份“大学毕业后的工作和生活”文档到新的文档中。

(3) 将“大学毕业后的工作和生活”Word 文档转换为 PowerPoint 演示文稿。

大学毕业后的工作和生活

* 出路在哪里？出路在于思路
* 成功的人不是赢在起点，而是赢在转折点
* 能干工作、干好工作是职场生存的基本保障
* 在能干的基础上踏实肯干
* 能吃亏是做人的一种境界，是处世的一种睿智

	原始文件	素材\第 10 章\大学毕业后的工作和生活.docx
	最终文件	源文件\第 12 章\大学毕业后的工作和生活.pptx

制作要求：

a. 将文档中的二级标题提出输入首页。

b. 选择合适的 PowerPoint 样式模板。

c. 编辑整理其他的文档内容，使其整齐合理。

由于磁盘检查和碎片整理的时间较长，最好选择不使用电脑的空闲时间进行。

第 13 章

Word 2010 的高级功能应用

本章导读

在 Word 2010 中，还具有一些特别的功能可以帮助大家保证工作质量，提高工作效率，如宏和域的应用，可以避免重复操作，节省更多的时间。

本章主要介绍了宏的录制、编辑和运用，数学公式的插入与使用，信封的制作与邮件合并，以及文档的各种安全保护方式等 Word 高级功能的应用。

精彩看点

- 使用宏
- 插入数学公式
- 保存数学公式
- 制作信封
- 邮件合并
- 保护文档

13.1 使用宏

宏是一系列组合在一起的 Word 命令和指令，以完成执行一系列任务的自动化工作。如果需要在 Word 中反复进行某项工作，就可利用宏来自动完成，让系统自动执行复杂的操作步骤，大大简化工作任务。

书盘互动指导

示例	在光盘中的位置	书盘互动情况
	13.1 使用宏 13.1.1 录制宏 13.1.2 运行宏 13.1.3 编辑宏	本节主要带领大家学习使用宏命令，在光盘 13.1 节中有相关内容的操作视频，并还特别针对本节内容设置了具体的实例分析。 大家可以在阅读本节内容后再学习光盘，以达到巩固和提升的效果。

操作分析

也许对于一些朋友来说，宏命令听起来比较陌生，但它在很多方面都可以帮上大忙，节约工作时间。以下 3 项是学习使用宏的主要内容，也是熟练应用的重要保证。

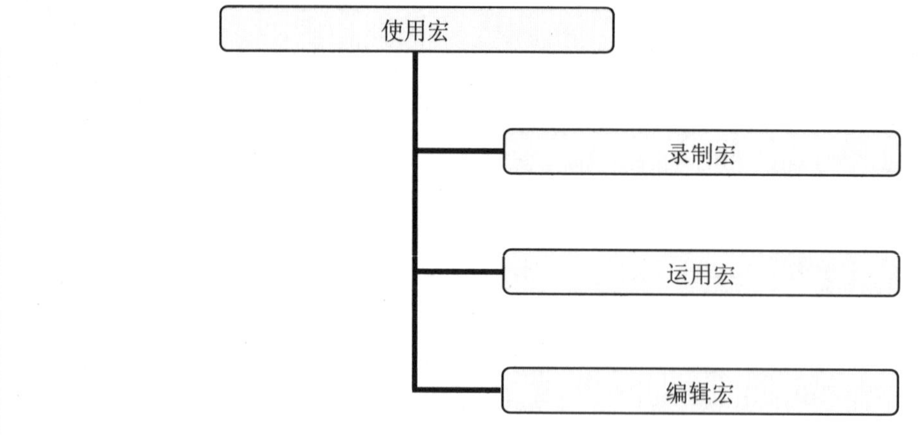

跟着做 1 录制宏

使用宏时必须先通过宏录制器录制宏，然后才能运行宏，具体操作步骤如下。

1. 在 Word 2010 中，选择“视图”选项卡，然后选取需要录制宏的文字。
2. 单击“宏”功能区中宏图标上的下拉按钮，在弹出的下拉菜单中选择“录制宏”命令，如图 13-1 所示。
3. 在“录制宏”对话框中输入宏的名称、地址等信息对宏进行设置，单击“确定”按钮，如图 13-2

整理磁盘时应关闭所有正在运行的程序，否则可能导致程序中断，以致不能完成操作。

所示。

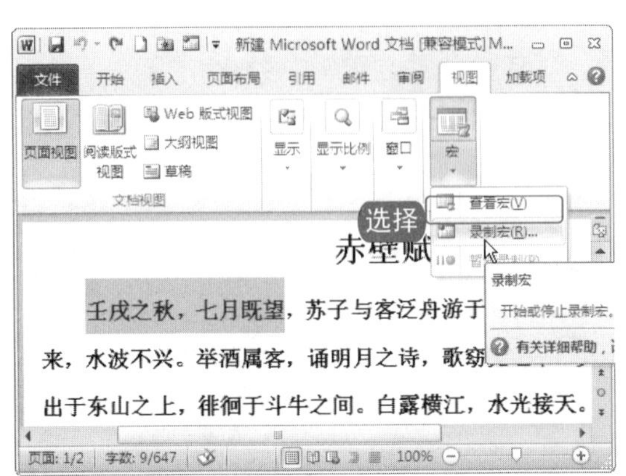

图 13-1　选择“录制宏”命令

图 13-2　设置宏的保存路径

4. 选择“开始”选项卡，对文字格式进行设置，如将所选文字倾斜和加上下划线处理。
5. 选择“视图”选项卡，再次单击“宏”命令上的下拉按钮，在弹出的下拉菜单中选择“停止录制”命令，如图 13-3 所示。

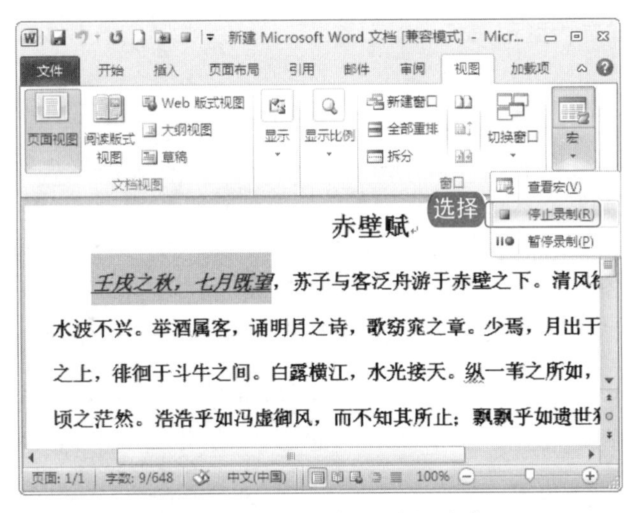

图 13-3　选择“停止录制”命令

知识补充

在“录制宏”对话框中单击“将宏保存在(S): ”选项的下拉按钮，可以选择当前文档保存宏，如果选择“所有文档”选项，表示本机上所有 Word 文档中都存在该宏。

跟着做 2 运行宏

运行宏的方法有多种。如果在“录制宏”对话框中已经将宏指定到按钮，则单击该按钮就可

打开这个文件，将其另存，若“另存为”对话框中保存类型是固定为“文件模板”，则表示该文件已经感染宏病毒。

以运行宏；如果将宏指定到键盘，则只要按下相应的快捷键就可以运行宏。这里介绍运行宏的一般方法，具体操作步骤如下。

1. 选取需要运行宏的文字，打开“视图”功能栏。
2. 单击“宏”功能区中宏图标上的下拉按钮，弹出下拉菜单。
3. 在下拉菜单中选择“查看宏”命令，弹出“宏”对话框。
4. 在对话框中选择需要运行的宏，如图 13-4 所示，单击“运行”按钮。
5. 所选取的文字运行了宏，效果如图 13-5 所示。

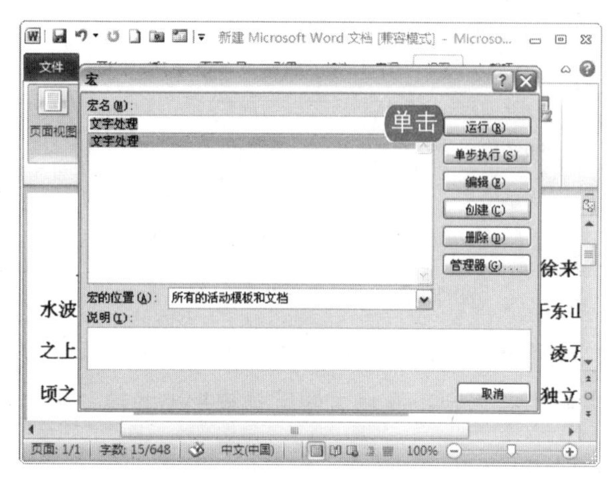

图 13-4 单击“运行”按钮

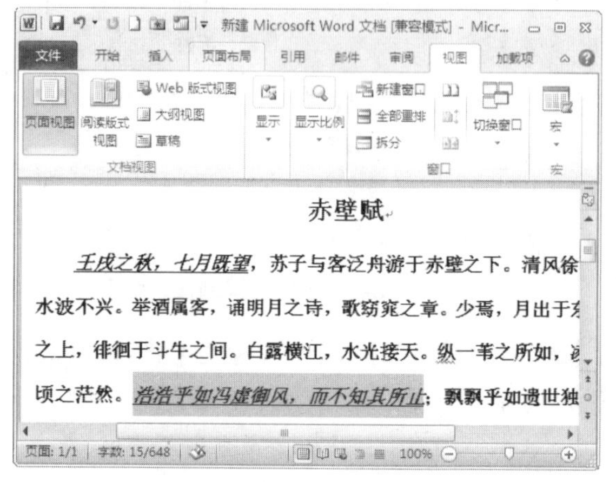

图 13-5 运行宏命令

跟着做 3☛编辑宏

根据需要可以对录制好的宏进行编辑，具体操作步骤如下。

1. 在 Word 2010 中，选择“视图”→“宏”→“查看宏”命令，打开“宏”对话框。
2. 在“宏”对话框中选择需要编辑的宏，单击“编辑”按钮，如图 13-6 所示。
3. 在弹出的宏编辑窗口中可以输入 VBA 语言进行编辑，如图 13-7 所示。

图 13-6 单击“编辑”按钮

图 13-7 使用 VBA 语言编辑宏命令

电脑小百科

为了确保计算机中数据的安全，要经常对其进行备份操作。

在 Word 2010 中，可以使用域，它是一种代码，用于指示 Word 如何将某些信息插入到文档中，在文档中使用它可以实现数据的自动更新和文档自动化。

使用域可以插入许多有用的内容，包括页码、时间和某些特定的文字内容、图形等；可以利用域完成一些复杂而非常有用的功能，如自动编制索引、目录等；可以利用域来链接或交叉引用其他的文档及项目；还可以利用域执行一定的计算功能等。这里就以插入日期和时间域为例，具体操作步骤如下。

在 Word 中，将光标定位于需要插入域的位置，选择“插入”→“文档部件”→“域”命令；然后在弹出的“域”对话框中选择域的类别以及显示样式，如下图所示；选择设置完成后，单击“确定”按钮，日期和时间域被插入到文本中，如下图所示。

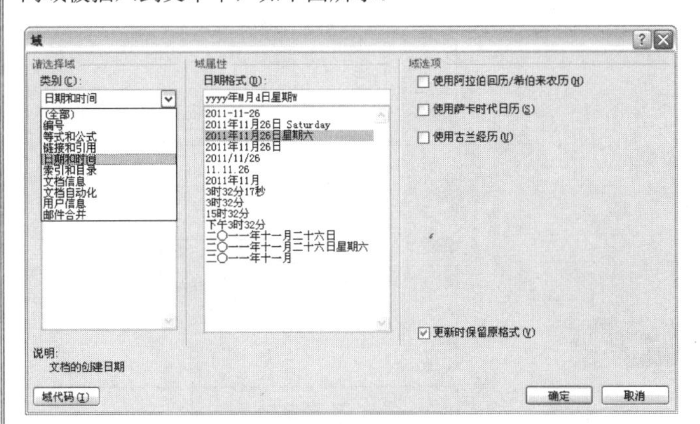

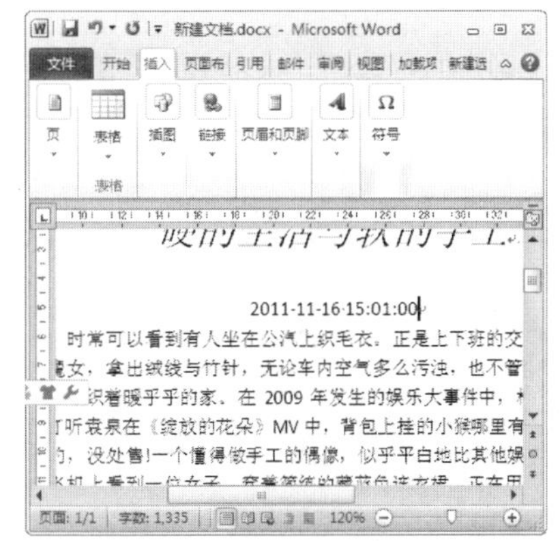

除此之外，将光标定位在域所在的位置后，单击鼠标右键，在弹出的快捷菜单中可以进行域的更新、编辑以及域代码的切换等操作。

13.2　插入数学公式

在之前介绍特殊字符添加时介绍过一些运算符号的添加，但如果要输入一个复杂的数学公式这样通过“插入”→“符号”命令逐个添加就会显得十分麻烦，而且容易出错。所以一般可以选择套用公式库中的公式，或者将常用的公式保存起来。

书盘互动指导

示例	在光盘中的位置	书盘互动情况
	13.2 插入数学公式 13.2.1 套用公式库中的公式 13.2.2 插入新的公式 13.2.3 保存常用公式	本节主要带领大家学习如何插入数学公式，在光盘 13.1 节中有相关内容的操作视频，并还特别针对本节内容设置了具体的实例分析。 大家可以在阅读本节内容后再学习光盘，以达到巩固和提升的效果。

Word 中出现公式的行往往要比只有文字的行宽，要把这些行改成和只有文字的行一样宽，则将段落设为固定值即可。

跟着做 1 套用公式库中的公式

在默认状态下，Word 2010 会自动安装公式编辑器。所以系统便具有一个提供常用公式的公式库，直接套用这些公式可以快速完成插入，具体操作步骤如下。

1. 在 Word 2010 中，选择“插入”→“符号”命令，单击“公式”命令上的下拉按钮，如图 13-8 所示。
2. 在下拉菜单中选择需要插入的数学公式，如图 13-9 所示。

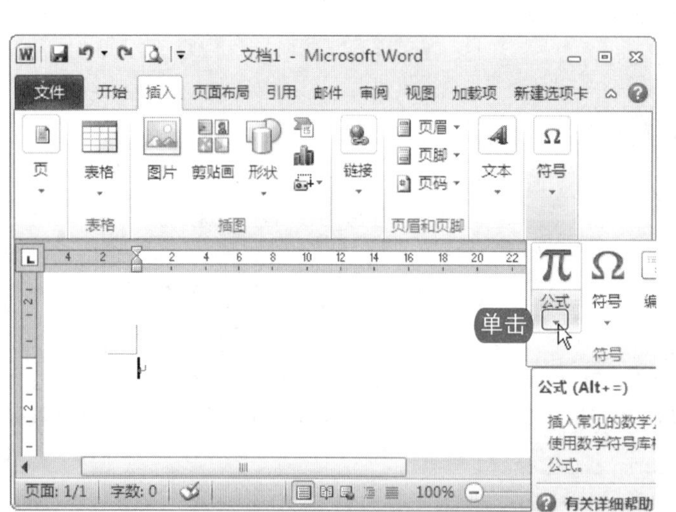

图 13-8 单击“公式”下拉按钮

图 13-9 选择需要插入的数学公式

3. 公式被插入到 Word 中，如图 13-10 所示，可以直接使用此公式，也可以在其基础上进行编辑修改。

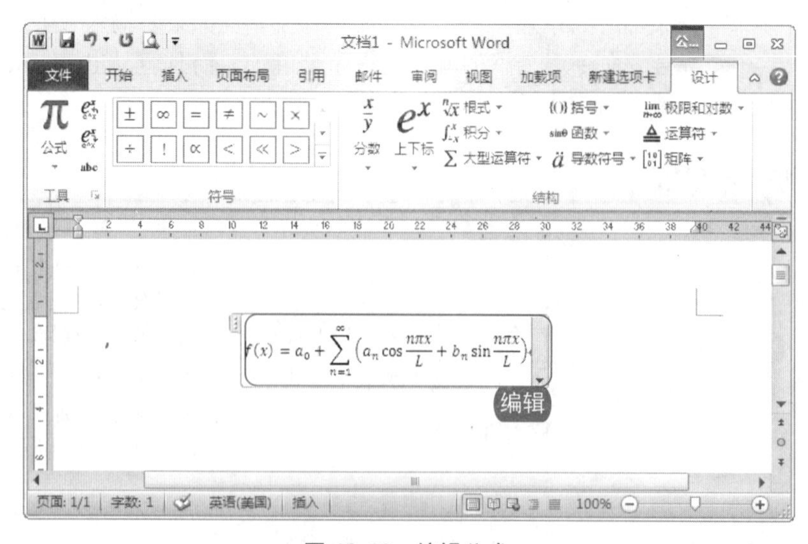

图 13-10 编辑公式

电脑小百科

要对系统备份，首先需要启动系统内的“可移动存储”服务。此外使用备份工具中的自动系统恢复向导，还可对错误的系统程序进行修改。

跟着做 2　插入新的公式

当 Word 2010 提供的常用公式库中没有所需的公式，可以选择插入新的公式，具体操作步骤如下。

1. 在 Word 2010 中，选择“插入”→“符号”命令，单击“公式”按钮，或者单击其下拉按钮在下拉菜单中选择“插入新公式”命令。
2. 在 Word 的编辑区中，插入公式输入区域，如图 13-11 所示。
3. 单击公式输入区域的边框，选择“设计”→“结构”命令，如图 13-12 所示。

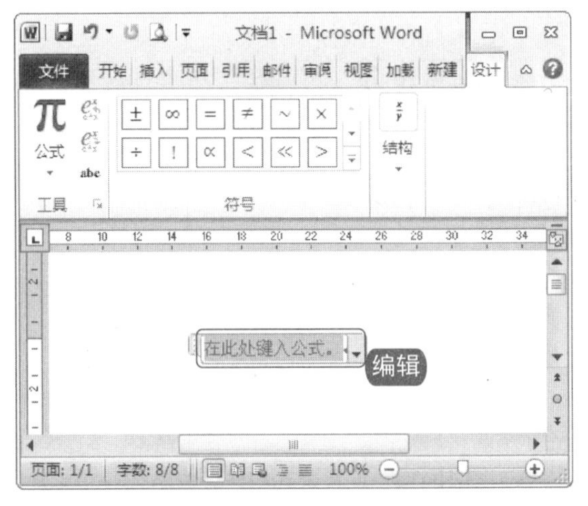

图 13-11　插入公式输入区域

图 13-12　选择“结构”命令

4. 在打开的“结构”菜单中选择需要的公式符号，或者单击其下拉按钮，选择公式的插入类型，如图 13-13 所示。
5. 在 Word 文档中编辑完善插入的数学公式，如图 13-14 所示。

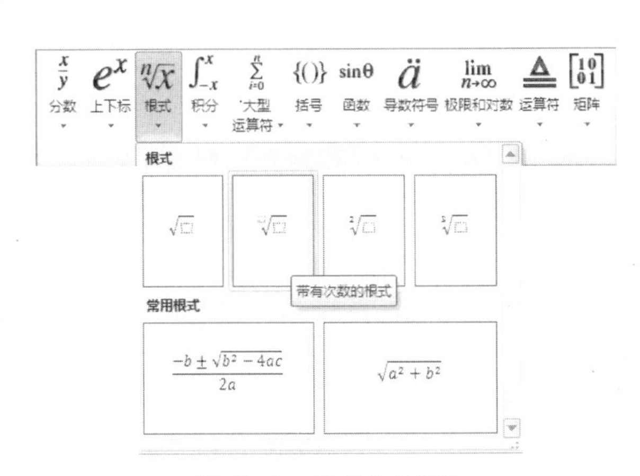

图 13-13　选择公式结构

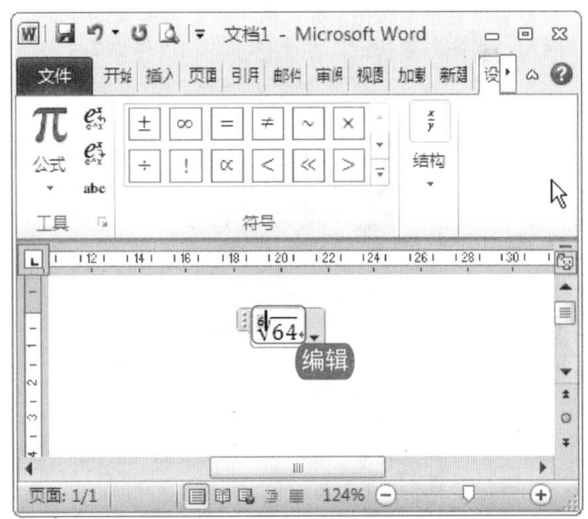

图 13-14　修改编辑公式

电脑小百科

要使 Word 中公式全为小一号，则建议使用 Mathtype 公式编辑器，Word 自带的公式编辑器有时使用不是很方便。

跟着做 3 保存常用公式

对于一些自己常常需要而库里又没有的公式，可以将其另存为新公式，方便再次的重复使用，具体操作步骤如下。

1. 单击常用公式右下角的下拉按钮，在下拉菜单中选择“另存为新公式”命令，如图 13-15 所示。
2. 在弹出的“新建构建基块”对话框中，设置该公式的保存名称、保存位置等信息，如图 13-16 所示。
3. 该常用公式即被保存在“常规”公式库中。

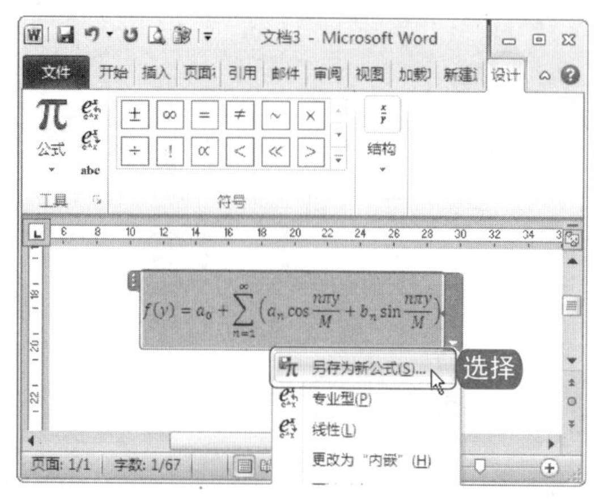

图 13-15 选择“另存为新公式”命令

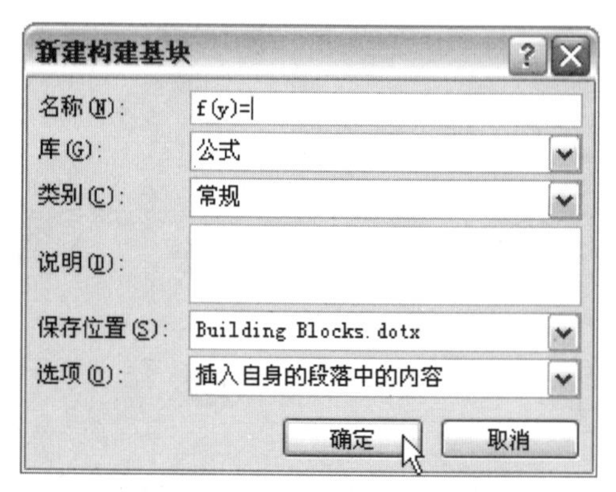

图 13-16 设置公式的保存信息

在 Word 2010 中，对文本进行审阅时有拼音和语法的自动检查功能帮忙，对于插入的数学公式也可以将其设置成具有自动更正功能。首先单击插入公式的边框；然后选择“设计”选项卡下“工具”功能区右下角的按钮，打开“公式选项”对话框；在对话框中单击“数学符号自动更正”按钮，如图所示；打开“自动更正”对话框，选择“数学符号自动更正”选项卡；选中“键入时自动替换”复选框，在“替换”和“替换为”文本框中输入需要替换的文本内容。

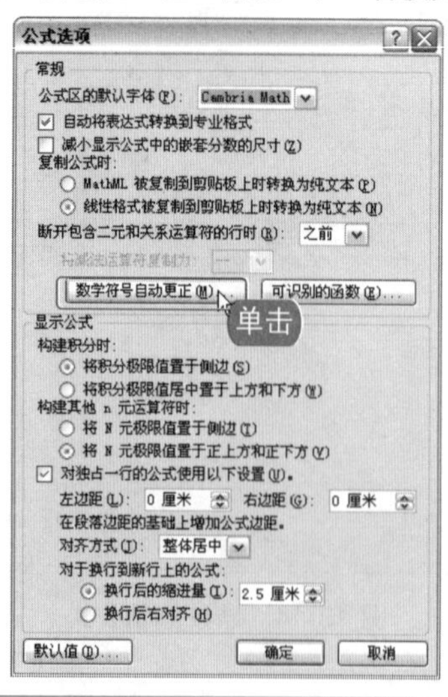

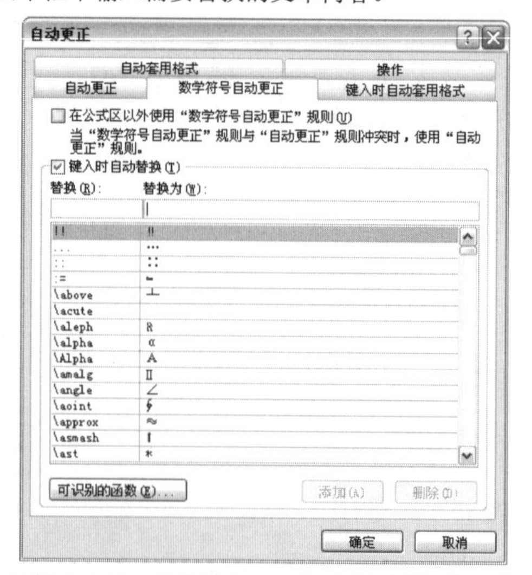

电脑小百科

电脑启动时间的长短与用户电脑硬件的配置有关。

13.3　插入与显示书签

书签是阅读图书时的一个重要工具，它可以帮助人们快速找到上次的浏览位置。顾名思义，Word 文档中，书签的作用也同样如此，特别是对长文档的编辑和审阅，具有十分重要的作用。

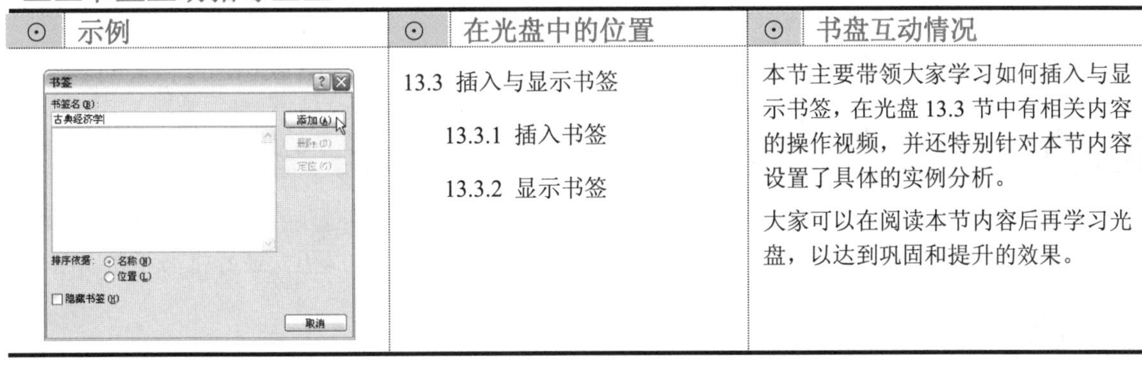

书盘互动指导

示例	在光盘中的位置	书盘互动情况
（“书签”对话框截图）	13.3 插入与显示书签 13.3.1 插入书签 13.3.2 显示书签	本节主要带领大家学习如何插入与显示书签，在光盘 13.3 节中有相关内容的操作视频，并还特别针对本节内容设置了具体的实例分析。 大家可以在阅读本节内容后再学习光盘，以达到巩固和提升的效果。

13.3.1　插入书签

用户在 Word 文档中阅读图书时，总是希望能迅速找到上次阅读结束时的位置，书签工具完美地实现了这个功能。

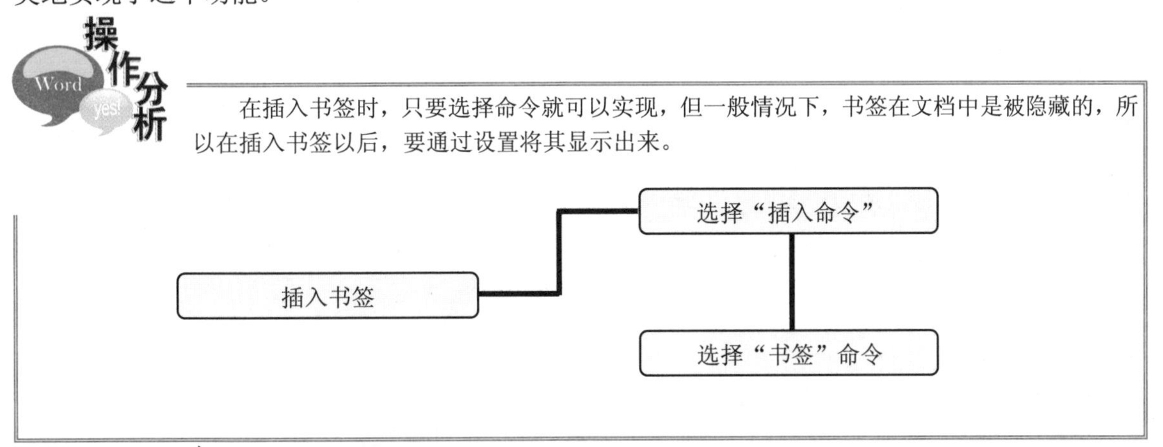

在 Word 中插入书签的具体操作步骤如下。

1. 将光标定位在 Word 文档中需要插入书签的位置，然后选择“插入”→“链接”→“书签”命令，如图 13-17 所示。
2. 在弹出的“书签”对话框中输入书签名，单击“添加”按钮，然后单击“确定”按钮即可，如图 13-18 所示。

电脑小百科

在 Word 中，选取表格的表头，打开“表格属性”对话框，在“行”选项卡下，选择“在各页顶端以标题行的形式出现”命令，可以使跨页表格每页都包含表头。

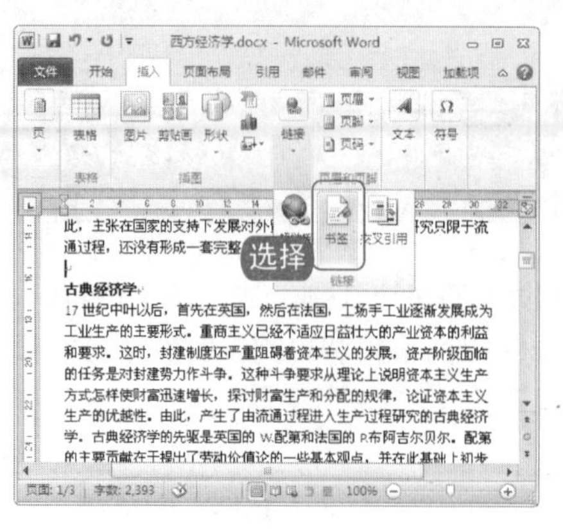

图 13-17　选择“书签”命令

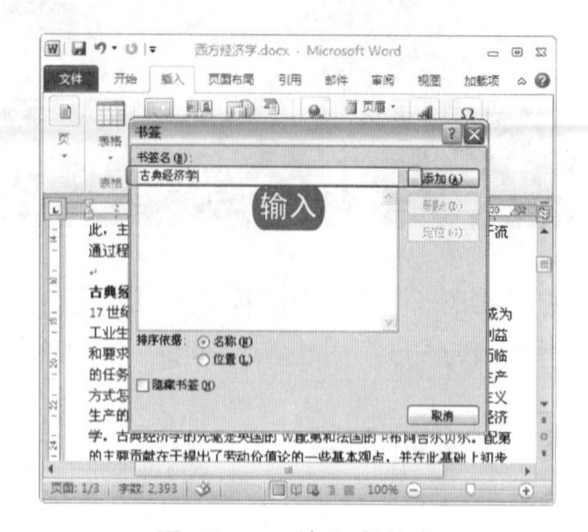

图 13-18　输入书签名

13.3.2 显示书签

在 Word 文档中，如果书签没有被显示出来，而又不小心被意外删除，对于某些很重要文档内容的查找来说无疑是一件很麻烦的事情，所以为了避免这种情况的发生，最好将书签显现出来。

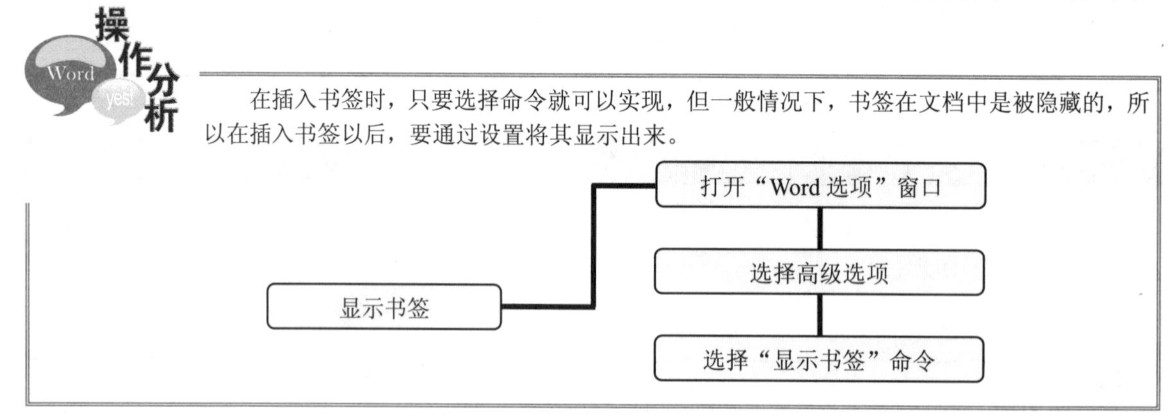

在插入书签时，只要选择命令就可以实现，但一般情况下，书签在文档中是被隐藏的，所以在插入书签以后，要通过设置将其显示出来。

显示书签的具体操作步骤如下。

1. 选择“文件”→“选项”命令，打开“Word 选项”对话框，如图 13-19 所示。
2. 在“Word 选项”对话框中选择“高级”选项，在其“显示文档内容”栏中选中“显示书签”复选框，单击“确定”按钮即可，如图 13-20 所示。

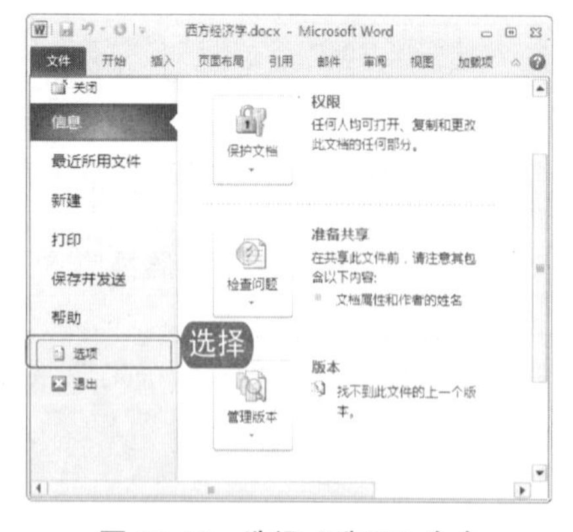

图 13-19　选择“选项”命令

图 13-20　选中“显示书签”复选框

电脑小百科

打印内容出现乱码时，大多是由于打印借口电路损坏或主控单片机损坏所致。

3 显示书签后的效果，如图 13-21 所示。

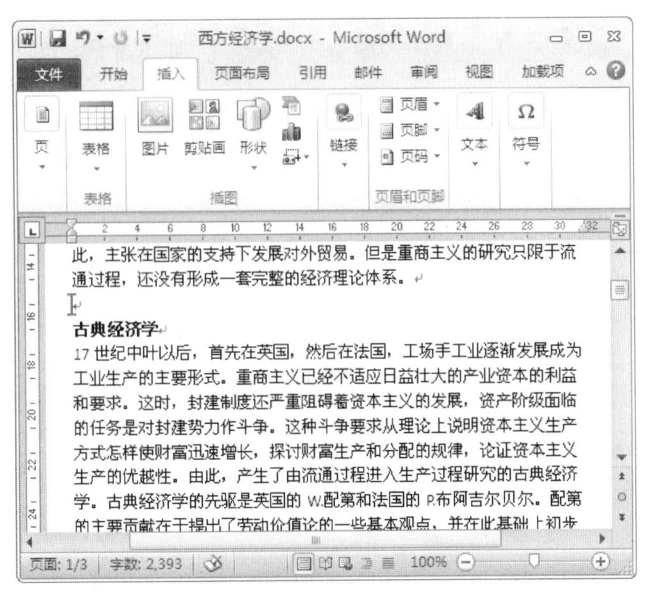

图 13-21　书签显示的效果

13.4　Word 与邮件合并

在日常工作中，经常会遇到这种情况：处理的文件内容大致相同，只是具体数据或某个选项有些变化。这样在填写大量格式相同，少许修改的文档内容时就会显得枯燥乏味而又浪费时间。在 Word 2010 中使用 Word 邮件合并功能，不仅操作简单，而且还可以设置各种格式。

书盘互动指导

示例	在光盘中的位置	书盘互动情况
信封和标签 信封(E)　标签(L) 收信人地址(D): To：某某公司 添加电子邮政(C) 寄信人地址(R):　省略(M) 某某 预览　送纸 当打印机发出提示信息时，请将信封插入到手动送纸器中。 打印(P)　添加到文档(A)　选项(O)...　电子邮政属性(T)... 取消	13.4 Word 与邮件合并 13.4.1 制作信封 13.4.2 邮件合并	本节主要带领大家学习如何将 Word 与邮件进行合并，在光盘 13.4 节中有相关内容的操作视频，还特别针对本节内容设置了具体的实例分析。 大家可以在阅读本节内容后再学习光盘，以达到巩固和提升的效果。

对于竖向排列文档中横向排列的表格，可以使用插入“连续分节符”的方式，方便文档的排版和打印。

13.4.1 制作信封

通过 Word 2010 可以制作出符合国家发行标准的信封，也可以轻松制作出具有自己特色的个性化信封，对于工作中需要批量信封，也可以快速完成。

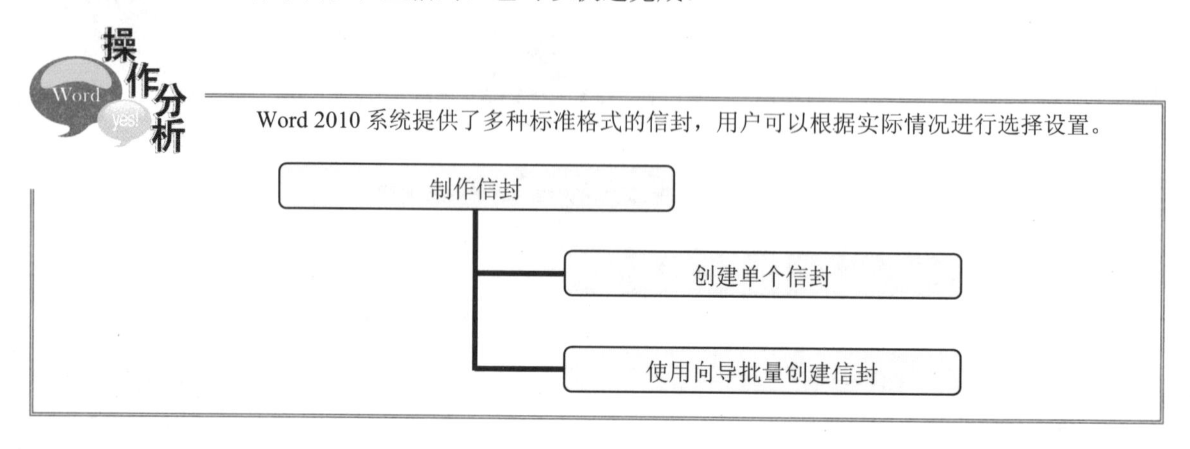

跟着做 1 创建单个信封

使用 Word 2010 创建单个信封，具体操作步骤如下。

1. 在 Word 2010 中，选择“邮件”→“创建”→“信封”命令，如图 13-22 所示。
2. 在打开的“信封和标签”对话框中输入收信人地址、寄信人地址，如图 13-23 所示。

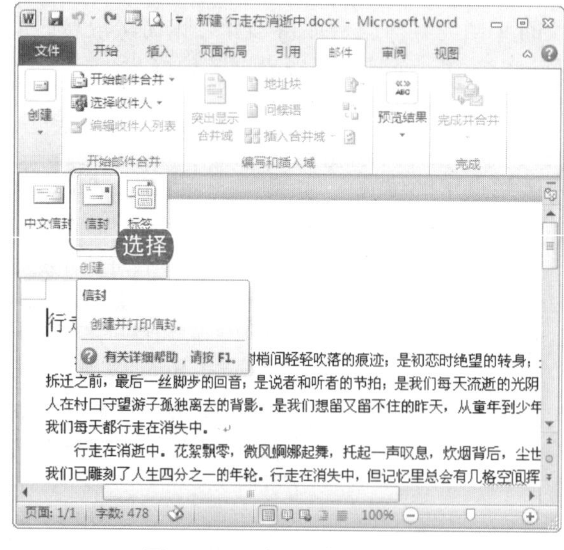

图 13-22 选择“信封”命令

图 13-23 输入信封内容

3. 输入完成后，单击“添加到文档”按钮，信封创建完成，如图 13-24 所示。
4. 如果对信封页面不满意，还可以在“信封和标签”对话框中，单击“选项”按钮，打开“信封选项”对话框适当地调整信封尺寸，如图 13-25 所示。

电脑小百科

每个设备都有其属性，并且不尽相同。通过设备的属性可以调整设备的一些参数，让设备的工作状态更加符合需求。

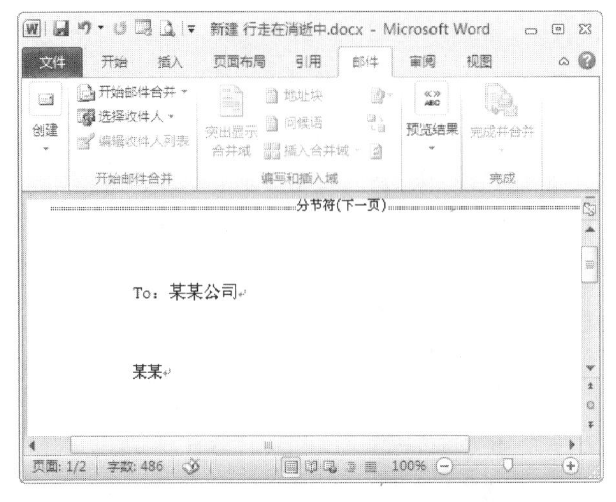

图 13-24　在文档中创建信封

图 13-25　设置信封页面格式

跟着做 2☛ 使用向导批量创建信封

信封上的内容虽然不多，但是这样手动制作信封，不但调整起来很麻烦，而且尺寸也很难符合邮政规定。所以建议使用信封制作向导来完成创建信封，具体操作步骤如下。

1. 在 Word 中选择“邮件”选项卡，选择“创建”→“中文信封”命令。
2. 弹出“信封制作向导”对话框，单击“下一步”按钮，跳过欢迎页面，如图 13-26 所示。
3. 在对话框中选择一种信封样式，如图 13-27 所示，单击“下一步”按钮。

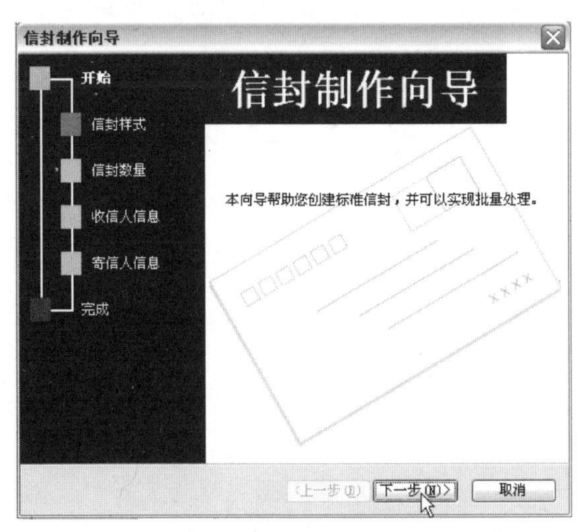

图 13-26　信封制作向导欢迎页面

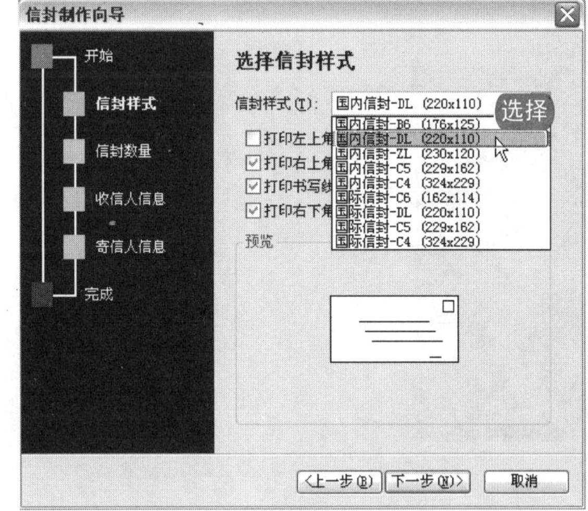

图 13-27　选择信封样式

4. 选择生成信封的方式和数量为“基于地址簿文件，生成批量信封”，单击“下一步”按钮，如图 13-28 所示。
5. 单击“选择地址簿”按钮，在弹出的“打开”对话框中选择文本格式或电子表格格式的文档，单击“打开”按钮。

电脑小百科

要在 Word 公式编辑器中输入空格，只需要按下 Ctrl+Shift+Space 组合键即可。

6. 在“信封制作向导”对话框中选择匹配的收件人信息，如图 13-29 所示，单击“下一步”按钮。

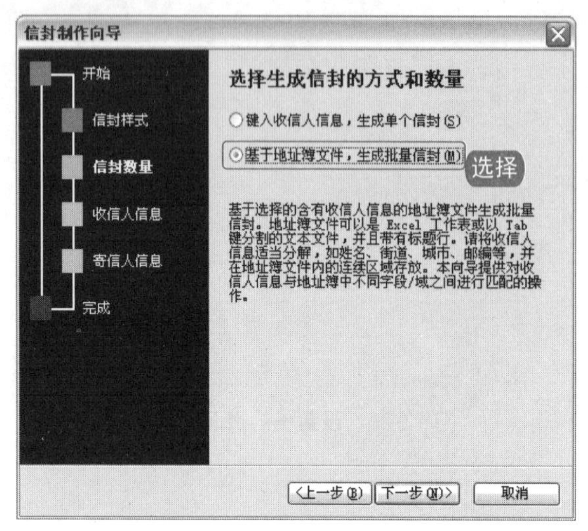

图 13-28　选择生成信封的方式和数量

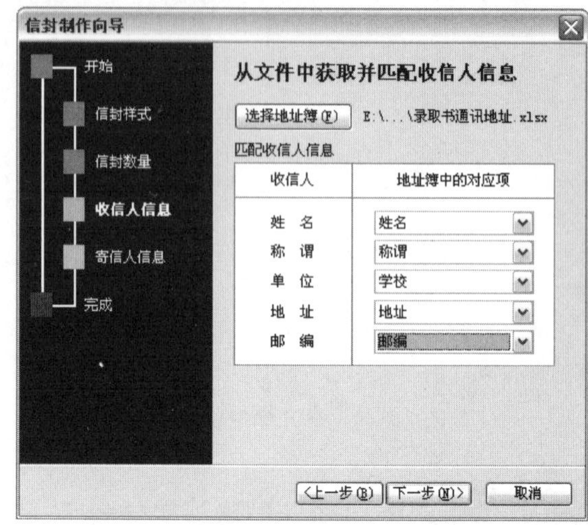

图 13-29　选择匹配的收信人信息

7. 输入寄件人信息，如图 13-30 所示，单击“下一步”按钮。
8. 最后，在对话框中单击“完成”按钮，文档中获得已填写好相关信息的多个标准信封，如图 13-31 所示。

图 13-30　输入寄件人信息

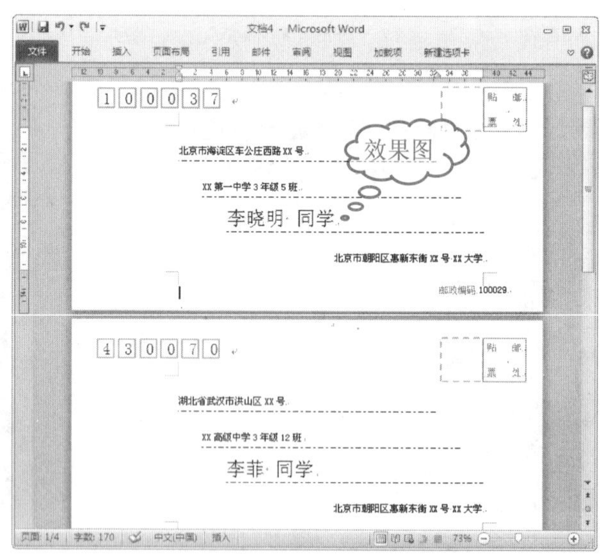

图 13-31　批量制作信封的效果图

13.4.2　邮件合并

邮件合并是指将数据源中心多余数据记录合并到主文档中，从而生成多个版本的合并文档。

电脑小百科

驱动光盘一般是随产品一起售出的，但如果驱动光盘丢失可以从产品的官方网站上下载驱动程序，或者下载摄像头万能驱动来安装。

主文档中包含对每个版本的合并文档都有相同的文字和图形，而数据源中心包括合并文档中的互不相同的内容。

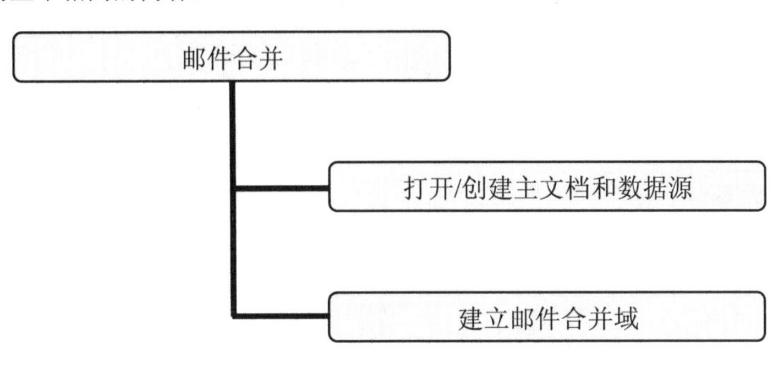

跟着做 1☛ 打开/创建主文档和数据源

打开/创建主文档和数据源是进行邮件合并必须进行的准备工作。其中，主文档是指具有相同内容的邮件合并部分，数据源则是指需要与主文档合并的指定文档，具体操作步骤如下。

1. 打开或新建一个 Word 文档，在文档中输入给每一位收件人的信函中都包括的内容，如图 13-32 所示。
2. 选择“邮件”→“开始邮件合并”→“邮件合并分布向导”命令，如图 13-33 所示。

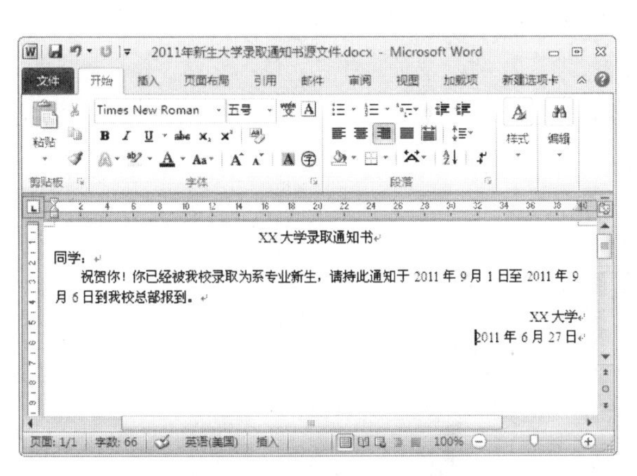

图 13-32　输入信函内容

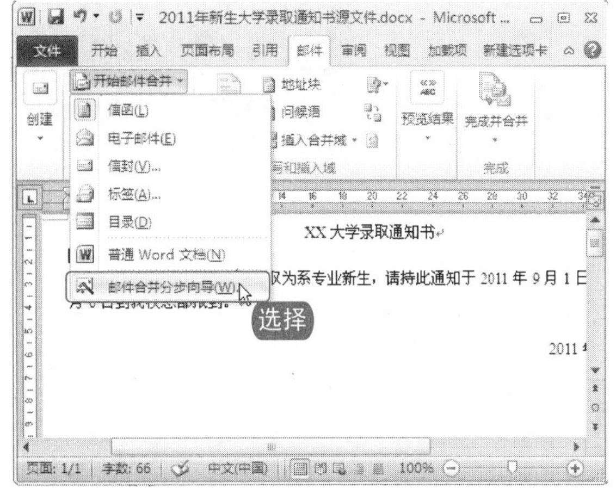

图 13-33　选择“邮件合并分布向导”命令

3. 在文档右侧显示出“邮件合并”任务窗栏，选择文档类型，如图 13-34 所示。
4. 选择“下一步，正在启动文档”命令，根据向导提示，选择开始文档，如图 12-35 所示。
5. 选择收件人，可以在此创建新的数据源，也可以选择“浏览”命令使用现有文档。这里选择之前章节中创建的表格文档，如图 13-36 所示。

电脑小百科

制作段落的标题层次和大纲级别都是为了在大纲视图方式下能够显示段落的不同层次。

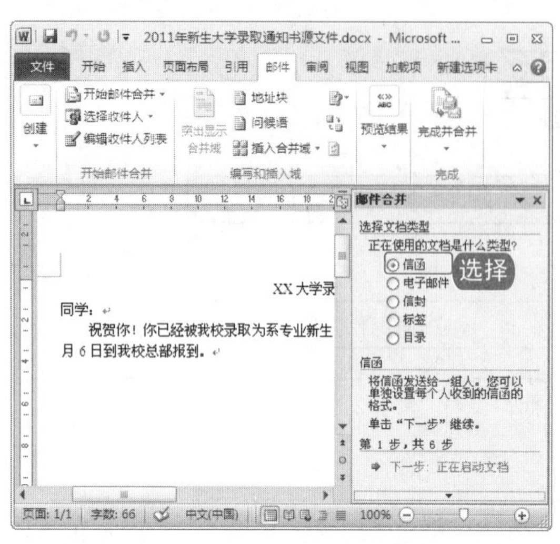

图 13-34　选择文档类型

图 13-35　选择开始文档

图 13-36　选择收件人

6 选择现有文档作为数据源之后，弹出“邮件合并收件人”对话框，查看无误后，单击“确定”按钮，如图 13-37 所示。

7 在“邮件合并”任务窗栏中选择“下一步：撰写信函”命令。

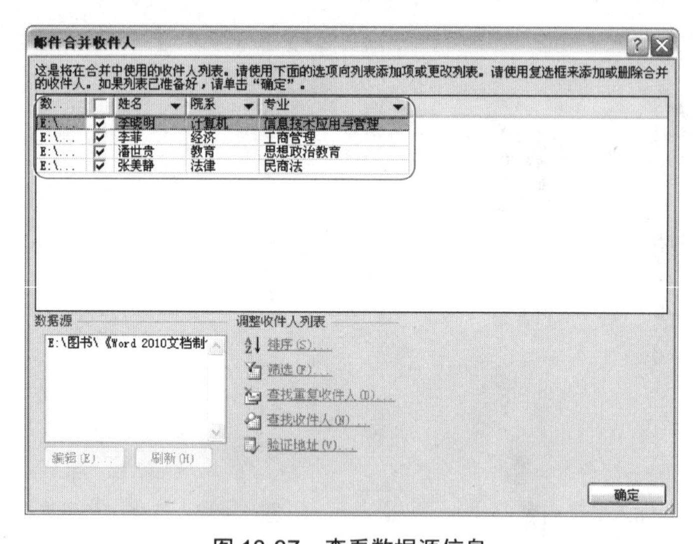

图 13-37　查看数据源信息

跟着做 2 建立邮件合并域

准备好主文档和数据源之后可以开始建立邮件合并域，将数据文件的表栏名分别插入到主文档的相应位置，具体操作步骤如下。

要进行碎片整理的话，进行碎片整理的磁盘分区中至少应有 15%的可用空间。

1. 将光标定位在需要插入合并域的位置，如“同学”的前面。
2. 选择“其他项目”选项，弹出“插入合并域”对话框，如图 13-38 所示。
3. 选择在此要插入的域，如“姓名”，单击“插入”按钮，完成域的插入后单击“关闭”按钮，如图 13-39 所示。

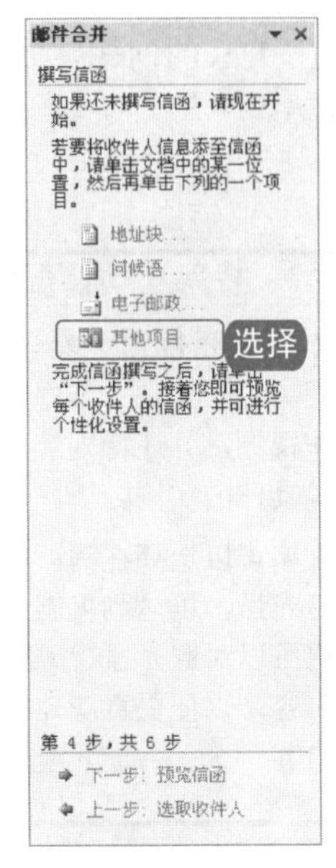

图 13-38　选择“其他项目”选项

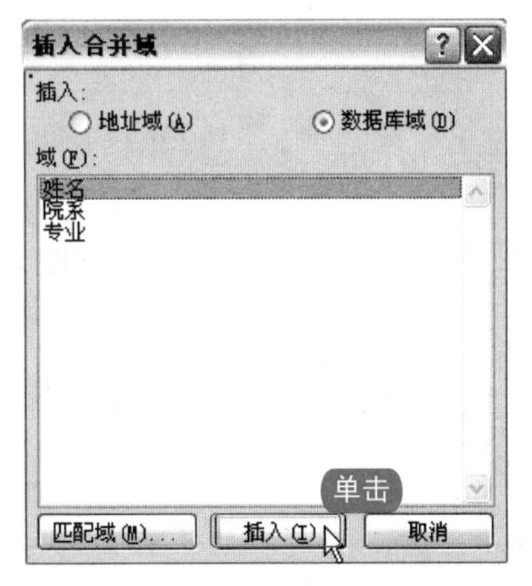

图 13-39　选择需要插入的域

4. 重复 1～3 步骤，完成全部域的插入，效果如图 13-40 所示。
5. 选择“下一步：预览信函”命令，预览合并好的信函，如图 13-41 所示。

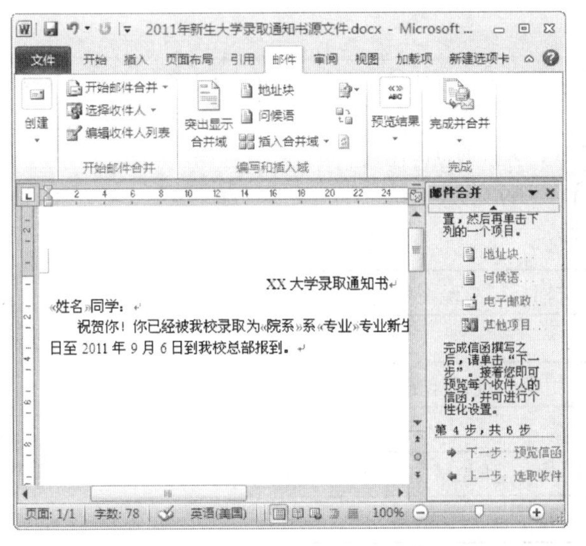

图 13-40　插入全部域的效果图

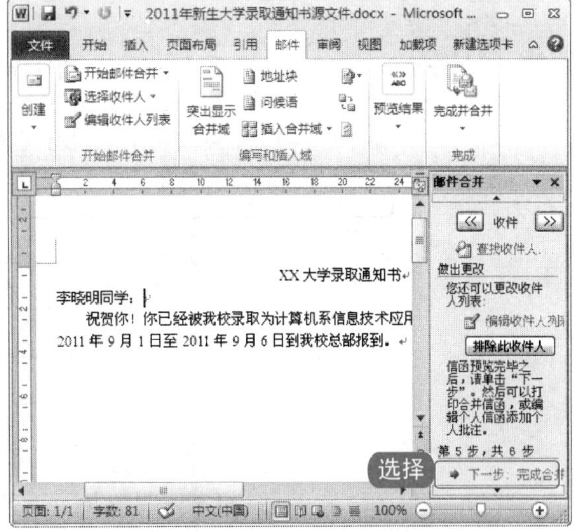

图 13-41　预览信函

6. 单击[<<]和[>>]按钮可以查看其他信函，最后选择“下一步：完成合并”命令。

电脑小百科

段落中的标题层次和大纲级别中的标题层次的区别是：前者用于设置内置的标题样式，后者用于设置用户自己命名的段落样式。

13.5 Word 文档的安全保护

在这个人人都讲保护隐私的时代，文档的安全是每个人都非常关心的问题，尤其是在公共办公场所。在 Word 2010 中，系统为文档提供了前所未有的安全保障。

书盘互动指导

示例	在光盘中的位置	书盘互动情况
	13.5 Word 文档的安全保护 13.5.1 将文档标记为最终状态 13.5.2 用密码加密文档 13.5.3 限制编辑文档 13.5.4 按人员限制文档编辑权限	本节主要带领大家学习如何保护文档，在光盘 13.5 节中有相关内容的操作视频，并还特别针对本节内容设置了具体的实例分析。 大家可以选择在阅读本节内容后再学习光盘，以达到巩固和提升的效果，也可以对照光盘视频操作来学习图书内容，以便更直观地学习和理解本节内容。

13.5.1 保护文档的常用方法

在 Word 2010 中，保护文档的方法有很多，可以适用于不同的环境和需要。

在 Word 2010 中要想对文档进行一些保护，比以往任何一个 Word 版本都要简单，只需要在 Word 窗口的“文件”选项中选择“信息”→“保护文档”命令，然后再选择“保护文档”命令的下拉菜单键即可清楚地找到多种保护文档的方法。

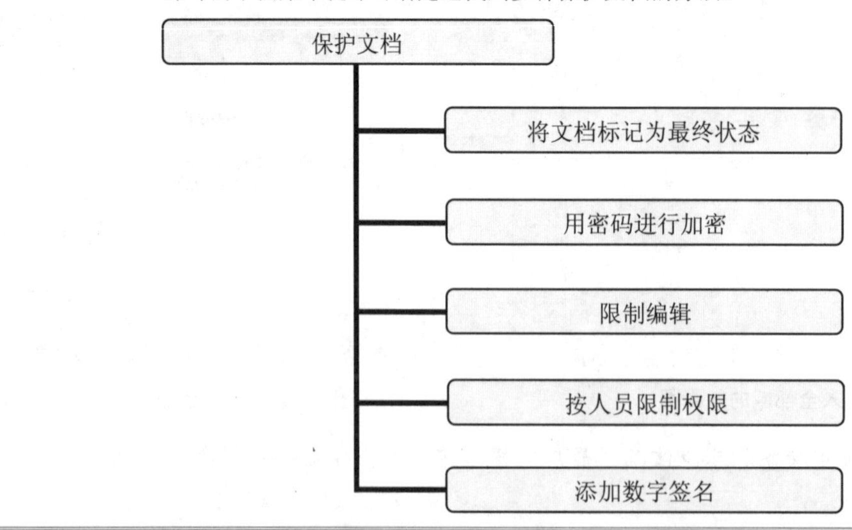

电脑小百科

在同一个 IE 浏览器窗口中访问多个网页后，单击工具栏中的“主页”按钮，可以快速返回到默认的起始页。

跟着做 1☛ 将文档标记为最终状态

在与他人共享文档之前，可以使用“标记为最终状态”命令将文档设置为只读。这样文档就被标记为最终状态，键入、编辑命令以及校对标记都会禁用或关闭，防止他人无意中更改文档。另外，文档的状态属性也会设置为“最终”，这可以让他人了解其正在共享的文档版本为已完成。

1. 在 Word 窗口的“文件”选项中选择“信息”→“保护文档”命令。
2. 单击“保护文档”命令的下拉菜单箭头，在下拉菜单中选择“标记为最终状态”命令，如图 13-42 所示。

图 13-42　选择保护文档的方式

3. 弹出提示对话框，在对话框中单击“确定”按钮。
4. 在弹出的对话框中继续单击“确定”按钮，以确定将文档保存为最终版本。
5. 完成将文档标记为最终状态，此时再打开 Word 文档将如图 13-43 所示。

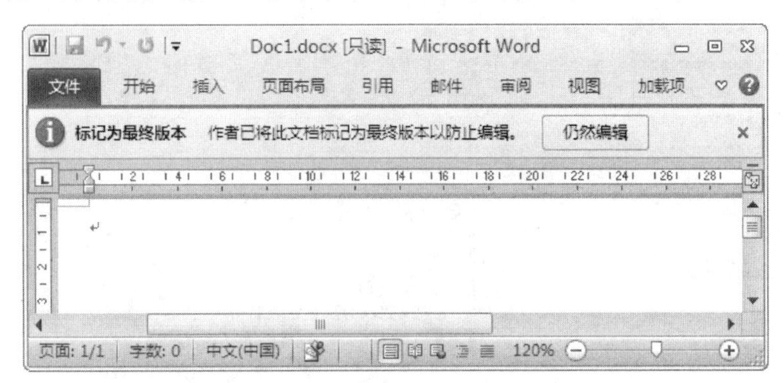

图 13-43　标记为最终版本的文档

在共享文档之后如果想要取消这一设置，只需要重复以上步骤，选择“标记为最终状态”命令即可取消设置。

如果 Word 中没有安装公式编辑器，可以选择安装 Mathtype 公式编辑器。

跟着做 2☛ 用密码进行加密

对于工作中的一些重要资料或个人的私密文档，不希望让他人看到造成信息外泄的。在 Word 2010 中，可以通过设置密码来保护文档。

1. 和将文档标记为最终状态一样，选择“文件”→“信息”→“保护文档”命令。
2. 弹出“加密文档”对话框，在对话框中输入密码，单击“确定”按钮，如图 13-44 所示。
3. 弹出“确认密码”对话框，重复输入密码，单击“确定”按钮，如图 13-45 所示。

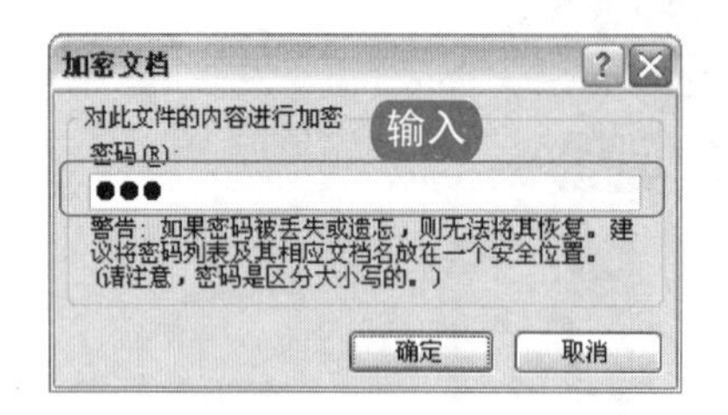

图 13-44 输入密码

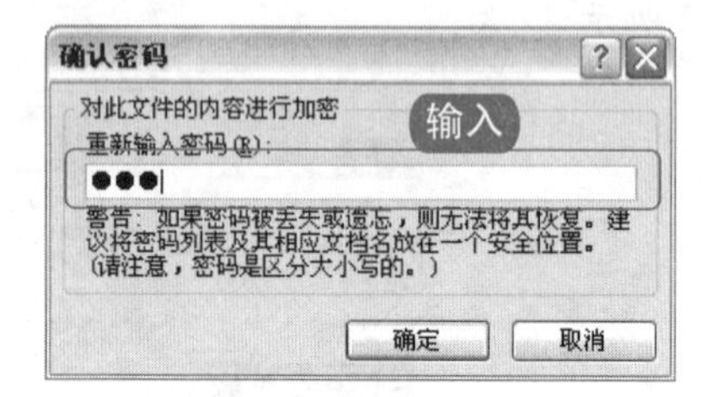

图 13-45 重复输入密码

文档密码设置完成之后，一定要记住密码，因为密码丢失或遗忘将无法被找回。取消文档密码相对比较简单，只需要再次重复上述步骤，在加密文档对话框中将密码删除即可。

跟着做 3☛ 限制编辑文档

在 Word 2010 中，文档保护的“限制编辑”功能可以更好地帮助保护作品版权，下面我们就来体验一下。

1. 除了通过“文件”选项可以打开它的任务窗栏外，还可以在“审阅”选项中打开。
2. 在“限制格式和编辑”任务栏中，对其进行具体的设置，单击“是，启动强制保护”按钮，如图 13-46 所示。
3. 在弹出的“启动强制保护”对话框中输入密码，单击“确定”按钮，如图 13-47 所示。

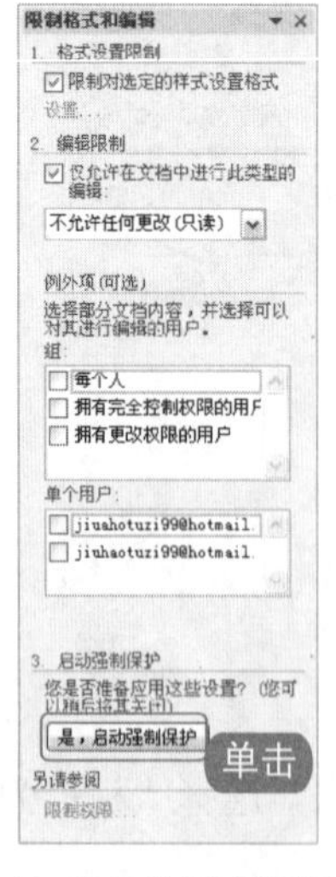

图 13-46 设置限制要求

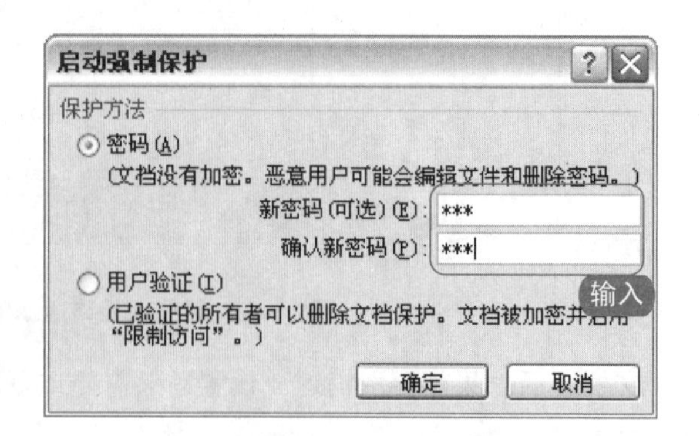

图 13-47 设置密码

电脑小百科

如果系统没有完全的崩溃，但有些系统错误通过磁盘扫描或纠错软件无法修复，则可以使用系统的部分恢复安装程序。

4. 其中，在“限制格式和编辑”任务栏中，选择“格式设置限制”命令，选择“设置”命令可以对格式样式进行设置，如图 13-48 所示。

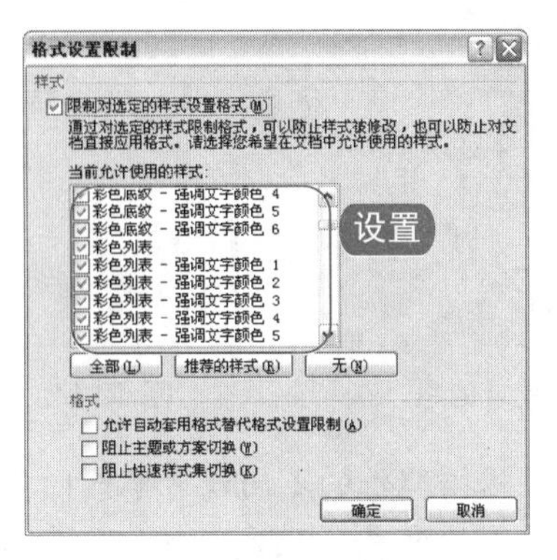

图 13-48　限制格式设置

跟着做 4☛　按人员限制文档编辑权限

限制权限是设置授予访问权限，同时限制其编辑、复制和打印等功能，这样有助于防止敏感文件或电子邮件被未经授权的人员转发、编辑或复制，设置方法具体操作如下。

1. 通过“文件”选项或“限制编辑”任务窗栏选择“限制权限”命令。
2. 首次使用这一功能时，会弹出“信息权限管理(IRM)”相关的安装提示，如图 13-49 所示。只需要按照提示步骤进行即可完成安装。

图 13-49　信息权限管理的安装提示

3. 安装完成之后再次运行“限制权限”，在弹出的服务注册对话框中根据提示进行注册，如图 13-50、图 13-51 所示。注意这里需要有一个 Windows Live ID，利用自己的 Live ID 才可以进行注册。

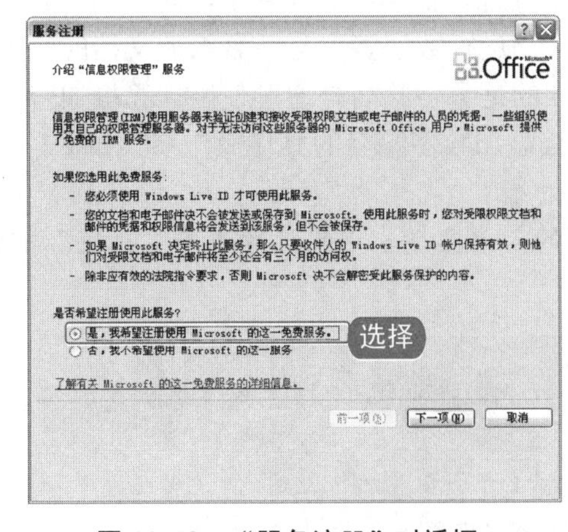

图 13-50　“服务注册”对话框

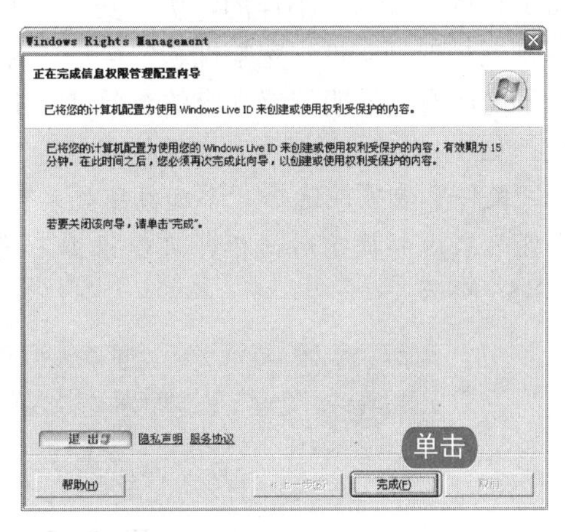

图 13-51　完成注册

电脑小百科

要输入一些含有上标的文字或字符，只需要按 Ctrl+Shift++组合键即可。如果再次按下这一组合键则可以取消上标状态。

4. 注册完成之后通过验证信息，如图 13-52 所示，会弹出“选择用户”对话框，如图 13-53 所示，在此对话框中选择或添加一个授权用户，单击“确定”按钮。

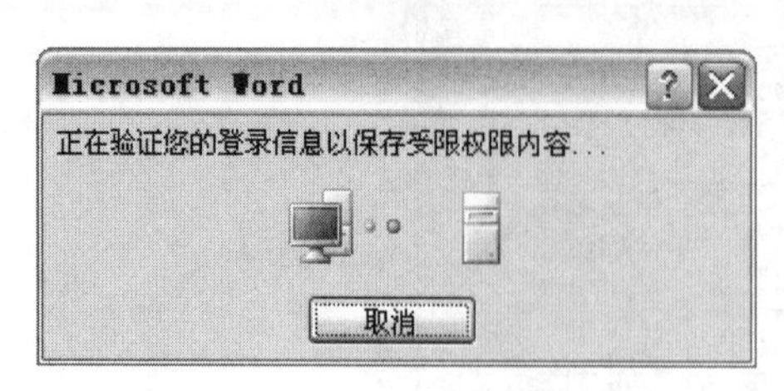

图 13-52　验证登录信息

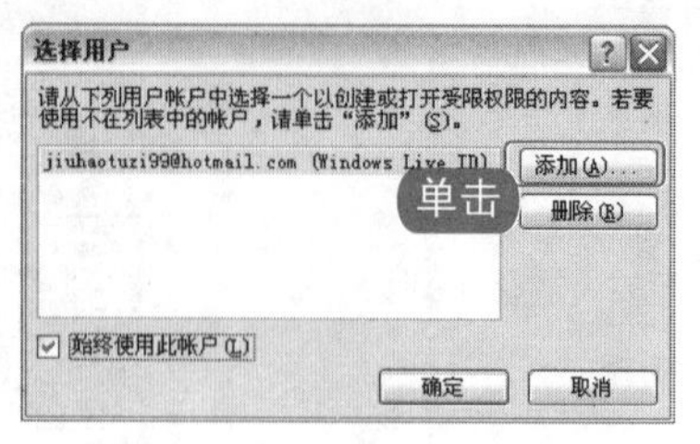

图 13-53　“选择用户”对话框

5. 最后，在“权限”对话框中，根据职位的不同或者职能的区别设置具有读取或更改文档权限的用户，并输入其电子邮箱地址，单击“确定”按钮即完成权限限制的设置，如图 13-54 所示。其中，单击对话框下方的“其他选项”按钮，在弹出的如图 13-55 所示的对话框中，还可以设置对于文档的到期时间，是否允许打印，以及是否允许其他用户复制等内容。

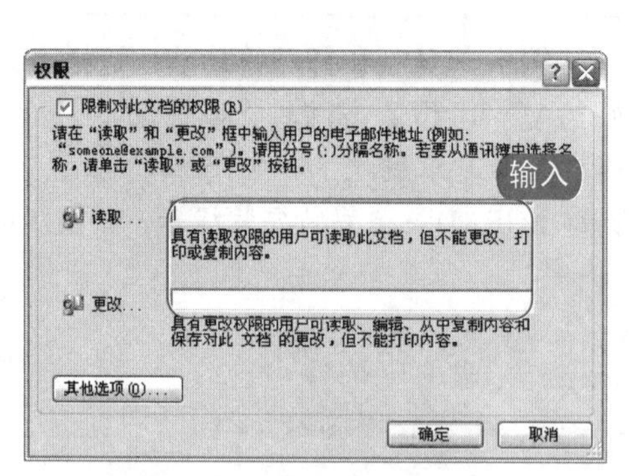

图 13-54　设置限制权限

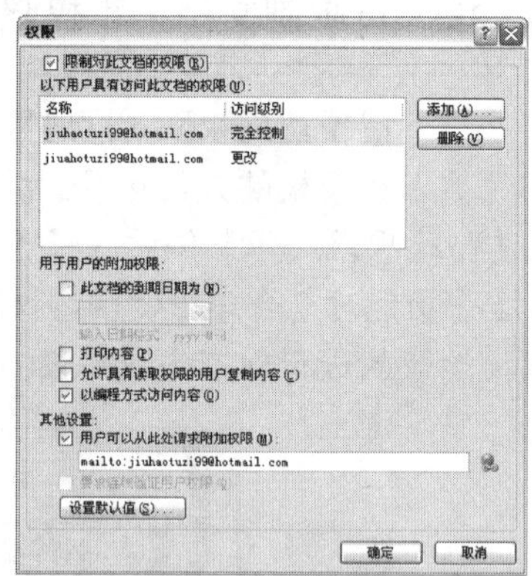

图 13-55　权限限制的其他设置

跟着做 5☛　添加数字签名

很多文档的来源都是不详的，所以安全性无法保证。在 Word 2010 中，向文档中添加数字签名可以保证文档的真实性、完整性和安全性。对文档进行数字签名与签署纸质文档的原因大致相同，有助于向所有方证明签署内容的有效性，不同的是数字签名是通过使用计算机加密来验证数字信息的，如文档、电子邮件、宏等信息。为文档添加数字签名的具体操作步骤如下。

1. 选择“文件”选项，选择“添加数字签名”命令。
2. 弹出签名来源的提示对话框，可以根据不同的需要选择。这里选择单击“确定”按钮，如图 13-56 所示。

图 13-56　选择签名来源

电脑小百科

系统的部分恢复安装程序一般在系统光盘的 Tools 文件夹里可以找到。

❸ 弹出“获取数字标识”对话框，选中“创建自己的数字标识”单选按钮，单击“确定”按钮，如图 13-57 所示。

❹ 弹出“创建数字标识”对话框，选择性地输入数字标识中所包含的信息，单击“创建”按钮，如图 13-58 所示。

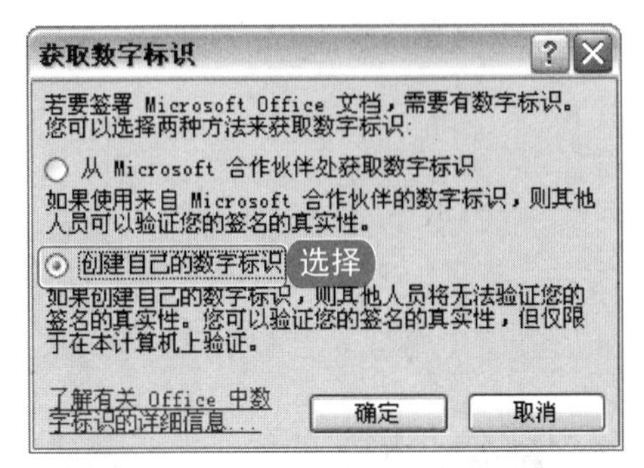

图 13-57　选择获取数字标识的方法

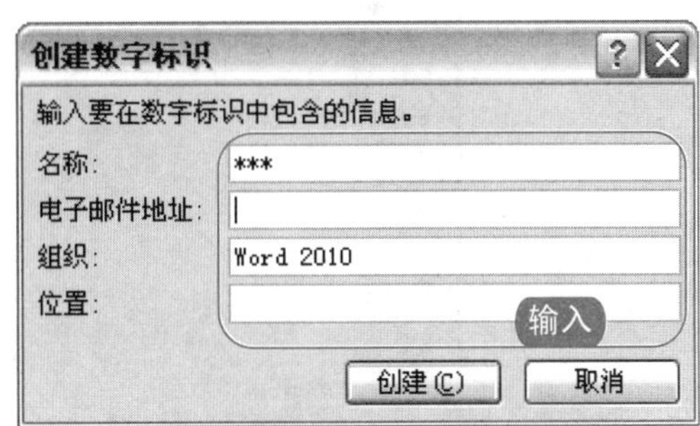

图 13-58　创建数字标识

❺ 弹出“签名”对话框，输入签署此文档的目的，单击“签名”按钮确认，如图 13-59 所示。

❻ 弹出“签名确认”对话框，签名完成，如图 13-60 所示。

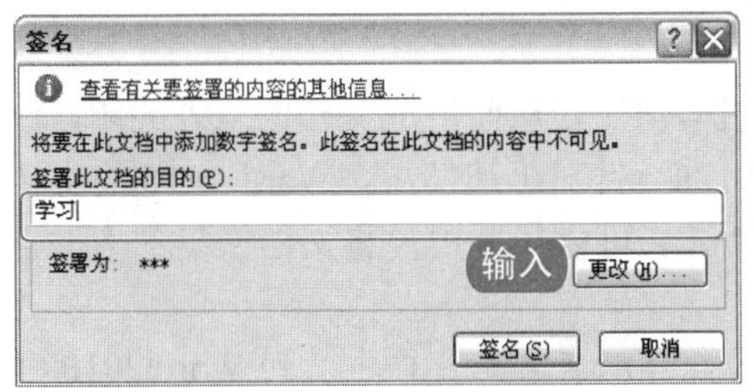

图 13-59　输入签署此文档的目的

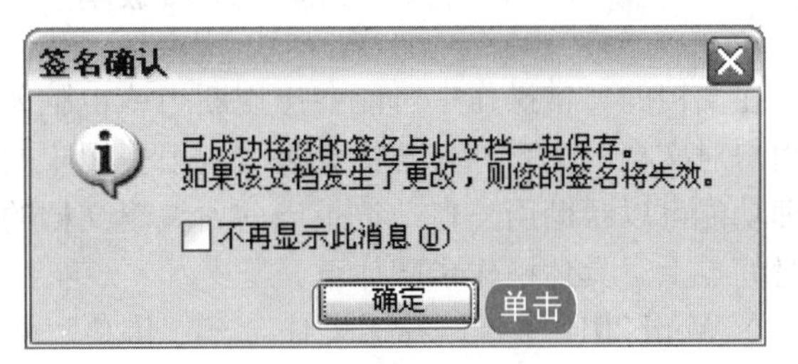

图 13-60　确认签名

知识补充

通过数字证书对文档进行数字签名。一般来说，数字证书是从商业证书颁发机构和内部安全管理员或信息技术专业人员处获得的，但普通用户可以亲自创建数字签名(注意由于自己创建的数字证书不是由正式证书颁发机构发行的，使用这种证书添加签名的文档将被认为是自签名的文档，这样在其他计算机上就无法通过真实性验证)。文档添加数字签名之后，再对文档进行任何形式的修改，签名就会自动失效，所以应该确保文档为最终版本后再添加签名。

13.5.2　保护文档的其他方法

除了以上操作可以对文档进行有效的安全保护之外，对于一些特殊情况还有以下方法可以加强对文档的保护。

跟着做 1　重现损坏文件

Word 2010 提供的打开并修复受损文档的功能可以自动对受损文档进行修复。

电脑小百科

如果 Word 突然定在那里不动了，可以重新打开恢复它，或者在 Word 自身的 templates 里面找到近期文件。

1. 在 Word 2010 中，选择“文件”→“打开”命令。
2. 在“打开”对话框中，选择希望重现的文件，单击“打开”按钮右下角的下拉按钮。
3. 在下拉菜单中选择“打开并修复”命令，如图 13-61 所示，文档被自动修复后打开。

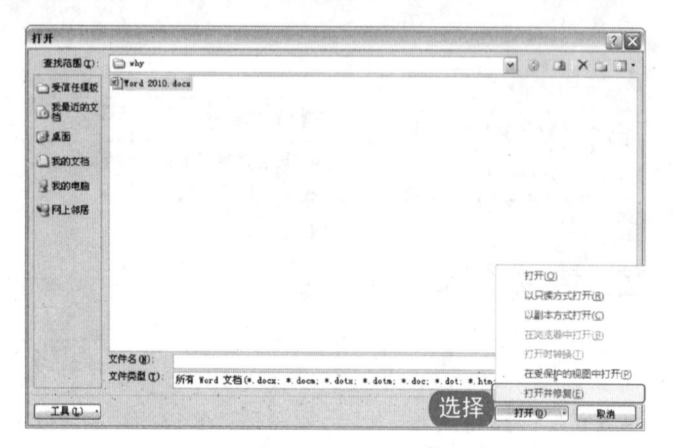

图 13-61　选择“打开并修复”命令

跟着做 2　找到未保存之前的文档版本

在文档的日常操作中可能会出现断电或电脑死机等情况，从而造成文档的意外关闭，使得之前用户对文档的一系列处理将会丢失，浪费用户的时间。针对上述情况，Word 2010 的文档版本管理功能可以帮助用户自动记录当前所编辑文档的版本，可以帮助用户将文档恢复到上一个较近的时间点上。具体操作步骤如下。

1. 在 Word 2010 中，选择“文件”→“信息”命令，可以在右边窗口中看到 Word 2010 自动为用户保存的文档版本。用户可以根据需要将文档还原到自动保存的还原点上。
2. 选择保存时间离现在最近且自己所需要的版本，如图 13-62 所示。
3. 文档被打开，如图 13-63 所示。

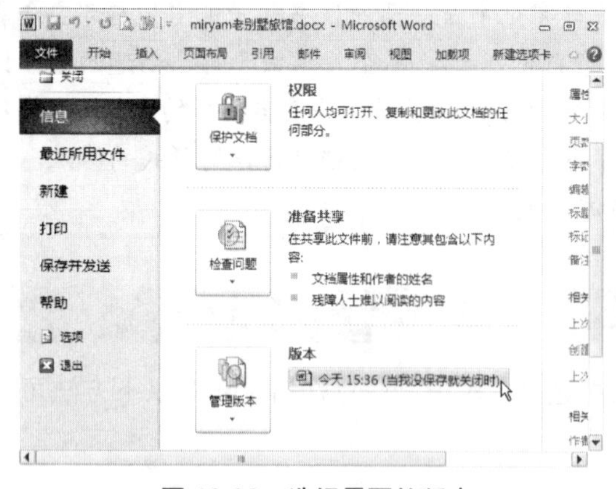

图 13-62　选择需要的版本

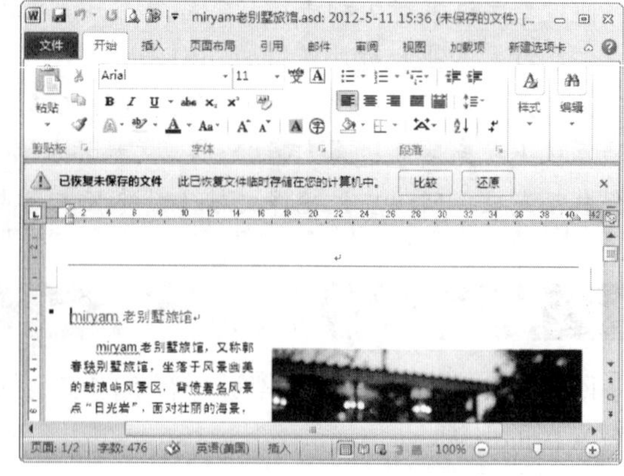

图 13-63　打开文档

4. 单击 Word 窗口中黄色区域的“比较”按钮，可以打开一个新的文档查看两种版本之间的差别，如图 13-64 所示。

电脑小百科

在连接打印线缆时，一定要注意接头的颜色、方向及大小。如果接法不对接口是插不上的，接好后拧紧接头螺丝，以免松脱。

5 对比后，如果希望将文档保存到当前的还原点，可以在信息栏上单击“还原”按钮，如图 13-65 所示。

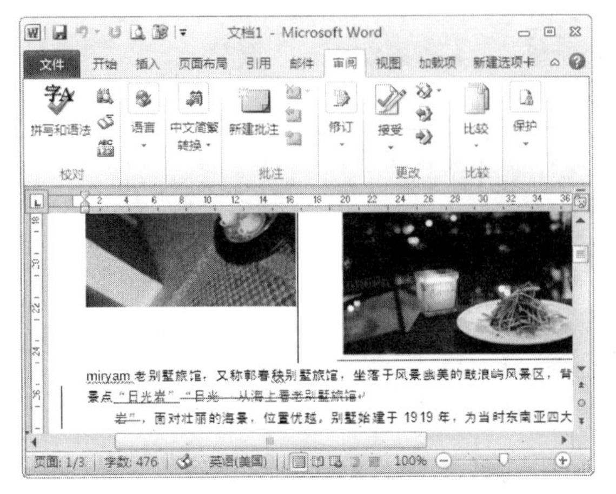

图 13-64　比较两种版本

图 13-65　还原文档

跟着做 3☛　禁用 Active X 防范安全威胁

假如用户打开的都是一个常规图文档案，文档内没有使用 Active X 控件，那么用户可以通过以下操作禁用 Active X，杜绝来自非法控件的安全威胁。

1 选择“文件”→“选项”命令，打开“Word 选项”对话框。

2 在“Word 选项”对话框中，选择“信任中心”选项，然后单击“信任中心设置”按钮，如图 13-66 所示。

图 13-66　单击“信任中心设置”按钮

3 打开“信任中心”对话框，选择“ActiveX 设置”选项卡，然后选中“禁用所有控件，并且不通知”单选按钮，单击“确定”按钮，如图 13-67 所示。

电脑小百科

在 Word 中选择“插入”→“对象”命令，在“对象”对话框中选择“音效”命令，可以在 Word 中插入声音文件。

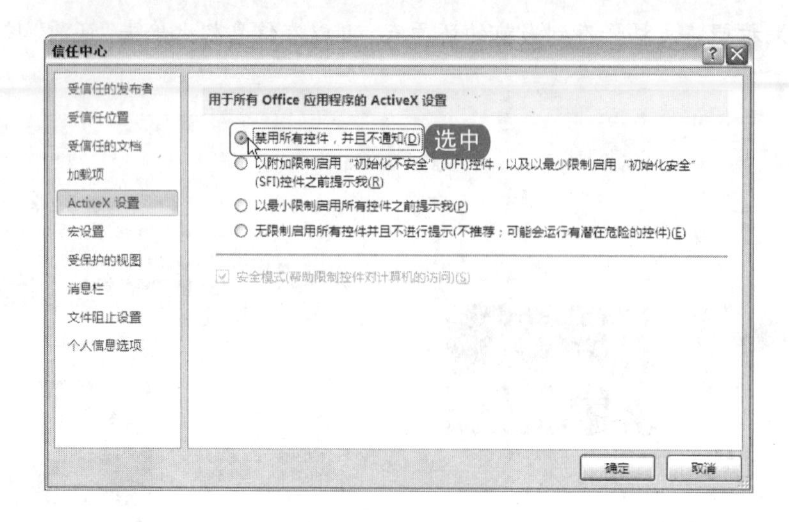

图 13-67　禁用所有控件

跟着做 4☛　使用文档检查器保障文档的共享安全

在共享文档之前，用户需要用文档检查器检查需要共享的文件夹是否包含有个人信息，以免暴露个人隐私或者是公司机密，具体操作步骤如下。

1. 选择"文件"→"信息"选项卡，然后选择"检查问题"→"检查文档"命令，如图 13-68 所示。
2. 打开"文档检查器"对话框，在对话框中选择设置需要检查的内容，单击"检查"按钮，开始检查，如图 13-69 所示。

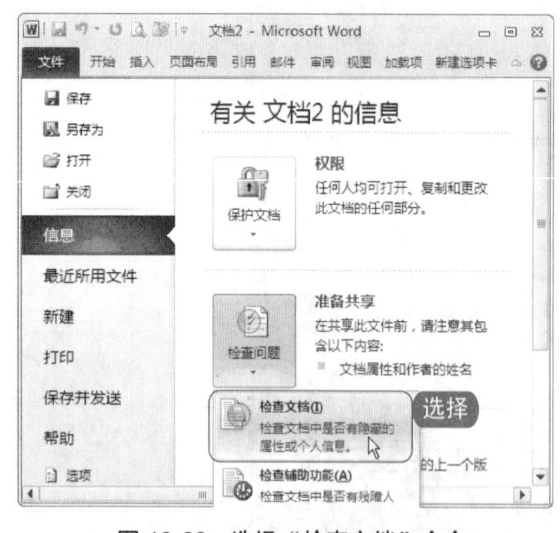

图 13-68　选择"检查文档"命令

图 13-69　选择设置需要检查的内容

3. 检查完成后显示跳出"审阅检查结果"页面，查看检查结果并对其进行选择处理，如图 13-70 所示。
4. 处理完成后对文档进行重新检查，直到符合要求，单击"关闭"按钮，如图 13-71 所示。

电脑小百科

如果在网上邻居中只能看到自己的计算机而看不到工作组的其他计算机，可能是网卡没有设置好，或者是网线没有连接好。

图 13-70　查看检查结果

图 13-71　处理检查结果

13.6　制作一份调查问卷

在制作调查问卷时，需要输入一些选项供被调查者来选择，同时也加快调查速度。但如果逐字符输入的话，就要不断地切换输入法，这样不仅会消耗大量的时间而且容易出错。结合本章所学知识，使用宏命令可以快速制作调查问卷。

书盘互动指导

在光盘中的位置	书盘互动情况
13.6 制作一份调查问卷 13.6.1 输入标题、卷首和问题 13.6.2 利用宏输入问题选项 13.6.3 给问卷题目添加编号	本节主要介绍了以上述内容为基础的综合实例操作方法，在光盘 13.5 节中有相关操作步骤的视频文件，以及原始素材文件和处理后的效果文件。

原始文件	素材\第 13 章\无
最终文件	源文件\第 13 章\网站调查问卷.docx

制作 XX 网站的调查问卷，可通过下面的操作步骤来实现。

跟着做 1 输入标题、卷首和问题

具体操作步骤如下。

1. 在 Word 2010 中，输入标题、卷首和问题。

电脑小百科

在 Word 文档中，系统用最后一个段落标记关联文档的各种格式信息。所以将除最后一个段落标记之外的所有内容复制到新文档，新文档需重新进行格式设置。

2 对问卷标题进行“小二”、“加粗”、“居中”编辑操作，如图 13-72 所示。

3 选取卷首和问题，单击鼠标右键，在弹出的快捷菜单中选择“段落”命令，弹出“段落”对话框，将其设置为“首行缩进”格式，如图 13-73 所示。

4 选取落款，选择“开始”→“段落”→“文本右对齐”命令。

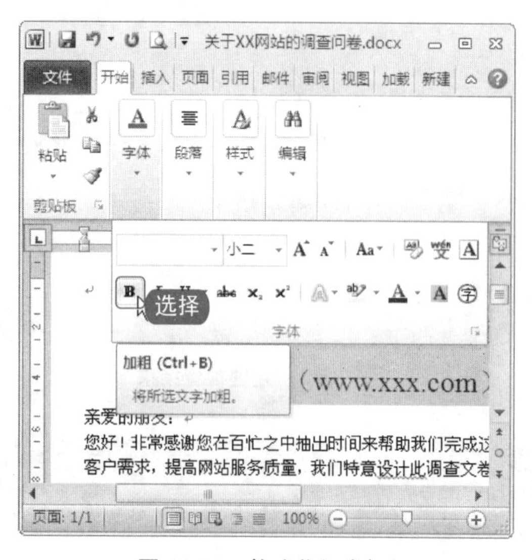

图 13-72 格式化问卷标题

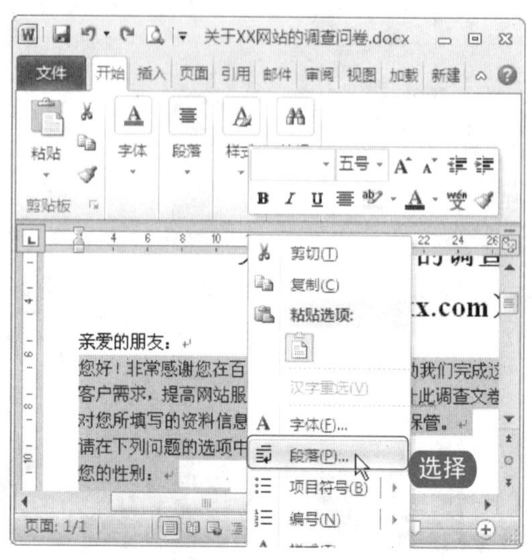

图 13-73 设置文本段落

跟着做 2 利用宏输入问题选项

需要录制宏，然后才可以运行使用宏，具体操作步骤如下。

1 在 Word 文档中，选择“视图”→“宏”→“录制宏”命令，如图 13-74 所示。

2 弹出“录制宏”对话框，在对话框中设置宏的名字和保存地址，如图 13-75 所示。单击“键盘”图标，打开“自定义键盘”对话框。

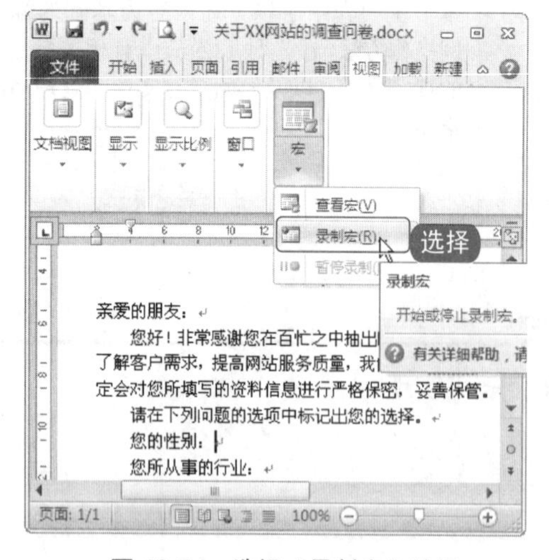

图 13-74 选择“录制宏”按钮

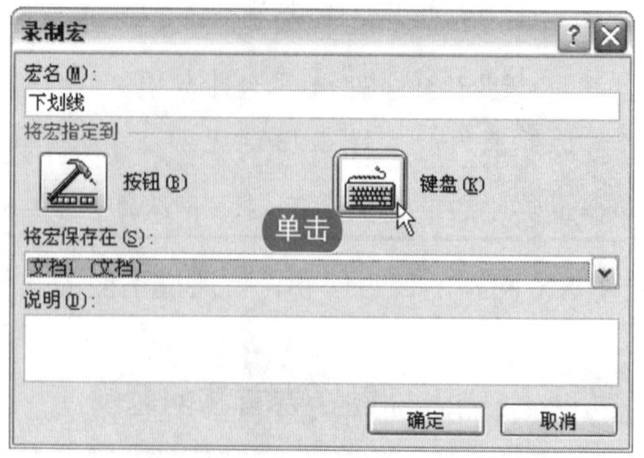

图 13-75 将宏指定到键盘

电脑小百科

打印机墨盒上面的标签不要撕掉，也不要去触摸墨盒侧面的绿色 IC 芯片。

3. 在“请按新快捷键”文本框中，输入快捷键，单击“指定”按钮，如图 13-76 所示。
4. 单击“关闭”按钮，在 Word 文档中开始录制宏。将光标定位在需要输入下划线的位置，将输入法切换到中文模式，按下 Shift+半字符组合键，画出一条可以输入问题答案的长下划线，如图 13-77 所示。

图 13-76 为宏命令指定快捷键

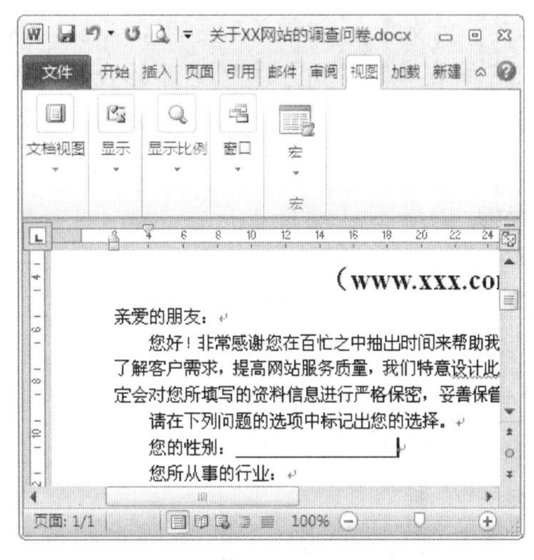

图 13-77 录制宏

5. 选择“视图”→“宏”→“停止录制”命令，然后在其他需要输入长下划线时，按下 Ctrl+F 组合键即可。
6. 依照同样的方法录制输入问题选项的宏，并将其名字设为“选项”，快捷键设置为 Ctrl+H 组合键，如图 13-78 所示。
7. 在选项后输入选项内容，如图 13-79 所示。

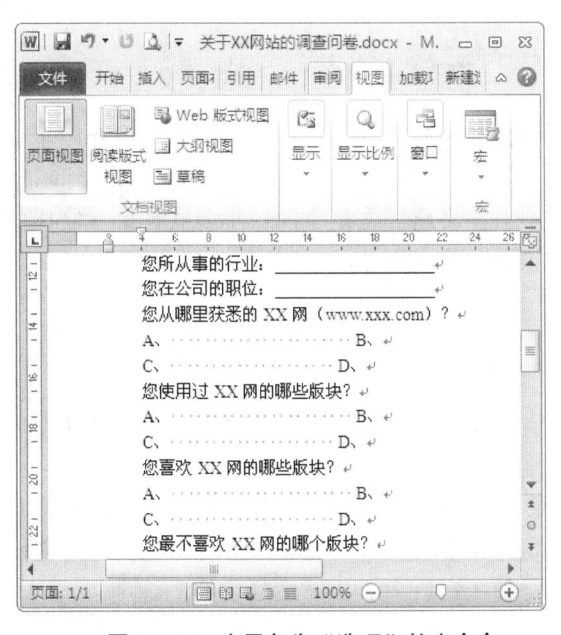

图 13-78 应用名为“选项”的宏命令

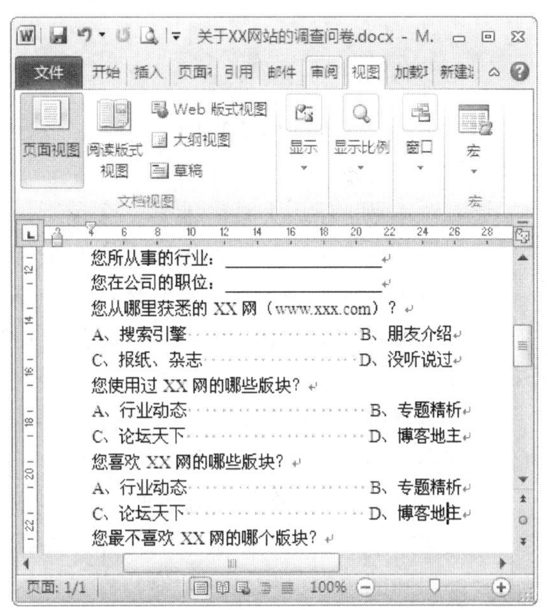

图 13-79 输入选项内容

电脑小百科

如果需要输入的公式比较多，建议最好每输入几个公式就要存盘，否则如果连续输入太多，就可能会出现问题。

跟着做 3☛ 给问卷题目添加编号

给问卷题目添加编号可以使问卷更清晰、更有层次，同时也方便后期的问卷汇总。

❶ 选取问卷中的一个题目，按下 Ctrl 键选取其他题目。

❷ 选择“开始”→“段落”命令，单击“编号”命令上的下拉按钮。

❸ 在下拉菜单的“编号库”中选择合适的编号格式，如图 13-80 所示。

❹ 编号被添加到文档中，最后再次编辑整理文档，使其达到整体的协调，效果如图 13-81 所示。

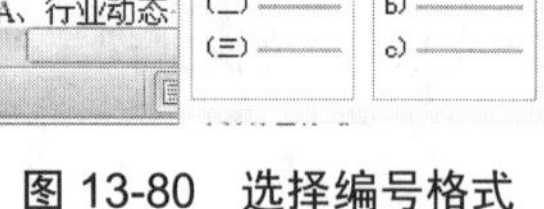

图 13-80 选择编号格式

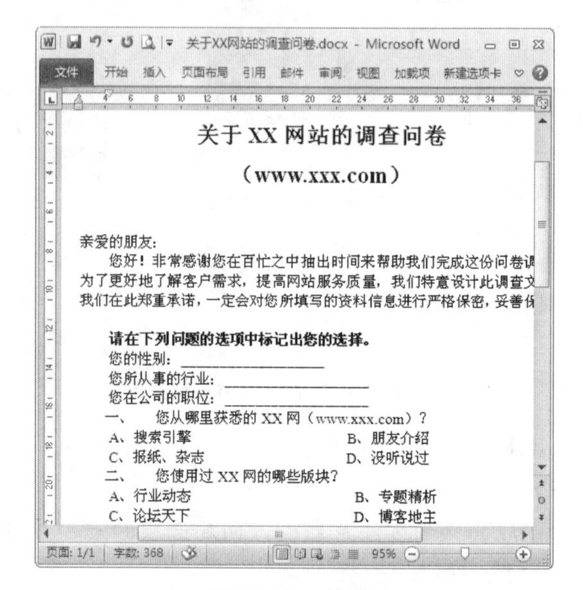

图 13-81 效果

学 习 小 结

本章主要介绍了 Word 2010 关于宏、域、数据公式的应用和邮件的合并，另外也介绍了文档的多种保护方法。

通过对本章的学习，读者能够学会录制、运用宏，快速插入复杂的数学公式，批量制作信封灵活运用邮件合并，还能对 Word 2010 中的文档进行完美的安全保护。

下面对本章内容进行总结，具体内容如下。

(1) 在 Word 2010 中，对于一些需要重复执行的操作步骤，可以选择使用宏命令来简化工作的烦琐。

(2) 在 Word 中输入复杂的数学公式需要安装公式编辑器，然后才可以选择套用公式库中的公式或在这些公式基础上进行修改编辑。

(3) 邮件合并是指将数据源中心多余数据记录合并到主文档中，从而生成多个版本的合并文档。主文档中包含对每个版本的合并文档都相同的文字和图形，而数据源中心包括合并文档中的互不相同的内容。将这一功能与样式模板结合使用可以大大提高编辑文档的速度。

(4) 在 Word 2010 中，保护文档的方法有 5 种，包括标记为最终状态、用密码进行加密、限制编辑、按人员限制权限和添加数字签名。

电脑小百科

通过更改计算机的主题、颜色、声音、桌面背景、屏幕保护程序、字体大小和用户图片，可以为计算机添加个性化设置。

互动练习

1. 选择题

(1) 在宏编辑窗口可以输入(　　)进行编辑。

A. 汉语　　B. C 语言　　C. VBA 语言　　D. Web 语言

(2) (　　)包含每个版本中的合并文档都相同的文字和图形。

A. 数据源　　B. 邮件　　C. 主控文档　　D. 以上都不包含

(3) (　　)可以限制人员对文档的特定部分编辑或格式的更改等。

A. 标记为最终状态　　B. 用密码进行加密

C. 添加数字签名　　D. 限制编辑

2. 思考与上机题

(1) 为“网站调查问卷”制作一个客户信封。

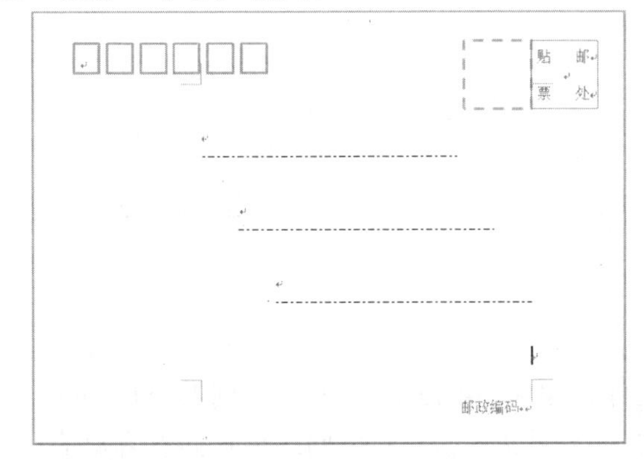

制作要求：

a. 将信封样式设置为“国内信封-B6(176×125)”。

b. 选择打印左上角的邮政编码框和右上角的邮票框。

c. 选择打印书写线。

d. 选择打印右下角的“邮政编码”字样。

(2) 制作下列数学公式。

$$Z=\sqrt[3]{\frac{(X+Y)}{5}}$$

$$z=\sqrt[3]{\frac{(x+y)}{6}}$$

$$Z=\frac{\sqrt{A^2+B^2}}{A^2-B^2}$$

$$Y=\int\frac{A^2+B^2+C^2}{2}\sqrt{\sin^2 A+\cos^2 B}$$

电脑小百科

单击插入的公式边框右下角的下拉按钮，可以对公式的对齐方式等进行设置。

	原始文件	素材\第 13 章\无
	最终文件	源文件\第 13 章\数学公式.docx

制作要求：

a. 为这些公式添加项目符号，使其排版整洁，样式好看。

b. 将这些公式的字号设置为“二号”。

(3) 为“网站调查问卷”批量制作客户信封。

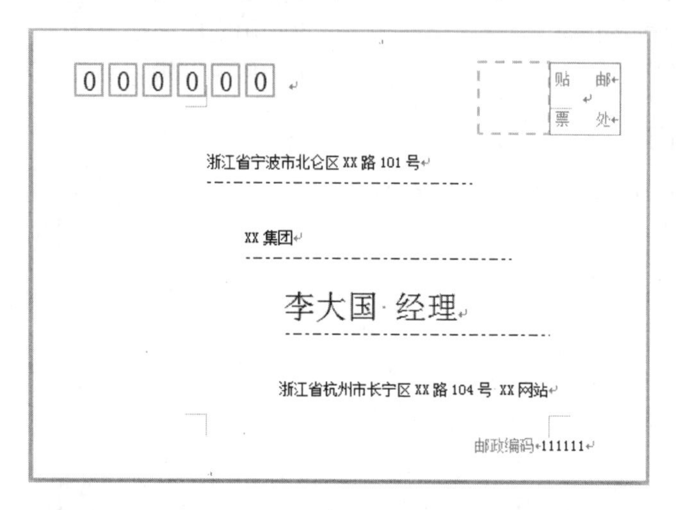

	原始文件	素材\第 13 章\网站调查问卷资料.xlsx
	最终文件	源文件\第 13 章\网站调查问卷客户信封.docx

制作要求：

a. 将信封样式设置为“国内信封-B6(176×125)”。

b. 选择打印左上角的邮政编码框和右上角的邮票框。

c. 选择打印书写线。

d. 选择打印右下角的“邮政编码”字样。

e. 选择批量制作选择“基于地址簿文件，生成批量信封”为信封的生成方式。

电脑小百科

声音方案可以在计算机上发生某些事件时播放声音，Windows 附带多种针对常见事件的声音方案，某些桌面主题有它自己的声音方案。

第 14 章

Word 2010 宣传册的制作

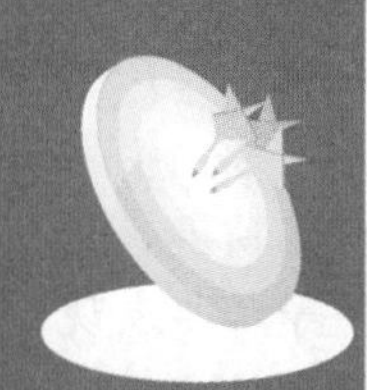

本章导读

发行宣传册，是宣传企业形象、创造发展机会及增强企业内部凝聚力的重要手段。所以在制作时，不仅要使封面、内页、封背等设计元素都表现独特，又要体现宣传的中心思想，达到统一整体风格的目的。

本章主要以制作房地产公司的宣传册为例学习宣传册制作、排版、印刷等相关知识。

精彩看点

- 宣传册排版的注意事项
- 宣传册主要元素的注意事项
- 房地产公司宣传册的制作
- 宣传册的印刷

14.1 制作宣传册的注意事项

宣传册的形式多种多样，最常见的是各种开本的宣传册和折叠式的宣传手册。宣传册的排版设计要求视觉精美、档次高，尤其强调整体布局。

14.1.1 宣传册排版的注意事项

宣传册是企业宣传不可缺少的资料。怎样结合企业的特点，清晰地表达出宣传册中的内容，是制作宣传册的关键。制作宣传册时应注意以下几点。

- 设计元素应与企业自身风格相协调：制作宣传册必须把握一条原则，即根据企业自身风格、实力慎重选择制作符合自己身份的制作物。避免让顾客产生错觉，提供错误的信息，从而产生一些负面的印象。
- 整体排版布局应相互统一：宣传册的设计不同于其他排版设计，它要求视觉精美、档次高。在排版设计中尤其强调整体布局，连同内页的文字、图片、小标题等都要表现独特。经常是两页的视觉空间共为一个整体，没有界线，使前后一致、互相呼应。
- 保持一致性：有些宣传册版面通常较小，但信息量较大。这样就不得不将大量的信息并入一张很小的版式中(基本没有留白的位置)。这种情况下必须将页面简单化，页面分栏，让产品一目了然。可以用线格去定义所要说明的区域，但不要过多使用；线条过量或线格太粗都会使页面不流畅。

14.1.2 设计宣传册主要元素的注意事项

除了以上在排版时需要在总体设计方面注意外，在对宣传册各个元素的设计制作时，也要注意以下具体内容。

- 宣传册的形式：首先应考虑宣传册的形式。这包括其尺寸大小，以及装订方式——是装订还是折叠。宣传册的开本有很多种，也可以根据制作者的意愿进行变形，但是尽可能不要浪费纸张，如果开本比较特殊，裁切纸张也需要另外指定，这样不仅会提高成本，还会延长工期。因此这些工作都需要尽早确定。
- 总体风格的确定：一份宣传册应该是一件有组织的视觉作品，确定总体风格是非常重要的，这包括以下内容；宣传册整体色调的选择(饱和或者不饱和)；字体的选择，包括中、英文字体；图片的整体风格。总体风格的确定需要根据不同的企业个性和产品所面对的人群(时尚、古典、高档、中低档)特性决定，这部分设计概念应当与企业日常销售中所采取的形象确定。所以，从企业标识中选择使用是一个很好的办法。在字体的运用上要保持一致，适当运用粗体或另一种字体来强调产品名称、尺寸等，颜色选用不宜过多，否则会降低产品本身的魅力。
- 封面：在宣传册的封面上通常是用来标明企业的名称、内容的有效时间等。这里的图片若能体现宣传册中所包含的内容，这样就能让宣传册更加一目了然，达到很好的效果。

电脑小百科

很多软件公司都会开发不同的系统主题以供用户下载或购买，建议用户仅从信任的网站上下载文件。

- 扉页：扉页通常刊登有企业特色评估或总裁对企业的一段概括。这部分是进入正题前的一次必要的停顿，并有助于顾客在认识企业产品前对企业本身有所了解。若宣传册里包含产品种类众多，则需要标上页码，并在下一编排一个目录，方便阅读，而不仅仅只有分类信息。
- 产品介绍部分：在知名高档企业的宣传册中，产品介绍部分会以图片为主，图片应尽量放大，同时必须保证有适当留白。高级产品的宣传册排版上不宜分栏，通过规定几种相互关联并成为一体的标准，交替使用以避免视觉疲劳。这样做也许会显得很平庸，但在目录设计中这样的处理清晰明确，效果最好。说明文字需标明产品编号，样品尺寸、材质，以及可提供的其他尺寸和材质，是否标注价格需由企业决定。说明文字也不必总位于产品旁，只要文字和照片上对应的标号一目了然，读者就能把它们配起来。产品富有创意的设计部分必须一一说明清楚，可以将图片的这部分放大，并配以相关设计说明。说明文字采用细小的字号会产生很好的效果，较大的行距(如字高的 200%)可使阅读变得轻松。对于一些外资企业，如有需要出现中英文对照说明，两种文字段落之间间距应当拉开(如字高的 350%)。
- 附录：产品介绍结构之后，宣传册还需要包括一些必要信息。比如，企业产品通过任何质量认证标准，通常会在产品目录的后部意义将认证标志和该认证的意义罗列出来。一个关键而不可缺少的部分即各地经销场所的地址和电话，这一部分通常会写在封底，便于观察。企业的名称也要在封底重现一次，若有官方网站也可写出。

14.2 房地产公司宣传册的制作

Word 2010 在图片处理方面又增加了许多功能，因此大家可以使用 Word“一手包办”加工完成的所有内容，包括文字的美化、倾斜带框的图片、裁剪删除图片背景、柔化边缘等。所以只要可以掌握 Word 的各项功能，不用使用 Photoshop、CorelDraw 等一些专业的平面设计软件也可以轻松地完成一些漂亮的设计和制作。

书盘互动指导

示例	在光盘中的位置	书盘互动情况
	14.2 房地产公司宣传册的制作 14.2.1 设置宣传册的页面 14.2.2 制作宣传册的房产标志 14.2.3 设计封面/封底版式 14.2.4 设计宣传册的内页	本节主要带领大家制作公司宣传册，在光盘 14.2 节中有相关内容的操作视频，并还特别针对本节内容设置了具体的实例分析。 大家可以选择在阅读本节内容后再学习光盘，以达到巩固和提升的效果，也可以对照光盘视频操作来学习图书内容，以便更直观地学习和理解本节内容。

电脑小百科

16 开纸比较合理的上、下、左、右页边距是 2.25 厘米、2.25 厘米、1.9 厘米和 1.9 厘米，这是书籍常见的排版格式。

操作分析

这里将制作的是二折页式的宣传册，由于折页式的宣传册有简洁轻快、内容精简、视觉效果强烈、色彩饱和明快等特点，所以应该在此插入一些图片、艺术字、文本框等内容，纯文字会相对少一些。由于扉页、附录等部分常用在多页式 16 开本的公司宣传册上，所以这里不需要全部制作，如下流程图所示，本例主要通过以下步骤来完成这一宣传册。

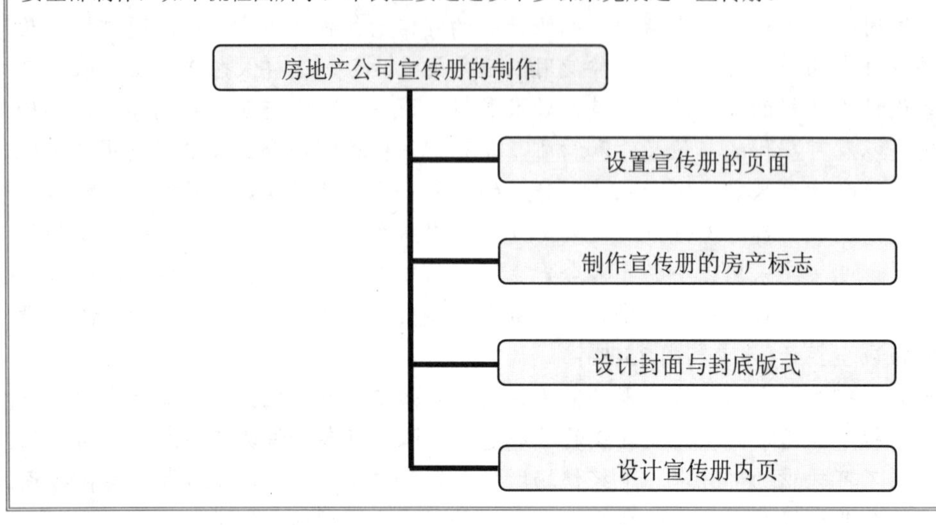

跟着做 1 设置宣传册的页面

由于这里制作的是二折页式的宣传册，内页中的两页是一个整体、没有界线，所以在设置页面时，需要将两页的宽度加在一起设置为一页的宽度，高度不变，具体操作步骤如下。

1. 在 Word 2010 中，选择“页面布局”→“页面设置”命令，单击“页面设置”功能区的按钮，弹出“页面设置”对话框，如图 14-1 所示。
2. 在“页面设置”对话框中，选择“纸张”选项卡，将宣传册的高度设置为“19 厘米”，宽度设置为“36 厘米”，如图 14-2 所示。

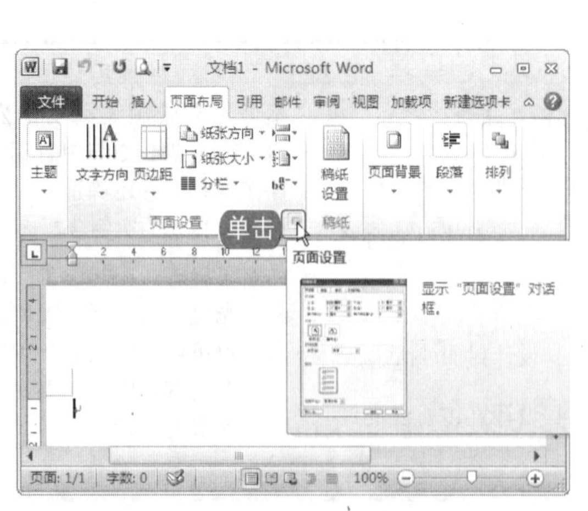

图 14-1　单击“页面设置”按钮

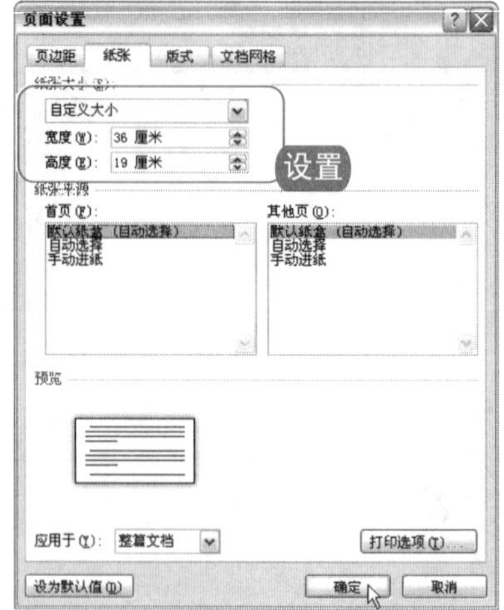

图 14-2　设置纸张大小

电脑小百科

创建自定义主题之后，用户可以共享的文件格式(.themepack 文件)保存该主题，将其通过邮件等方式共享给好友。

跟着做 2 制作宣传册的房产标志

标志是一份企业宣传册的核心部分，展现了该企业的独特个性，从而使公众将此企业区别于其他企业。这里制作的房产标志是通过 Word 中的“插入图片”、“绘制图形”、“插入艺术字”等功能配合完成的，具体操作步骤如下。

1. 在 Word 2010 中，选择“插入”→“图片”命令，在打开的“插入图片”对话框中插入合适的图片，单击“打开”按钮。
2. 刚插入的图片系统默认为“嵌入型”，不方便随意拖动，为了能随意地改变它的位置使之与其他元素对齐，这时需要单击鼠标右键，在弹出的快捷菜单中选择“大小和位置”命令，在弹出的“布局”对话框中选择“文字环绕”选项卡，将环绕方式改为“浮于文字上方”，如图 14-3 所示。
3. 单击图片，对图片进行删除背景、裁剪等编辑处理，这里我们对图片进行裁剪。选择“格式”→“大小”→“裁剪”命令，图片四边显现出用于裁剪的黑色边框，如图 14-4 所示。

图 14-3　选择文字环绕方式

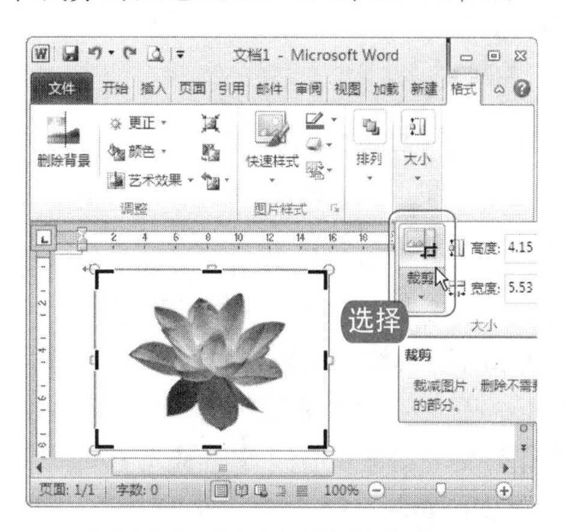

图 14-4　选择“裁剪”命令

4. 单击用于裁剪的黑色边框，拖动裁剪图片大小，如图 14-5 所示，裁剪完成后效果如图 14-6 所示。

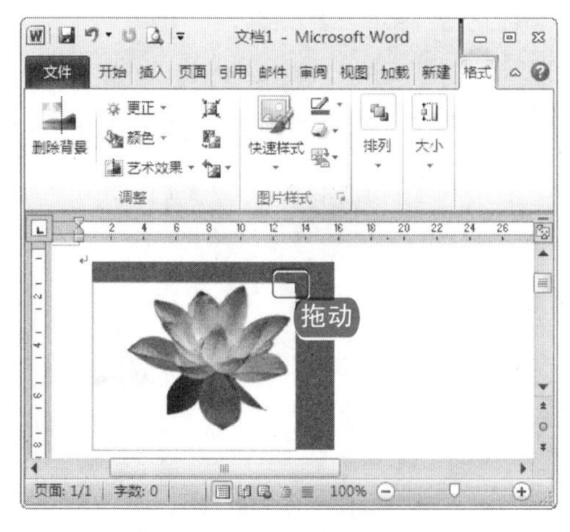

图 14-5　拖动鼠标裁剪图片

图 14-6　裁剪后的效果

电脑小百科

Word 默认的是 A4 纸，国内外两种纸张并不兼容，也就是说 16 开不等于 A4 纸。

5. 选择“插入”→“文本”→“艺术字”命令，选择合适的艺术字格式。
6. 在插入到文档中的“请在此放置您的文字”文本框中输入需要的文字，如图 14-7 所示。
7. 选取插入的艺术字，选择“格式”选项卡，对艺术字进行适当的编辑，效果如图 14-8 所示。

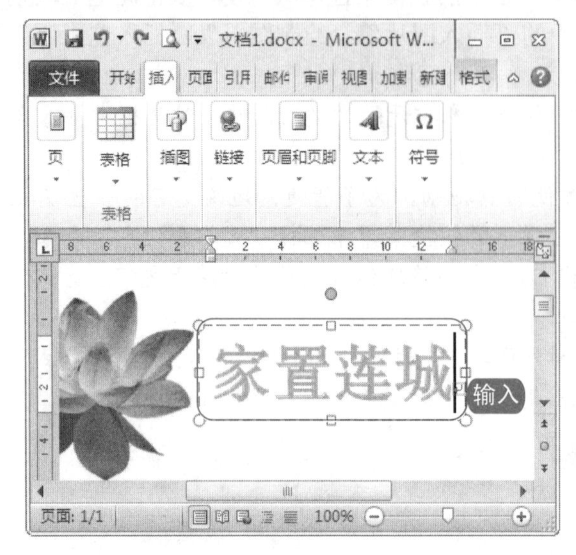

图 14-7　在文本框中输入文字

图 14-8　格式化艺术字

8. 单击艺术字，将其拖动到图片上，使其浮于图片上方，根据需要调整图片，艺术字的大小和颜色，如选择“格式”→“调整”→“更正”命令，将图片亮度变为“+40%”，对比度变为“+20%”，效果如图 14-9 所示。
9. 选择“插入”→“插图”→“形状”命令，在“形状”下拉菜单中选择“矩形”图标，当鼠标箭头变为“+”光标时，将光标定位于需要插入矩形的位置，单击拖动鼠标插入矩形，如图 14-10 所示。

图 14-9　调整艺术字和图片位置

图 14-10　插入形状

屏幕保护程序是一个可以使屏幕暂停显示或以动画方式显示画面的应用程序。当用户在一定时间内不使用电脑时，其会自动启动，起到保护屏幕的作用。

10 选择“格式”→“形状样式”命令，对形状进行适当的编辑设置，如将形状填充设置为“无填充颜色”命令，形状轮廓设置为“橄榄绿”，粗细设置为“4.5 磅”，如图 14-11 所示。

11 调整图片、艺术字和形状三者之间的大小和位置，完成房产标志的制作之后选取图片，按下 Shift 键的同时选取艺术字和文本框，选择“格式”→“排列”→“组合”命令，将其组合在一起，防止移动标志时改变它的效果，如图 14-12 所示。

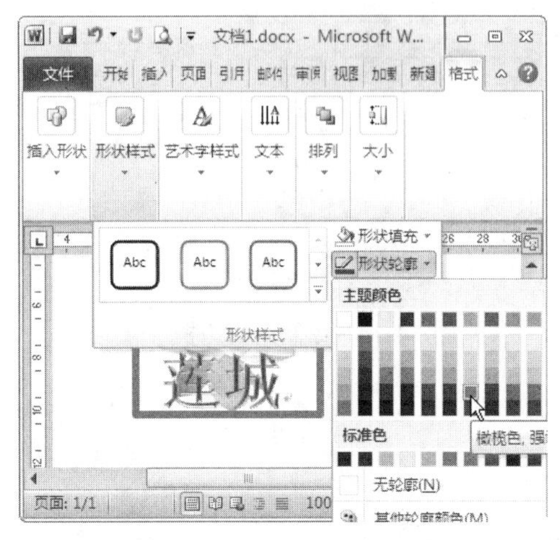

图 14-11　格式化插入的形状

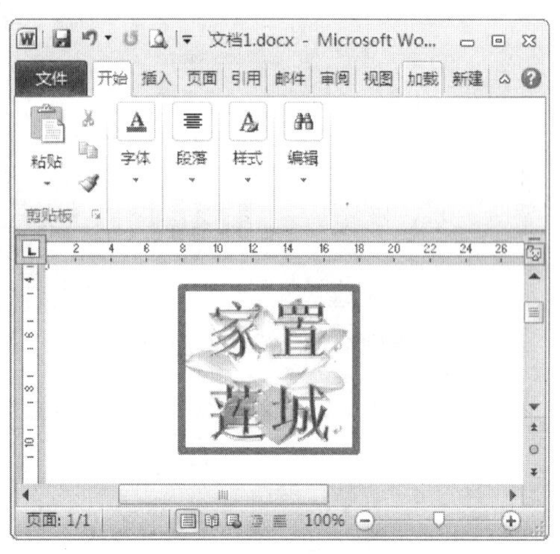

图 14-12　房产标志的设计效果

跟着做 3☛ 设计封面与封底版式

两折页式的宣传册，封面与封底处于同一个页面中并各占一半，因此在为其中添加各种内容时，应处理好各元素的大小和位置，避免封面的内容显示在封底，或封底上的内容出现封面的情况。另外，封面与封底在风格和色彩上都应该相互一致，才能很好地体现该公司的主题思想，具体操作步骤如下。

1 添加背景色。选择“页面”→“页面背景”→“页面颜色”命令，选择合适的颜色作为页面的背景颜色，如图 14-13 所示。

2 选择“插入”→“插图”→“形状”命令，选择“矩形”图标，在文档中绘制出一个高度为 16.5 厘米、宽度为 15.5 厘米的矩形，如图 14-14 所示。去掉它的填充色，并将线条颜色设置为“深蓝，文字 2，淡色 40%”，虚线粗细设为“4.5 磅”，如图 14-15 所示。

3 在封面中，如果只有一个标志，似乎太过于单调，我们可以使用插入艺术字，加上一句反映宣传册主题思想的文字，起到“画龙点睛”的作用，如图 14-16 所示。

4 制作封底，选择“插入”→“图片”命令，在“插入图片”对话框中选择合适的图片，单击“打开”按钮。

5 选择“格式”→“删除背景”命令，使用“标记要保留的区域”和“标记要删除的区域”工具，按 Enter 键完成图片背景的删除，如图 14-17 所示。

6 单击图片，选择“格式”→“大小”命令，调整图片大小，单击“裁剪”命令上的下拉按钮，在下拉菜单中选择“裁剪为形状”命令，如选择 形状，如图 14-18 所示。

R2 的快速输入方法：首先输入 R2，然后再选中 2，同时按下 Ctrl+Shift++组合键。

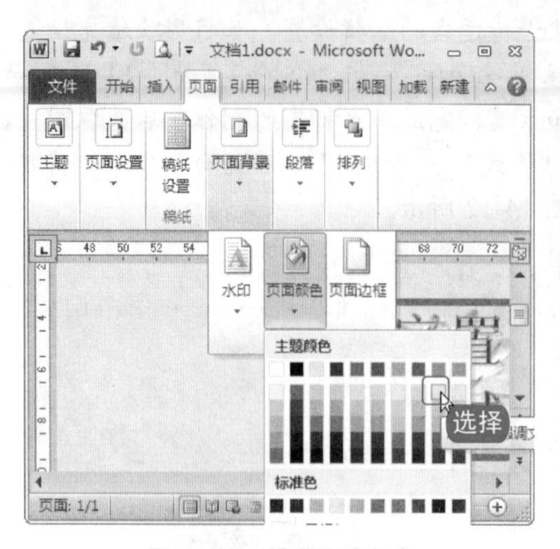

图 14-13　设置页面颜色

图 14-14　绘制封面边框

图 14-15　美化封面边框

图 14-16　插入艺术字

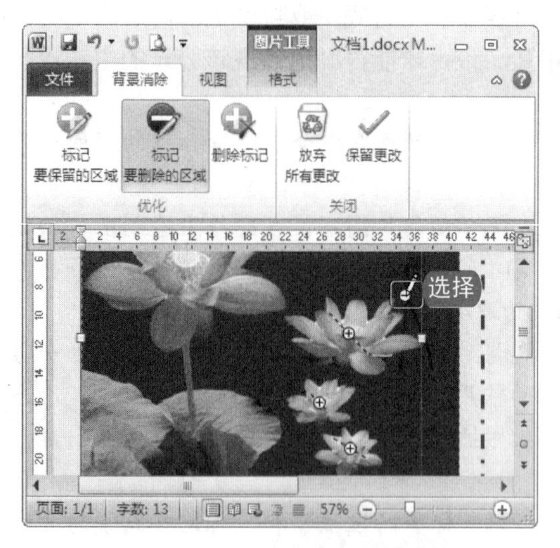

图 14-17　标记要删除的背景区域

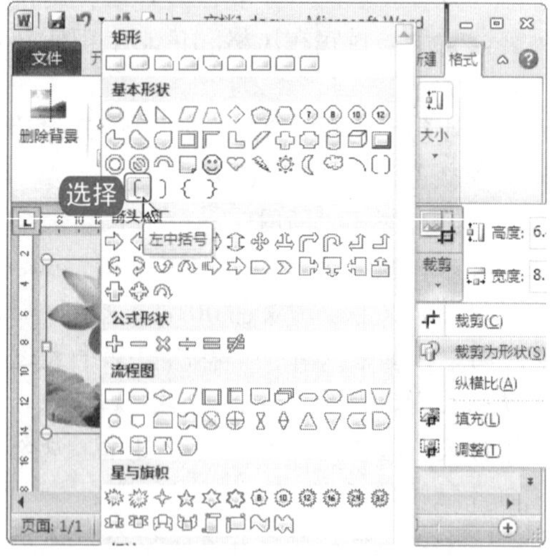

图 14-18　将图片裁剪为形状

7. 选择“格式”→“图片样式”→“图片效果”命令，在“图片效果”命令的下拉菜单中选择图片艺术效果的类型和样式，如图 14-19 所示。
8. 选择“开始”→“字体”命令，单击 按钮，选择合适的艺术字样式，并在插入文档中的

电脑小百科

组装好电脑硬件后，还需要进行测试，看硬件是否工作正常，如果一切正常，则可以将机箱的侧面板安装上，完成安装工作。

艺术字文本框中输入文字，调整字体颜色和格式等，如图 14-20 所示。

图 14-19　选择图片艺术效果

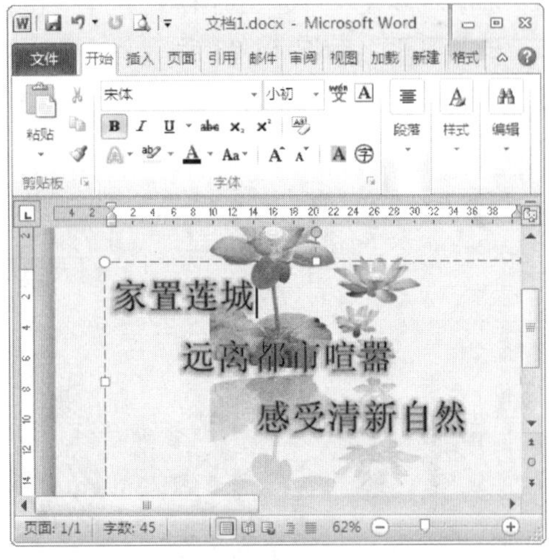

图 14-20　以艺术字形式插入宣传语

9. 调整图片、文字的页面位置，完成所有的操作后选择图片，按 Shift 键，同时选中页面中所有的内容，选择“格式”→“排列”→“组合”命令，将它们组合起来，以防止不小心改变了个别元素的大小或位置，如图 14-21 所示。

图 14-21　宣传册封面的设计效果

跟着做 4　设计宣传册的内页

宣传册内页的设计显然应该与封面的设计风格一致，在色彩上也应该运用相同的色调，这样才不会显得唐突，使之前后呼应、统一协调。在内页中应包括一些宣传图片、公司简介及联系方式等内容。由于目前文档还只有一页，还需要增加一页，常用的方法是按几个 Enter 键增加一页，选择“插入”→“页”→“空白页”命令，添加空白页面后，就可以开始宣传页内页的设计了，具体操作步骤如下。

1. 选择“插入”→“插图”→“图片”命令，插入背景图片，单击鼠标右键，在弹出的快捷菜单中选择“衬于文字下方”的排列类型。
2. 选择“格式”→“大小”→“裁剪”→“裁剪为形状”命令，将图片裁剪为椭圆形，如图 14-22

电脑小百科

在 Word 2010 中，按下 Alt+F11 组合键就可以快速打开宏编辑窗口。

所示。

❸ 选择“格式”→“图片样式”→“图片效果”→“柔化边缘”命令，选择磅数，对图片边缘进行柔化，如图 14-23 所示。

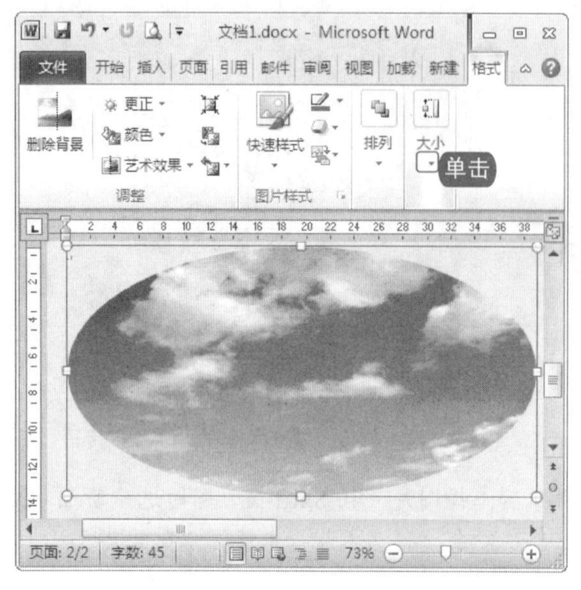

图 14-22 裁剪图片为椭圆形

图 14-23 柔化图片边缘

❹ 选择“插入”→“形状”→“文本框”命令，在文档中绘制一个文本框，并将文本框边框设置为粗线“4.5 磅”，颜色为“深蓝色”。

❺ 选择“格式”选项卡，单击“形状样式”功能区右下角的按钮，打开“设置图片格式”对话框，选中“填充”选项卡下的“图片或纹理填充”单选按钮，单击“文件”按钮，如图 14-24 所示，打开“插入图片”对话框，选择合适的图片，单击“插入”按钮。

❻ 在“设置图片格式”对话框中，单击“关闭”按钮，图片被插入到文本框中，如图 14-25 所示。

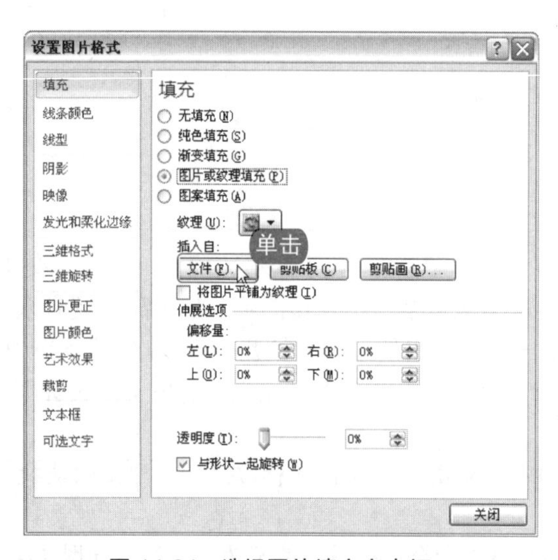

图 14-24 选择图片填充文本框

图 14-25 图片被插入到文本框

显卡驱动程序可以通过手动或自动进行安装。

7. 单击文本框上的旋转按钮，按住鼠标左键不放拖动旋转，改变图片的位置方向，如图 14-26 所示。

8. 选择“插入”→“插图”→“图片”命令，插入三张室内效果图，将其设置为“浮于文字上方”类型后，调整图片和位置，如图 14-27 所示。

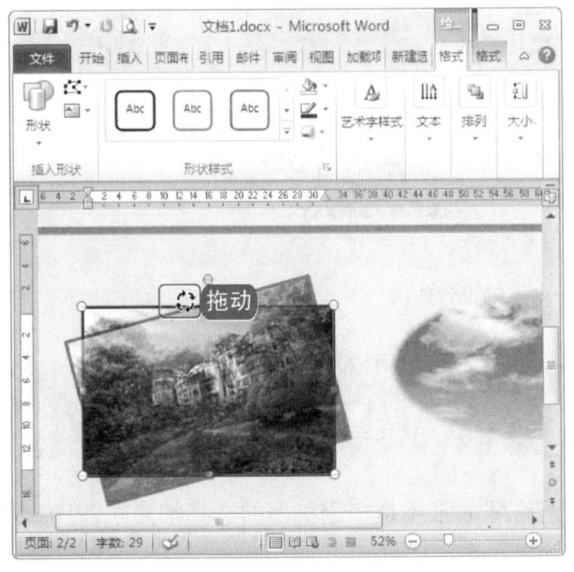

图 14-26　旋转图片改变图片位置

图 14-27　插入室内效果

9. 选择“插入”→“文本”→“艺术字”命令，在文档中插入 5 个文本框，分别在文本框中输入项目简介、项目简介的介绍文字、热线电话、宣传语、公司名称的大写拼音，将文本框设置为“无填充颜色”、“无轮廓”，如图 14-28 所示。

10. 对文本框中的文字进行格式化设置，改变它们的颜色、字体、字号等，使其达到与整个页面的协调，如图 14-29 所示。

图 14-28　以插入文本框的形式输入文字

图 14-29　格式化文本框内容

11. 调整文本框大小和位置，选取整个页面的图片、艺术字和文本框，使其组合在一起，效果如图 14-30 所示。

图 14-30　宣传册内页的设计效果

14.3　印刷宣传册

宣传册制作完成之后，需要将其印刷出来。无论是纸张还是印刷机器的选择都影响着印刷质量的好坏，同样也影响了宣传册的效果。

14.3.1　宣传册印刷纸张的选择

宣传册在印刷时，纸张的选择很重要。铜版纸表面光滑，白度较高，色彩表现上十分优异。胶版纸印刷层次较铜版纸略为平淡。制作宣传册以铜版纸居多，使用胶版纸居少，但胶版纸的手感柔和，反光较弱，通常也被一些注重环保的企业所喜爱。

其他特种纸，如水纹纸、玻璃纸等都可根据需要适当选用，但由于印刷和阅读上较前两种纸要不方便，所以选择使用应当慎重。

高级产品目录宣传册通常不宜选用反光过强的铜版纸，雾面铜版纸会比较适合。这样目录不仅有厚重感，而且能体现出企业有资历值得信赖，可表现出企业产品做工精良、品质上乘。宣传册封面制作通常会有一些讲究，比如覆单面雾膜或亮胶膜处理。雾膜的手感细腻，适合高档家具企业。亮胶膜则可以使色彩更加绚丽，能很好地体现出时尚年轻的企业风格。局部 UV 上光是时下封面装帧中常见的一种形式，通常在封面文字部分使用，综合运用凸凹压印使文字更加突出，并有不同的手感，时尚现代。

14.3.2　宣传册的彩色印刷

根据调查统计，彩色的印刷品可以提高 40%的阅读率。所以作为宣传公司的宣传册，特别展会上使用的宣传册，没有人希望它只有黑白两色。除了黑白印刷以外，再选择一至两个黑色以上的颜色，这就是套色印刷。套色印刷可以提高视觉效果和阅读率，同时也不会花费太多的预算，是一种价格低廉且效果很好的印刷形式。

电脑小百科

手动安装显卡的步骤比较烦琐，但其优点在于安装的内容少，节约磁盘空间，利于文件数据的管理。

彩色印刷有许多种类可供选择。大多数情况下使用的都是四色印刷，即 CMYK 模式。专色印刷也是一种很有表现力的印刷形式，较四色印刷更鲜明亮丽。但是在有专色的设计中设计师在设计过程中一定要考虑或应该知道专色墨实地印刷与挂网印刷存在的盲点。要保证专色的印刷厂机器的性能，以及印刷操作工人的技术等。另外，还可以将彩色油墨印在色纸上，如果搭配得当，效果同样会非常出众。

老师的话

制作完成的一个成品，通常需要先打印出来看看效果，然后再拿去印刷。这里不需要有较高的打印质量，只要能清晰显示里面的内容即可，所以黑白打印是最好的选择。因为宣传册打印的目的只是看看大概的设计效果，对打印的质量大小不作要求，因此我们也没必要让两个页面以实际大小分别打印在两页纸上。选择"文件"→"打印"命令，在每版打印页数的下拉菜单中选择"每版打印 2 页"命令，如下图所示，即可将两页文本打印在一张纸上。

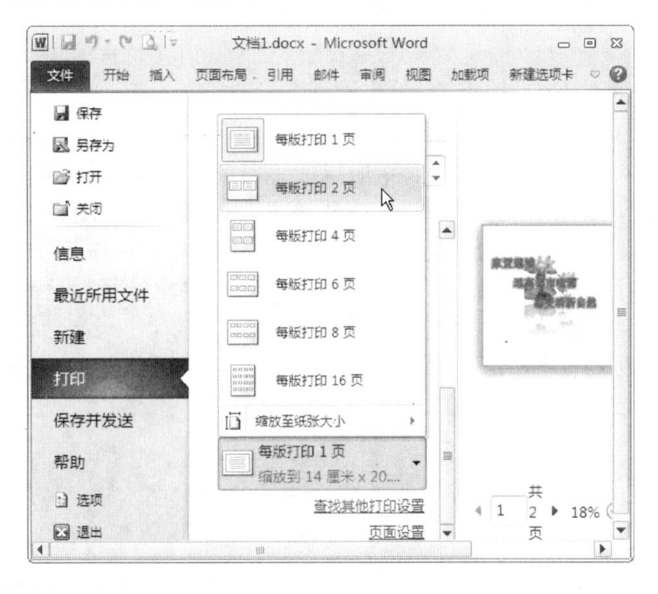

14.4 制作地产开发计划书

实例解析

以上学习制作房地产公司宣传册的制作，现在应用之前所学的知识，如表格和图片来制作一份版式精美的地产开发计划书。计划书与宣传册相比，最明显的特点在于文本内容的增加，图片等插入对象相对减少，版面不能轻松活泼等。

电脑小百科

在页眉设置中，选择"奇偶页不同"和"与前不同"等选项，可以对两个不同页眉的文件进行合并。

书盘互动指导

⊙ 在光盘中的位置	⊙ 书盘互动情况
14.4 制作地产开发计划书 14.4.1 输入文本内容 14.4.2 插入表格 14.4.3 插入图片 14.4.4 插入文本框	本节内容主要介绍了以上述内容为基础的综合实例操作方法，在光盘 14.4 节中有相关操作的视频文件，以及原始素材文件和处理后的效果文件。 大家可以选择在阅读本节内容后再学习光盘，以达到巩固和提升的效果。

原始文件	素材\第 14 章\无
最终文件	源文件\第 14 章\地产开发计划书.docx

制作丽金房产嘉逸别墅开发计划书，可通过下面的操作步骤来实现。

跟着做 1 输入文本内容

一份开发计划书最重要的还是文本内容，所以应该首先进行文本的编辑，具体操作步骤如下。

1. 在 Word 2010 中输入文本内容，并设置其字体格式。选取文本，选择“开始”选项卡，单击“段落”功能区右下角的命令，打开“段落”对话框。
2. 在对话框中，单击行距文本框上的下拉按钮，在下拉菜单中选择合适的行距，如图 14-31 所示，单击“确定”按钮。
3. 将光标定位在第一段文本中，选择“插入”→“文本”→“首字下沉”命令，在下拉菜单中选择“下沉”命令，效果如图 14-32 所示。

图 14-31　设置段落间距

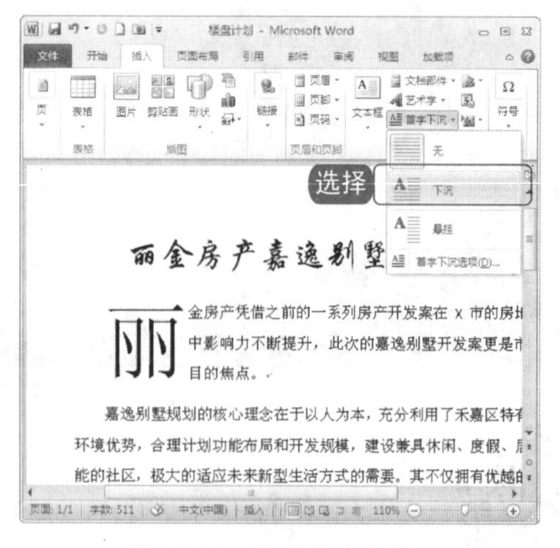

图 14-32　设置首字下沉

跟着做 2 输入表格名称

在输入文本之后，插入一张表格，可以使文档条理更加清晰明了，具体操作步骤如下。

电脑小百科

用户在购买显卡时，随显卡一般都附送驱动程序安装光盘，可使用该光盘自动安装显卡驱动程序，这种方法比较简单，但有时会附带安装一些额外的软件。

❶ 将光标定位在需要插入表格的位置，输入表格相关内容，如图 14-33 所示。

❷ 选取“(附表)”，单击鼠标右键，在弹出的快捷菜单中选择“段落”命令，打开“段落”对话框，在“特殊格式”文本框中选择“无”命令，单击“确定”按钮，如图 14-34 所示。

❸ 选择“嘉逸别墅开发计划(万平方米)”，在段落功能区中将其设置为“居中”。

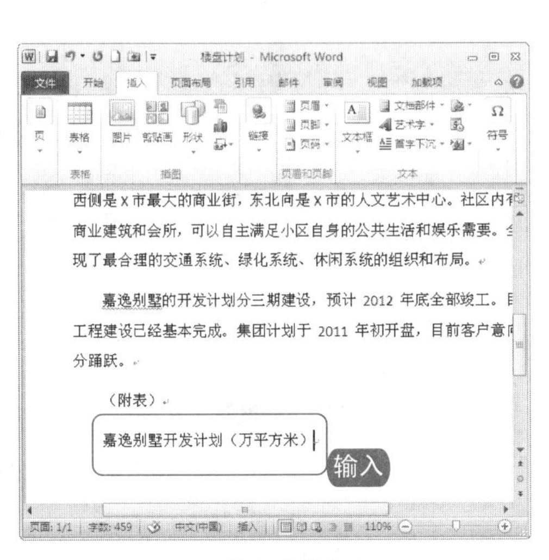

图 14-33　输入表格标题

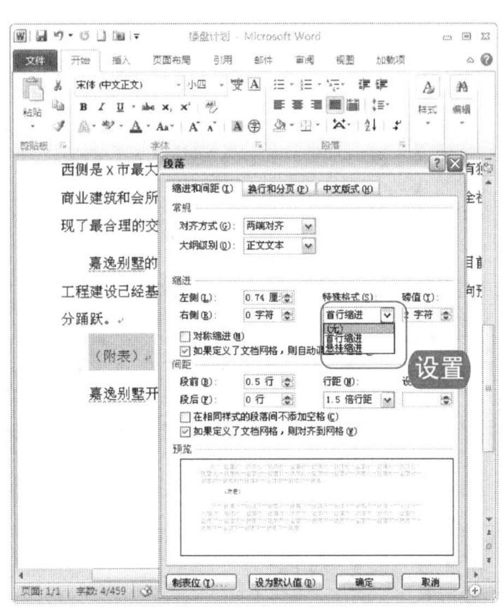

图 14-34　设置标题格式

跟着做 3☛ 插入和美化表格

在表格名称下行插入表格，然后对其进行编辑美化，具体操作步骤如下。

❶ 将光标定位在表格标题的下一行，选择“插入”→“表格”命令，在下拉菜单中快速插入表格，如图 14-35 所示。

❷ 在表格中输入相关的文本并选取，单击鼠标右键，在弹出的快捷菜单中选择“单元格对齐方式”命令，在其下拉菜单中选择合适的对齐方式，如图 14-36 所示。

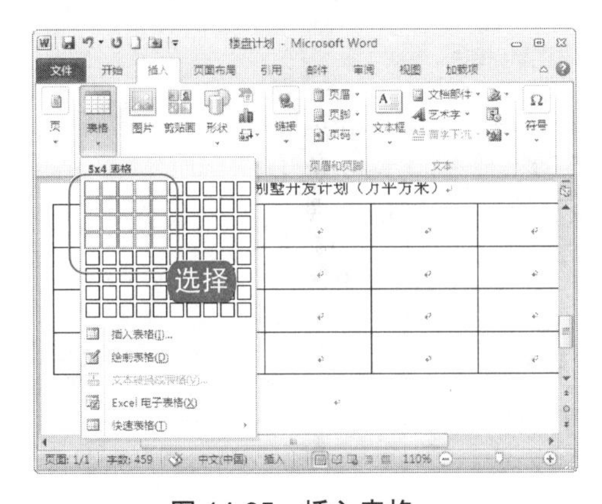

图 14-35　插入表格

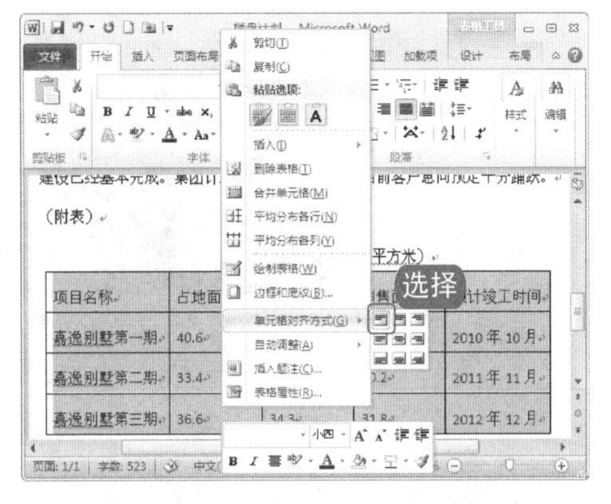

图 14-36　设置单元格的对齐方式

❸ 调整文字字体格式和单元格列宽，将表格第一行的数据名称加粗，选取表格中全部文本内容，

将其居中对齐，如图 14-37 所示。

4 单击表格左上角的⊞按钮，选取整个表格，选择“设计”→“表格样式”→“底纹”命令，选择合适的底纹颜色，如图 14-38 所示。

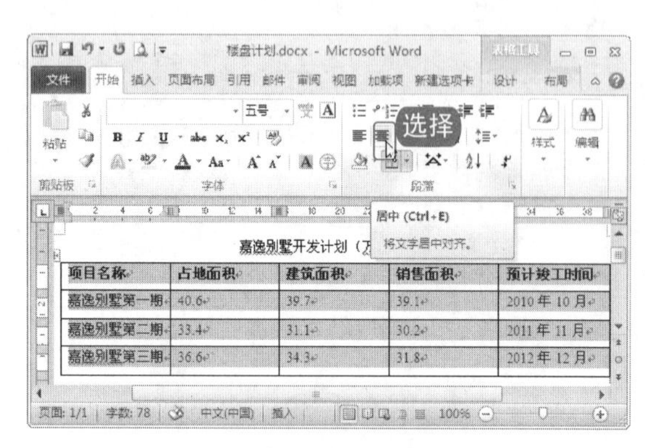

图 14-37　将表格内容居中

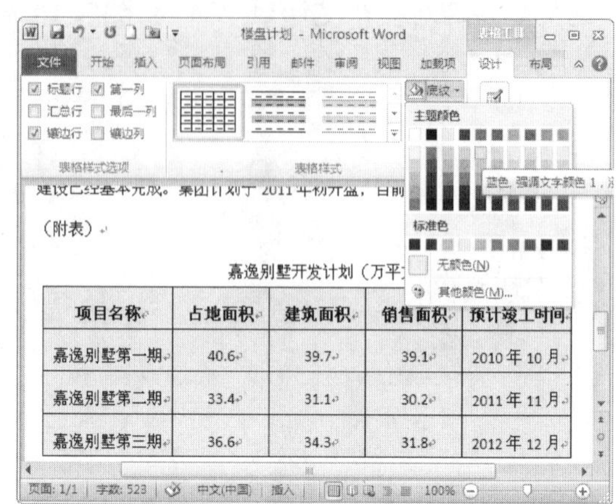

图 14-38　设置表格底纹

跟着做 4☛ 插入图片

为了使文档内容更加丰富形象，可以在文档中插入图片，使文档更加具有说服力。

1 在 Word 2010 中选择“插入”→“图片”命令，选择合适的图片，单击“插入”按钮。

2 单击图片，拖动图片的控制点，调整图片大小。

3 选择“格式”→“排列”→“自动换行”→“穿越型环绕”命令，如图 14-39 所示。

图 14-39　选择图片的文字环绕方式

4 单击图片将其拖动到合适的位置。

5 重复以上步骤，插入其他图片，并调整其大小和位置，效果如图 14-40 所示。

对于一些内置电源的机箱产品，其电源一般都已经直接安装在机箱上，不需要用户动手安装，此时就可省去安装电源的步骤。

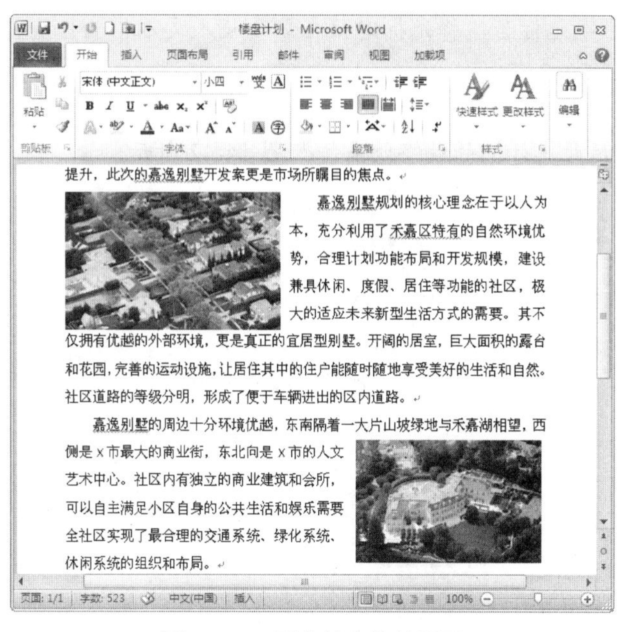

图 14-40 图文结合的效果图

跟着做 5☛ 插入文本框

文本框是一种可以在其输入文本或插入各种对象的矩形框。

1. 将光标定位在文档标题后面，按下 Enter 键，插入一行。
2. 选择“插入”→“文本”→“文本框”→“绘制文本框”命令，如图 14-41 所示。

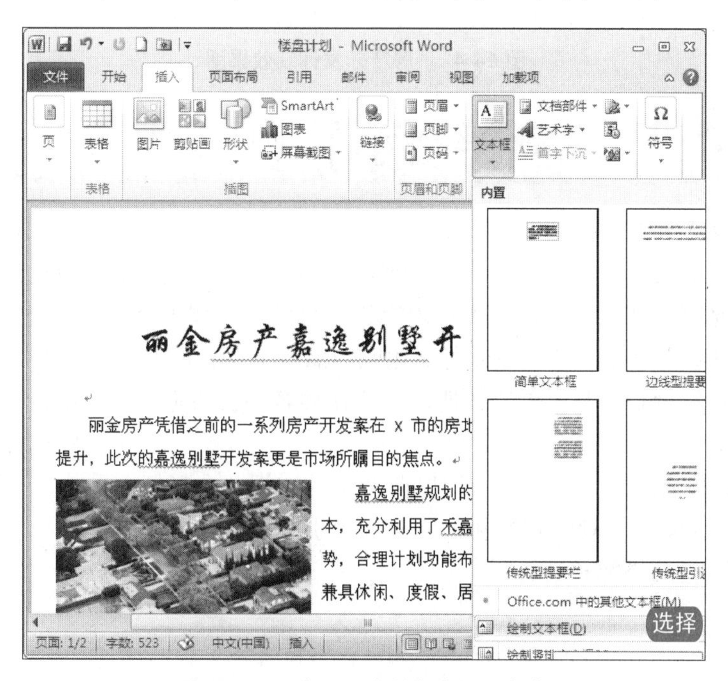

图 14-41 选择“绘制文本框”命令

电脑小百科

如果使用彩色喷墨打印机，可以在“页面设置”对话框中选中“单色打印”和“草稿品质”复选框，不仅节约墨汁，还可以提高打印速度。

3. 当文档中出现“+”字光标时，将光标定位在需要插入文本框的位置，单击并拖动光标绘制一个文本框，在其输入文本。
4. 设置文本框中文本的字体、字号和颜色等格式，并调整文本框位置。
5. 编辑完成后查看房产开发计划的最终效果，如图 14-42 所示。

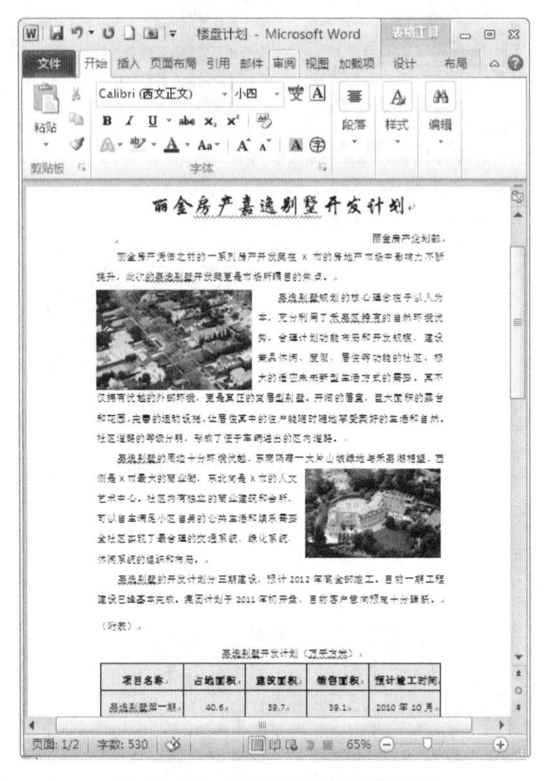

图 14-42　房产开发计划效果图

学 习 小 结

本章主要介绍 Word 2010 中宣传册的制作方法以及相关知识。

通过对本章的学习，读者能够学会如何制作宣传册，了解宣传册排版设计的注意事项，懂得宣传册纸张的选择和印刷。下面对本章内容进行总结，具体内容如下。

(1) 虽然公司宣传册是为了宣传公司文化或产品，但制作时必须根据企业的自身风格和实力慎重选择，制作符合自己身份的宣传册。避免让顾客产生错觉，提供错误的信息，从而产生一些负面的印象。

(2) 在制作宣传册时，可以充分应用以前所学的知识，选择插入图片、艺术字、文本框和表格等美化文本内容，在体现公司文化的同时又吸引眼球，达到良好的宣传效果。编辑调整时，一定要注意整体风格的搭配和谐。

电脑小百科

在固定机箱电源时，应注意螺丝的固定方法，先将 4 个螺丝分别拧进对应的螺丝孔中，然后再用改锥逐一旋紧，在固定时应用力均匀，不要用力过猛。

互 动 练 习

1. 选择题

(1) (　　)是一份企业宣传册的核心部分，展现了该企业的独特个性，使公众将此企业区别于其他企业。

A. 企业地址　　B. 企业标志

C. 企业构架　　D. 企业领导

(2) 关于宣传册的印刷，以下说法不正确的是(　　)。

A. 铜版纸表面光滑，白度较高，色彩表现上十分优异

B. 亮胶膜则可以使色彩更加绚丽，能很好地体现出时尚年轻的企业风格

C. 套色印刷可以提高视觉效果和阅读率，同时也不会花费太多的预算，是一种价格低廉且效果很好的印刷形式

D. 以上说法都不对

(3) 对以下哪个选项进行设置可以将相同文本内容重复打印多张？(　　)

A. 打印页数　　B. 打印份数

C. 打印自定义范围　　D. 以上说法都不对

2. 思考与上机题

(1) 使用黑白打印机打印预览本章制作的“房地产公司宣传册”的设计效果。

制作要求：

a. 将打印份数设置为 2。

b. 打印所有页。

c. 将效果图进行手动双面打印。

(2) 根据素材内容制作杂志封面。

现在大多数的智能手机都可以使用 Word，使人们可以随时随地地使用 Word 的各种功能。

	原始文件	素材\第 14 章\杂志封面.docx
	最终文件	源文件\第 14 章\杂志封面设计.docx

制作要求：

a. 插入图片，将其设置为四周型环绕并删除图片背景。

b. 以文本框的形式插入杂志名称，并将其设置为“方正舒化”、“72 号”。

c. 将“良师||益友”分别依次使用“黄色”、“绿色”、“红色”、“黄色”和“绿色”这类比较鲜艳的颜色进行凸显。

d. 将杂志中需要凸显的文本标题分别按照不同的字体样式，选择不同的文本框插入，并将文本框设置为“无轮廓”、“无填充”。

e. 使用 Word 2010 中提供的纹理图案填充页面背景。

f. 调整各文本框的位置，合理地进行排版设计。

电脑小百科

通常情况下，“回收站”的容量是占每个磁盘容量的 10%，但如果用户需要，也可以进行自定义调整。

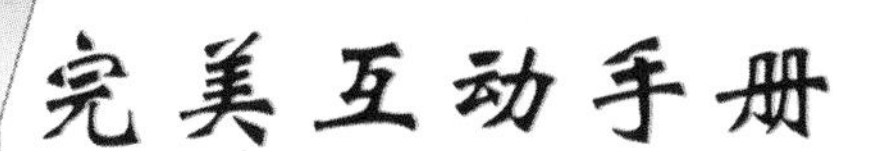

第 15 章

Word 2010 长文档的制作

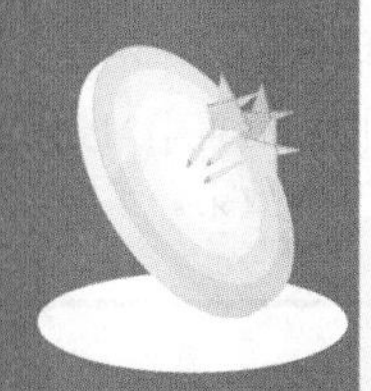

本章导读

通常情况下，论文的内容少则几十页，多则上百页，对于此类长篇的、内容形式较单一的文档，这样的文档常常被称为长文档。Word 具有强大的长文档处理功能，例如，之前介绍过的模板、样式、文档结构图，还有本章将介绍的主控文档、题注、交叉引用、索引和目录等功能，都能帮助我们轻松完成长文档的编排。

精彩看点

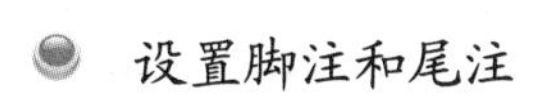

- 设置脚注和尾注
- 添加题注
- 编制目录
- 编制索引
- 创建主控文档
- 插入子文档
- 合并子文档
- 拆分子文档

15.1 插入脚注、尾注和题注

长文档中经常需要使用一些文档的管理功能，如脚注、尾注、题注、交叉使用、书签、目录等。下面就对这些功能全面讲述。

书盘互动指导

⊙ 示例	⊙ 在光盘中的位置	⊙ 书盘互动情况
	15.1 插入脚注、尾注和题注 15.1.1 设置脚注和尾注 15.1.2 添加题注	本节内容主要带领大家学习插入脚注、尾注和题注，在光盘 15.1 节中有相关内容的操作视频，并还特别针对本节内容设置了具体的实例分析。 大家可以在阅读本节内容后再学习光盘，以达到巩固和提升的效果。

15.1.1 设置脚注和尾注

脚注和尾注是用来解释、说明文本或提供对文档中文本的参考资料。脚注通常位于页面的底端，尾注通常位于文档的末尾。

脚注或尾注由两个关联的部分组成：注释参考标记和对应的注释文本。注释参考标记是指明在脚注或尾注中包含附加信息的数字、字符或字符组合。在添加、删除或移动自动编号的注释时，Word 将对注释引用标记重新编号。

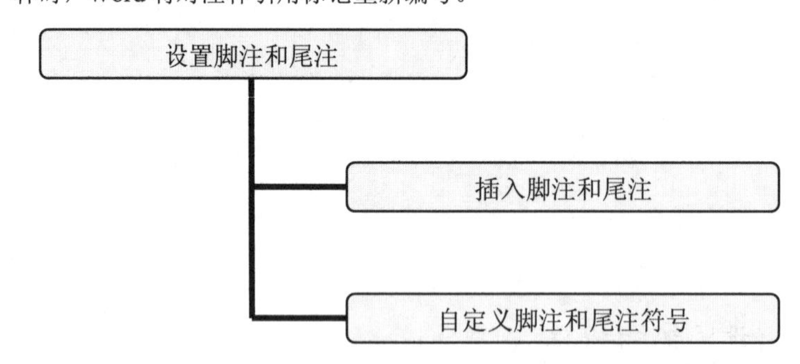

跟着做 1☛ 插入脚注和尾注

插入脚注或尾注的具体操作步骤如下。

1. 将光标定位在需要插入脚注或尾注的位置，确定插入点。
2. 选择“引用”→“插入脚注”/“插入尾注”命令。

电脑小百科

为了过滤掉硬盘、光盘和 CPU 风扇所产生的干扰信号的影响，可以缩短 IDE 接口电缆线和 CPU 风扇的电源线。

③ 在页脚中输入脚注的内容，如图 15-1 所示。在文章或节的尾注中输入相应的注解内容，如图 15-2 所示。

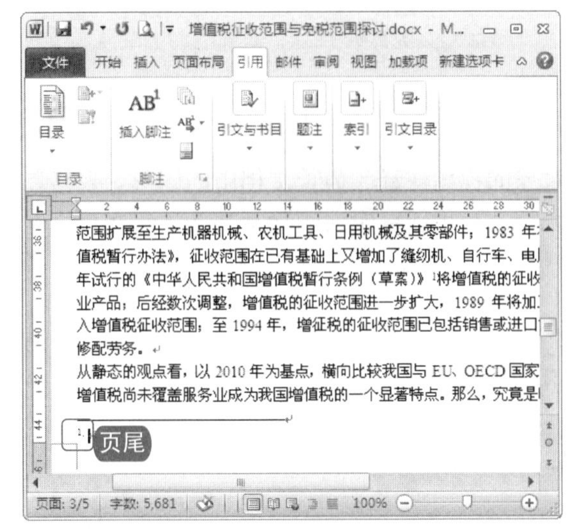

图 15-1 在页尾插入脚注

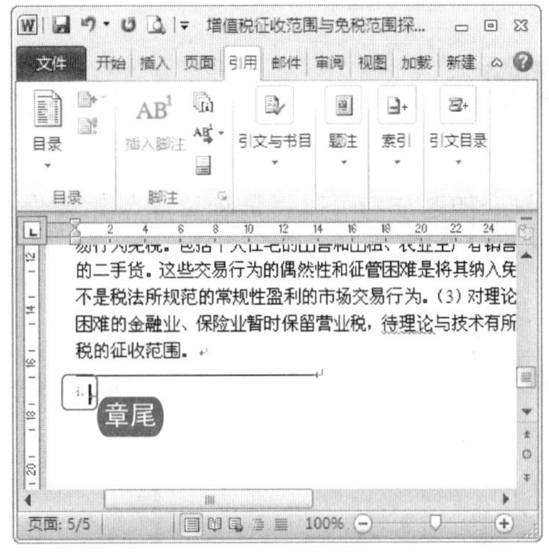

图 15-2 在文章末尾插入尾注

跟着做 2 自定义脚注和尾注符号

如果不喜欢默认插入的脚注或尾注符号，我们还可以对其进行自定义设置，选择使用其他的样式的符号，具体操作步骤如下。

① 将光标定位在需要插入脚注或尾注的位置，确定插入点。

② 选择“引用”选项卡，单击脚注功能区右下角的按钮，打开“脚注和尾注”对话框。

③ 在对话框的“编号格式”文本框中选择符号样式，如图 15-3 所示；也可以单击“符号”按钮，打开“符号”对话框选择符号，单击“确定”按钮，如图 15-4 所示。

④ 单击“插入”按钮，插入一个脚注/尾注符号。

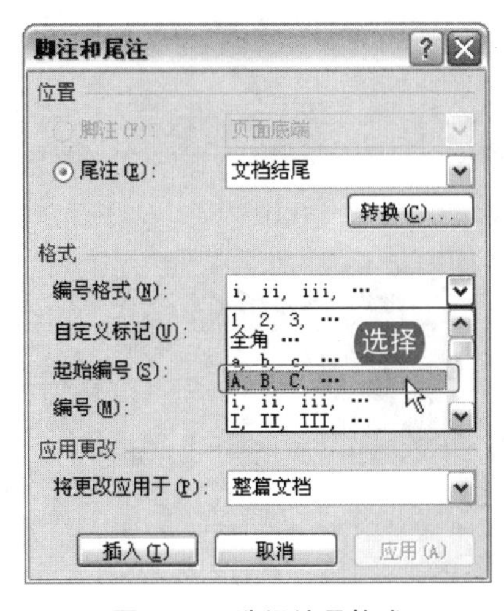

图 15-3 选择编号格式

图 15-4 选择自定义标记符号

电脑小百科

插入索引和目录的前提是文档中已经将要作为目录的标题设置为标题格式。

知识补充

要想删除脚注或尾注，不能在文档页面下方或末尾的文本注释处删除，需要在文本中的注释参考标记处按下 Delete 键删除。

15.1.2 添加题注

题注是指表格、图片、图表以及其他各种对象的标题注释。为长文档中的图形、表格以及其他项目添加题注，可以保证项目编号始终保持统一。当重新编辑或删除了某些项目之后，题注会对它们重新编号。

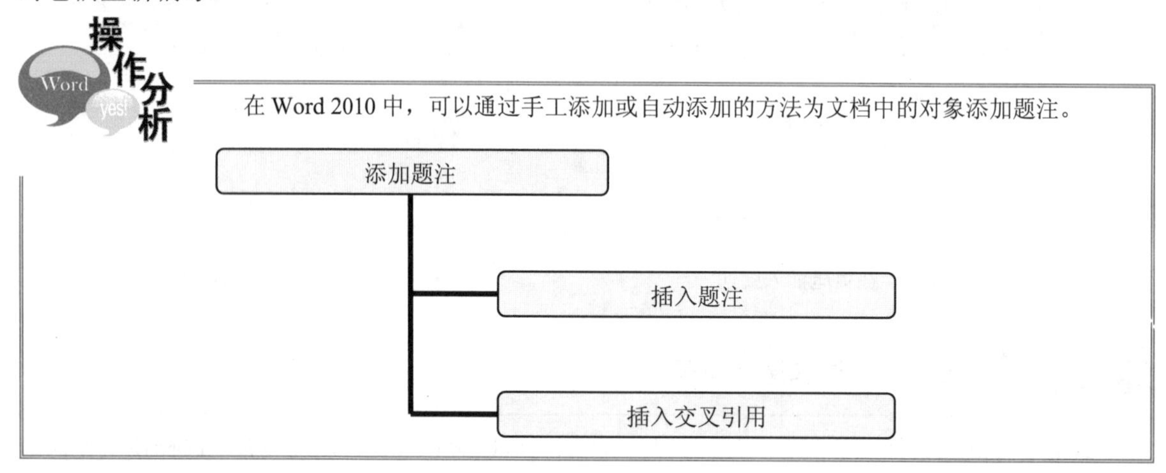

跟着做 1 插入题注

使用手工添加题注的方法可以为文档中已有的对象添加题注。

1. 选取需要添加题注的对象，选择“引用”→“插入题注”命令。
2. 弹出“题注”对话框，选择题注内容和标签选项，也可以单击“新建标签”按钮，打开“新建标签”对话框，自定义标签，如图 15-5 所示。
3. 单击“确定”按钮，题注被插入到指定位置，如图 15-6 所示。

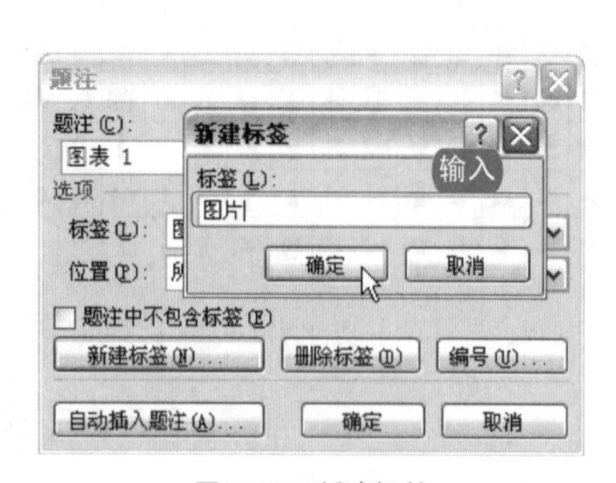

图 15-5 新建标签

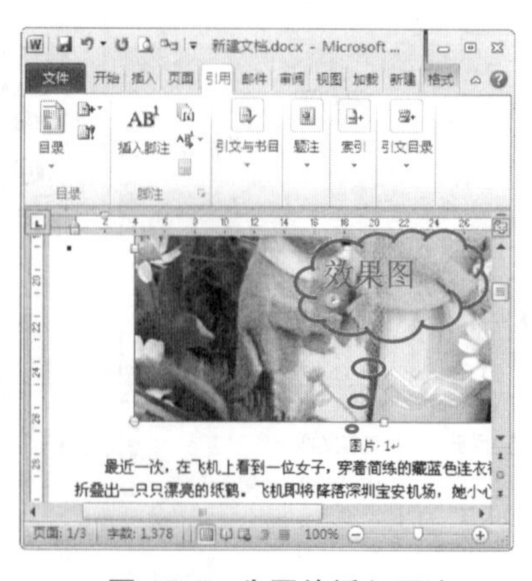

图 15-6 为图片插入题注

电脑小百科

Foxmail 是一款完善的电子邮件管理软件，它具有强大的邮件编辑、管理功能，深受广大用户的喜爱。

在 Word 2010 中，如果需要在文档中对全部对象都添加题注，则可以在插入这些对象之前，在题注设置由系统自动为该类对象添加题注。选择“引用”→“插入题注”命令；在打开的“题注”对话框中单击“自动插入题注”命令；在自动插入题注对话框中，选择需要自动插入题注的对象类别，如图所示；单击“确定”按钮完成设置之后，再插入图片或表格等对象，系统会自动插入题注。

跟着做 2☛ 插入交叉引用

交叉引用是指在文档中的某一个位置引用另一个位置的标题、题注等。创建的交叉引用将与被引用部分保持链接关系，如果被引用部分的内容有变化，创建的交叉引用可随之更新。如果文档中使用了标题样式或插入了脚注、书签、题注或带编号的段落，就可创建交叉引用来引用它们。

1. 将光标定位在需要插入交叉引用的位置，选择“引用”→“交叉引用”命令。
2. 弹出“交叉引用”对话框，在“引用内容”列表框中选择引用指定类型中的内容，在对话框的列表中选择需引用的项目。
3. 单击“插入”按钮，如果还需要插入其他交叉引用，可重复以上步骤。
4. 单击“关闭”按钮，关闭“交叉引用”对话框，如图 15-7 所示。
5. 所选择的内容被插入文档中，实现交叉引用，如图 15-8 所示，当插入为超链接时，单击此插入，同时按下 Ctrl 键即可快速访问该引用。

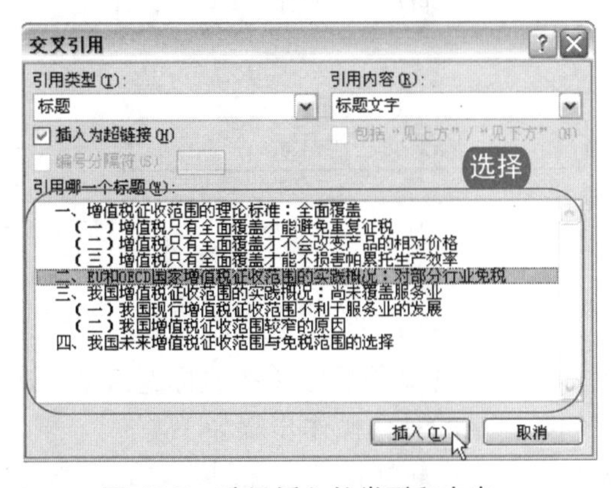

图 15-7　选择插入的类型和内容

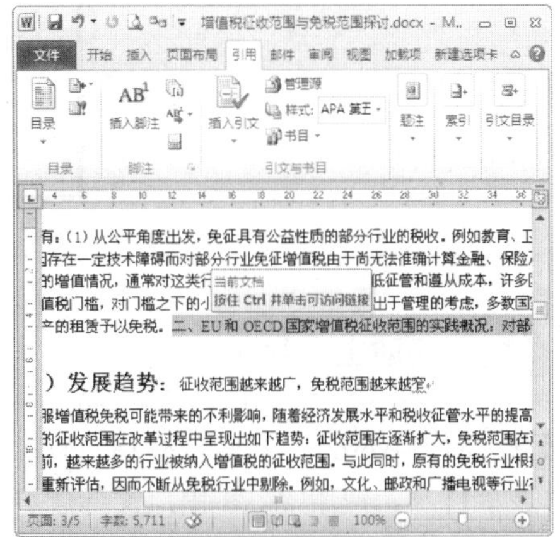

图 15-8　交叉引用的效果

若某个作为索引项的文本在文档中多处出现，可以单击“标记全部”按钮，Word 会将文档中各处出现的该文本都加上索引标记。

15.2 编制目录与索引

目录列出文档中具体的标题，以及它们出现的页码。索引就是列出在打印文档中讨论的单词和短语，以及它们出现的页码。利用目录和索引，可以快速查阅有关章节和主题。

书盘互动指导

⊙ 示例	⊙ 在光盘中的位置	⊙ 书盘互动情况
	15.2 编辑目录与索引 15.2.1 编辑目录 15.2.2 编制索引	本节内容主要带领大家学习编制目录与索引，在光盘 15.2 节中有相关内容的操作视频，并还特别针对本节内容设置了具体的实例分析。 大家可以在阅读本节内容后再学习光盘，以达到巩固和提升的效果。

15.2.1 编制目录

目录是图书中不可缺少的一部分，通常是在整本图书排版完成后才开始编制目录。

Word 一般是利用标题或者大纲级别来创建目录的。因此，在创建目录之前，应确保希望出现在目录中的标题应用了内置的标题样式(标题 1 到标题 9)；也可以应用包含大纲级别的样式或者自定义的样式。如果文档的结构性能比较好，创建出合格的目录就会变得非常快速简便。

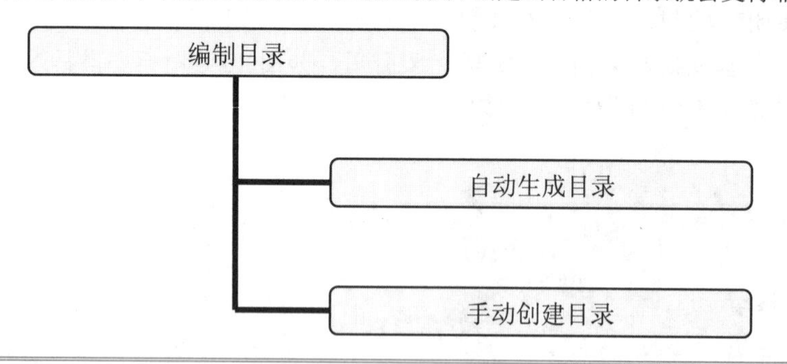

跟着做 1 自动生成目录

建立目录时，Word 会搜索带有指定样式的标题，参考页码顺序并按照标题级别排序，然后在文档中显示目录。使用 Word 预定义标题样式创建目录的具体操作步骤如下。

❶ 打开文档，将 Word 预定义标题样式应用到文档中。将鼠标指针放置到要建立目录的地方，

电脑小百科

电脑麦克风与声卡连线未使用屏蔽线或屏蔽接地不良，外界的高频干扰信号通过麦克风输入电路均会引起噪音。这时如果取下麦克风，噪音就会马上消失。

然后在功能区中选择“引用”→“目录”→“插入目录”命令，弹出“目录”对话框。

2. 在“目录”对话框中选择设置目录格式和显示级别等，如图 15-9、图 15-10 所示。

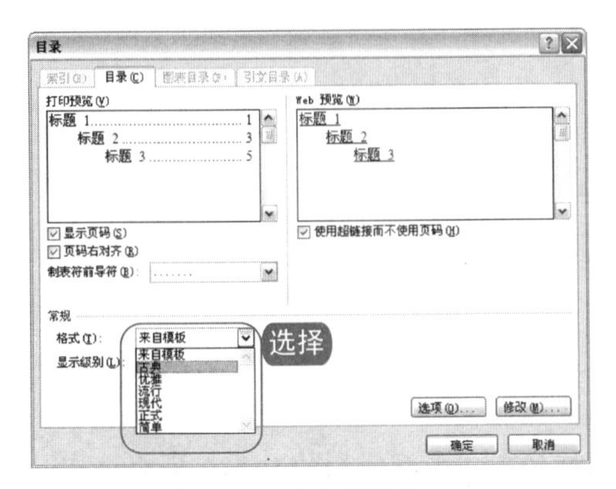

图 15-9　选择目录格式

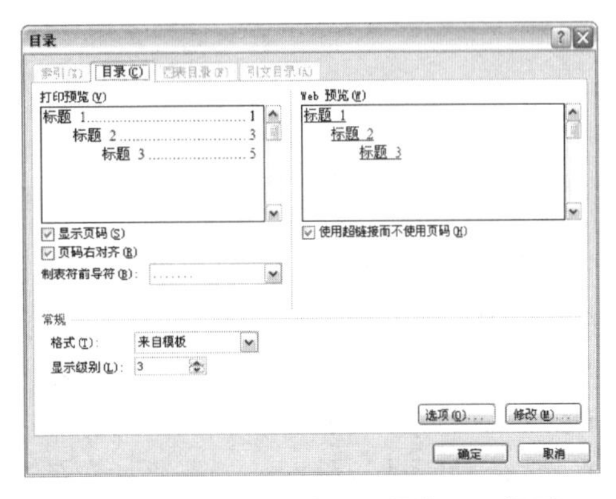

图 15-10　选择目录的显示级别

3. 选中“显示页码”选项，可以让抽取出来的目录具有页码。选中“页码右对齐”选项，可以使页码靠右对齐，设置的类型可以通过“打印预览”列表框查看。

4. 设置了各选项后单击“确定”按钮，Word 就会在指定的位置建立目录，如图 15-11 所示。

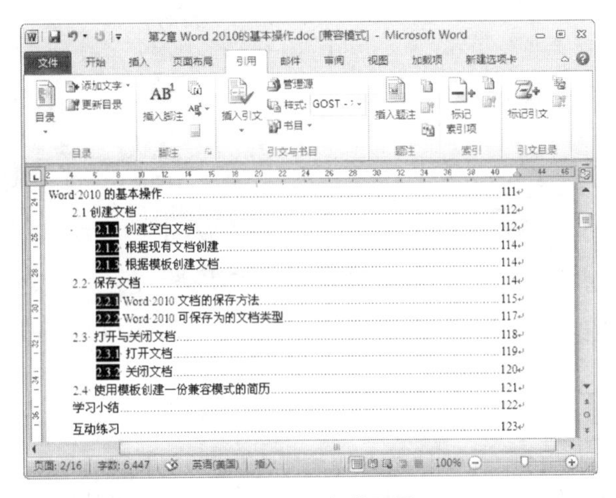

图 15-11　生成目录

知识补充

在“目录”对话框中单击“修改”按钮，可以打开“样式”对话框，在此对话框中可以对目录样式进行自定义设置。

跟着做 2　手动创建目录

手动创建目录需要两个步骤。第一，标记标题或其他想在目录中包含的项目，第二，使用“目录”对话框使用这些已标记项目，具体操作步骤如下。

1. 标记项最有效的方法是在文档刚刚完成时立即标记全部项。如果希望目录中的内容就是文字中的内容，选取需要创建目录的文字，直接按下 Alt+Shift+O 组合键，弹出“标记目录项”

电脑小百科

如果目录页不设页码时，建议大家不要在文档的前面插入目录，否则插入后的目录页码会显示不正确。

对话框，如图 15-12 所示。

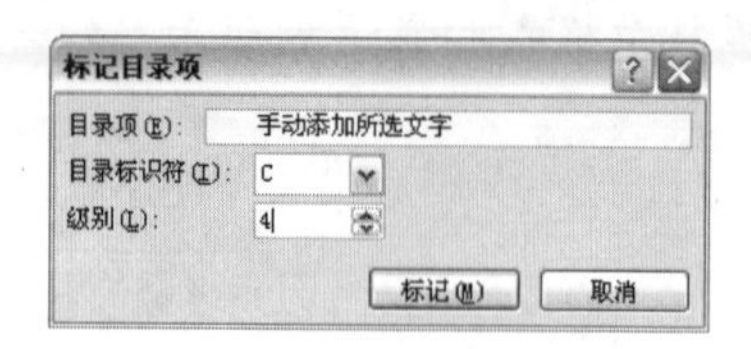

图 15-12 “标记目录项”对话框

2 为目录项选择相应的级别，然后单击“标记”按钮，即可用同样的方法再依次标记其他文字，完成后关闭“标记目录项”对话框。

3 在“引用”功能区中选择“目录”→“插入目录”命令，弹出“目录”对话框，如图 15-13 所示，单击“选项”按钮，弹出“目录选项”对话框。

4 在“目录选项”对话框中，如果所标记的项是对样式和大纲级别的补充，那么选中“目录项域”复选框，如图 15-14 所示。如果使用项代替样式或大纲级别，则取消对应的选中符号。

5 完成设置后单击“确定”按钮，返回“目录”对话框，单击“确定”按钮，完成操作。

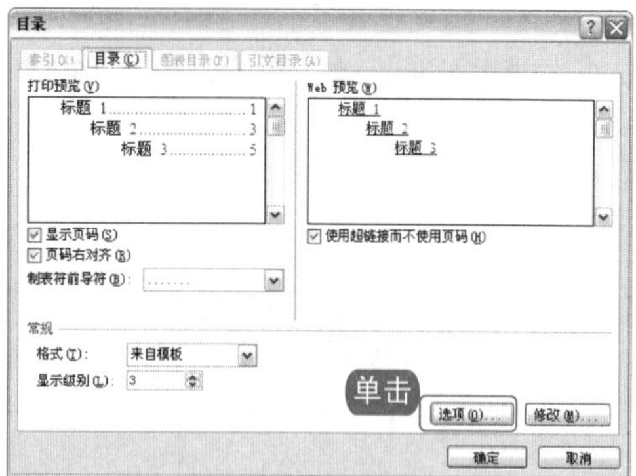

图 15-13 单击“选项”按钮

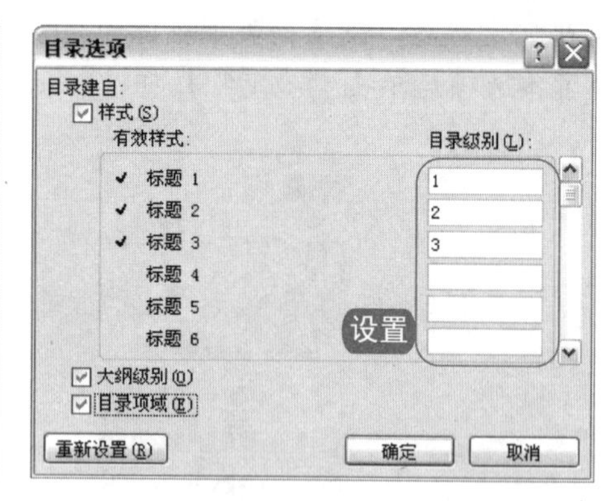

图 15-14 设置目录样式

在 Word 2010 中，如果对已经完成目录编制的文本，又重新进行了新的编辑和调整，文本对应的页码和位置与之前有所不同时，不需要再重新编辑提取目录，只需要选择“目录”→“更新目录”，然后在打开的“更新目录”对话框中选择更新标准即可。下图为插入一个空白页后，目录页码的变化。

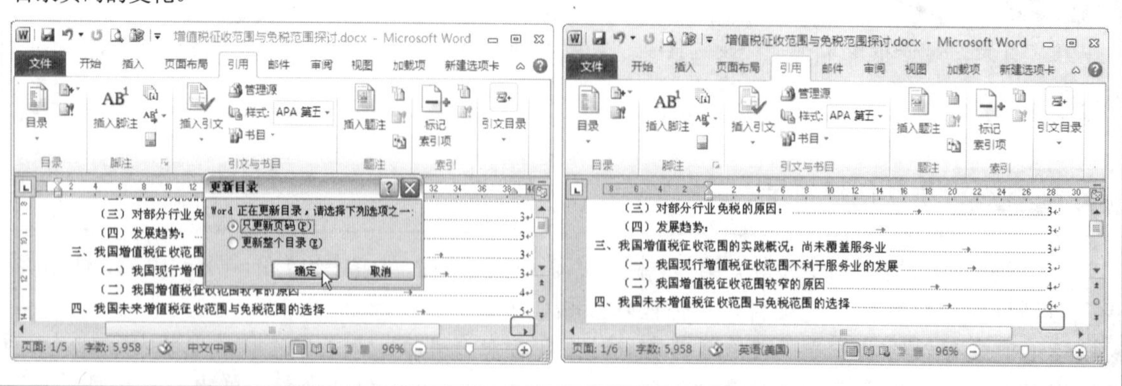

电脑小百科

在安装电脑风扇时，由于风扇底部的接触面上已经涂抹了硅脂，因此不必在 CPU 上再涂抹硅脂，直接安装即可。

15.2.2 编制索引

索引是根据一定需要，将书刊中的主要概念或各种题名摘录下来，标记出处、页码等，然后按一定次序分条排列，以供他人查阅资料。

编制索引首先要标记索引项，索引项可以来自文档中的文本，也可以只与文档中的文本有特定的关系，如索引项可以只是文档中某个单词的同义词。

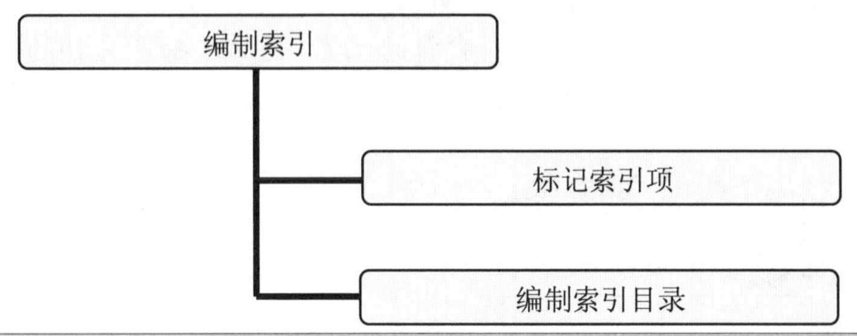

跟着做 1 标记索引项

标记索引项的具体操作步骤如下。

1. 打开文档，移动鼠标指针到要添加索引的位置，选择“引用”→“索引”→“标记索引项”命令，在“标记索引项”对话框中的“主索引项”文本框中设置索引项，如图 15-15 所示。
2. 在“选项”选项区中选中“当前页”单选按钮，表示当前的索引项只与其所在页有关。此时，生成的索引项中将只标出其所在页的页码。
3. 如果要求该索引项的页码为粗体或者斜体，则可在“页码格式”选项区中选中“加粗”复选框或者“倾斜”复选框。
4. 单击“标记”按钮即可在文档中选定的位置插入一个索引区域“{XE}”，如图 15-16 所示。

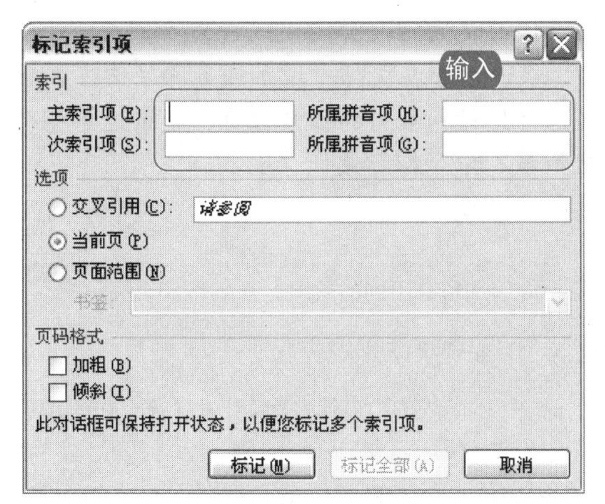

图 15-15　设置索引项

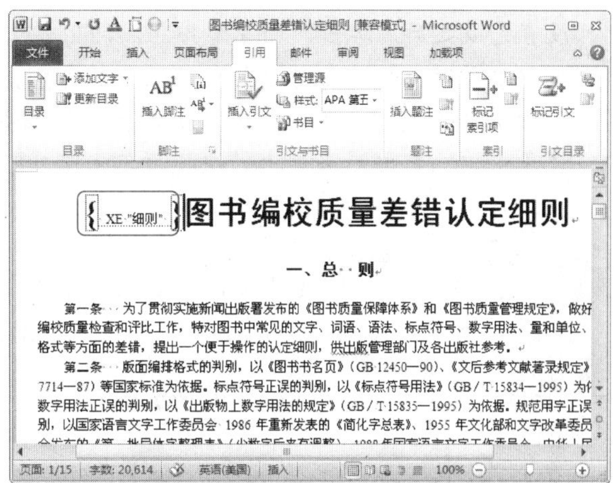

图 15-16　插入索引区域

按 Shift+F5 组合键可以将光标返回到上一次编辑的位置，它使光标在最后编辑过的 3 个位置之间循环。

知识补充

为了不影响阅读，用户可以选取某个索引区域之后，单击“开始”选项卡，选择“段落”工具栏中的“显示/隐藏编辑标记”图标，将其隐藏起来。

跟着做 2 编制索引目录

标记了索引项后就可以编制索引目录了，编制索引目录的具体操作步骤如下。

1. 打开文档，移动鼠标指针到文档中要插入索引的位置，通常选择在文档的末尾，然后选择“引用”→“索引”→“插入索引”命令，在弹出的“索引”对话框中设置索引目录，如图 15-17 所示。

图 15-17 设置索引目录

2. 设置完成之后，单击“确定”按钮，即可在文档中插入设置的索引。
3. 编制索引后，如果在文档中又标记了新的索引项，或者由于在文档中增加或删除了文本，使分页的情况发生了改变，就必须更新索引。移动鼠标指针到索引的任意位置，单击选中整个索引并右击，然后在弹出的快捷菜单中选择“更新域”命令即可更新索引。

老师的话

在“索引”对话框中进行设置时，选择不同的选项有不同的效果。

选择“缩进式”，主索引项和对应的次索引项呈梯状按层次排列。

选择“接排式”，主索引项和对应的次索引项排列在同一行中，主索引项在前，次索引项在后，中间用冒号隔开。

在“栏数”微调框中设定索引的栏数，如选择栏数为 1，当栏数大于 1 时则按多栏版式建立索引。

在“语言”下拉列表框中可以选择中文或者英文，在“类别”下拉列表框中可以选择一种类别。

在“排序依据”下拉列表框中可以选择索引项的排列方式。

电脑小百科

风扇的电源插头一般都有防误插设计，只能按正确的方向插入，稍加留意即可。

选中"页码右对齐"复选框，然后即可在"制表符前导符"下拉列表框中选择索引项和对应页码之间的分隔符。

15.3 使用主控文档

毕业论文通常都是几十页，如不掌握一定的方法和技巧，那将花大量的时间在翻动滚动条上，这样的文档在结构上层次不清，在内容上难于查找，编辑效率也大大降低。

在 Word 中提供有一种可以包含和管理多个"子文档"的文档，这就是主控文档。创建一个主控文档后可以像打开一个普通文档一样打开主控文档，用户可以对每一个子文档单独地进行编辑。使用主控文档可以把多个子文档结合在一起，并把它们当作一个文档来处理；可以将长文档分成较小的并且容易管理的子文档，以方便用户对文档进行组织和维护。

书盘互动指导

示例	在光盘中的位置	书盘互动情况
	15.3 使用主控文档 15.3.1 创建主控文档 15.3.2 插入子文档 15.3.3 合并与拆分子文档	本节内容主要带领大家学习如何使用主控文档和子文档，在光盘 15.3 节中有相关内容的操作视频，并还特别针对本节内容设置了具体的实例分析。 大家可以在阅读本节内容后再学习光盘，以达到巩固和提升的效果。

15.3.1 创建主控文档

在编辑一个长文档时，如果将所有的内容都放在一个文档中，那么工作起来会非常慢，因为文档太大，影响查阅速度，又会占用很大的资源。如果将文档的各个部分分别作为独立的文档，又无法对整篇文章作统一处理，而且文档过多也容易引起混乱。使用 Word 的主控文档，是制作长文档最合适的方法。

主控文档包含几个独立的子文档，可以用主控文档控制整篇文章或整本书，而把书的各个章节作为主控文档的子文档。这样，在主控文档中，所有的子文档可以当作一个整体，对其进行查看、重新组织、设置格式、校对、打印和创建目录等操作。对于每一个子文档，又可以对其进行独立的操作。此外，还可以在网络地址上建立主控文档，与别人同时在各自的子文档上进行工作。

创建主控文档的具体操作步骤如下。

1. 打开需要被创建为主控文档的文档，选择"视图"→"大纲"命令。
2. 选择"开始"→"样式"命令打开样式任务窗栏，将系统内置的标题样式"标题 1、标题 2、标题 3"应用到文档标题中，如图 15-18 所示。或者选择"大纲"→"大纲工具"命令，在

电脑小百科

使用插入表格的形式可以为页面快速添加联合文件头，只要插入完成后将表格边框取消即可。

大纲级别下拉菜单中选择大纲级别，如图 15-19 所示。

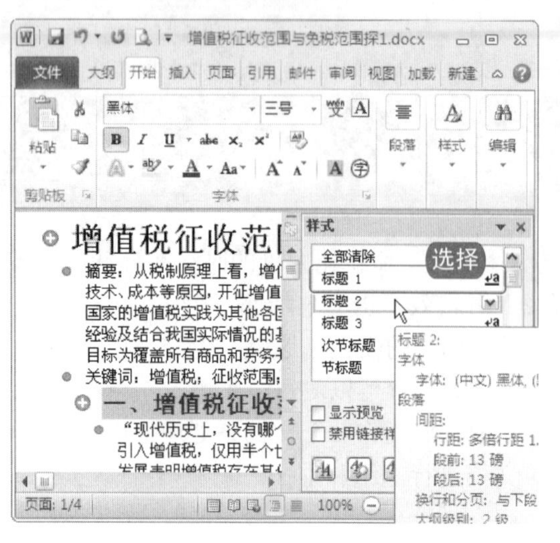

图 15-18　套用标题样式

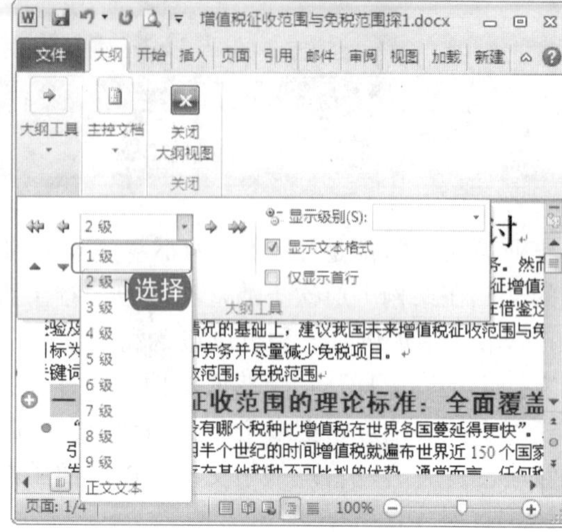

图 15-19　设置大纲级别

3. 选取需要拆分为子文档的标题和文本，注意选定内容的第一个标题必须是每个子文档开头要使用的标题级别，如图 15-20 所示。选取“标题 2”，那么在选定的内容中所有具有“标题 2”样式的段落都将创建一个新的子文档。
4. 单击“大纲”→“主控文档”→“显示文档”→“创建”命令，在其下拉菜单中选择“创建子文档”，如图 15-21 所示。

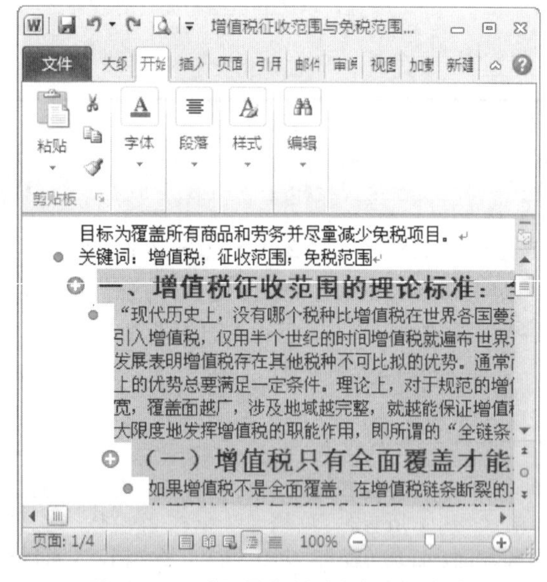

图 15-20　选取需要拆分的标题和文本

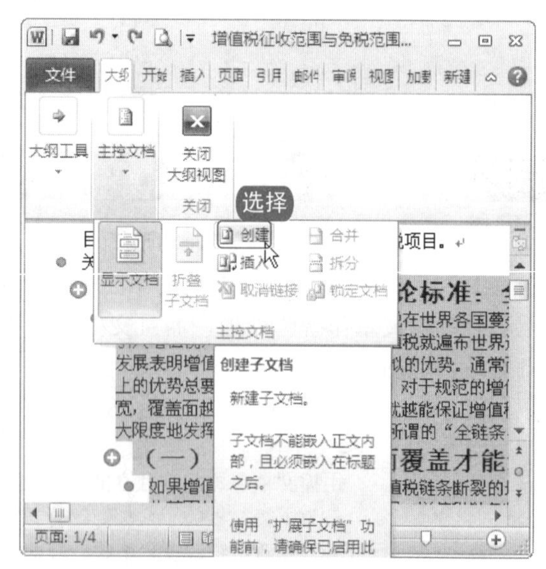

图 15-21　选择“创建”命令

5. 原文档将变为主控文档，刚才选取的文档内容创建为子文档，如图 15-22 所示，子文档用分节符隔开，放在一个灰色线框中，并且在虚线框的左上角显示一个子文档图标。
6. 选择“文件”→“保存”命令将文档保存，就可以看到在保存主文档的同时，刚刚创建的子文档也被自动保存，如图 15-23 所示。

电脑小百科

使用 EasyRecovery 程序，可以恢复被永久性删除的文件。

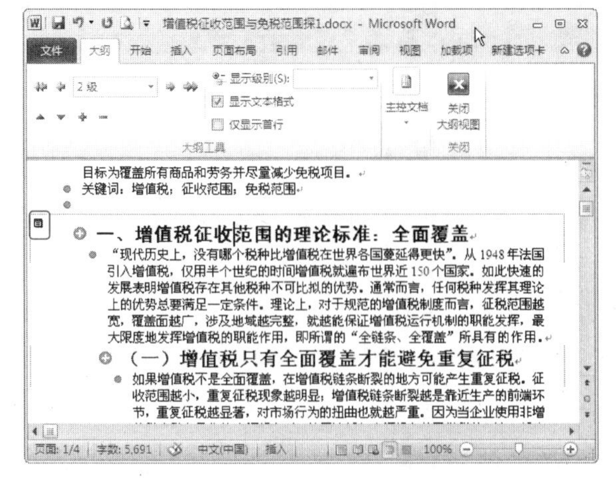

图 15-22　子文档创建完成

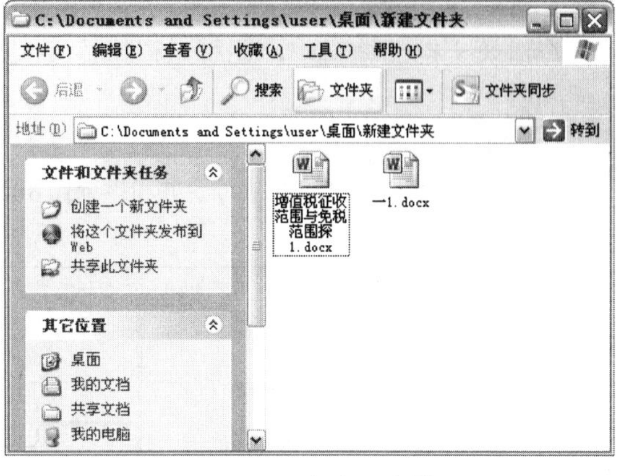

图 15-23　保存子文档

15.3.2　插入子文档

在主控文档中，可以插入一个已有文档作为主控文档的子文档。这样，就可以用主控文档将以前已经编辑好的文档组织起来，而且还可以随时创建新的子文档，或将已存在的文档当作子文档添加进来。

1. 打开主控文档，选择“视图”→“大纲视图”命令，选择“大纲”→“主控文档”，如果子文档处于折叠状态，选择“展开子文档”命令，以激活“插入子文档”按钮，否则“插入子文档”按钮不可用。
2. 将光标定位于需要插入子文档的位置，选择“大纲”→“主控文档”→“显示文档”→“插入”命令，如图 15-24 所示。
3. 在弹出的“插入子文档”对话框中选择合适的文档，单击“打开”按钮。
4. 插入的子文档内容显示在主文档中，如图 15-25 所示。

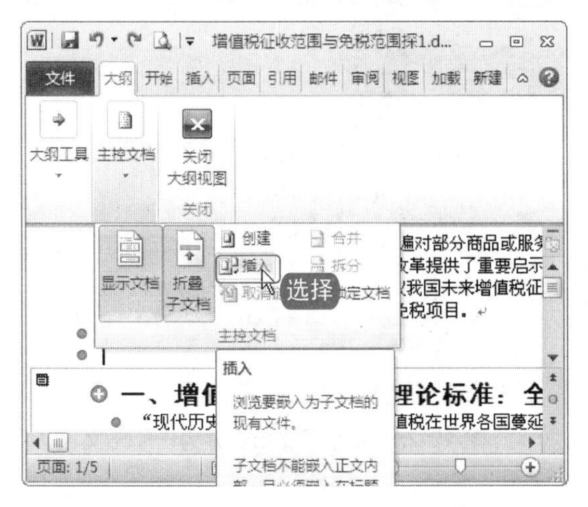

图 15-24　选择插入子文档

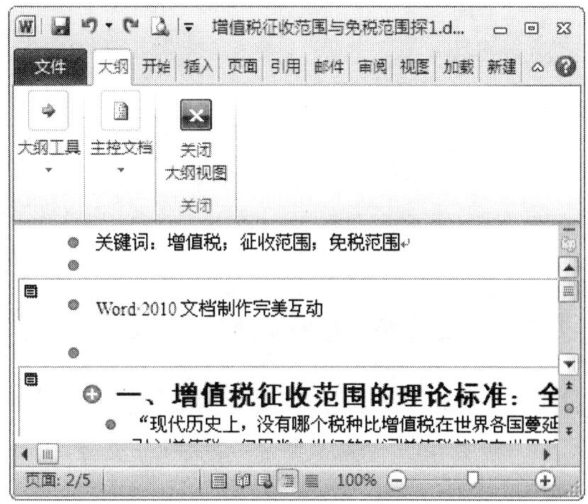

图 15-25　子文档被插入在主文档中

电脑小百科

将光标定位在需要合适的位置后，按下 Ctrl+Alt+F 组合键可以直接插入脚注。

15.3.3 合并与拆分子文档

在对长文档的编辑中，还可以根据需要灵活使用子文档，对其进行合并和拆分。

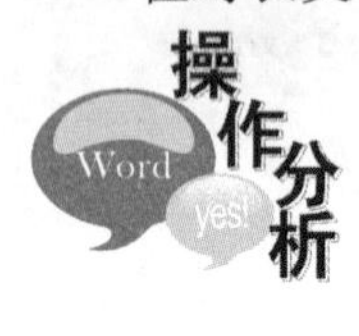

对子文档进行合并和拆分操作时，需要先将文档处于展开状态，否则这两个命令便无法执行。

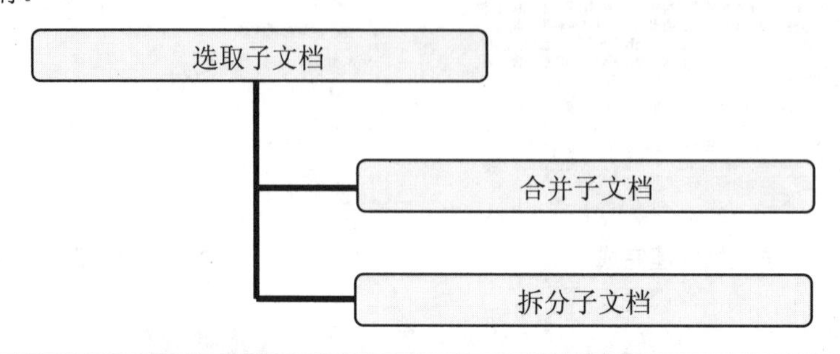

跟着做 1 合并子文档

合并子文档就是将几个子文档合并为一个子文档，合并子文档的操作步骤如下。

1. 在主控文档中，移动子文档将要合并的子文档移动到一块，使它们两两相邻。
2. 先将文档处于展开状态，再单击子文档图标，选定第一个要合并的子文档。
3. 按住 Shift 键不放，单击下一个子文档图标，选定整个子文档，如图 15-26 所示。
4. 选择“大纲”→“主控文档”→“合并”命令，所选文档完成合并为一个子文档，如图 15-27 所示。

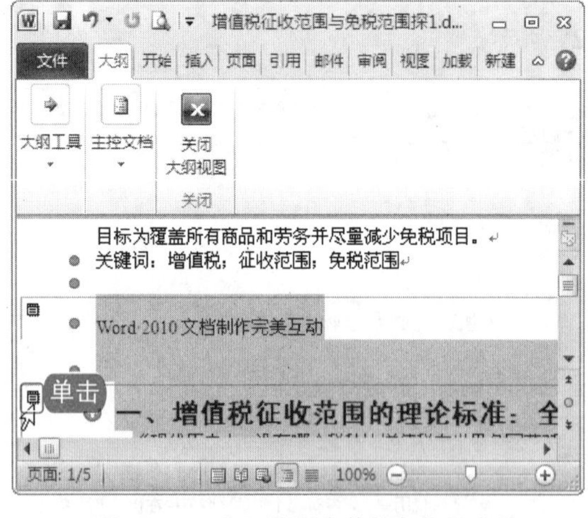

图 15-26 选取需要合并的各个子文档

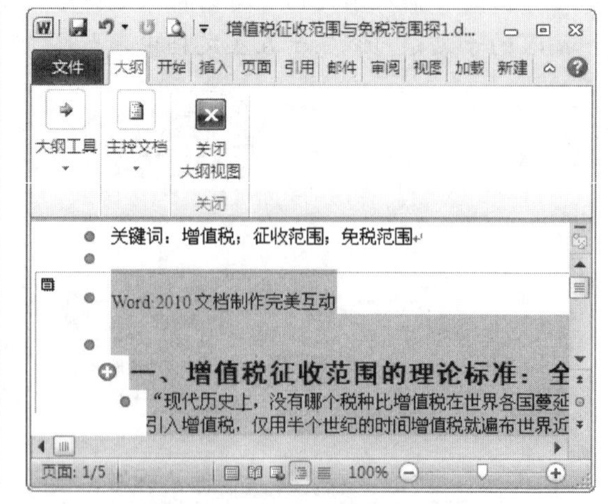

图 15-27 多个子文档合并为一个子文档

跟着做 2 拆分子文档

如果要把一个子文档拆分为两个子文档，具体操作步骤如下。

电脑小百科

选择“开始”→“运行”命令，在弹出的对话框中输入“regsvr32 /u zipfldr.dll”，按下 Enter 键后即可快速关闭 ZIP 文件夹。

1. 将文档处于展开状态，选取子文档中需要拆分开的部分文档，如图 15-28 所示。
2. 选择“大纲”→“主控文档”→“拆分”命令，子文档被拆分开来，如图 15-29 所示。

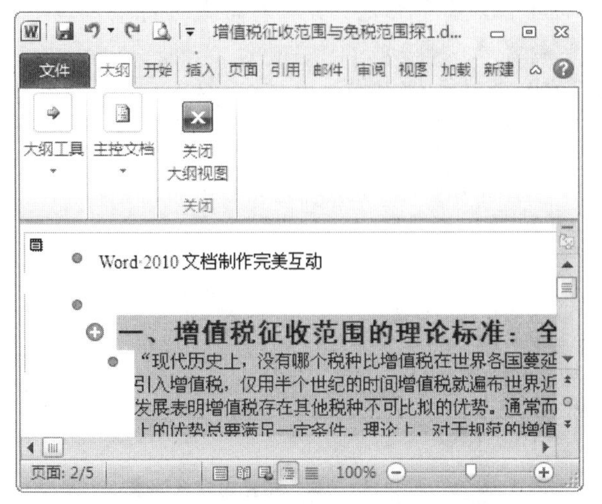

图 15-28　选取需要拆分的部分文档

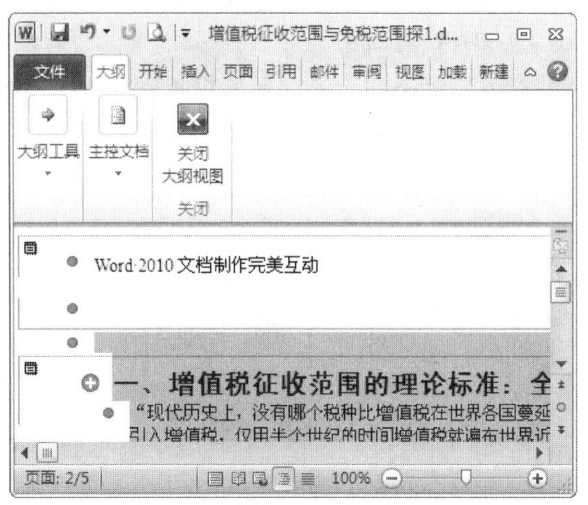

图 15-29　子文档被拆分开

15.4　制作招标书

招标人是在进行某项科学研究、技术攻关、工程建设或合作经营、业务或大批物资交易之前，所发布的用以公布项目内容及其要求、标准和条件，以期择优选择承保对象的文书。

书盘互动指导

⊙ 在光盘中的位置	⊙ 书盘互动情况
15.4 制作招标书 15.4.1 创建招标书的主控文档 15.4.2 插入与合并子文档 15.4.3 编制目录	本节内容主要介绍了以上述内容为基础的综合实例操作方法，在光盘 15.4 节中有相关操作步骤的视频文件，以及原始素材文件和处理后的效果文件。

原始文件	素材\第 15 章\招标书.docx
最终文件	源文件\第 15 章\政府采购招标文件.docx

制作××市××区政府采购招标文件，可通过下面的操作步骤来实现。

跟着做 1☛ 创建招标书的主控文档

由于招标书包括的内容比较多，对于招标项目都会有比较详细的标准要求等，所以建议使用

电脑小百科

在电脑桌面单击鼠标右键，在弹出的快捷菜单中选择“属性”→“外观”→“效果”→“使用下列方式是屏幕字体的边缘平滑”命令，可以使 Word 中字体变清晰。

主控文档和子文档，使其在编写时结构更加清晰明了，编辑查找时更加方便，也可以多人分工合作，互不影响。首先需要创建一个主控文档，具体操作步骤如下。

1. 在 Word 2010 中，输入招标书的项目名称、招标单位名称等信息，并对其格式进行编辑调整，如图 15-30 所示。
2. 输入招标书的正文，如果在其他文档上已经存在的长的文档内容，也可以只输入标题并套用文本样式对其格式化，如图 15-31 所示。

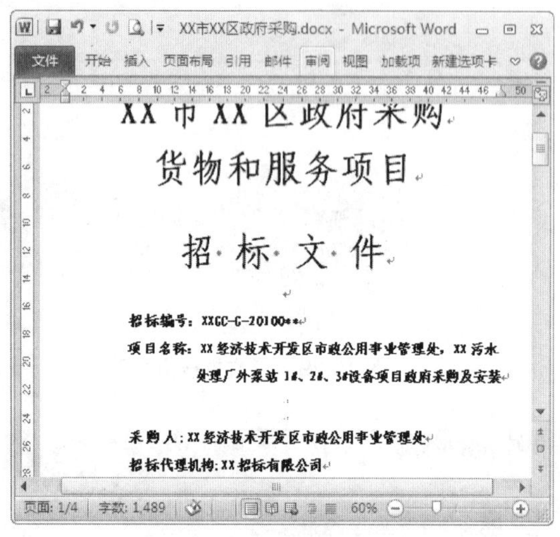

图 15-30 编辑文档内容

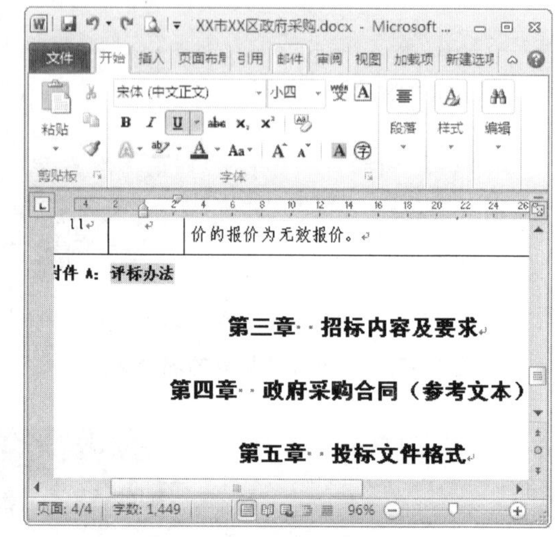

图 15-31 为标题套用文本样式

3. 选择"视图"→"大纲视图"命令，选取需要拆分为子文档的标题和文本，注意选定内容的第一个标题必须是每个子文档开头要使用的标题级别，如图 15-32 所示，选择"大纲"→"主控文档"→"显示文档"→"创建"命令。
4. 选择"大纲"→"主控文档"→"折叠子文档"命令，弹出"是否保存子文档"或"是否保存对主控文档的修改"的提示框，单击"确定"按钮。
5. 重复步骤 3 和步骤 4，创建其他的需要创建的子文档，主控文档创建完成，如图 15-33 所示。

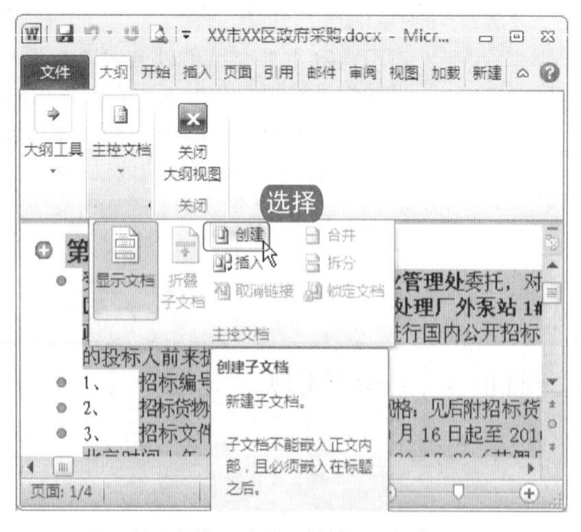

图 15-32 创建子文档

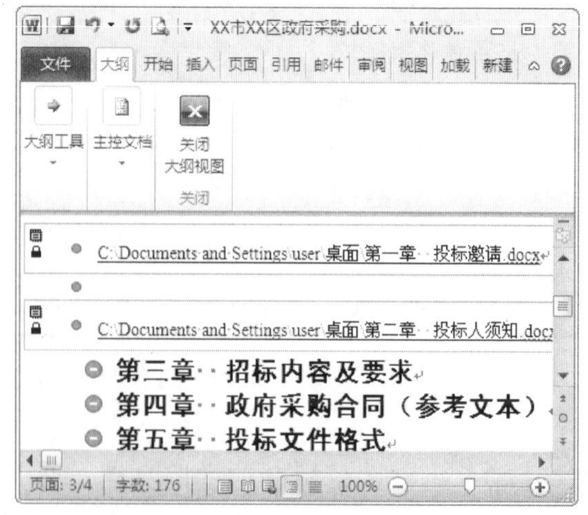

图 15-33 折叠子文档

电脑小百科

开启系统还原的方法：选择"开始"→"所有程序"→"附件"→"系统工具"→"系统还原"命令。

跟着做 2☛ 插入与合并子文档

对于招标书中的一些招标合同和数据参数等，可能在之前的相关或类似的文档中已经制作完成，这里只需要将其作为子文档直接插入主控文档即可，具体操作步骤如下。

1. 在主控文档中，使用大纲视图，选择“大纲”→“主控文档”→“展开子文档”命令，如图 15-34 所示。

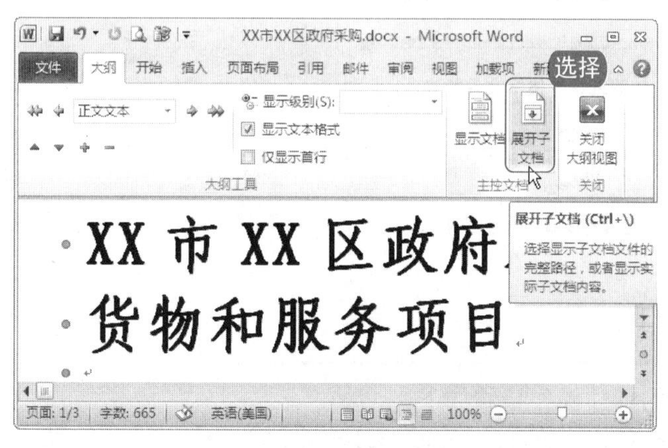

图 15-34 展开子文档

2. 将光标定位于需要插入子文档的位置，选择“大纲”→“主控文档”→“插入”命令，打开“插入子文档”对话框，如图 15-35 所示。
3. 在对话框中选择需要的子文档，单击“插入”按钮，弹出“是否重命名子文档中样式”提示框，根据具体情况选择。被插入到主控文档中，如图 15-36 所示。

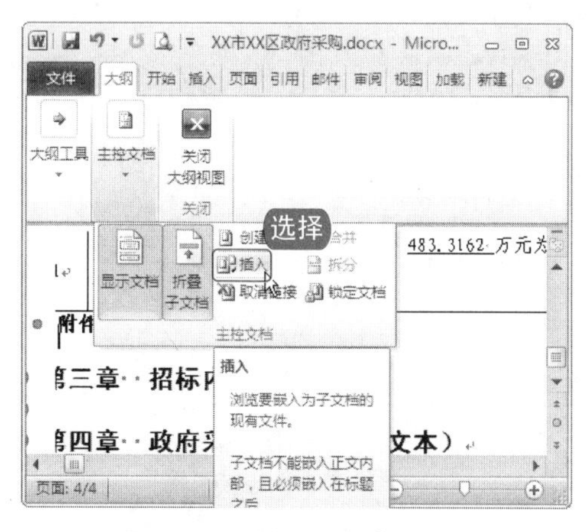

图 15-35 插入子文档

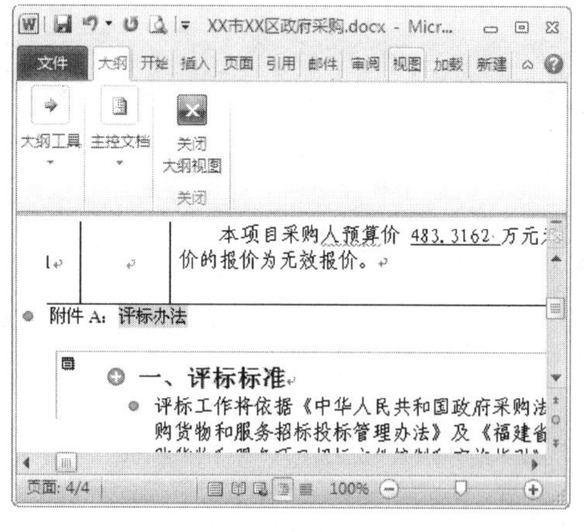

图 15-36 被插入到主文档中的子文档

4. 重复以上步骤，插入其他的子文档，如图 15-37 所示，这样可以对单个子文档进行逐一编辑，减少错误，也方便汇总查找，节约时间。
5. 选择“视图”→“大纲视图”命令，然后选择“大纲”→“主控文档”→“展开子文档”命令，再选择“视图”→“显示”→“导航窗格”命令，就可以通过导航窗格更快速准确地查找编辑，如图 15-38 所示。

电脑小百科

将光标定位在要分开的页面位置上，按 Ctrl+Shift+Enter 组合键，可以快速将 Word 页面一分为二。

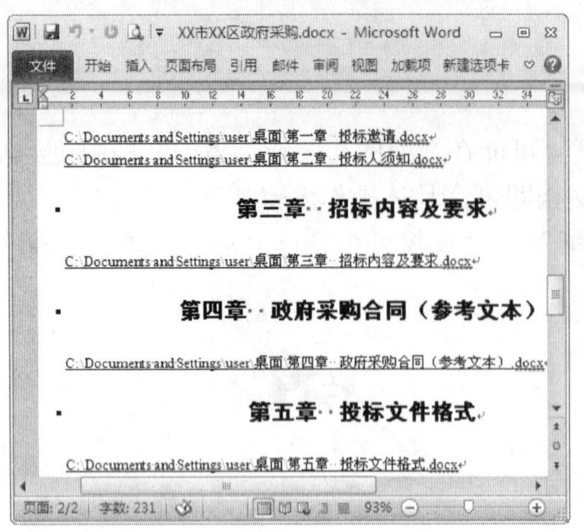
图 15-37　选择插入所有子文档

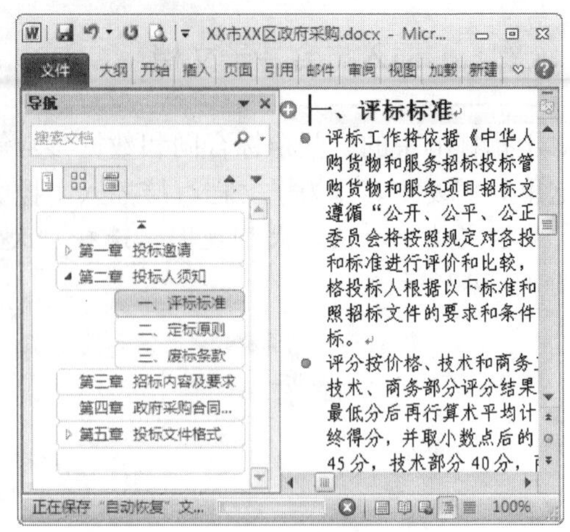
图 15-38　使用导航窗格查看文档

跟着做 3 编制目录

制作招标书目录的具体操作步骤如下。

1. 将光标定位与招标书封面的最后一行，选择“插入”→“页”→“空白页”命令，如图 15-39 所示。
2. 新的空白页被插入文档中，将光标定位至空白页页首，选择“引用”→“目录”命令，在下拉菜单中选择“自动目录 1”或者“自动目录 2”命令，如图 15-40 所示。

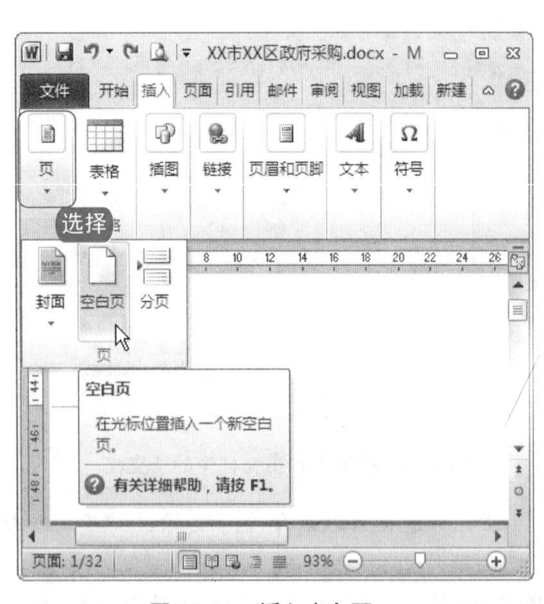

图 15-39　插入空白页

图 15-40　选择自动生成目录

3. 目录在空白页中自动生成，如图 15-41 所示。

关闭自动更新：在“我的电脑”上单击鼠标右键，在弹出的快捷菜单中选择“属性”→“自动更新”→“通知设置”→“关闭自动更新”命令。

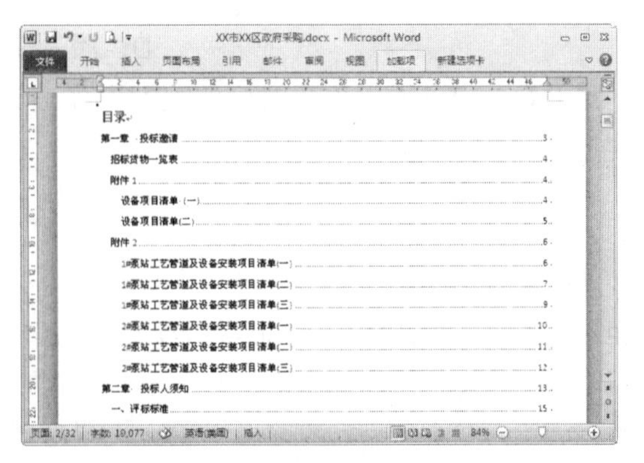

图 15-41　自动生成的招标书目录

学 习 小 结

本章主要介绍了 Word 2010 长文档的编辑与制作。通过对本章的学习，读者能够学会设置脚注、尾注、题注、编制目录和索引，使用主控文档和子文档快速编辑长文档。下面对本章内容进行总结，具体内容如下。

(1) 注意脚注和尾注的共同点都是注释参考标记和对应的注释文本。注释参考标记是指明在脚注或尾注中包含附加信息的数字、字符或字符组合。在添加、删除或移动自动编号的注释时，Word 将对注释引用标记重新编号。

(2) Word 一般是利用标题或者大纲级别来创建目录的。因此，在创建目录之前，应确保希望出现在目录中的标题应用了内置的标题样式(标题 1 到标题 9)。如果文档的结构性能比较好，创建出合格的目录就会变得快速简便。

(3) 主控文档包含几个独立的子文档，可以用主控文档控制整篇文章或整本书，而把书的各个章节作为主控文档的子文档。这样，在主控文档中，所有的子文档可以当作一个整体，对其进行查看、重新组织、设置格式、校对、打印和创建目录等操作。对于每一个子文档，我们又可以对其进行独立的操作。此外，还可以在网络地址上建立主控文档，与别人同时在各自的子文档上进行工作。

互 动 练 习

1. 选择题

(1) (　　)就是列出在打印文档中讨论的单词和短语，以及它们出现的页码。

A. 索引　　　　B. 目录

C. 子文档　　　D. 题注

(2) 在 Word 中提供有一种可以包含和管理多个子文档的文档，这就是(　　)。

A. 管理文档　　B. 主控文档

C. 合并文档　　D. 以上都不是

(3) 在索引对话框中，选择(　　)主索引项和对应的次索引项呈梯状按层次排列。

A. 排列式　　　B. 接排式

C. 缩进式　　　　　　　　　　　　　　　　D. 类别式

(4) 在索引对话框中，选择(　　)主索引项和对应的次索引项呈梯状按层次排列。

A. 排列式　　　　　　　　　　　　　　　　B. 接排式

C. 缩进式　　　　　　　　　　　　　　　　D. 类别式

2. 思考与上机题

(1) 为“增值税征收范围与免税范围探讨”标记索引项并插入索引。

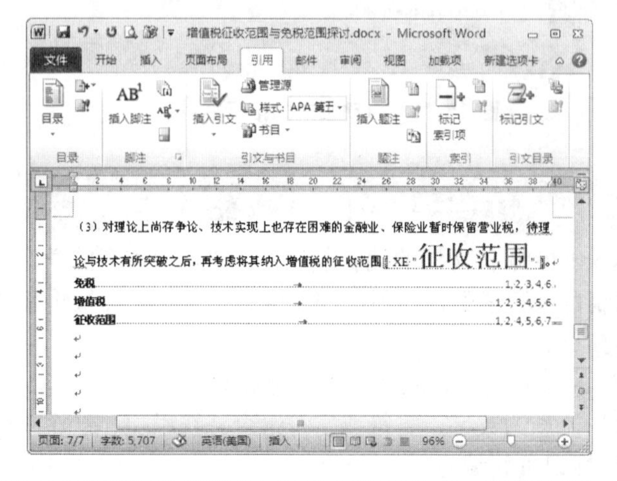

	原始文件	素材\第 15 章\增值税征收范围与免税范围探讨.docx
	最终文件	源文件\第 15 章\增值税征收范围与免税范围探讨索引.docx

制作要求：

a. 将文中的“增值税”、“征收范围”和“免税”全部标记为主索引项。

b. 在文本末尾插入索引。

c. 选择“缩进式”、“1 栏”排版方式建立索引。

d. 设置索引页码右对齐，并选择设置制表符前导符。

(2) 为本章制作的“政府采购招标文件”添加脚注和尾注。

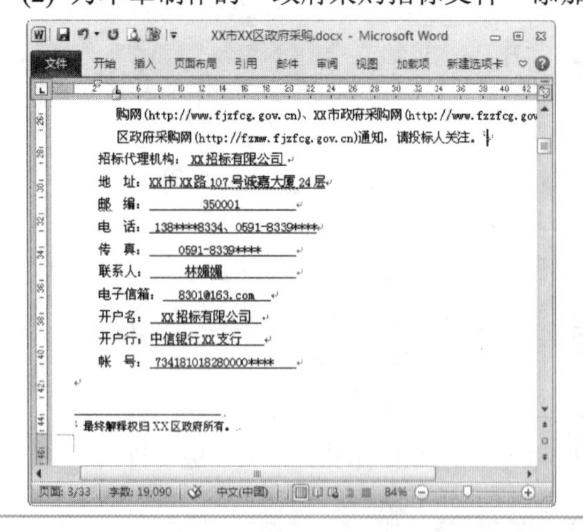

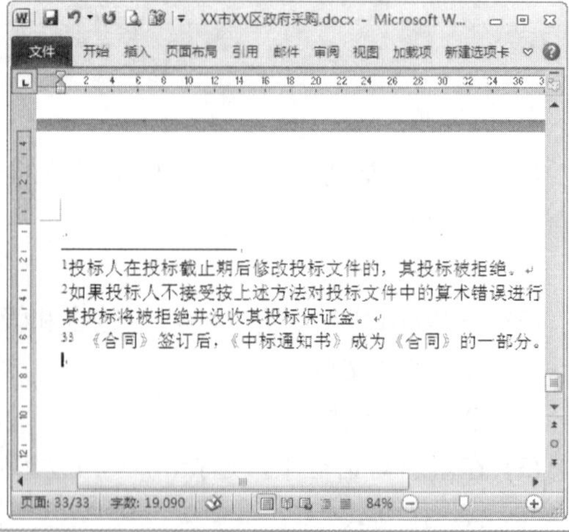

“开始”菜单顶部的用户名显示了当前登录的用户名，单击这个用户名可以快速打开“用户账户”窗口。

	原始文件	素材\第 15 章\政府采购招标文件.docx
	最终文件	源文件\第 15 章\××市××区政府采购.docx

制作要求：

a. 将脚注插入到页面底部，并将编号格式设置为阿拉伯数字 1，2，3，……

b. 将脚注的字体和字号设置为“宋体”、“五号”。

c. 将尾注插入到文档结尾处，并将编号格式设置为阿拉伯数字 1，2，3，……

d. 将尾注的字体和字号设置为“宋体”、“小三”。

将光标定位某页面需要分开的位置，按下 Ctrl+Shift+Enter 组合键可以将表格或页面快速一分为二。

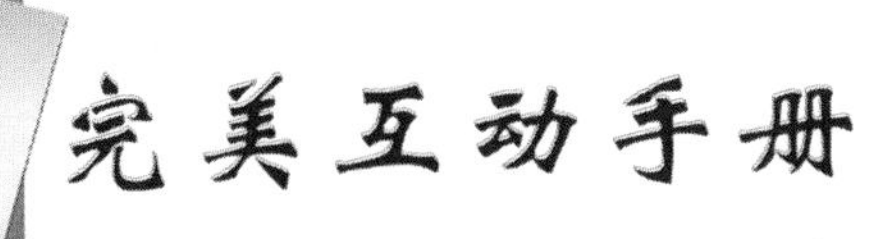

第 16 章

Word 2010 综合案例的制作

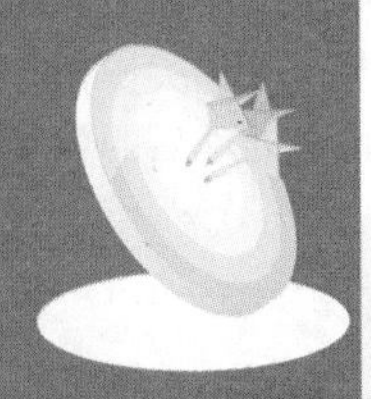

本章导读

在对 Word 2010 的编辑操作有了较深的认识之后，本章讲解几则实用的办公综合案例。这些案例的制作是对前面所学内容的一次巩固和整合，提高读者对 Word 2010 的掌握程度。

精彩看点

- 制作会议通知单
- 制作商务酒会邀请函
- 制作劳动合同书
- 制作销售市场年终总结报告

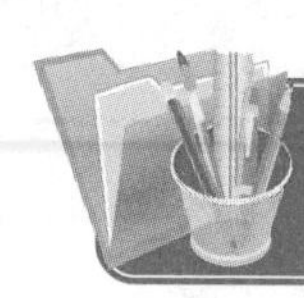

16.1 制作会议通知单

会议通知是把参加会议的有关事项告知与会者的会议文书。它是通知有关个人或单位参加会议的一种应用文体，写作要求语言准确，内容简明扼要。

书盘互动指导

在光盘中的位置	书盘互动情况
16.1 制作会议通知单 16.1.1 新建文档编辑正文 16.1.2 设置页面 16.1.3 设置标题和落款	本节内容主要介绍了以上述内容为基础的综合实例操作方法，在光盘16.1节中有相关操作的视频文件，以及原始素材文件和处理后的效果文件。

原始文件	素材\第16章\无
最终文件	源文件\第16章\工作会议通知.docx

跟着做 1 新建文档

启动 Word 2010 并新建空白文档，是制作工作会议通知的首要步骤。

1. 在电脑桌面空白区域单击鼠标右键。
2. 在打开的快捷菜单中选择“新建”→“Microsoft Word 文档”命令，如图 16-1 所示。

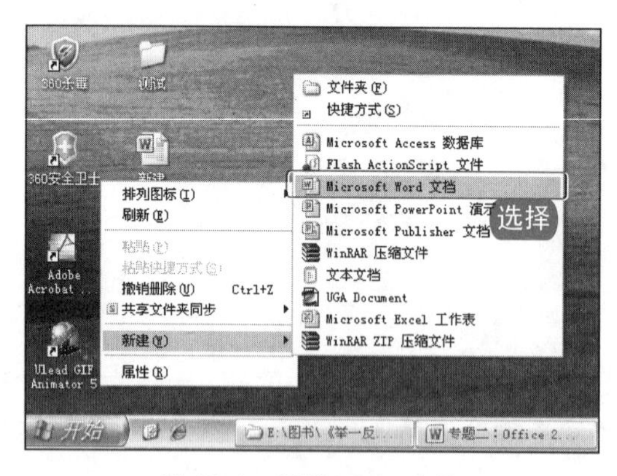

图 16-1 新建 Word 文档

知识补充

新建文档之后，单击鼠标右键，在弹出的快捷菜单中选择“重命名”命令，对文档的名字进行修改，重新命名，以方便查找时区别于其他文档。

电脑小百科

选择“控制面板”→“语言和区域”命令，在自定义时间时将 AM 和 PM 符号换成自己的名字，时间格式栏 h:mm:ss 前或后加上 tt，即可在桌面时间处显示名字。

跟着做 2 设置页面

文档新建完成后，还需要对会议通知的页边距和纸张大小等进行设置。

1. 在 Word 2010 中选择“页面布局”→“页面设置”命令，在“页面设置”功能区的右下角单击按钮，打开“页面设置”对话框，如图 16-2 所示。
2. 在“页面设置”对话框中，设置页边距和纸张方向等属性，如图 16-3 所示，最后单击“确定”按钮。

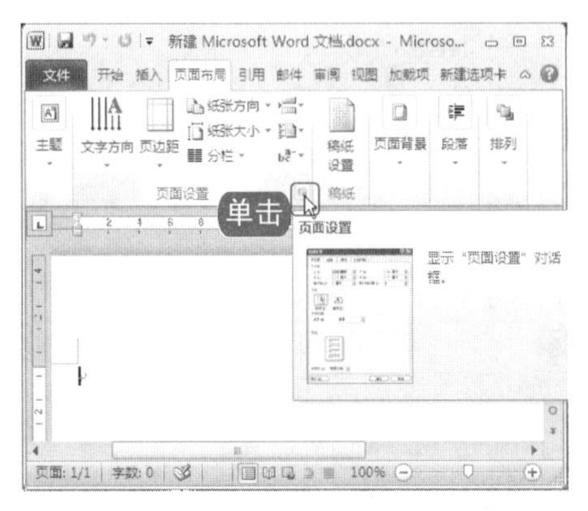

图 16-2　单击“页面设置”按钮

图 16-3　在“页面设置”对话框中进行设置

跟着做 3 编辑正文

创建设置好页面之后，就可以在文档中输入会议通知的内容并对其进行编辑设置了，这里先介绍编辑正文的具体操作步骤。

1. 选取正文内容，单击“开始”选项卡，在字体功能区选择设置正文的字体和字号，文字随即发生变化，如图 16-4 所示。
2. 单击“段落”功能区右下角的按钮，打开“段落”对话框。
3. 在对话框中设置段落格式，如图 16-5 所示将段落设置为“首行缩进”格式。

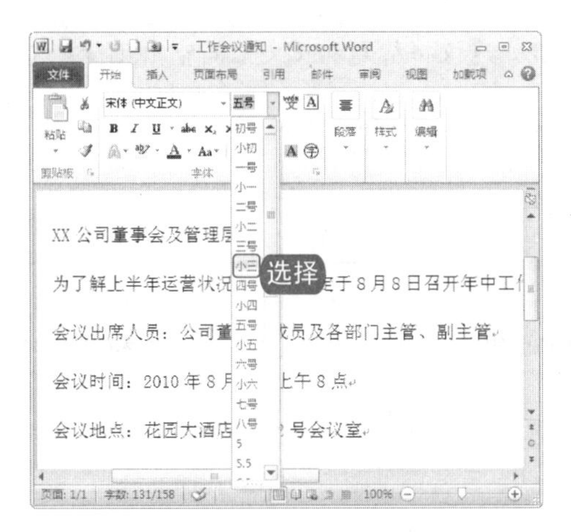

图 16-4　设置文本的字体字号

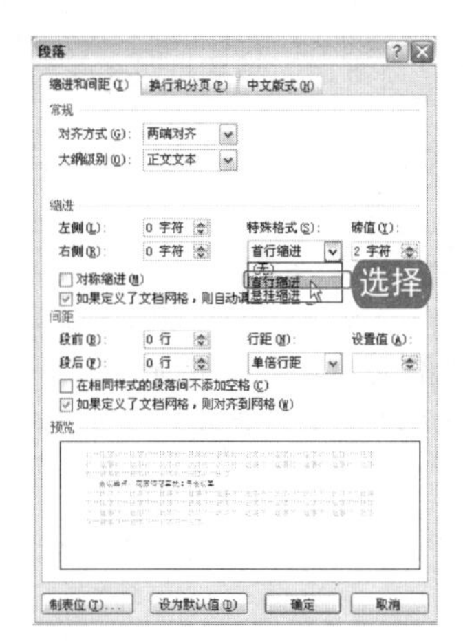

图 16-5　设置段落格式

4. 设置完成后，单击“确定”按钮。

跟着做 4 设置标题

通常来说，标题的样式与正文的样式是不一样的。因此，需要分开设置，设置标题的具体操作步骤如下。

1. 在文档中选取会议通知的标题，选择“开始”→“字体”命令，单击按钮，弹出“字体”对话框。
2. 在对话框中，设置标题的字体、字形和字号，如图 16-6 所示。
3. 设置完成后单击“确定”按钮，返回 Word 文档窗口，单击段落功能区的“居中”按钮，将会议标题居中，如图 16-7 所示。

图 16-6　格式化字体

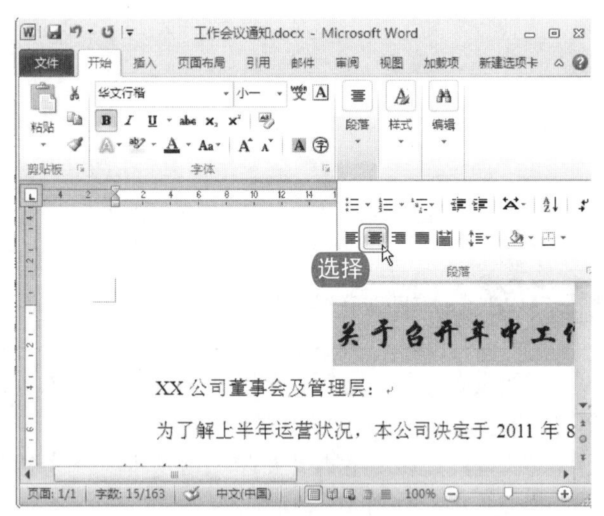

图 16-7　将标题居中

知识补充

在设置文档标题时，如果排版不是特别拥挤，建议将标题和正文之间空出几行，这样可以有效地将标题突出。

跟着做 5 设置落款

设置落款的具体操作步骤如下。

1. 在正文结尾的回车符之前，重复按下 Enter 键，插入几个空行，使正文和落款之间保持一定的距离。
2. 选取落款内容，设置字体和字号，并将段落格式设置为“右对齐”，如图 16-8 所示。

电脑小百科

上网时，如果点错了某个网址，直接按下 Esc 键即可停止打开当前网页。

❸ 工作会议通知制作完毕后，选择“文件”→“打印”命令，查看打印预览效果，大会通知的制作效果如图 16-9 所示。另外，在输入会议通知的内容时，语言要精练和准确，切忌含糊不清，日期也要按照正规的格式书写。

图 16-8　将落款设置为右对齐

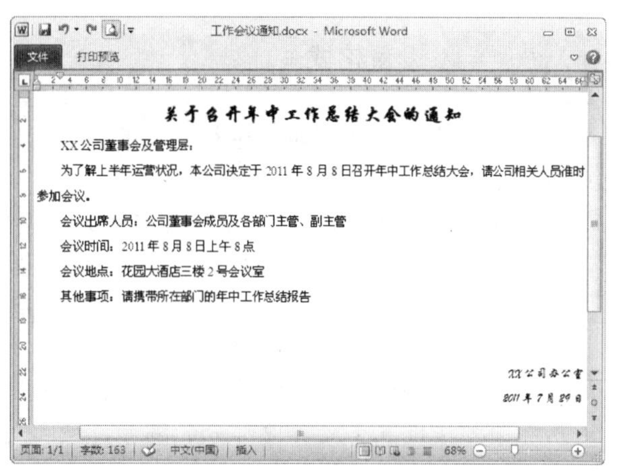
关于召开半年中工作总结大会的通知

XX公司董事会及管理层：

为了解上半年运营状况，本公司决定于 2011 年 8 月 8 日召开年中工作总结大会，请公司相关人员准时参加会议。

会议出席人员：公司董事会成员及各部门主管、副主管

会议时间：2011 年 8 月 8 日上午 8 点

会议地点：花园大酒店三楼 2 号会议室

其他事项：请携带所在部门的年中工作总结报告

XX公司办公室

2011年7月29日

图 16-9　大会通知的制作效果

16.2　制作劳动合同书

合同书是工作和生活中必不可少的一种文件类型，是签约双方签订的具有法定效力的合同文本。

劳动合同书是用人单位明确就业者从事何种岗位、享受何种待遇等权利和义务的依据。

书盘互动指导

在光盘中的位置	书盘互动情况
16.2 制作劳动合同书 16.2.1 设置文本格式 16.2.2 调整文本行距 16.2.3 打印合同	本节内容主要介绍了以上述内容为基础的综合实例操作方法，在光盘 16.2 节中有相关操作的视频文件，以及原始素材文件和处理后的效果文件。

原始文件	素材\第 16 章\无
最终文件	源文件\第 16 章\劳动合同书.docx

跟着做 1 输入文本

首先需要新建一个空白文档，在该文档建好后才能输入具体的内容。

电脑小百科

如果鼠标有滚轮，按下 Ctrl 键，然后转动滚轮，可以改变文档浏览的显示比例。

1. 在 Word 2010 中选择“文件”→“新建”命令。
2. 在可用模板中选择“空白文档”选项，单击“创建”按钮。
3. 创建完空白文档之后，在文档中输入文本。

跟着做 2 设置格式

在输入文本后，还要对其进行相关的格式设置，使之更加美观、整洁，设置格式的具体操作步骤如下。

1. 选择标题“劳动合同书”，设置其字体为“黑体”并将其居中对齐。
2. 在“开始”选项卡下的“字体”功能区中选择字号，如图 16-10 所示。
3. 选取文本中的合同项目，如“规章制度”、“劳动合同变更”等，在“段落”功能区中单击“编号列表”命令上的下拉按钮。
4. 在打开的“编号库”下拉菜单中选择合适的编号格式，如图 16-11 所示。
5. 用相同方法设置正文其他部分的编号，使其更加清晰明了。

图 16-10 设置标题字号

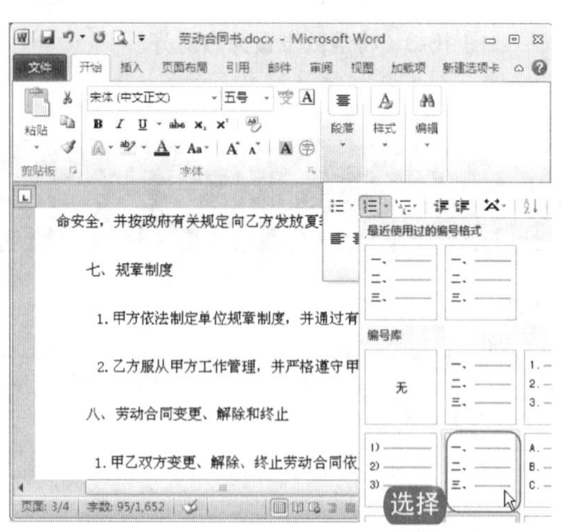

图 16-11 选择添加的编号格式

跟着做 3 设置行距

合同中签字的地方通常需要多一些间隔，因此需要对行距进行设置，调整行距的具体操作步骤如下。

1. 选取文本的正文部分，单击“段落”功能区右下角的按钮，打开“段落”对话框
2. 在对话框的“缩进和间距”选项卡下，选择设置段落的行距，如选择行距为“最小值”。
3. 设置完成后，单击“确定”按钮。

跟着做 4 打印合同

最后将合同打印出来，就可以使用了，打印合同的具体操作步骤如下。

1. 在 Word 2010 中，选择“文件”→“打印”命令。

电脑小百科

除了按 Ctrl+Alt+Del 组合键可以打开 Windows 任务管理器外，按 Ctrl+Shift+Esc 组合键一样能启动任务管理器。

2. 在"打印"功能的子选项中设置打印的份数以及其他属性，如图 16-12 所示。
3. 设置完成之后，单击"打印"按钮即可使打印机开始打印合同。

图 16-12　预览打印合同

16.3　制作双栏排版的试卷

用电脑来编排、打印试卷已成为学校常规工作的重要组成部分。编排合理的试卷，不仅美观实用，而且是制作题库和 CAI 课件的好素材。Word 以功能强大、简单易用、稳定性高等优点而被教师们广泛使用。如今学校里最常用的试卷就是双栏排版的试卷，这里就以语文试卷为例进行详细的分析和讲解。

书盘互动指导

在光盘中的位置	书盘互动情况
16.3 制作双栏排版的试卷 16.3.1 版面分栏 16.3.2 制作试卷头 16.3.3 添加试卷中的标题、评分表和题目 16.3.4 插入试卷中的作文表格	本节内容主要介绍了以上述内容为基础的综合实例操作方法，在光盘 16.3 节中有相关操作的视频文件，以及原始素材文件和处理后的效果文件。 大家可以选择在阅读本节内容后再学习光盘，以达到巩固和提升的效果，也可以对照光盘视频操作来学习图书内容，以便更直观地学习和理解本节内容。

原始文件	素材\第 16 章\××学校高一语文测试题资料.docx
最终文件	源文件\第 16 章\××学校高一语文试卷.docx

电脑小百科

在上网的时候，不要一次打开太多的浏览窗口，导致资源不足，引起死机。

制作××中学高一语文试卷，可通过下面的操作步骤来实现。

跟着做 1 版面分栏

考虑到制作的试卷分两栏，再加上试卷头一共要将页面分为三栏，其具体操作步骤如下。

1. 新建一个 Word 文档，选择“页面布局”选项卡，单击其“页面设置”功能组下的按钮，弹出“页面设置”对话框，选择“纸张”选项卡，将纸张大小设置为“宽度 38 厘米，高度 26.5 厘米”，单击“确定”按钮，如图 16-13 所示。
2. 在“页面布局”选项卡下选择“分栏”→“更多分栏”命令，弹出“分栏”对话框，设置栏数为 3 栏，宽度和高度设置如图 16-14 所示。

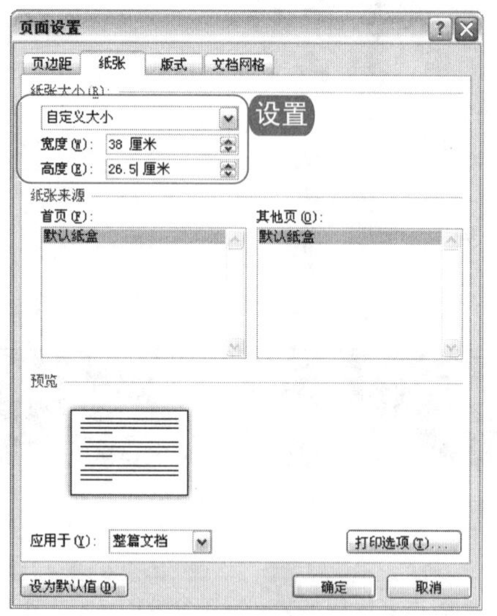

图 16-13 设置纸张大小

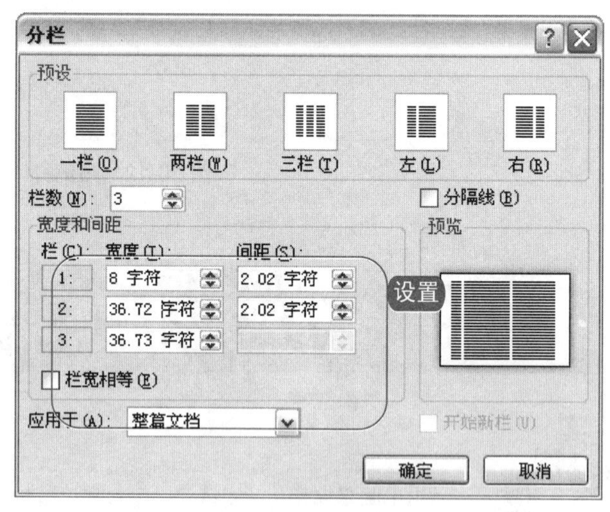

图 16-14 在“分栏”对话框中进行设置

3. 为了将最后的效果更直观地显示出来，本例中在分栏前在新建文档中输入了文本内容，分栏效果如图 16-15 所示。

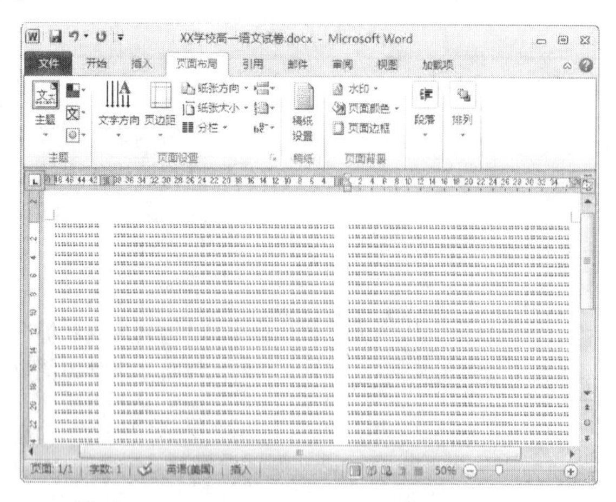

图 16-15 分栏后的效果

电脑小百科

选中磁盘分区，单击鼠标右键，在弹出的快捷菜单中选择“属性”命令，可以查看该分区的详细信息。

跟着做 2 制作试卷头

一些中考和高考的试卷，卷头一般都竖排显示在最左侧，包括姓名、考号、班级和密封线等内容。这种竖排显示的文本，可以使用 Word 的“纵横混排”功能来完成，其具体操作步骤如下。

1. 在页面的第一栏中多次按下 Enter 键(按实际的需要调整)，然后输入“名字”二字，选择“开始”选项卡，单击“段落”功能组中的 下拉列表框，选择“纵横混排”命令，如图 16-16 所示。
2. 在弹出的“纵横混排”对话框中，单击“确定”按钮即可将文字竖排排列，如图 16-17 所示。

图 16-16　输入“名字”二字

图 16-17　将名字设为竖排排列

3. 在姓名后继续按下 Enter 键，输入“学号”这两个字，并使用上面的方法将文字变为横写，如图 16-18 所示。
4. 按 Enter 键后加几个空格，分别在按照图 16-19 所示的页面中输入“密”、“封”和“线”三字并居中，使用上一步的方法把该字也变成横排。

图 16-18　输入并设置学号

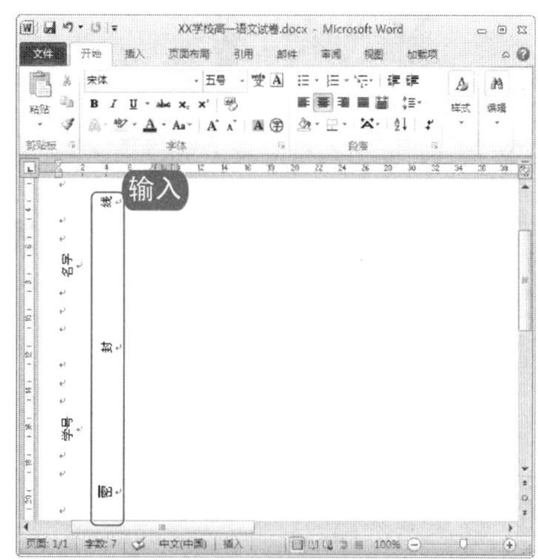

图 16-19　输入并设置密封线

电脑小百科

如果当前视图不是页面视图模式，Word 文档将自动将其改变后的状态切换到页面视图。另外，该功能无法实现转换部分文字。

5 选择"插入"→"形状"→"直线"命令，在试卷头合适位置绘制直线，如图 16-20 所示。

6 选中"密"、"封"和"线"三字之间的直线，然后右击选中的直线，在弹出的快捷菜单中选择"设置自选图形格式"命令，将直线设置为虚线即可，如图 16-21 所示。

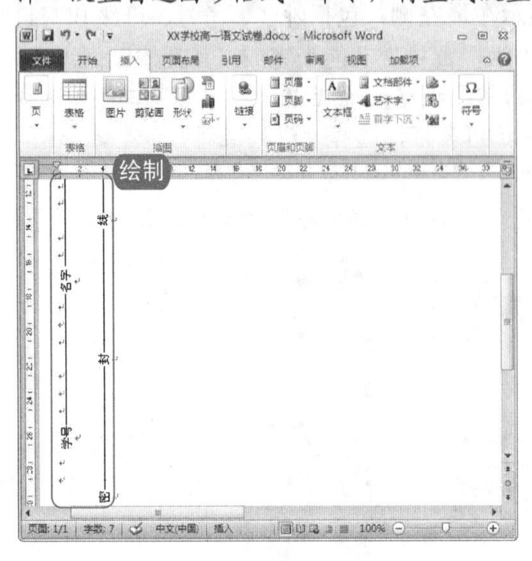

图 16-20 绘制直线　　图 16-21 设置虚线

7 试卷头制作好后，将光标定位在页面最下面的段落标记上直接按 Enter 键，光标就会进入第二栏，这个时候就可以开始输入试卷内容了。

跟着做 3 添加试卷中的标题、评分表和题目

添加试卷中的标题、评分表和题目的具体操作步骤如下。

1 输入试卷标题，将其字体设置为"黑体"，字号设置为"小二"，居中效果显示，如图 16-22 所示。

2 在标题的下方注明考试分数和时间，这里的字号就不能过大，默认是五号字体，如图 16-23 所示。

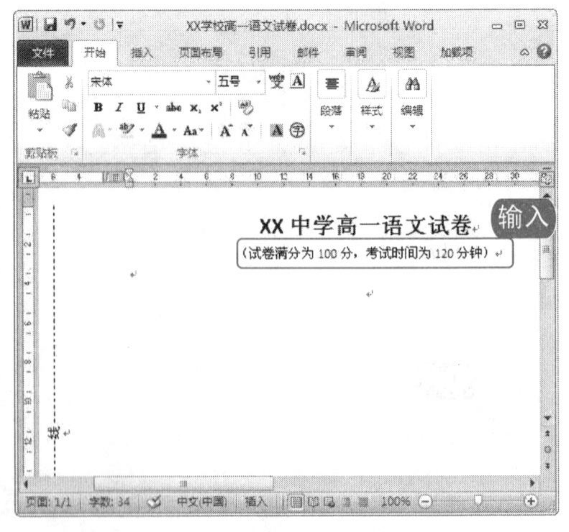

图 16-22 输入试卷标题　　图 16-23 注明考试分数和时间

电脑小百科

一般情况下，对磁盘进行格式化操作都是在 DOS 环境中实现的，但对于不懂 DOS 命令的用户而言有难度，此时可以通过磁盘管理器对磁盘进行格式化分区。

3. 绘制一个评分的表格时，选择“插入”→“插入表格”命令，插入 2 行 7 列的表格后输入内容，如图 16-24 所示。
4. 选中表格后右击，在弹出的快捷菜单中选择“表格属性”命令，在弹出的“表格属性”对话框中选择“单元格”选项卡，在其垂直对齐方式区域中选择居中选项，单击“确定”按钮即可，如图 16-25 所示。

图 16-24　绘制评分的表格

图 16-25　设置表格内容格式

5. 将事先出好的题目资料复制到试卷中，做适当的调整即可，如图 16-26 所示。

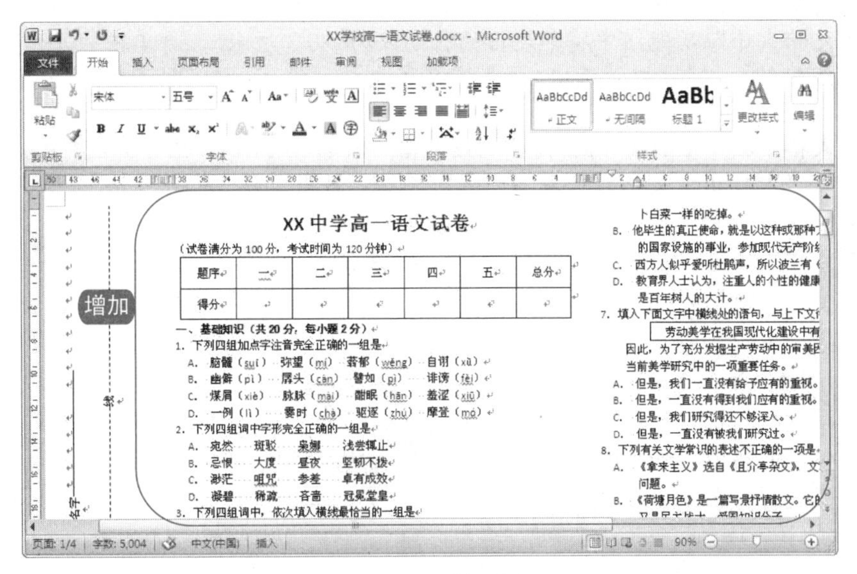

图 16-26　增加试题

跟着做 4　插入试卷中的作文表格

在语文试卷中，为了方便统计作文字数，常常需要绘制一个写作文的表格。在制作此类表格

在大纲视图中，如果使用鼠标拖动图标为加号的标题，该标题下的所有子标题和正文都会随之移动而改变级别。

时需要在插入表格后，将其中的一行合并，然后设置好高度并再调整一下段落间距，具体操作步骤如下。

1. 将光标定位在 Word 2010 文档中的合适位置，选择“插入”选项卡，选择“表格”→“插入表格”命令，如图 16-27 所示。
2. 在弹出的“插入表格”对话框中输入 2 行 20 列，并选中“根据窗口调整表格”单选按钮，如图 16-28 所示。

图 16-27　选择“插入表格”命令

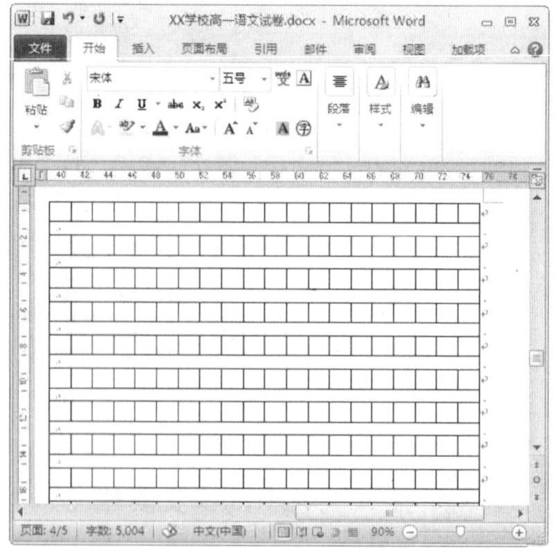

图 16-28　在“插入表格”对话框中进行设置

3. 选中表格的第二行，选择“布局”→“合并单元格”命令，将该行字号调整为“小五”，然后在“单元格大小”功能组中将单元格的行高改为“0.3 厘米”，再单击“开始”选项卡中的段落功能组中的 按钮，取消选中“如果定义了文档网格，则对齐到网格”复选框，如图 16-29 所示。
4. 选中整个表格，按下 Ctrl+C 组合键复制该表格，接着按 Ctrl+V 组合键进行粘贴，重复执行粘贴操作即可制作出作文格式的表格即可，其最终效果如图 16-30 所示。

图 16-29　设置格式

图 16-30　最终效果

电脑小百科

改变驱动器名是指对磁盘的盘符进行修改，比如将 C 盘修改为 I 盘，修改了驱动器名的磁盘内容将不会有任何改变。

16.4　制作商务酒会邀请函

实例解析

邀请函又称请柬或请帖，是个人、团体或单位邀请亲朋好友、知名人士或专家等参加某项活动时所发的请约性书信。邀请函一般由标题、称谓、正文和落款四部分组成。

书盘互动指导

在光盘中的位置	书盘互动情况
16.4 制作商务酒会邀请函 16.4.1 设置封面的边框和颜色 16.4.2 插入剪贴画和艺术字 16.4.3 输入文本并设置格式	本节内容主要介绍了以上述内容为基础的综合实例操作方法，在光盘 16.4 节中有相关操作步骤的视频文件，以及原始素材文件和处理后的效果文件。

原始文件	素材\第 16 章\无
最终文件	源文件\第 16 章\邀请函.docx

制作商务酒会邀请函的具体操作步骤如下。

跟着做 1　设置封面的边框和颜色

晚宴邀请函包括封面和正文两部分。首先开始制作封面页面的边框，具体操作步骤如下。

1. 在 Word 2010 中选择“页面”→“页面背景”→“页面边框”命令。
2. 在弹出的“边框和底纹”对话框中，选择“页面边距”选项卡，在艺术型文本框中选择设置页面的边框，然后单击“确定”按钮，如图 16-31 所示。
3. 边框设置完成后，选择“页面”→“页面背景”→“页面颜色”命令，在弹出的下拉列表中选择“填充效果”命令，如图 16-32 所示。

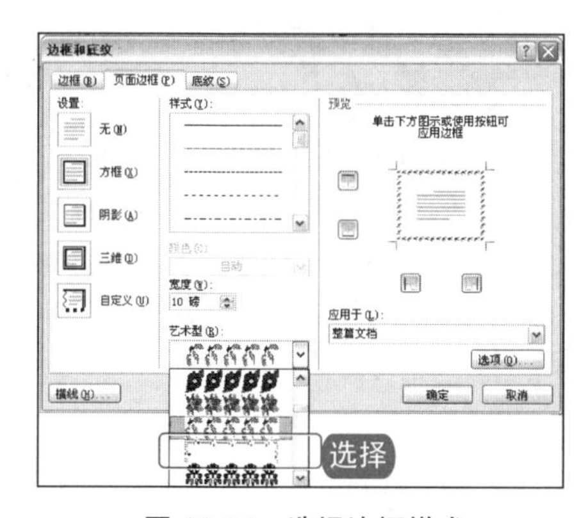

图 16-31　选择边框样式

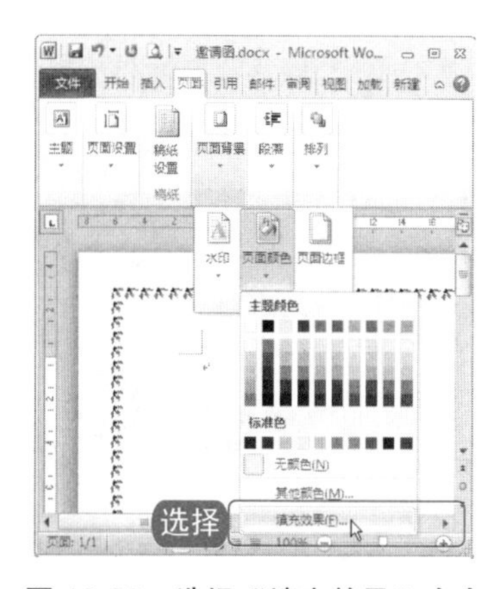

图 16-32　选择“填充效果”命令

使用智能 ABC 输入法时，按下 Shift+6 组合键可以快速输入一组省略号。

4. 在弹出的“填充效果”对话框中选择“图案”选项卡，选择设置合适的图案、背景和前景颜色等，如图 16 33 所示。
5. 设置完成后，单击“确定”按钮，效果如图 16-34 所示。

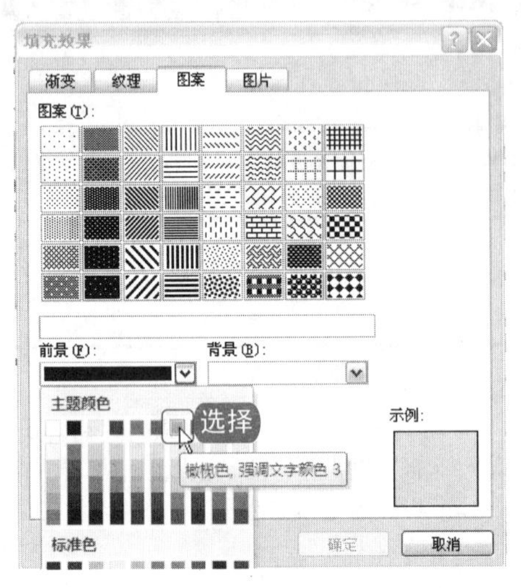

图 16-33　选择设置填充效果的样式

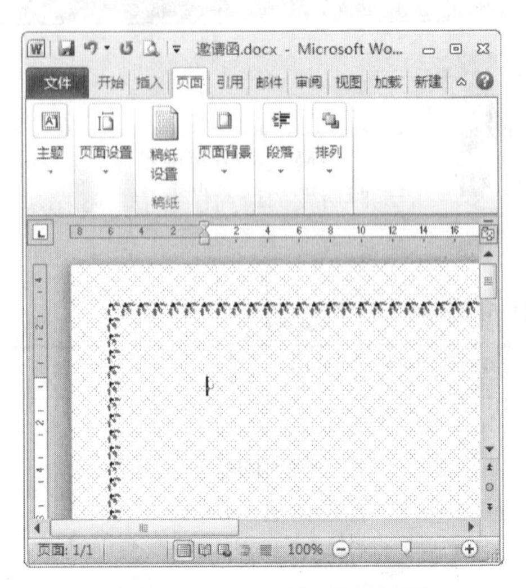

图 16-34　页面的设置效果

跟着做 2☛　插入剪贴画

完成封面背景后，接下来添加剪贴画，使封面更加美观，插入剪贴画的具体操作步骤如下。

1. 在 Word 2010 中，选择“插入”→“剪贴画”命令。
2. 在窗口右侧显现出“剪贴画”任务窗栏，单击“搜索”按钮，查看选择系统中合适的剪贴画，如图 16-35 所示。
3. 插入之后，关闭任务窗栏，单击“图片格式”工具栏下图片样式功能区右下角的按钮，打开“设置图片格式”对话框。
4. 在对话框中对其进行格式调整，如图 16-36 所示，对图片进行阴影效果设置。

图 16-35　选择剪贴画

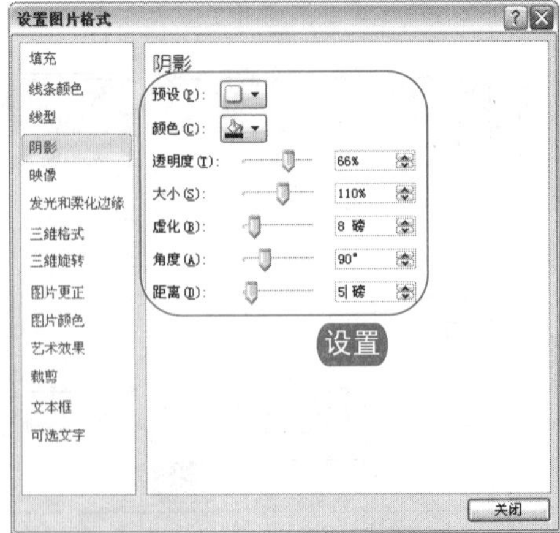

图 16-36　设置图片格式

电脑小百科

对于存在“取消”选项的弹出窗口而言，如果需要选择取消的话，直接按 Esc 键即可实现“取消”操作。

5. 设置完成后，单击“关闭”按钮。单击“排列”功能区中的“自动换行”命令，在弹出的下拉列表中选择“四周型环绕”命令，如图 16-37 所示。
6. 用鼠标拖动剪贴画的控制点，调整其大小和位置，使其符合制作要求，如图 16-38 所示。

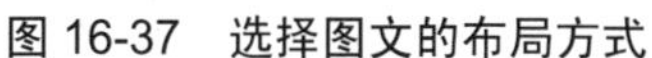

图 16-37　选择图文的布局方式

图 16-38　插入图片后的效果

跟着做 3☛ 插入艺术字

添加了剪贴画以后，再在封面上插入一些艺术字，具体操作步骤如下。

1. 在 Word 2010 中，选择“插入”→“文本”→“艺术字”命令，如图 16-39 所示。

图 16-39　选择艺术字样式

2. 在下拉菜单中选择合适的字体，插入艺术字文本框，如图 16-40 所示。
3. 在文本框中输入文字，并根据页面整体效果调整字体的大小，如图 16-41 所示。
4. 根据页面布局，用鼠标拖动艺术字文本框的控制点，调整文本框的位置和大小，效果如图 16-42 所示。

电脑小百科

在文本框中填写一些用户名、密码等信息时，如果填错了，按 Esc 键即可清除所有的框内内容。

图 16-40　插入艺术字文本框

图 16-41　设置插入的艺术字

图 16-42　效果图

跟着做 4　输入文本并设置格式

制作完封面后，便可以制作正文，输入文本并设置格式的具体操作步骤如下。

1. 插入新的一页，输入邀请函的文本内容，如图 16-43 所示。
2. 对标题“邀请函”进行格式化，如将其设置为“华文行楷”，字号设置为“初号”，并选择“文字居中”。

电脑小百科

对于左撇子的朋友来说，可以在控制面板下打开鼠标“属性”对话框，选择“切换主要和次要的按钮”命令，使鼠标的左右键功能发生改变。

❸ 将称谓语、正文和落款文本字体设置为“宋体”，字号设置为“小二”。将正文的段落格式设置为“首行缩进”，在落款文字前插入几个空行，并将其右对齐。

❹ 设置完毕后，可以查看酒会邀请函的最终效果，如图 16-44 所示。

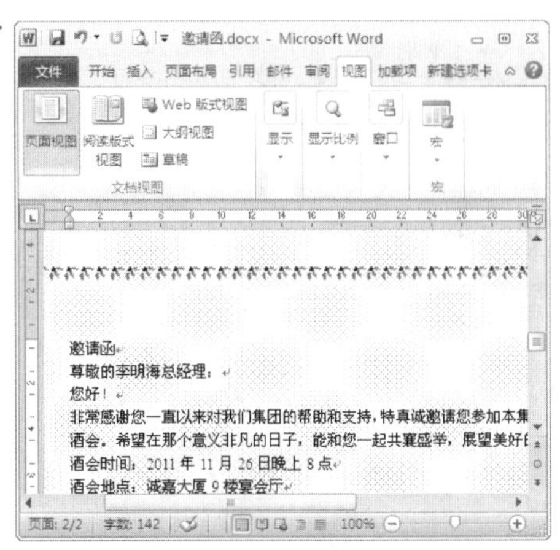
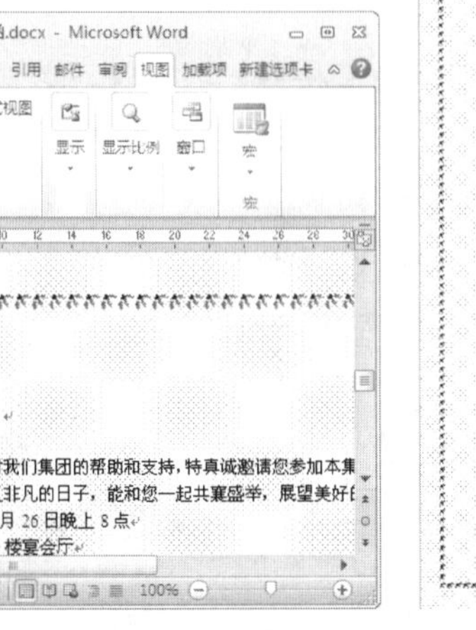

图 16-43 输入邀请函的文本内容

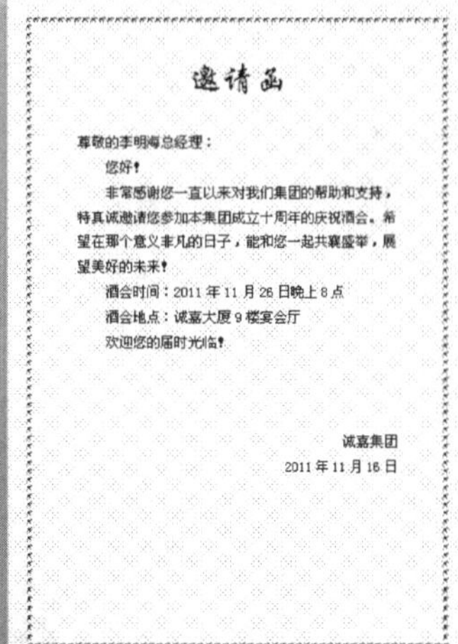

图 16-44 邀请函制作效果

16.5 制作销售市场年终总结报告

销售市场的年终总结报告是对本年销售业绩的汇报，与销售报表不同的是它不仅仅是简明的数据记录，还包括对本年销售情况的总结分析，需要添加一些文本内容对其进行说明分析以及预测。

书盘互动指导

在光盘中的位置	书盘互动情况
16.5 制作销售市场年终总结报告 16.5.1 插入 SmartArt 图形 16.5.2 插入数据表格 16.5.3 插入图表	本节内容主要介绍了以上述内容为基础的综合实例操作方法，在光盘 16.4 节中有相关操作的视频文件，以及原始素材文件和处理后的效果文件。 大家可以选择在阅读本节内容后再学习光盘，以达到巩固和提升效果。

原始文件	素材\第 16 章\无
最终文件	源文件\第 16 章\销售市场年终报告.docx

制作销售市场的年终销售报告可以通过下面的操作步骤来实现。

电脑小百科

将页眉、页码文本框放至合适的位置，当光标变为十字箭头时，按下鼠标左键不放拉至相应位置即可。

跟着做 1 输入文本内容

首先对文本进行编辑，输入文本内容，具体操作步骤如下。

1. 在 Word 2010 中输入文本内容，并设置其字体格式，如图 16-45 所示，设置报告标题为“二号”字体、“加粗”、“居中”。
2. 选取文本内容，单击“开始”→“段落”命令右下角的按钮，打开“段落”对话框，设置段落格式为“首行缩进”，如图 16-46 所示，单击“确定”按钮。

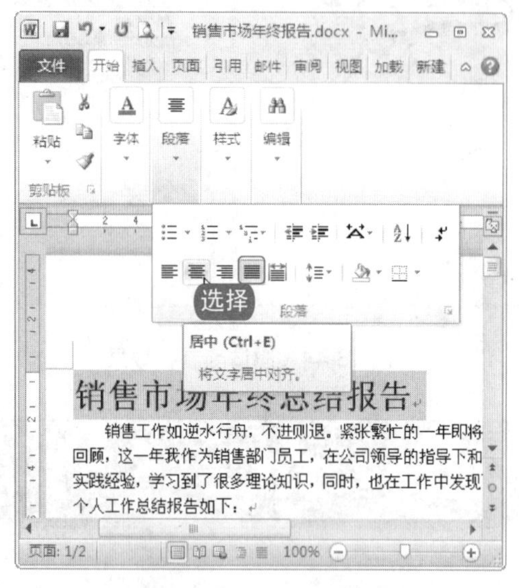

图 16-45　将报告标题居中

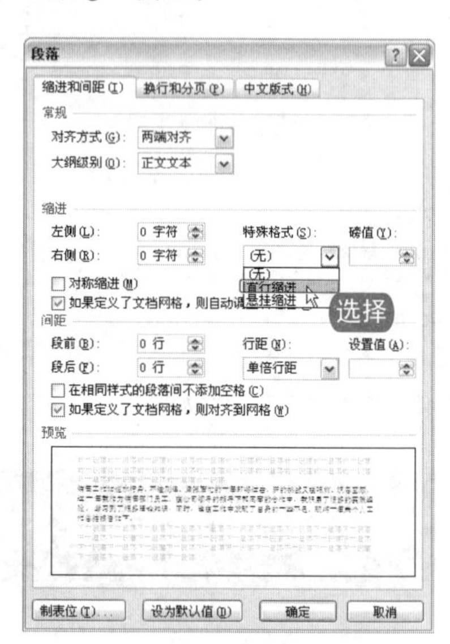

图 16-46　设置段落格式

跟着做 2 插入 SmartArt 图形

在文本中，插入 SmartArt 图形可以使文本更加美观，内容更加一目了然。

1. 将光标定位在需要插入 SmartArt 图形的位置，选择“插入”→“插图”→“SmartArt 图形”命令，弹出“选择 SmartArt 图形”对话框。
2. 在对话框中，选择图形样式和模板，如图 16-47 所示。

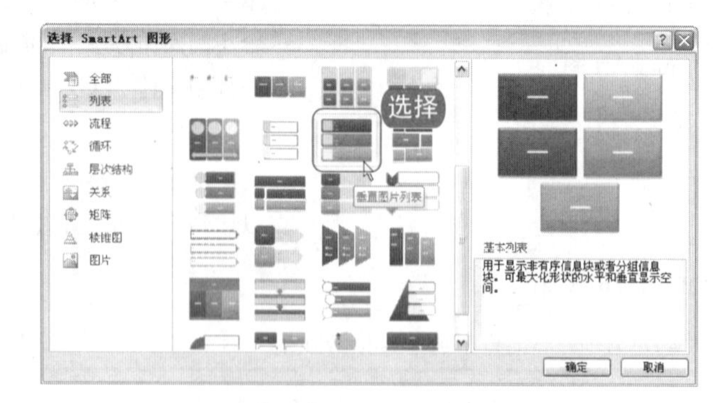

图 16-47　选择图形样式

电脑小百科

显示卡的驱动因为影响到其他任务的状态显示，处理不当会引起死机和黑屏频繁，所以应该放在声卡、网卡等板卡之前安装。

3. 对插入的 SmartArt 图形进行编辑，单击图表，打开“插入图片”对话框，选择需要插入的图片，单击“插入“按钮，如图 16-48 所示。
4. 单击 SmartArt 图形上的“文本”，输入文本内容，并编辑其格式大小，如图 16-49 所示。

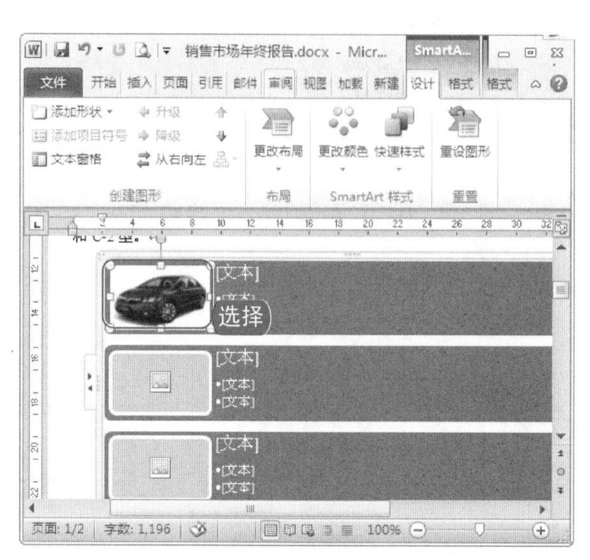

图 16-48　插入图片

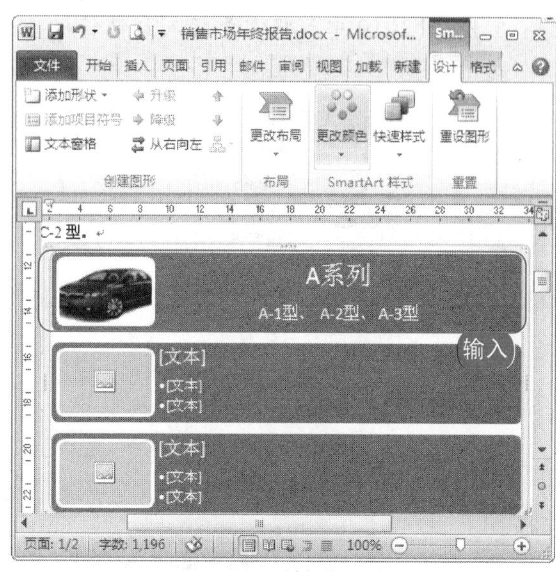

图 16-49　输入文本内容

5. 重复步骤 3 和步骤 4，完成 SmartArt 图形上图片和文本的编辑，如图 16-50 所示。
6. 选择“设计”→“SmartArt 样式”→“快速样式”命令，在下拉菜单中选择合适的图形样式，如图 16-51 所示。

图 16-50　编辑 SmartArt 图形

图 16-51　套用样式美化图形

7. 单击拖曳 SmartArt 边框，调整图形大小，使其与文本内容达到和谐。

电脑小百科

只要设置好一个版面，以后需要使用相同版面时直接使用复制粘贴功能即可。

跟着做 3☛ 插入数据表格

在销售报告中插入数据表格，使其更加清晰，更加精准，具体操作步骤如下。

❶ 在 Excel 2010 中，将需要插入到销售报告中的 Excel 数据表格另存为文本格式，如图 16-52 所示。

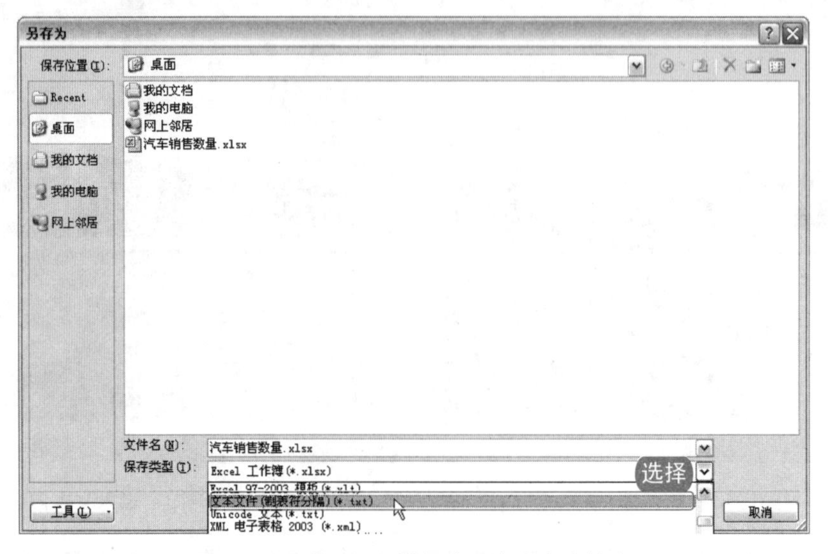

图 16-52　将 Excel 数据表另存为文本格式

❷ 保存完成后，关闭 Excel 文档。在 Word 2010 文档中，将光标定位在需要插入数据表格的位置，选择“插入”→“文本”→“对象”命令，在菜单中选择“文件中的文字”命令。

❸ 在弹出的“插入文件”对话框中选择刚才另存为的文本文件，单击“插入”按钮，如图 16-53 所示。

❹ 弹出文件转换对话框，如图 16-54 所示，选择文本编码为“Window(默认)”选项，单击“确定”按钮。

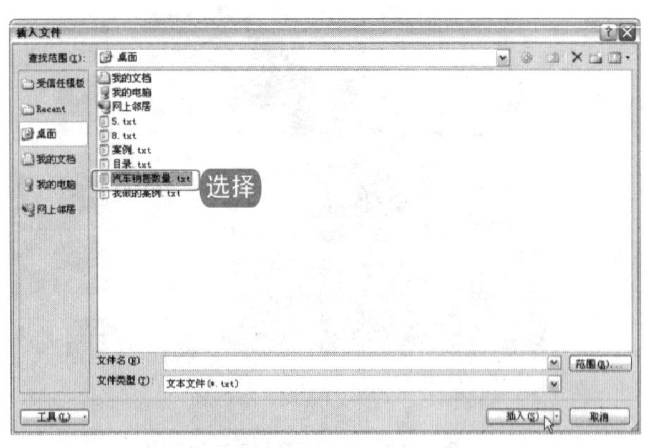

图 16-53　选择插入文本文件

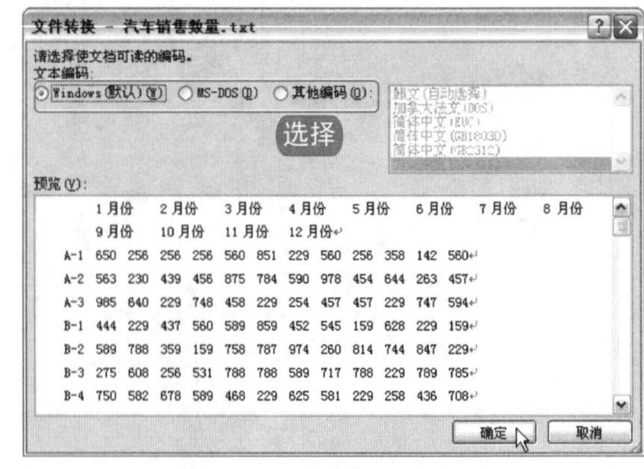

图 16-54　选择文本编码

❺ 选取插入的文本内容，选择“插入”→“表格”→“文本转换成表格”命令，如图 16-55 所示。

电脑小百科

对于电脑的无规律死机这一情况，一般大家都会怀疑是软件问题，其实有时可能是电源出了毛病，所以请选择有质量保证的电源。

6 弹出“将文字转换成表格”对话框，设置表格尺寸等属性，单击“确定”按钮，如图 16-56 所示。

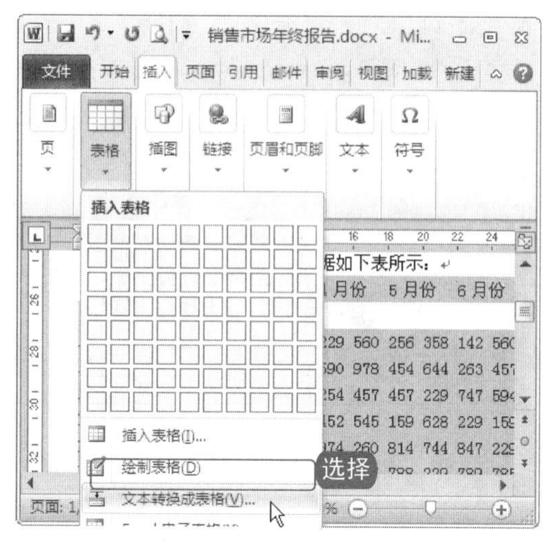

图 16-55　选择“文本转换成表格”命令

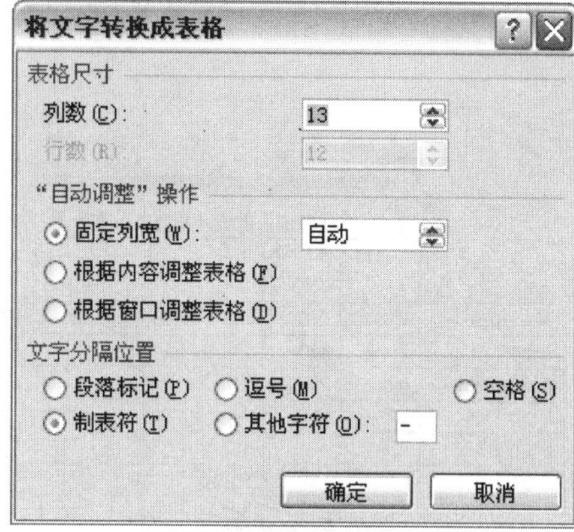

图 16-56　设置表格属性

7 文本转换为表格，如图 16-57 所示，将光标定位于第一行一列单元格，选择“设计”→“表格样式”→“边框”命令，选择“斜下框线”命令，绘制斜线表头如图 16-58 所示。

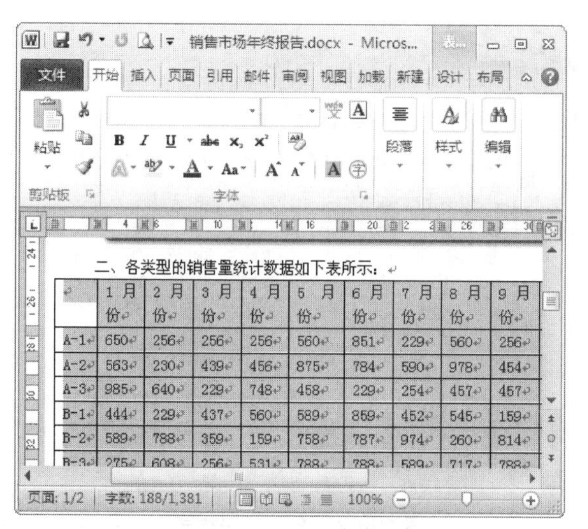

图 16-57　文本转换成表格

图 16-58　绘制斜线表头

8 选择“插入”→“文本”→“文本框”→“绘制文本框”命令，将“+”光标定位在表头，绘制一个文本框，将其设置为“无轮廓”、“无填充颜色”，并输入文本内容，如图 16-59 所示。

9 重复步骤 8 重新插入一个文本框，调整文本框位置，使其恰好位于斜线表头的各个位置，如图 16-60 所示。

10 调整表格的大小和位置，输入表格标题，并设置其文本内容的文本格式，如图 16-61 所示。

11 选择“设计”→“表格样式”命令，在系统内置的表格样式库中套用合适的表格样式，如图 16-62 所示。

电脑小百科

清空剪贴板中的大量文本内容和图片可以有效缓解 Word 磁盘不足的问题。

⑫ 最后调整表格大小和位置，使其与整个文本内容协调统一。

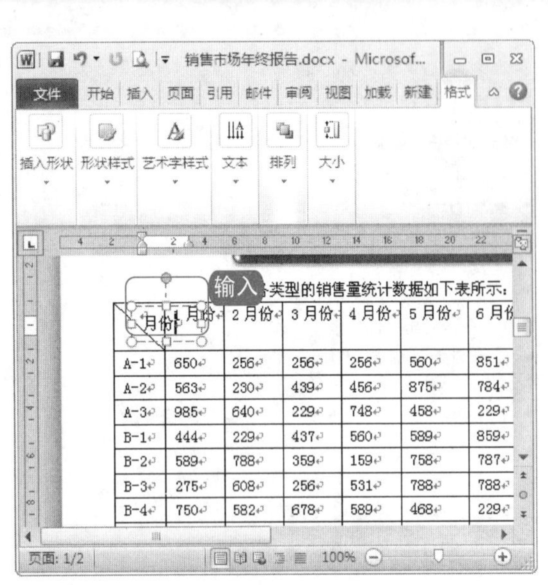

图 16-59　将文本框插入斜线表头

图 16-60　调整文本框的位置大小

图 16-61　格式化表格

图 16-62　套用表格样式

跟着做 4 插入图表

在报告中插入图表使销量分析更加直观易懂，具体操作步骤如下。

① 将光标定位于需要插入图表的位置，选择“插入”→“插图”→“图表”命令。

② 在弹出的“插入图表”对话框中，选择合适的图表类型和图标样式，如图 16-63 所示，选择“三维堆积柱形图”。

电脑小百科

电源直流输出不纯，数字电路要求纯直流供电，当电源的直流输出中谐波含量过大，会导致数字电路工作出错，表现是经常性的死机或重启。

3. 图表被插入到文档中，单击插入图表的同时被插入的 Excel 文档，选取图表中的数据，单击鼠标右键，在弹出的快捷菜单中选择“清除内容”命令，如图 16-64 所示。

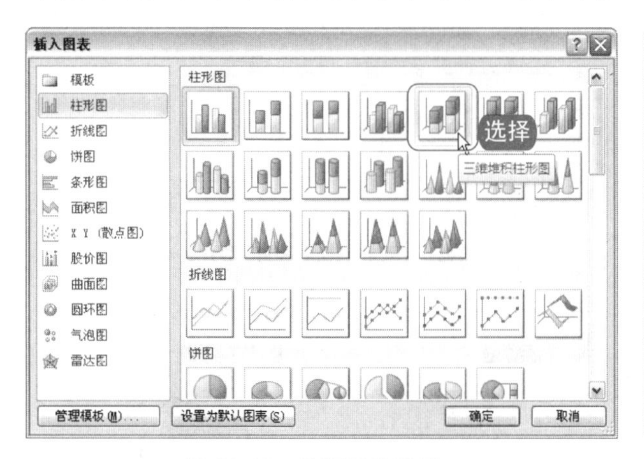

图 16-63 选择图表类型

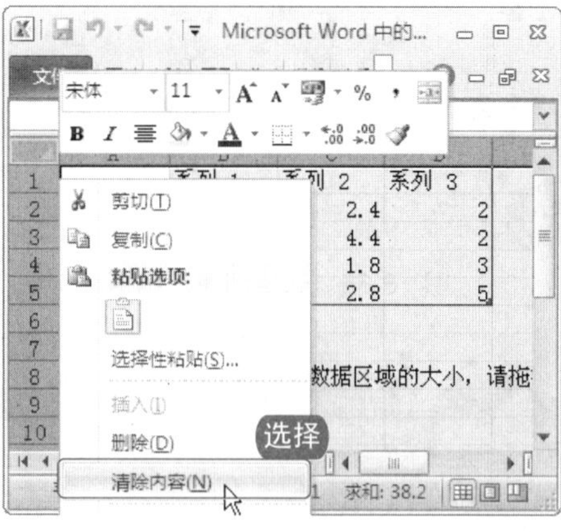

图 16-64 选择“清除内容”命令

4. 在此 Excel 表格中输入图表数据，或者从其他 Excel 图表中复制数据，粘贴到此 Excel 表格中，在弹出的“是否替换目标数据”对话框中，单击“确定”按钮。
5. 在 Word 2010 中，单击插入的图表，选择“设计”→“数据”→“选择数据”命令，如图 16-65 所示。

图 16-65 选择“选择数据”命令

6. 弹出“选择数据源”对话框，在同时弹出的 Excel 中选取图表数据区域，选取后即被框在虚线框，如图 16-66 所示。
7. 选取后在“选择数据源”对话框中查看图表数据区域、图表项和水表轴标签的各项选择是否正确，单击“确定”按钮，如图 16-67 所示。
8. Word 中的图表随着数据的更改也随着更新，如图 16-68 所示，选择“设计”→“数据”→“切换行/列”命令，如图 16-69 所示，使图表内容更具对比性。
9. 调整图表大小，再对报告进行总体的编辑调整，查看市场销售年终报告的最终效果。

电脑小百科

如果插入的图片总是跑到页面顶端，可以选择改变图片属性来解决这一问题。

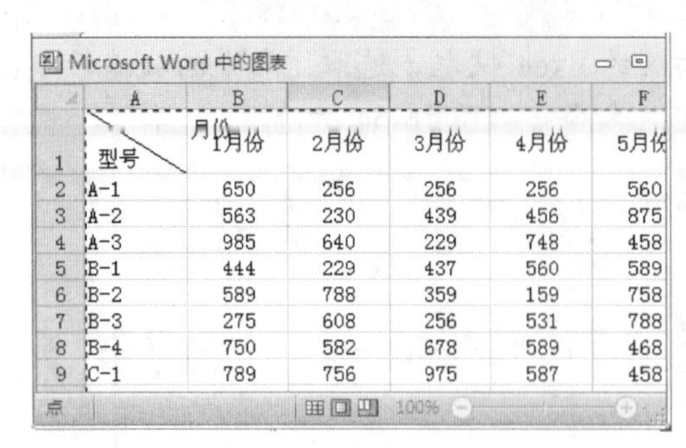
Microsoft Word 中的图表

	A	B	C	D	E	F
1	月份 型号	1月份	2月份	3月份	4月份	5月份
2	A-1	650	256	256	256	560
3	A-2	563	230	439	456	875
4	A-3	985	640	229	748	458
5	B-1	444	229	437	560	589
6	B-2	589	788	359	159	758
7	B-3	275	608	256	531	788
8	B-4	750	582	678	589	468
9	C-1	789	756	975	587	458

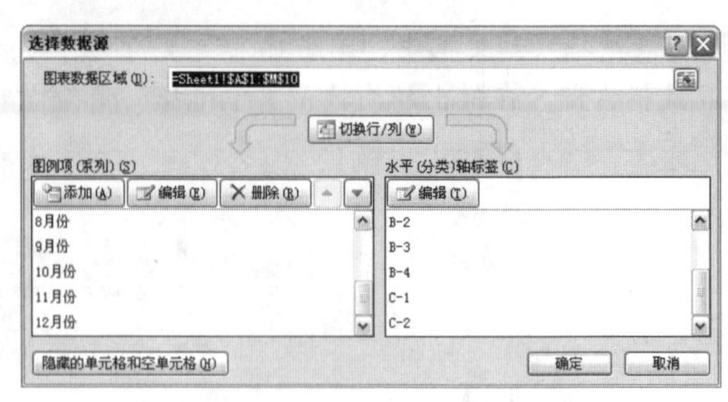

图 16-66　选择图表数据区域　　图 16-67　添加/删除图表项和水平轴标签

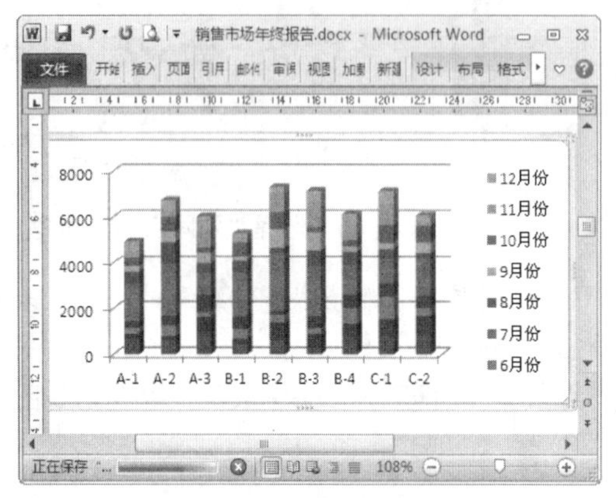

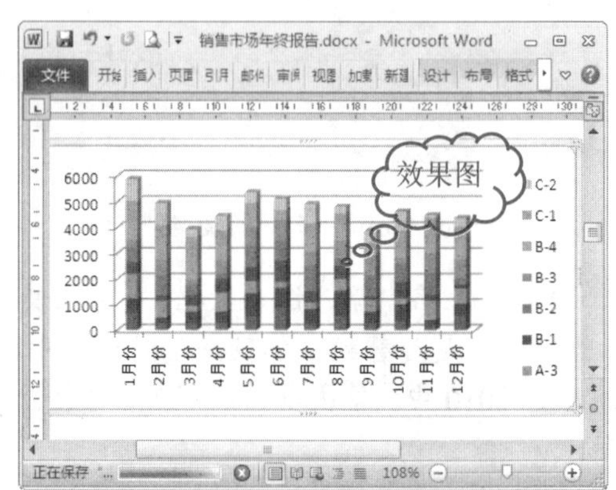

图 16-68　套用图表样式　　图 16-69　切换行/列的位置

学 习 小 结

本章主要介绍了 Word 2010 的一些综合案例，包括制作会议通知单、制作劳动合同书、制作双栏版面的试卷、制作商务酒会邀请函、制作销售市场年终总结报告。下面对本章内容进行总结，具体内容如下。

(1) 由于会议通知是参加会议的有关事项告知与会者的会议文书，所以在制作时要求语言准确，内容简明扼要。

(2) 劳动合同书是用人单位明确就业者从事何种岗位、享受何种待遇等权利和义务的依据，是双方签订的具有法定效力的合同文本，所以格式应该符合标准，语言一定要严谨。

(3) 功能强大、简单好用的 Word 软件，是学校老师使用电脑进行常规工作的重要组成部分。一份编排合理的试卷，不仅美观实用，而且是制作题库和制作 CAI 课件的良好素材。所以试卷在制作时需要在有限的纸张范围内进行合理的排版布局，且一定要实现试卷内容的清楚表述，避免产生歧义。

(4) 邀请函一般由标题、称谓、正文和落款四部分组成，它是个人、团体或单位邀请亲朋好友、知名人士或专家等参加某项活动时所发的请约性书信。所以在制作时应具有一定的个性化色彩，体现出自己或邀请内容的特点。

(5) 销售市场的年终总结报告是对本年销售业绩的汇报，它不仅仅是简明的数据记录，还包括对本年销售情况的总结分析，需要添加一些文本内容对其进行说明分析以及预测。在制作

电脑小百科

内存热稳定性不良，开机可以正常工作，当内存温度升高到一定温度，就不能正常工作，导致死机或重启。

时一定要注意数据信息的准确性。

(6) 多加练习 Word 2010 的各种编辑操作，为实战打好坚实基础。

互动练习

1. 选择题

(1) 在“段落”对话框中，选择(　　)选项卡可以设置段落的行距。

A．换行分页　　B．中文版式
C．缩进和间距　　D．段落格式

(2) 在制作会议通知单、邀请函等文本时，一般正文末尾的落款内容应该选择(　　)。

A．居中对齐　　B．右对齐
C．两边对齐　　D．左对齐

2. 思考与上机题

(1) 将本章制作的“工作会议通知”转换成 PowerPoint 演示文稿格式。

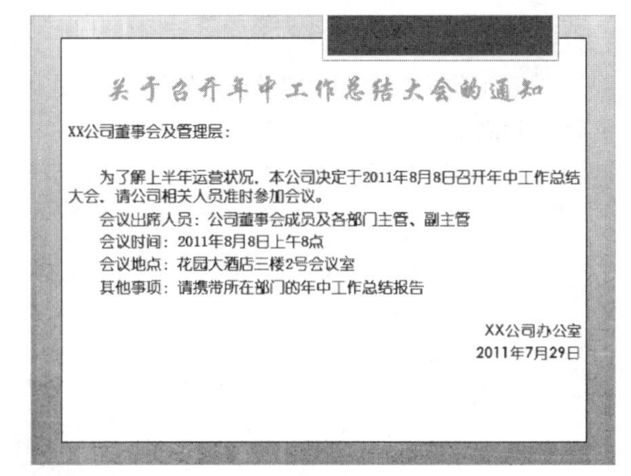

	原始文件	素材\第 16 章\工作会议通知.docx
	最终文件	源文件\第 16 章\工作会议通知.pptx

制作要求：

a. 将“工作会议通知”整合到一张幻灯片中。

b. 将会议通知正文字体、字号设置为“圆幼”、“19 号”。

c. 将会议通知的落款字体、字号设置为 Century Gothic、“18 号”。

d. 将“工作会议通知”的演示文稿设计为“奥斯汀”样式。

e. 删除多余的幻灯片内容。

(2) 为本章制作的“劳动合同书”制作一个小目录。

电脑小百科

Word 中显现的空格小圆点在打印时，如果不经过特殊设置是不会显现出来的。

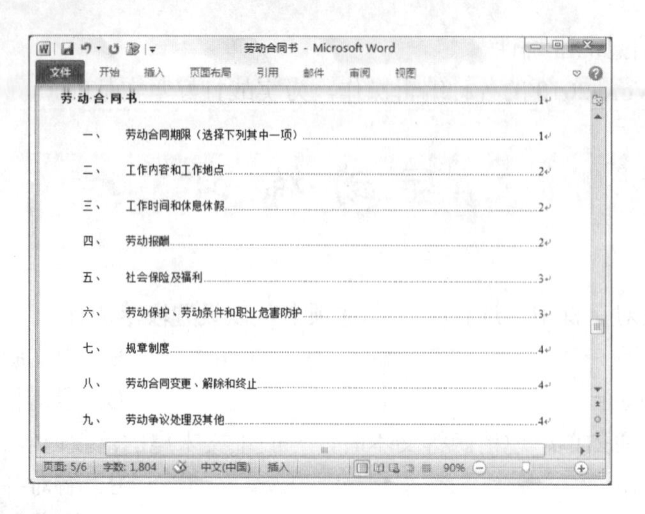

	原始文件	素材\第 16 章\劳动合同书.docx
	最终文件	源文件\第 16 章\劳动合同书目录.docx

制作要求：

a. 将“劳动合同书”设置为标题 1。

b. 将“劳动合同期限”、“工作内容和地点”等设置为标题 2。

c. 设置目录中显示页码，并右对齐。

(3) 在普通打印机上打印预览本章的“酒会邀请函”制作效果。

电脑小百科

不要连续长时间地使用光驱，如听歌、看影碟等，建议将歌碟、影碟等复制到硬盘上来欣赏。

附　　录

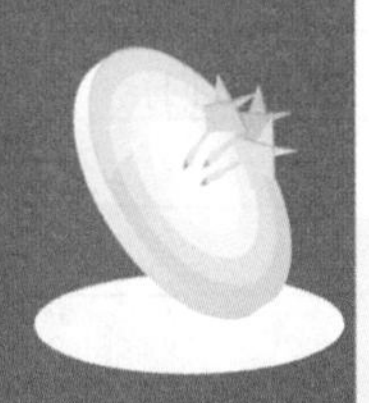

本章导读

在使用 Word 2010 编辑文档时，为了提高效率，可以使用各种命令的快捷键，使文档的编辑工作更加轻松、快速地完成。

本章主要介绍了各种命令的快捷命令以及 Word 排版的相关专业知识，为方便读者记忆和查找特将其汇编为表格形式。

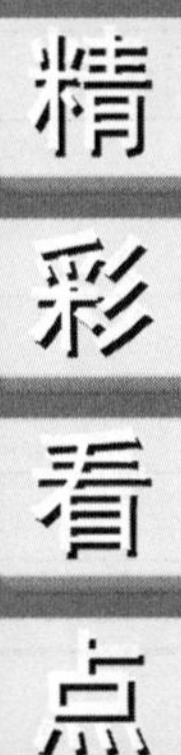

- Word 2010 快捷键大全
- Word 排版专业知识

附录一　Word 2010 快捷键大全

快捷操作	作　用
Alt+Tab	切换到下一个窗口
Alt+Shift+Tab	切换到上一个窗口
Ctrl+W 或 Ctrl+F4	关闭活动窗口
Alt+F5	在将活动窗口最大化后再还原其大小
F6	从程序窗口中的一个任务窗格移动到另一个任务窗格(沿顺时针方向)，可能需要多次按 F6
Shift+F6	从程序窗口中的一个任务窗格移动到另一个任务窗格(逆时针方向)
Ctrl+F6	当有多个窗口打开时，切换到下一个窗口
Ctrl+Shift+F6	切换到上一个窗口
Ctrl+F10	将所选的窗口最大化或还原其大小
Print Screen	将屏幕上的图片复制到剪贴板上
Alt+Print Screen	将所选窗口上的图片复制到剪贴板上
Tab	移至下一个选项或选项组
Shift+Tab	移至上一个选项或选项组
Ctrl+Tab	切换到对话框中的下一个选项卡
Ctrl+Shift+Tab	切换到对话框中的上一个选项卡
Esc	关闭所选的下拉列表；取消命令并关闭对话框
Enter	运行选定的命令
Home	移至条目的开头
End	移至条目的结尾
向左键或向右键	向左或向右移动一个字符
Ctrl+向左键	向左移动一个字词
Ctrl+向右键	向右移动一个字词
Shift+向左键	向左选取或取消选取一个字符
Shift+向右键	向右选取或取消选取一个字符
Ctrl+Shift+向左键	向左选取或取消选取一个单词
Ctrl+Shift+向右键	向右选取或取消选取一个单词
Shift+Home	选择从插入点到条目开头之间的内容
Shift+End	选择从插入点到条目结尾之间的内容
Ctrl+F12 或 Ctrl+O	显示“打开”对话框
F12	显示“另存为”对话框

电脑小百科

定期对电源、光驱、软驱、机箱内部、显示器、键盘、鼠标等进行除尘，但应注意显示器内有高压电路，不可鲁莽行事。

续表

快捷操作	作 用
Enter	打开选中的文件夹或文件
Backspace	打开所选文件夹的上一级文件夹
Delete	删除所选文件夹或文件
Shift+F10	显示选中项目(例如文件夹或文件)的快捷菜单
Tab	向前移动浏览选项
Shift+Tab	向后移动浏览选项
F4 或 Alt+I	打开“查找范围”列表
Esc	取消操作
Ctrl+Z	撤销上一个操作
Ctrl+Y	恢复或重复操作
F1	获取帮助或访问 Microsoft Office.com
F2	移动文字或图形
F4	重复上一步操作
F5	选择“开始”选项卡上的“定位”命令
F6	前往下一个窗格或框架
F7	选择“审阅”选项卡上的“拼写”命令
F8	扩展所选内容
F9	更新选定的域
F10	显示快捷键提示
F11	前往下一个域
F12	选择“另存为”命令
Shift+F1	启动上下文相关“帮助”或展现格式
Shift+F2	复制文本
Shift+F3	更改字母大小写
Shift+F4	重复“查找”或“定位”操作
Shift+F5	移至最后一处更改
Shift+F6	转至上一个窗格或框架(按 F6 键后)
Shift+F7	选择“同义词库”命令
Shift+F8	减少所选内容的大小
Shift+F9	在域代码及其结果之间进行切换
Shift+F10	显示快捷菜单
Ctrl+F11	锁定域
Ctrl+F12	选择“打开”命令
Ctrl+Shift+F3	插入“图文场”的内容
Ctrl+Shift+F5	编辑书签

电脑小百科

按 Crtl 键后，对表格的框线进行拖动可以进行微调从而对齐各框线。

续表

快捷操作	作　用
Ctrl+Shift+F6	前往上一个窗口
Ctrl+Shift+F7	更新 Word 2010 源文档中链接的信息
Ctrl+Shift+F8，然后按箭头键	扩展所选内容或块
Ctrl+Shift+F9	取消域的链接
Ctrl+Shift+F11	解除对域的锁定
Ctrl+Shift+F12	选择“打印”命令
Alt+F1	前往下一个域
Alt+F3	创建新的“构建基块”
Alt+F4	退出 Word 2010
Alt+F5	还原程序窗口大小
Alt+F6	从打开的对话框移回文档，适用于支持此行为的对话框
Alt+F7	查找下一个拼写错误或语法错误
Alt+F8	运行宏
Alt+F9	在所有的域代码及其结果间进行切换
Alt+F10	显示“选择和可见性”任务窗格
Alt+F11	显示 Microsoft Visual Basic 代码
Alt+Shift+F1	定位至前一个域
Alt+Shift+F2	选择“保存”命令
Alt+Shift+F7	显示“信息检索”任务窗格
Alt+Shift+F9	从显示域结果的域中运行 GotoButton 或 Macro Button
Alt+Shift+F10	显示可用操作的菜单或消息
Alt+Shift+F12	在目录容器活动时，选择该容器中的“目录”按钮
Ctrl+Alt+F1	显示 Microsoft 系统信息
Ctrl+Alt+F2	选择“打开”命令

附录二　Word 排版专业知识

术　语	含　义
封面(又叫封一、前封面、封皮、书面)	书名、作者和译者姓名以及出版社名称都印在封面，其起到的是美化书刊和保护书芯的作用
封里(又叫封二)	封里指的是封面的背页，通常是空白页。在期刊中常将其用来印目录或相关图片
封底里(又叫封三)	封底里指的是封底的里面一页，跟封里一样通常也是空白页。在期刊中常将其用来印正文或正文以外的文字、图片

电脑小百科

电脑周围严禁磁场，磁场会对显示器、磁盘等造成严重影响。音箱尽量不要置于显示器附近，不要将磁盘放置于音箱之上。

续表

术 语	含 义
封底(又叫封四、底封)	图书的统一书号与定价一般印在封底的右下，而期刊通常将版权页或是目录、其他非正文部分的文字、图片等印在封底
书脊(又叫封脊)	书脊指的是连接封面和封底的书脊部。书脊上通常印有书名、册次(卷、集、册)、作者和译者姓名以及出版社名称，方便查找
书冠	书冠指的是封面上方印书名文字的部分
书脚	书脚指的是封面下方印出版单位名称的部分
扉页(又叫里封面或副封面)	扉页指的是书籍封面或衬页之后、正文之前的一页。扉页上通常印有书名、作者或译者姓名、出版社和出版年月等。另外，扉页也能起到装饰作用，增加书籍的美观
插页	插页指的是凡版面超过开本范围、印有图或表、单独印刷插装在书刊内的单页。有的时候也指版面不超过开本，纸张与开本尺寸相同，但使用与正文不同的颜色或纸张印刷的书页
篇章页(又叫中扉页或隔页)	篇章页指的是在正文各篇、章起始前排的，印有篇、编或章名称的一面单页。篇章页只能利用单码、双码留空白。篇章页插在双码之后，通常作暗码计算或不计页码。篇章页有时用带色的纸印刷来显示区别
版权页	版权页指的是版本的记录页。在版权页中，根据有关规定记录有书名、作者或译者姓名、出版社、发行者、印刷者、版次、印次、印数、开本、印张、字数、出版年月、定价、书号等项目。一般情况下，图书版权页印在扉页背页的下端。版权页的主要作用是让读者了解图书的出版情况，常附印于书刊的正文前后
刊头(刊头又叫“题头”、“头花”)	刊头表示的是版别或文章的性质，也是一种点缀性的装饰。通常来说，刊头是排在报纸、杂志、诗歌、散文的大标题的上边或左上角
破栏(又叫跨栏)	大多数报纸杂志是用分栏排的，这种在一栏之内排不下的图或表延伸到另一栏去而占多栏的排法称为破栏排
天头	天头指的是每面书页的上端空白处
地脚	地脚指的是每面书页的下端空白处
暗页码(又叫暗码)	暗页码指的是不排页码而又占页码的书页，通常用于超版心的插图、插表、空白页或隔页等
页	页与张的意义相同，一页即两面(书页正、反两个印面)，应注意另页和另面的概念不同
另页起	另页起指的是一篇文章从单页码起排(如论文集)。如果第一篇文章以单页码结束，第二篇文章也要求另页起，就必须在上一篇文章的后留出一个双码的空白面，即放一个空码，每篇文章要求另页起的排法，多用在单印本印刷
另面起	另面起指的是一篇文章可以从单、双页码开始起排，但必须另起一面，不能与上篇文章接排
表注	表注指的是表格的注解和说明。通常排在表的下方，也有的排在表框之内，表注的行长一般不要超过表的长度
图注	图注通常插图的注解和说明。通常排在图题下面，少数排在图题之上。图注的行长一般不应超过图的长度
背题	背题指的是排在一面的末尾，并且其后无正文相随的标题。排印规范中禁止背题出现，当出现背题时应设法避免。解决的办法是在本页内加行、缩行或留下尾空而将标题移到下页

电脑小百科

按 Ctrl+Z 组合键或 Alt+BackSpace 组合键，可以将超级链接的下划线取消。